经典译丛·电力电子学

现代电力电子学导论
（第三版）

Introduction to Modern Power Electronics
Third Edition

［美］ Andrzej M. Trzynadlowski 著

王　晶　南余荣　吴根忠　译

U0226201

电子工业出版社·
Publishing House of Electronics Industry
北京·BEIJING

内容简介

本书对现代电力电子技术进行了全面概述,对利用电力电子变换器的各种电力应用进行了详细的介绍和分析。全书分为9章,内容包括电力电子的基本原理和方法,电力电子变换器的半导体功率开关、相关元件和系统,四种基本的电力转换方式,整流器和逆变器,开关电源,以及电力电子在清洁能源系统中的应用等。本书的第三版对所有的章节进行了更新,增加了对现代电力电子技术新概念的介绍,覆盖了矩阵变换器、多电平逆变器和Z源在级联型电力电子变换器中的应用。针对电力电子变换器所使用的各种先进控制方式,本书还提供大量的案例、练习、上机作业和仿真。

本书适合作为电气类专业本科生的电力电子技术教材,也适合电气工程师和对电力电子相关领域感兴趣的工程师参考。

版权贸易合同登记号 图字:01-2017-4581

图书在版编目(CIP)数据

现代电力电子学导论:第三版/(美)安杰伊·M. 奇纳德洛夫斯基(Andrzej M. Trzynadlowski)著;王晶等译.
北京:电子工业出版社,2020.7
(经典译丛.电力电子学)
书名原文:Introduction to Modern Power Electronics, Third Edition
ISBN 978-7-121-35273-7

Ⅰ.①现… Ⅱ.①安… ②王… Ⅲ.①电力电子学 Ⅳ.①TM1

中国版本图书馆 CIP 数据核字(2018)第 240998 号

责任编辑:杨 博
印 刷:三河市良远印务有限公司
装 订:三河市良远印务有限公司
出版发行:电子工业出版社
　　　　　北京市海淀区万寿路 173 信箱　邮编:100036
开　　本:787×1092　1/16　印张:19　字数:486 千字
版　　次:2020 年 7 月第 1 版(原著第 3 版)
印　　次:2020 年 7 月第 1 次印刷
定　　价:79.00 元

所购买电子工业出版社图书有缺损问题,请向购买书店调换。若书店售缺,请与本社发行部联系,联系及邮购电话:(010)88254888,88258888。

质量投诉请发邮件至 zlts@phei.com.cn,盗版侵权举报请发邮件至 dbqq@phei.com.cn。

本书咨询联系方式:yangbo2@phei.com.cn。

译 者 序

现代电力电子技术的发展日新月异，熟悉并掌握这些新技术成为现代电气技术人员的一个基本要求。

《现代电力电子学导论》（第三版）一书由美国内华达大学电力和生物医学工程系教授 Andrzej M. Trzynadlowski 博士所著。本书不但对电力变换的基本原理和方法进行了详细介绍，而且对电力变换的新发展和新概念进行了综述。此外，本书还提供了大量配套的仿真案例，以加强读者对相关内容的理解。

本书由浙江工业大学信息学院王晶博士、南余荣教授和吴根忠教授合译。其中王晶博士和吴根忠教授负责第 1 章至第 4 章的翻译和审校，王晶博士和南余荣教授负责第 5 章至第 9 章的翻译和审校。在整个翻译过程中，还需要感谢原著作者 Andrzej M. Trzynadlowski 博士在原书内容方面积极高效的沟通，感谢华北电力大学刘晋博士在专业知识方面提供的大量帮助，感谢我在田纳西大学访学时认识的吴军博士、李振坤博士、徐瑞东博士、孙晓燕博士、崔博文博士、孙永辉博士、张旭博士提出的建议，感谢我的儿子张睿博在英文翻译方面给予的建设性的意见，感谢编辑杨博给予的无条件支持。

最后，感谢我的丈夫和一对可爱儿女的陪伴以及坚定不移的支持。

由于本书涉及电力电子技术的各个领域，内容非常丰富，而译者水平有限，难免存在错误，希望读者不吝赐教。

译者

于杭州

前 言[①]

本书是面向本科生开设的电力电子技术的导论性课程，授课时间为一个学期。由于本书也对功率调节中使用的现代工具和技术进行了全面综述，因此，本书也适用于高级研修班。电气工程师和对电力电子相关领域感兴趣的工程师如果需要更新他们在电力电子方面的知识，可以将本书列为参考书目。学习本课程的学生需要有电路原理和电子技术基础的基本知识。

在本书第二版出版后的五年间，电力电子技术得到了稳健的发展。新型变换器的拓扑结构、应用和控制技术层出不穷。利用先进的半导体电力开关器件，电力电子变换器已经能达到上千伏特和上千安培的等级。面对全球变暖、各种地缘政治和环境问题、使用石化能源的生态和货币成本等威胁，清洁能源的使用受到了广泛的关注。因此，电力电子系统变得日益重要且无处不在。本书第三版的变化反映了现代电力电子技术的主导趋势。这包括 PWM 整流器、Z 源直流电路、矩阵变换器和多电平逆变器以及它们在可再生能源系统、电动汽车和混合动力汽车的动力系统中的各种应用。

本书的第 1 章与其他教材不同，大多数教材的第 1 章都以概述为主，一般不涉及详细介绍。而本书的第 1 章就通过一个假想的通用电力变换器，介绍了电力电子的基本原理和方法。因此，教师的授课必须首先覆盖第 1 章的内容。

第 2 章和第 3 章对电力电子变换器的半导体电力开关、辅助元件和系统进行描述。尽管本书的重点是电路、运行特性、控制和变换器的应用，读者还是需要了解这些辅助的但却很重要的内容。

第 4 章到第 7 章分别对四种基本的电力变换方式——交流-直流、交流-交流、直流-直流、直流-交流——进行介绍。第 4 章和第 7 章针对整流器和逆变器，这些变换器在现代电力电子技术中很重要，因此这两章所占篇幅最长。第 8 章讲解开关电源，第 9 章讲解电力电子技术在清洁能源系统中的应用。

本书的各章结构类似，均以摘要开始，以简单总结结束。大部分章节含丰富的例题、课后练习和上机作业。每章的结尾部分还列出了一些相关并且容易获取的参考资料。本书最后还包含 3 个附录。

为了便于讲解，本书提供两种极有价值的教学工具，一种是用 PSpice 软件搭建的虚拟电力电子实验室，另一种是 PowerPoint 演示文稿。虚拟电力电子实验室中包含 46 个 PSpice 文件，这些文件包含本书所涉及的大部分电力电子变换器的计算机模型，给读者提供了一个接触并观察变换器运行状态的机会。本书提供的 PowerPoint 演示文稿包括所有图表和重要的公式，它解决了教师在黑板上画复杂电路图和波形的难题。读者可以从如

---

① 本书电路图、部分电气图形符号与原著保持一致。

下网址获取相关的 PSpice 文件和 PowerPoint 演示文稿：http://www.wiley.com/go/modern-powerelectronics3e。

和现有的大多数工程类教材相比，本书非常简洁。尽管如此，学生若希望在一个学期内掌握本书的全部内容还需要进行大量的课后练习。本书推荐在课堂上描述基本问题、通过阅读指定的资料扩大学生的知识面、解决问题、进行 PSpice 仿真等多种教学方法。

我想向本书的审稿者表示衷心的感谢，感谢其提出的宝贵意见和建议。这些年来，我在内华达大学的学生们使用了本书的第一版和第二版，他们也提供了非常有建设性的批评和建议。最后想向我的妻子 Dorota，孩子 Bart 和 Nicole 表示歉意，因为我花了太长时间投入本书的编写，同时感谢他们坚定不移的支持。

WILEY

老师您好，若您需要与 John Wiley 教材配套的教辅（免费），烦请填写本表并传真给我们。也可联络 John Wiley 北京代表处索取本表的电子文件，填好后 e-mail 给我们。

原书信息
原版 ISBN：
英文书名（Title）：
版次（Edition）：
作者（Author）：

配套教辅可能包含下列一项或多项
教师用书（或指导手册)/习题解答/习题库/PPT 讲义/其他

教师信息（中英文信息均需填写）
➢ 学校名称（中文）：
➢ 学校名称（英文）：
➢ 学校地址（中文）：
➢ 学校地址（英文）：
➢ 院/系名称（中文）：
➢ 院/系名称（英文）：
课程名称（Course Name）：
年级/程度（Year/Level）：□大专　□本科　Grade：1 2 3 4　□硕士　□博士
　　　　　　　　　　　　□MBA　□EMBA
课程性质（多选项）：□必修课　□选修课　□国外合作办学项目　□指定的双语课程
学年（学期）：□春季　□秋季　□整学年使用　□其他（起止月份＿＿＿＿＿＿＿）
使用的教材版本：□中文版　□英文影印（改编）版　□进口英文原版（购买价格为
　　　＿＿元）
学生：＿＿＿＿个班共＿＿＿＿人

授课教师姓名：
电话：
传真：
E-mail：

WILEY –约翰威立商务服务（北京）有限公司
John Wiley & Sons Commercial Service（Beijing）Co Ltd
北京市朝阳区太阳宫中路 12A 号，太阳宫大厦 8 层 805-808 室，邮政编码 100028
Direct +86 10 8418 7815　Fax +86 10 8418 7810
Email：iwang@wiley. com

目　　录

第1章 电力变换的原理

本章对电力电子技术的基本原理进行介绍，包括在电气工程领域涉及的范围、工具和应用。通过对通用电力变换器的分析展示了电力电子变换器[①]的运行原理和电力变换的类型；指出了电压、电流波形的组成和特点；介绍了相控和脉宽调制这两种基本的峰值控制方法；分析了电流波形的计算方法；描述了最简单的电力电子变换器——单相二极管整流器。

1.1 什么是电力电子

现代社会对电能有着强烈的依赖。电能无处不在，它们替代了大部分的体力劳动，通过电能可以进行加热和照明、激活电化学过程等工作，并使信息的收集、处理、存储和交换更容易。

电力电子技术是电气工程的一个分支，它使用基于半导体电力开关的电力电子变换器实现对电力的转换和控制。电网提供的交流电压幅值和频率都固定不变。通常情况下，单相低压电力线路用于向家庭、办公室、商店和其他小型电力设施供电，而不同电压等级的三相线路用于向工厂和其他大型商业公司供电。如果将电压恒定的 60 Hz（或 50 Hz）电力认为是原始功率，那么很多应用都需要对这个原始功率进行调节。功率调节的范围包括交流-直流电力的变换（或者相反）以及电压、电流幅值和频率的控制。以电灯照明为例，白炽灯可以用原始功率为电源，但是，荧光灯需要使用电子镇流器来启动和稳定电弧。因此，镇流器就是保证灯泡正常运行的功率调节器。如果电影院使用的是白炽灯，那么可以采用交流电压控制器来控制灯光的亮度，使白炽灯在电影开始之前变暗，这个控制器也属于功率调节器或电力变换器。

原始的直流功率通常由蓄电池提供，但是现在由光伏电源和燃料电池供电的情况日益增多。光伏能源系统通常与电网连接，因此必须进行直流-交流电力变换和交流电压控制。当直流电源给高尔夫球车或者电动轮椅等设备的电动机供电时，位于电池和电动机之间的电力电子变换器用于实现电压控制，并在刹车或下坡时帮助回收功率。

电力电子技术的诞生可以追溯到 20 世纪初期第一个汞弧整流器的发明。但是，过去基本上都采用**旋转机电变换器**来实现电力的转换和控制。机电变换器曾经是由电动机驱动的发电机。例如，将恒定交流电压变换为可调直流电压时，需要让交流电动机带动输出电压可控的直流发电机。相反，如果需要得到交流电压，而供电系统是电池组，就需要采用可调速直流电动机和交流同步发电机。显然，在能量变换和控制方面，机电变换系统无论在便利性、效率还是可靠性上，都无法和今天的**静态电力电子变换器**相媲美。

现在的电力电子技术始于 1958 年通用电气公司开发的**可控硅整流器**（SCR），也称晶闸管。晶闸管是单向半导体电力开关，它通过在门极上输入一个小功率的电脉冲信号而开通

---

① 简称电力变换器。

（"闭合"）。晶闸管的额定电压和额定电流都可能很大，但它不适合用于直流输入型电力电子变换器。它是**半控型**开关，一旦开通后就无法通过门极信号关断（"断开"）。在过去的几十年里，已经有许多**全控型**半导体电力开关进入市场，这些开关的导通和关断是可控的。

在发达国家，电力电子变换器被广泛用于电能的分配和使用。很多场合都需要使用变换器来实现对功率的调节，如电动机驱动器、不间断电源、加热和照明、电化学和电热过程、电弧焊、高压直流输电线路、电力系统中有源电力滤波器和无功功率补偿器，以及计算机和其他电子设备需要的高质量电源。

据估计，美国生产的电力有一半以上需要通过电力电子变换器进行处理。预计未来的几十年，该数据将接近100%。目前美国已经开始考虑对国家电网进行彻底改造。将电力电子

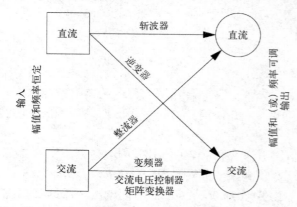

图 1.1   电力变换的类型和相应的电力电子变换器

变换器引入发电、输电、配电的各个环节，同时加上全面的信息交流（"智能电网"），使得电网容量在无须增加发电厂和输电线路的前提下大幅提高。电力电子技术在可再生能源系统、电动和混合动力汽车中也非常重要。可以说，几乎每一个电气工程师都会在他的职业生涯中遇到电力电子变换器。

图 1.1 为电力变换的类型和相应的电力电子变换器。例如，交流-直流电力变换可以通过整流器实现，整流器的输入端连接交流电压，整流器的输出电压中包含恒定或可调的直流分量。第 4 章至第 8 章将对各种电力电子变换器进行介绍和分析。本章以下各节将对电力变换和控制的基本原理进行介绍。

1.2   通用电力变换器

本节利用图 1.2 的虚拟**通用电力变换器**来说明电力变换和控制的原理，注意实际上这种装置并不存在。它是由五个开关组成的二端口网络。开关 S1 和 S2 分别将输入端（电源端）I1、I2 和输出端（负载端）O1、O2 **直接连接**，开关 S3 和 S4 将这两对端子**交叉连接**。直流或交流电压源通过该变换器向负载供电。由于负载通常含有很大的感性分量，所以在随后的讨论中，负载被认为是阻-感负载（RL 负载）。该变换器的输出端与开关 S5 并联，开关 S1~S4 断开时开关 S5 必须导通，从

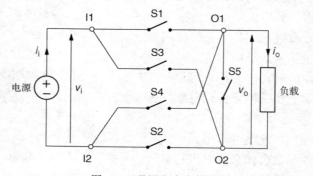

图 1.2   通用电力变换器

而确保负载电流在任何情况下都有闭合流通路径。开关开通或关断动作被假设为瞬间完成。

由于供电电源是理想电压源，因此不允许被短路。同样，负载也不允许被断路。因为电感两端的电压与电流的变化率成正比，电流的急剧下降会导致很高的过电压并可能带来破

2

坏。因此，通用电力变换器只有以下三种状态：

状态0：开关S1~S4断开，开关S5导通，输出端短路并给可能存在的负载电流提供流通路径。输出电压等于零。由于输入、输出端之间没有连接，因此输入电流也等于零。

状态1：开关S1和S2导通，其余开关断开。输出电压等于输入电压，输出电流等于输入电流。

状态2：开关S3和S4导通，其余开关断开。输出电压、电流的方向与对应输入分量的方向相反。

假设该通用电力变换器实现交流−直流的电力变换。输入电压v_i为正弦函数，其波形如图1.3所示，表示为

$$v_i = V_{i,p}\sin(\omega t) \tag{1.1}$$

其中$V_{i,p}$表示电压峰值，ω为输入电压的角频率，单位为弧度。输出电压v_o中可能包含很大的直流分量。注意，不要期望输出电压为理想的直流电压，因为无论是通用电力变换器还是实际中的电力电子变换器，都无法输出理想的直流电压和电流。同样，任何变换器都无法输出理想的正弦电压和电流。如果变换器在输入电压的第一个半波内处于状态1，第二个半波内处于状态2，输出电压将如图1.4所示，表示为

$$v_o = |v_i| = V_{i,p}|\sin(\omega t)| \tag{1.2}$$

输出电压的直流分量就是该电压的平均值。进行交流−直流变换的电力电子变换器称为**整流器**。

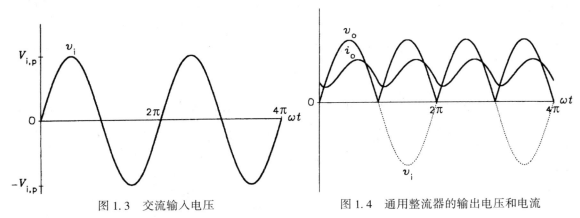

图1.3 交流输入电压   图1.4 通用整流器的输出电压和电流

输出电流i_o可以通过求解负载方程得到：

$$L\frac{di_o}{dt} + Ri_o = v_o \tag{1.3}$$

本章的最后一节将介绍电压、电流的解析解与数值解的求解方法。现在只对它们的一般特征进行概述。由图1.4中通用整流器的输出电流波形可见，由于负载阻抗的频变特性，输出电流比输出电压更接近于理想的直流波形。输出电压第k次谐波分量$v_{o,k}$产生的输出电流第k次谐波分量$i_{o,k}$为

$$I_{o,k} = \frac{V_{o,k}}{\sqrt{R^2 + (k\omega_o L)^2}} \tag{1.4}$$

其中，$I_{o,k}$和$V_{o,k}$分别表示输出电压和电流第k次谐波分量的有效值。该整流器输出电压的基波角频率ω_o是输入频率ω的两倍。负载阻抗[即式(1.4)右侧的分母部分]随电流谐波次数k

3

的增大而增大。显然，输出电流的直流分量($k=0$)对应的阻抗最小，它等于负载电阻。同时，负载电感只能使交流分量衰减。换句话说，阻-感负载相当于一个低通滤波器。

如果通用电力变换器由直流电源供电(输入电压$v_i=V_i=$常数)且输出交流电压，那么开关的动作状态与上述整流器的状态相同。具体而言，为了使输出电压的频率为期望值，状态 1 和状态 2 在输出电压的每半个周期互换一次。这样，输入与输出端的连接方式交替变换，使交流输出电压(非正弦波)的波形如图1.5 所示。其中，输出电流可分为增长部分和衰减部分，这是直流源供电时 RL 电路暂态过程的典型波形。由于负载电感的衰减作用，电流比电压更接近于理想的正弦波。实际应用中，直流-交流的电力变换由**逆变器**完成。本例中，通用逆变器运行在**方波模式**下。

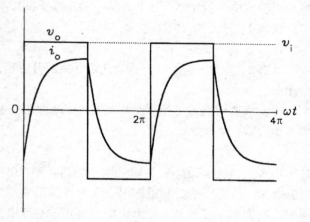

图 1.5　通用逆变器的输出电压和电流

如果输入或输出电压是三相交流电压，那么就需要对上述通用电力变换器的结构进行拓展，但得到的通用电力变换器仍然由开关组成。真正的电力电子变换器由**半导体电力开关网络**组成。为了实现各种各样的目标，还需要在这些电力电子变换器的电路中加入其他元件，如电抗器、电容器、熔断器和辅助电路。但是，实际应用中大部分变换器的基本工作原理和通用电力变换器相同，即根据电力变换的要求使输入和输出端按照特定的方式和顺序直接连接、交叉连接或断开。通常情况下，如上述的通用整流器和逆变器，负载电感用于抑制输出电流中与开关动作相关的多余高频成分。

上述通用电力变换器的输入源为**电压源**，但有些电力电子变换器的输入源为**电流源**。此类变换器需要在输入端上串联一个大的电抗器，从而防止输入电流的急剧变化。同样，电压源型变换器通常需要在输入端上并联一个大的电容器以稳定输入电压。有些变换器在输出侧也利用电抗器或者电容器来平滑输出电流或者电压。

根据电路原理，两个不相等的理想电流源不能串联，两个不相等的理想电压源不能并联。因此，电流源型变换器的负载不能为电流源，而电压源型变换器的负载不能为电压源。正如图1.6 所示，电流源型电力电子变换器需要在负载侧并联一个电容器。该电容器除了用于平滑输出电压，还可以避免输入电感与负载电感串联，防止电感电流不同带来的危害。相比之下，电压源型变换器的输出端上不能并联电容器，负载电感或变换器和负载间的其他电抗器可以完成平滑输出电流的任务。

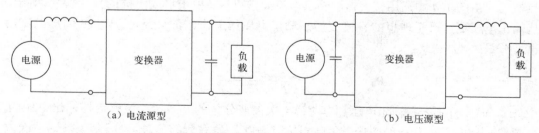

（a）电流源型　　　　　　　　　　　　　（b）电压源型

图 1.6　电力电子变换器的基本结构

1.3 波形的组成和品质因数

本节对 1.2 节提到的"直流分量"、"交流分量"和"谐波"等专业术语进行详细解释。掌握电压和电流波形的基本组成后，就可以对变换器的性能进行评估。上述分量之间的特定关系常常被认为是性能指标或**品质因数**。

如果

$$\psi(t) = \psi(t + T) \tag{1.5}$$

那么，时间函数 $\psi(t)$ 是时间 T 的**周期性**函数。即该函数每 T 秒重复一次。在电力电子技术领域，**频域法**比**时域法**更适合分析电压和电流。因此，定义**基波频率** f_1(Hz) 为

$$f_1 = \frac{1}{T} \tag{1.6}$$

对应的**基波角频率** ω(rad/s) 为

$$\omega = 2\pi f_1 = \frac{2\pi}{T} \tag{1.7}$$

因此，周期性函数 $\psi(\omega t)$ 可以定义为

$$\psi(\omega t) = \psi(\omega t + 2\pi) \tag{1.8}$$

波形 $\psi(\omega t)$ 的**有效值** Ψ 为

$$\Psi \equiv \sqrt{\frac{1}{2\pi} \int_0^{2\pi} \psi^2(\omega t) \mathrm{d}\omega t} \tag{1.9}$$

$\psi(\omega t)$ 的**平均值**，即**直流分量** Ψ_{dc} 为

$$\Psi_{dc} \equiv \frac{1}{2\pi} \int_0^{2\pi} \psi(\omega t) \mathrm{d}\omega t \tag{1.10}$$

$\psi(\omega t)$ 去掉直流分量后的波形 $\psi_{ac}(\omega t)$ 被称为**交流分量**或**纹波**，表示为

$$\psi_{ac}(\omega t) = \psi(\omega t) - \Psi_{dc} \tag{1.11}$$

交流分量的平均值为零，基频为 f_1。

交流分量 $\psi_{ac}(\omega t)$ 的有效值 Ψ_{ac} 为

$$\Psi_{ac} \equiv \sqrt{\frac{1}{2\pi} \int_0^{2\pi} \psi_{ac}^2(\omega t) \mathrm{d}\omega t} \tag{1.12}$$

可见

$$\Psi^2 = \Psi_{dc}^2 + \Psi_{ac}^2 \tag{1.13}$$

对于理想的直流分量，如整流器的负载电流，定义**纹波系数** RF：

$$RF = \frac{\Psi_{ac}}{\Psi_{dc}} \tag{1.14}$$

纹波系数越小表示波形的质量越高。

在继续介绍其他分量和品质因数之前，首先以图 1.4 中通用整流器的输出电压 v_o 为例，对上述术语和公式进行说明。输出电压 v_o 以 π 为周期，在 $0 \sim \pi$ 之间，$v_o = v_i$。因此，输出电压的平均值 $V_{o,dc}$ 可以用波形 ωt 在 $0 \sim \pi$ 之间的面积除以长度 π 得到：

$$V_{o,dc} = \frac{1}{\pi} \int_0^{\pi} V_{i,p} \sin(\omega t) \mathrm{d}\omega t = \frac{2}{\pi} V_{i,p} = 0.64 V_{i,p} \tag{1.15}$$

注意式(1.15)与式(1.10)不同。因为v_o的角频率ω_1等于2ω，因此式(1.15)是对ωt在$[0,\pi]$之间进行积分，而不是对$\omega_1 t$在$[0,2\pi]$之间进行积分。

同样，输出电压的有效值V_o为

$$V_o = \sqrt{\frac{1}{\pi}\int_0^\pi [V_{i,p}\sin(\omega t)]^2 \mathrm{d}\omega t} = \frac{V_{i,p}}{\sqrt{2}} = 0.71 V_{i,p} \tag{1.16}$$

因为$v_o^2 = v_i^2$，所以式(1.16)的计算结果和众所周知的正弦波有效值相等。

基于式(1.13)和式(1.14)，v_o的交流分量的有效值$V_{o,ac}$为

$$V_{o,ac} = \sqrt{V_o^2 - V_{o,dc}^2} = \sqrt{\left(\frac{V_{i,p}}{\sqrt{2}}\right)^2 - \left(\frac{2}{\pi}V_{i,p}\right)^2} = 0.31 V_{i,p} \tag{1.17}$$

电压的纹波系数$\mathrm{RF_V}$为

$$\mathrm{RF_V} = \frac{V_{o,ac}}{V_{o,dc}} = \frac{0.31 V_{i,p}}{0.64 V_{i,p}} = 0.48 \tag{1.18}$$

输出电压v_o分解后的直流和交流分量如图1.7所示。

输出电流纹波系数$\mathrm{RF_I}$的解析解的求解需要先得到输出电流$i_o(\omega t)$的解析解。但是，通过对图1.4的波形进行数值计算，可以得到$\mathrm{RF_I}$的值等于0.31。这个值比输出电压的纹波系数低36%。不过这仅仅是个例子，电力电子变换器输出电流的质量通常比输出电压高。需要注意的是，本例的$\mathrm{RF_I}$值很不理想。高品质直流电流的纹波系数实际上只有百分之几，纹波系数小于5%的电流被认为是理想电流。电流纹波系数的大小取决于变换器的类型，而且它随着负载感性分量的增加而减小。电流波形的分解结果如图1.8所示。

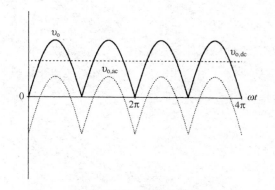

图1.7　通用整流器输出电压波形的分解　　　图1.8　通用整流器输出电流波形的分解

纹波系数不能用于评估交流波形的质量，例如，对逆变器的输出电流，理想情况下该电流是纯正弦波。但是，正如图1.5所示，通过切换电力变换器的开关无法输出理想的正弦电压和电流。因此，需要定义合适的品质因数来描述实际交流波形偏离理想波形的程度。

根据傅里叶级数(参见附录B)的理论，周期函数$\psi(t)$的交流分量$\psi_{ac}(t)$可以表示为无限多个谐波分量[即频率是$\psi(t)$基频f_1的倍数的分量]之和。在频域内

$$\psi_{ac}(\omega t) = \sum_{k=1}^\infty \psi_k(k\omega t) = \sum_{k=1}^\infty \Psi_{k,p}\cos(k\omega t + \varphi_k) \tag{1.19}$$

其中，k为**谐波次数**，$\Psi_{k,p}$和φ_k分别表示第k次谐波分量的峰值和相角。$k=1$时的谐波分量

$\psi_1(\omega t)$ 被称为**基频分量**。本书使用术语"基频电压"和"基频电流"来表示给定电压或电流的基频分量。

周期函数 $\psi(\omega t)$ 的基频分量的峰值 $\Psi_{1,p}$ 为

$$\Psi_{1,p} = \sqrt{\Psi_{1,c}^2 + \Psi_{1,s}^2} \qquad (1.20)$$

其中，

$$\Psi_{1,c} = \frac{1}{\pi} \int_0^{2\pi} \psi(\omega t) \cos(\omega t) \mathrm{d}\omega t \qquad (1.21)$$

$$\Psi_{1,s} = \frac{1}{\pi} \int_0^{2\pi} \psi(\omega t) \sin(\omega t) \mathrm{d}\omega t \qquad (1.22)$$

基频分量的有效值 Ψ_1 为

$$\Psi_1 = \frac{\Psi_{1,p}}{\sqrt{2}} \qquad (1.23)$$

由于函数的基频分量不依赖于直流分量，因此式（1.21）和式（1.22）中的 $\psi(\omega t)$ 可以用交流分量 $\psi_{ac}(\omega t)$ 来代替。

从交流分量中减去基频分量后，就得到了**谐波分量** $\psi_h(\omega t)$：

$$\psi_h(\omega t) = \psi_{ac}(\omega t) - \psi_1(\omega t) \qquad (1.24)$$

$\psi_h(\omega t)$ 的有效值 Ψ_h 被称为函数 $\psi(\omega t)$ 的**谐波含量**：

$$\Psi_h = \sqrt{\Psi_{ac}^2 - \Psi_1^2} = \sqrt{\Psi^2 - \Psi_{dc}^2 - \Psi_1^2} \qquad (1.25)$$

谐波含量可以用于计算**总谐波畸变率** THD：

$$\mathrm{THD} \equiv \frac{\Psi_h}{\Psi_1} \qquad (1.26)$$

电力电子技术以外的领域也大量使用总谐波畸变率的概念，例如，用于表示音频设备的质量特性。从概念上讲，总谐波畸变率是交流分量的纹波系数。

图 1.9 为通用逆变器的输出电压波形的分解，该电压的有效值 V_o 等于直流输入电压 V_i。因为 v_o 等于 V_i 或者 $-V_i$，所以 $v_o^2 = V_i^2$。又因为波形奇对称（参见附录 B），所以输出电压基频分量的峰值 $V_{o,1,p}$ 等于

$$V_{o,1,p} = V_{o,1,s} \qquad (1.27)$$

因此

$$V_{o,1,p} = \frac{2}{\pi} \int_0^{\pi} V_i \sin(\omega t) \mathrm{d}\omega t = \frac{4}{\pi} V_i = 1.27 V_i \qquad (1.28)$$

所以，输出电压的基频分量 $v_{o,1}(\omega t)$ 可以表示为

$$v_{o,1}(\omega t) = V_{o,1,p} \sin(\omega t) = \frac{4}{\pi} V_i \sin(\omega t) \qquad (1.29)$$

输出电压基频分量的有效值 $V_{o,1}$ 为

$$V_{o,1} = \frac{V_{o,1,p}}{\sqrt{2}} = \frac{2\sqrt{2}}{\pi} V_i = 0.9 V_i \qquad (1.30)$$

谐波分量 $V_{o,h}$ 为

$$V_{o,h} = \sqrt{V_o^2 - V_{o,1}^2} = \sqrt{V_i^2 - \left(\frac{2\sqrt{2}}{\pi} V_i\right)^2} = 0.44 V_i \qquad (1.31)$$

因此，输出电压的总谐波畸变率THD_V为

$$THD_V = \frac{V_{o,h}}{V_{o,1}} = \frac{0.44V_i}{0.9V_i} = 0.49 \qquad (1.32)$$

上式的THD_V很高，这是因为通用逆变器运行在方波模式下，因此输出电压的波形与正弦波有很大差别。对应的波形分解如图1.9所示。

经过数值求解后，通用逆变器输出电流i_o的总谐波畸变率THD_I等于0.216，比输出电压的总谐波畸变率小了55%。事实上，如图1.10电流的波形分解所示，电流的谐波分量比基频分量小得多。和通用整流器一样，由该图可见负载电感对输出电流的衰减作用。实际逆变器的THD_I如果不超过0.05(5%)，则认为输出电流的质量很高。

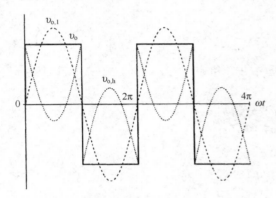

图1.9　通用逆变器输出电压波形的分解　　　　图1.10　通用逆变器输出电流波形的分解

其他用于评估电力电子变换器的常用品质因数有：

（1）变换器的**电源效率** η

$$\eta \equiv \frac{P_o}{P_i} \qquad (1.33)$$

其中P_o和P_i分别表示电力变换器的输出功率和输入功率。

（2）变换器的**转换效率**η_c，对直流输出型变换器有

$$\eta_c \equiv \frac{P_{o,dc}}{P_i} \qquad (1.34)$$

对交流输出型变换器有

$$\eta_c \equiv \frac{P_{o,1}}{P_i} \qquad (1.35)$$

其中$P_{o,dc}$表示直流输出功率，也就是输出电压和输出电流直流分量的乘积，$P_{o,1}$表示交流输出功率，它是输出电压和输出电流基频分量的乘积。

（3）变换器的**输入功率因数** PF 为

$$PF = \frac{P_i}{S_i} \qquad (1.36)$$

其中S_i是视在输入功率。功率因数也可以表示为

$$PF = K_d K_\Theta \qquad (1.37)$$

其中，K_d为**畸变因数**(与总谐波畸变率 THD 不同)，是输入电流基频分量的有效值

8

$I_{i,1}$ 与输入电流有效值I_i之比；K_Θ 为**位移因数**，是输入电压基频分量和输入电流基频分量的夹角 Θ 的余弦。

变换器的电源效率 η 表示电源供给变换器的功率与负载功率之比。相比之下，转换效率η_c表示**有用的**输出功率，因此，转换效率是一个比电源效率更有价值的品质因数。因为变换器的输入电压通常为定值，因此功率因数主要用于测量输入电流（电源供给变换器的电流）的利用率。如果变换器消耗的功率恒定，功率因数高表示电流小，也就是电源功率损耗小。大多数读者认为"功率因数"指的是交流电路理论中电压和电流相角差的余弦。但是，必须强调这种理解仅仅对纯正弦波形才有效，式（1.36）才是功率因数最通用的定义。

在理想的电力变换器中，以上定义的三个品质因数都等于1。接下来仍然以通用整流器为例来说明这三个品质因数的计算方法。因为假设开关为理想开关，所以该通用整流器中没有损耗，输入功率P_i和输出功率P_o相等，其电源效率 η 等于1。

假设通用整流器的负载为阻-感负载，那么可以证明变换器的转换效率η_c是电流纹波系数RF_I的函数。具体而言

$$\eta_c = \frac{P_{o,dc}}{P_i} = \frac{P_{o,dc}}{\frac{P_o}{\eta}} = \eta \frac{RI^2_{o,dc}}{RI^2_o} = \eta \frac{I^2_{o,dc}}{I^2_{o,dc} + I^2_{o,ac}}$$
$$= \frac{\eta}{1 + \left(\frac{I_{o,ac}}{I_{o,dc}}\right)^2} = \frac{\eta}{1 + (RF_I)^2} \tag{1.38}$$

其中 R 是负载电阻。前面已经求得图1.4中电流的纹波系数等于0.307，因此，当$\eta=1$时，转换效率是$1/(1+0.307^2) = 0.914$。

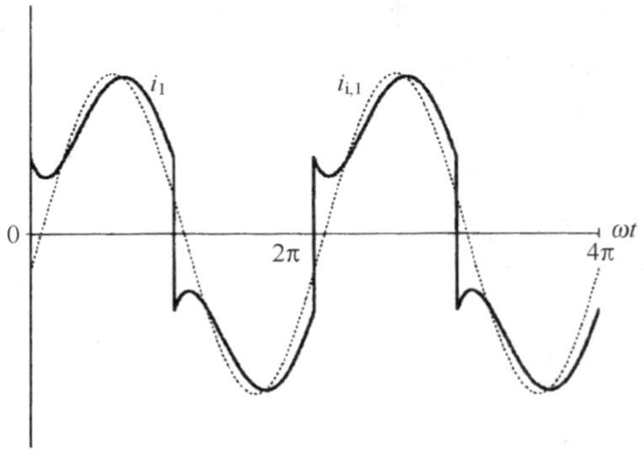

通用整流器的输入电流$i_i(\omega t)$以及通过数值计算得到的基频电流$i_{i,1}(\omega t)$如图1.11所示。通用整流器将输入电压和电流直接（或者改变方向后）输送到输出端。因此，输入电压和电流的有效值V_i与I_i分别和输出电压和电流的有效值V_o及I_o相等。视在输入功率S_i是输入电压和输入电流的有效值的乘积。因此

图1.11 通用整流器输入电流的波形分解

$$PF = \frac{P_i}{S_i} = \frac{\frac{P_o}{\eta}}{V_i I_i} = \frac{RI^2_o}{\eta V_o I_o} = \frac{RI_o}{\eta V_o} \tag{1.39}$$

可见，为了求解功率因数，需要提前知道 R、I_o 和 V_o 的值。例如，上述整流器输入电压的峰值$V_{i,p}$等于100 V，负载电阻 R 等于 1.3 Ω，根据式（1.16），直流输出电压V_o等于70.7 V。输出电流有效值I_o的数值计算解等于51.3 A。因此，PF $=(1.3×51.3)/(1×70.7) = 0.943$（滞后），"滞后"表示输入电流的基频分量滞后于输入电压的基频分量（将图1.4和图1.11进行比较）。

1.4 相位控制和方波控制

1.2节对交流-直流及直流-交流电力变换的原理进行了介绍，它通过控制通用电力变换器的开关，使输入和输出端直接连接、交叉连接、断开或者使输出端直接短路，但1.2节未

涉及输出电压及输出电流的幅值控制方法。

读者可能对电力变压器和自耦变压器比较熟悉，它们用于对交流电压和电流的幅值进行调节。但是这些又大又重的设备是基于频率固定的场合而设计的，不适合于进行大范围的幅值控制。此外，它们的工作原理本质上不能对直流分量进行变换。早期的电气工程主要使用可调电阻进行电压和电流的控制。如今，在基于继电器的电动机启动器以及过时的可调速驱动系统中仍然可以见到**阻性控制**。另外，小型变阻器及电位器仍然广泛应用于不太关注电源效率的小功率电力和电子电路中。

阻性控制不一定真的需要电阻器。实际上，现有的任何晶体管型电力开关都可实现这一功能。饱和状态时晶体管集电极-发射极间的电阻最小，断开状态时通过集电极-发射极的电流实际上为零，这两种电阻之间的中间状态范围很宽。因此，可以将开关看成是一个受控电阻。有人可能会问，电力电子变换器中的晶体管开关是否和小功率模拟电子线路中的晶体管有同样的运行方式呢？

为了说明阻性控制**不适合于**大功率应用，图 1.12 考虑了两种基本方案。为简化分析，假设该电路对直流电压源进行控制，负载为阻性负载。直流输入电压 V_i 恒定，输出电压 V_o 在 $0 \sim V_i$ 的范围内变化。一般来说，当电力变换器的输出量（电压或电流）受控时，定义**幅值控制比 M** 为

$$M \equiv \frac{\Psi_{o,adj}}{\Psi_{o,adj(max)}} \tag{1.40}$$

其中 $\Psi_{o,adj}$ 表示输出可调分量的大小，例如，可控整流器输出电压的直流分量；$\Psi_{o,adj(max)}$ 指这个分量的最大可能值。通常情况下，M 可以从某一个最小值调节到标幺值 1。在有些变换器中，最小值可以为负，甚至小到 -1，这意味着控制变量符号相反。

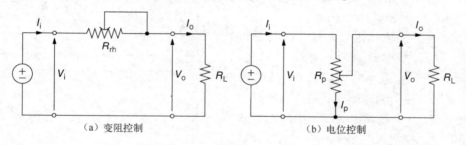

（a）变阻控制　　　　　　　　　（b）电位控制

图 1.12　阻性控制方案

注意不要混淆幅值控制比 M 和**电压增益 K_V**。电压增益通常表示输出电压与输入电压的比值。具体而言，直流电压用平均值表示，交流电压的基频分量用峰值表示。因此，整流器的电压增益定义为直流输出电压 $V_{o,dc}$ 和输入电压的峰值 $V_{i,p}$ 之比。在上述阻性控制方案中，$K_V = V_o/V_i$，由于输出电压的最大可能值等于 V_i，因此电压增益等于幅值控制比 M。

图 1.12（a）为**变阻控制**。变阻器的有效部分 R_{rh} 和负载电阻 R_L 组成了一个分压器。所以

$$M = \frac{V_o}{V_i} = \frac{R_L}{R_{rh} + R_L} \tag{1.41}$$

由于输入电流 I_i 等于输出电流 I_o，电源效率 η 为

$$\eta = \frac{R_L I_o^2}{(R_{rh} + R_L) I_i^2} = \frac{R_L I_o^2}{(R_{rh} + R_L) I_o^2} = \frac{R_L}{R_{rh} + R_L} = M \tag{1.42}$$

10

可见 η 与 M 相同，这是变阻控制的一个严重问题，因为降低输出电压会导致电源效率同比降低。

图 1.12（b）为**电位控制**，这种基于分流原理的控制问题更大。注意输入电流 I_i 大于输出电流 I_o，它们的差值为分压电流 I_p。电源效率 η 为

$$\eta = \frac{V_o I_o}{V_i I_i} = M \frac{I_o}{I_i} \tag{1.43}$$

显然，η 小于 M。

可见，阻性控制的主要缺陷是负载电流需要经过控制电阻。因此，控制电阻消耗部分功率，电源效率小于或等于幅值控制比。对实际的电力电子系统，这是不可接受的。例如，想象一个 120 kVA 的变换器（和现在的标准相比，这个功率不会太大），如果 $M = 0.5$，那么该变换器的功率损耗相当于 40 个 1.5 kW 的家用加热器发出的热量！小功率电力电子变换器的效率很少低于 90%，大功率变换器的效率通常超过 95%。除去经济性问题，变换器功率损耗大，意味着需要的冷却系统更大。即使对现代高效率的电力变换方案，冷却仍是个大问题。这是由于半导体电力开关相对较小，热容量有限，因此，如果冷却不足，它们通常就会很快过热。

阻性控制能对电压和电流的**瞬时值**进行调节，这在许多需要将模拟信号进行放大的应用中非常重要，如广播、电视和录音机等。此时，晶体管和运算放大器都根据阻性控制的原理运行，由于功率很小，所以低效率不是大问题。对下文的电力电子变换器而言，只需要控制直流波形的**平均值**和交流波形的**有效值**。控制方式可以通过周期性地将变换器置于状态 0（参见 1.2 节）来实现，状态 0 使输入和输出端断开连接，且输出端短路。因此，输出电压在指定的时间段内等于零，根据零电压持续时间的长短，可以对输出电压的平均值或有效值的幅度进行调节。

显然，变换器运行模式的切换可以通过适当控制开关来实现。注意**理想**开关没有功率损耗，因为当开关开通（导通）时，开关两侧电压为零，而开关关断（断开）时，开关中的电流为零。因此，电力电子变换器中的电力变换和控制都通过开关动作完成。与通用电力变换器的开关类似，电力电子变换器的半导体电力开关实际上只能运行在两种状态下。完全导通，使主电极之间的电压降最小（导通状态，即通态）；或者完全断开，使通过这些电极的电流最小（断开状态）。这就是电力电子变换器中的开关被称为"半导体电力开关"的原因。

图 1.2 中通用电力变换器的理想开关和实际的半导体电力开关最主要的区别是后者的单向性。在导通状态下，半导体电力开关中的电流只能沿一个方向流动，例如，从晶闸管的阳极流向阴极。因此，理想的半导体电力开关可以等效为一个理想开关和一个理想二极管的串联。

在 20 世纪，基本上只有汞弧整流器、气体管（闸流管）和晶闸管等半控型电力开关可用于功率调节。如 1.1 节所述，半控型开关一旦开通（触发）就不能被关断（熄灭）。导通电流长时间低于最小电流值是闸流管和汞弧整流器电弧熄灭或晶闸管阻断能力恢复的必要条件。如果开关处于交流电路中，开关的关断行为在电流方向从正变为负的时候自然发生。断开后，当阳极-阴极电压周期性为正值时（即开关**正向偏置**）需要再次触发半控型开关。

由于交流输入型电力电子变换器中开关的正向偏置时长为电源的半个周期，所以在开关从反向偏置变成正向偏置后最多可以延迟半个周期触发开关。这样就产生了对变换器输出电压的平均值或有效值进行控制的机会。仍然以通用电力变换器为例来进行说明。为简单起

见，变换器开关的触发时间由 0 时刻改为对应于交流电源 1/4 周期的时间，即频域的 π/2。

图 1.13 所示为可控交流−直流电力变换的结果。如 1.2 节所述，当通用电力变换器的开关 S1~S4 处于断开状态时，开关 S5 必须导通，以避免负载的电感中的电流突然被中断。因此，状态 1 和状态 2 之间需要用状态 0 进行分隔。图 1.4 中输出电压的正弦半波变成 1/4 波。因此，输出电压的直流分量减少了 50%。显然，延迟触发开关 S1~S2 和 S3~S4 会进一步降低该直流分量。当延迟 180° 时，该直流分量降到零。这种模式的通用电力变换器被称为**可控整流器**。实际中，基于晶闸管的可控整流器不需要等效开关 S5。如前所述，导通的晶闸管不能被关断。因此，状态 1 只能通过切换到状态 2 而被终止，也就是说，一对开关替换了另一对开关的电流导通工作。这两种状态都为输出电流提供了一个闭合路径。就算有状态 0，也只会出现在输出电流等于零的时候。

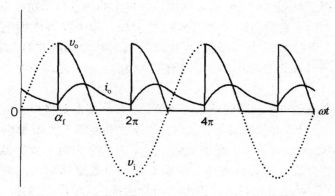

图 1.13 通用整流器的输出电压和电流（触发角为 90°）

在频域，触发延迟用**延迟角**或**触发角**来描述，前述的输出电压控制方法称为**相位控制**，因为触发发生在指定的相角时刻。实际应用中，相位控制仅限于基于晶闸管的电力电子变换器。全控型半导体电力开关通过**脉宽调制（PWM）**技术可以实现更为有效的控制。PWM 技术将在下一节中进行阐述。

通用相控整流器的电压控制特性 $V_{o,dc}(\alpha_f)$ 可以定义为

$$V_{o,dc}(\alpha_f) = \frac{1}{\pi} \int_0^\pi v_o(\omega t) d\omega t = \frac{1}{\pi} \int_{\alpha_f}^\pi V_{i,p} \sin(\omega t) d\omega t = \frac{V_{i,p}}{\pi}[1 + \cos\alpha_f] \tag{1.44}$$

如果 $\alpha_f = 0$，式（1.44）与式（1.15）相同。对应的控制特性如图 1.14 所示，它为非线性控制。

图 1.15 是利用通用电力变换器实现交流−交流电力变换的输出结果，图中，交流输出电压的有效值可调。这一类型的电力电子变换器被称为**交流电压控制器**。实际应用中，交流电压控制器大都以**双向晶闸管**为基础，双向晶闸管的内部结构等效于两个反并联的晶闸管。相控交流电压控制器不需要有和开关 S5 对应的支路。

通用相控交流电压控制器的电压控制特性 $V_o(\alpha_f)$ 可表示为

$$V_o(\alpha_f) = \sqrt{\frac{1}{\pi} \int_0^\pi v_o^2(\omega t) d\omega t} = \sqrt{\frac{1}{\pi} \int_{\alpha_f}^\pi [V_{i,p} \sin(\omega t)]^2 d\omega t}$$
$$= V_{i,p} \sqrt{\frac{1}{2\pi} \left[\pi - \alpha_f + \frac{\sin 2\alpha_f}{2} \right]} \tag{1.45}$$

如图 1.16 所示，电压控制特性也是非线性的。输出电压的基频分量$V_{o,1}$和触发角也是非线性关系。

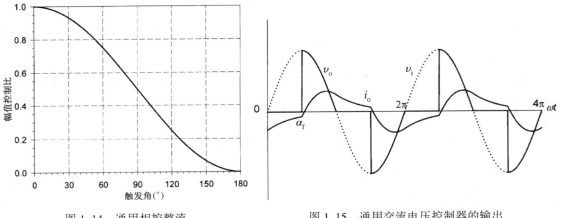

图 1.14　通用相控整流　　　　　图 1.15　通用交流电压控制器的输出
器的控制特性　　　　　　　　　　　电压和电流（触发角为90°）

通用逆变器也可以利用零状态来控制输出电压的幅值。类似于触发角α_f，可以延迟有效状态 1 和状态 2 的触发时间，滞后的角度被称为**延迟角**α_d（交流输入型变换器中可以用"延迟角"取代"触发角"）。产生的**方波模式**如图 1.17所示。图中，延迟角为30°。利用傅里叶变换，输出电压基频分量的有效值$V_{o,1}$为

$$V_{o,1} = \frac{2\sqrt{2}}{\pi} V_i \cos\alpha_d \approx 0.9 V_i \cos\alpha_d \qquad (1.46)$$

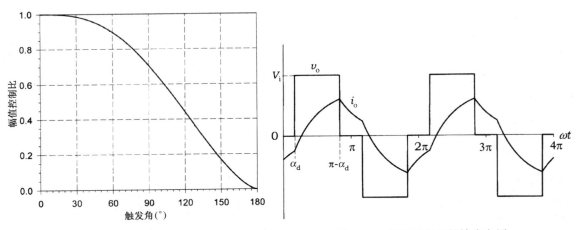

图 1.16　通用相控交流电压　　　　图 1.17　通用逆变器的输出电压
控制器的控制特性　　　　　　　　　　和电流（延迟角为30°）

1.5　脉宽调制（PWM）

正如 1.4 节所述，半控型电力开关的运行特性决定了可以通过调节延迟角来控制电力电

13

子变换器的输出电压。相位控制法，虽然概念上很简单，但会导致变换器输出电流严重畸变。畸变随着延迟时间的增加而增大。显然，电流畸变是电压畸变的结果。但是，实际应用中，对电力电子变换器输出电压的关注程度远不如输出电流。准确地说，灯泡的发光、电动机的转矩或电化学工厂的电解过程，都是**电流作用的结果**。

如前所述，实际应用中大多数负载都包含电感。由于这种负载相当于一个低通滤波器，所以变换器输出电压的高阶谐波分量对输出电流的影响比低阶谐波分量的影响小。因此，电流的质量主要由输出电压的低阶谐波分量的幅值决定。图 1.18 为通用相控整流器和交流电压控制器输出电压的频谱。图中，谐波分量的幅值是基于输入电压峰值$V_{i,p}$的标幺值，两个频谱上都出现幅值很高的低阶谐波分量。

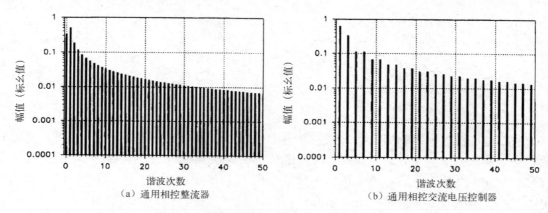

图 1.18　输出电压的谐波频谱(触发角为 90°)

对交流输入型变换器，控制**输入**电流的畸变也很重要。来自电力系统的畸变电流会产生**谐波污染**，既导致继电保护装置的误操作，又会对通信系统造成电磁干扰(EMI)。为了缓解这些问题，电网要求变换器安装输入滤波器，这导致电力变换总成本的增加。而且，需要滤除的谐波阶次越低，滤波器的容量和价格就越高。上文还提到过另一种电压和电流的控制方法——**脉宽调制(PWM)**，该方法既能提供更好的频谱特性，又能降低滤波器的容量。因此，现代电力电子变换器越来越多地采用 PWM 方案。

脉宽调制的原理可以用通用电力变换器来说明。该变换器实现直流-直流电力变换，其中电源为恒定直流电压源。变换器对输出电压直流分量进行控制。如图 1.19 所示，通过控制变换器的开关，使得输电电压由一系列脉冲串(状态 1)和置于脉冲之间的陷波(状态 0)组成。这种电力电子变换器实际上就是**斩波器**。给电子设备供电的小功率斩波器被称为**直流稳压器**，或称为**直流-直流变换器**。

图 1.19 中，脉冲和陷波的持续时间相同，也就是说，开关 S1 和 S2 的**占空比**都等于 0.5。开关占空比 d 的定义为

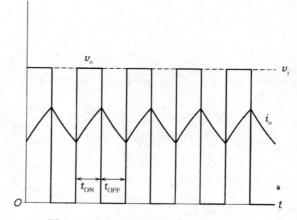

图 1.19　通用斩波器的输出电压和电流

14

$$d \equiv \frac{t_{\mathrm{ON}}}{t_{\mathrm{ON}} + t_{\mathrm{OFF}}} \tag{1.47}$$

其中，t_{ON}表示导通时间，也就是开关处于导通状态的时长，t_{OFF}表示断开时间，也就是开关处于断开状态的时长。本例中，开关 S5 的占空比也是 0.5。但是，如果开关 S1 和 S2 的占空比为其他值，如 0.6，那么开关 S5 的占空比便等于 0.4。通用电力变换器中开关 S3 和 S4 被闲置(除非需要使输出电压反向)，所以它们的占空比为零。

显然，输出电压的平均值(直流分量)$V_{\mathrm{o,dc}}$和恒定直流输入电压V_{i}及开关 S1 和 S2 的占空比d_{12}成正比，即

$$V_{\mathrm{o,dc}} = d_{12} V_{\mathrm{i}} \tag{1.48}$$

由于占空比的范围可能从 0(开关一直断开)变化到 1(开关一直闭合)，因此适当调整开关的占空比可以使$V_{\mathrm{o,dc}}$在 0 ~ V_{i}之间变化。由式(1.48)可见，通用斩波器的电压控制特性$V_{\mathrm{o,dc}} = f(d_{12})$具有线性特性。

开关频率f_{sw}的定义为

$$f_{\mathrm{sw}} \equiv \frac{1}{t_{\mathrm{ON}} + t_{\mathrm{OFF}}} \tag{1.49}$$

它对输出电压的直流分量没有影响。但是，输出电流的质量取决于f_{sw}。例如，图 1.20 中每秒的脉冲数量是图 1.19 中脉冲数量的两倍，对应的电流纹波将减少50% 左右。变换器连续状态变化的间隔时间需要足够短，以避免输出电压连续"跳转"引起电流明显改变。

电流纹波的减少还可以通过对输出电压的谐波分析来解释。注意输出频率的基频等于开关频率。所以，电压的交流谐波分量是f_{sw}的整数倍。负载的电感电抗和这些频率成正比。因此，如果开关频率足够高，输出电流的交流分量将大幅衰减，使得电流实际上成为理想的直流波形。

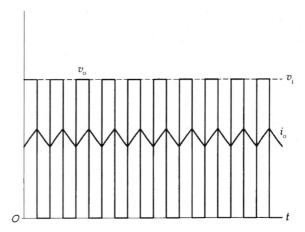

图 1.20　开关频率是图 1.19 的两倍时，通用斩波器的输出电压和电流

PWM 电压控制可以用于本章中的各类电力变换。不像图 1.13 和图 1.15 用延迟触发的方式取出实线段作为输出电压，PWM 模式可以直接忽略一系列窄小线段，如图 1.21 所示。图中，开关频率与输入频率的比值 N 等于 12。即输出电压每个周期的脉冲数等于 12。输出电流的质量比图 1.13 和图 1.15 的电流质量高得多，可见，脉宽调制型变换器比相位控制型变换器优越。

注意，为了清楚地展示波形，本书 PWM 变换器的开关频率比实际的开关频率低。根据电力开关的类型，开关频率很少小于 1 kHz，通常都有数千赫兹。**超音速变换器**的频率甚至大于 20 kHz。因此，如果一个 60 Hz PWM 交流电压控制器的开关频率是 3.6 kHz，那么每个周期的输出电压将被"切"成 60 段，而不是图 1.21(b) 所示的 12 段。一般来说，开关频率应该比负载对应的主要(最长)时间常数的倒数高出数倍。

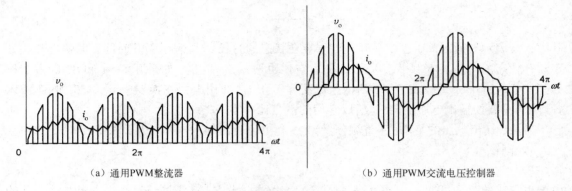

（a）通用PWM整流器 　　　　　　　　　（b）通用PWM交流电压控制器

图1.21　输出电压和电流（$N = 12$）

占空比固定的其他 PWM 变换器，如 PWM 整流器和 PWM 交流电压控制器，也满足斩波器的线性关系式（1.48）。在这些变换器中

$$V_{o,adj} = dV_{o,adj(max)} \qquad (1.50)$$

即幅值控制比 M 等于连接输入输出端的开关的占空比 d。根据变换器的不同类型，符号 $V_{o,adj}$ 可以代表输出电压的基频交流分量或可调直流分量。$V_{o,adj(max)}$ 表示该分量的最大可能值。不过，如果输出电压用**有效值**V_o表示，那么它与占空比的开方成正比，即

$$V_o = \sqrt{d}V_{o(max)} \qquad (1.51)$$

其中$V_{o(max)}$是输出电压的最大有效值。$V_{o,adj(max)}$ 和$V_{o(max)}$的值取决于变换器的类型和输入电压的幅值。为了和图 1.14、图 1.16 所示的通用相控变换器进行比较，图 1.22 为通用 PWM 整流器[参见式（1.50）]和通用 PWM 交流电压控制器[参见式（1.51）]的控制特性。

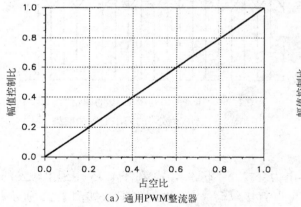
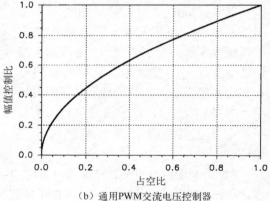

（a）通用PWM整流器 　　　　　　　　　（b）通用PWM交流电压控制器

图1.22　控制特性

图 1.23 为通用 PWM 整流器和通用 PWM 交流电压控制器输出电压的谐波频谱（单位为标幺值）。图中，开关频率是输入频率的 24 倍，即输出电压的每个周期中含有 24 个脉冲。变换器开关的占空比等于 0.5。将图 1.23 与图 1.18 进行比较，可以发现这两种控制方式的本质区别。图 1.23 中，低阶谐波分量被抑制，特别是通用 PWM 交流电压控制器的低阶谐波分量。通用 PWM 整流器的高阶谐波集中出现在以 12 为倍数的区域上，通用 PWM 交流电压控制器则出现在以 24 为倍数的区域上。输出电压的低阶谐波分量被抑制，表示输出电流的质

16

量得到提高。

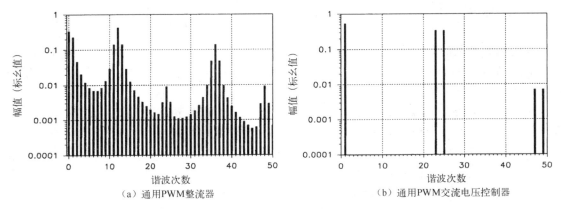

（a）通用PWM整流器　　　　　　　（b）通用PWM交流电压控制器

图 1.23　输出电压的频谱（$N=24$）

　　注意，上述 PWM 变换器的开关占空比固定，因此控制很简单，这种方法仅用于说明 PWM 变换器的基本原理。在实际应用中，斩波器和交流电压控制器常常使用固定的占空比。PWM 整流器和逆变器采用更复杂的脉宽调制技术，开关占空比将在输出电压的整个周期中持续变化。这种技术也可以应用于 PWM 交流电压控制器。

　　以占空比可变为特点的脉宽调制技术将在第 4 章和第 7 章得到详细阐述。图 1.24 为占空比可变时通用 PWM 逆变器的输出电压和电流波形，其中每个周期的电压脉冲数 $N=10$。图 1.24（a）中，和基频输出电压幅值相关的幅值控制比 $M=1$，图 1.24（b）中，$M=0.5$。可见，电压脉冲的宽度与幅值控制比成正比。输出电流虽然仍有纹波，但比通用逆变器运行在方波模式时的输出电流（参见图 1.10）更接近理想正弦波。随着开关频率的增加，电流的谐波含量会进一步降低。

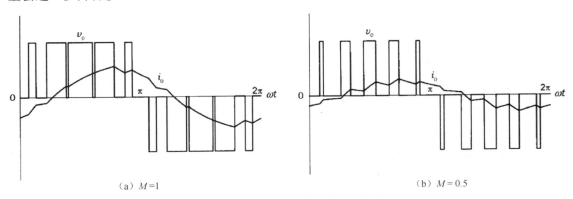

（a）$M=1$　　　　　　　　　　（b）$M=0.5$

图 1.24　通用 PWM 逆变器的输出电压和电流（$N=10$）

　　本节的所有 PWM 变换器例子都表明，**开关频率越高，输出电流的质量越好**。但是，实际的电力电子变换器中的开关频率受如下 3 个因素的限制。首先，任何电力开关都需要时间完成导通和断开状态的转换，因此，开关的工作频率受限，允许的最高频率受限于开关的类型和额定值。其次，变换器控制系统的动作速度受限。最后，如第 2 章所述，实际应用中**开关损耗**随着开关频率的增加而增加，这将降低电力变换的效率（参见第 2 章）。因此，PWM 变换器的开关频率应该在变换器运行质量和效率之间进行合理折中。

1.6　电流波形计算

发电机或蓄电池等提供原始功率的电源基本上都是电压源。由于静态电力变换器是由开关组成的网络，所以由变换器的运行原理可以很容易地确定输出电压。但因为输出电流依赖于电压和负载，因此难以确定。

正如通用电力变换器所示，电力电子变换器大部分时间运行在"准稳定"状态，也就是一系列暂态。变换器是变拓扑结构的电路，每次拓扑结构的变化都会启动一个新的暂态。每一个拓扑结构中电压和电流的终值都成为下一个拓扑结构的初值。由于线性电路可以用线性常微分方程来描述，电流求解的问题就成为经典的初值问题。之后会介绍，为了代替微分方程，运行在 PWM 模式下的变换器可以用差分方程进行描述。

如果变换器的负载是线性的，而且输出电压可以表示为解析解，则和变换器各种状态对应的输出电流也可以表示为解析解。但是，如果用计算机进行分析，就需要采用数值计算法来求解电流波形的一系列相邻点。接下来的章节将对解析法和数值计算法进行介绍。

1.6.1　解析解

为了阐述电力电子变换器输出电流解析解的求解过程，本节以通用整流器、通用逆变器和通用 PWM 交流电压控制器为例，其中负载均假定为阻-感负载。

图 1.25 所示为通用电力变换器的阻-感负载电路。如果变换器运行在整流器模式下，当式(1.1)的交流输入电压为负时，输入和输出端需要交叉连接。因此，输出电压$v_o(t)$和电流$i_o(t)$的周期都是 $T/2$，其中 T 是输入电压的周期，等于 $2\pi/\omega$。因此，接下来对通用整流器的所有讨论都仅限于区间$[0, T/2]$。

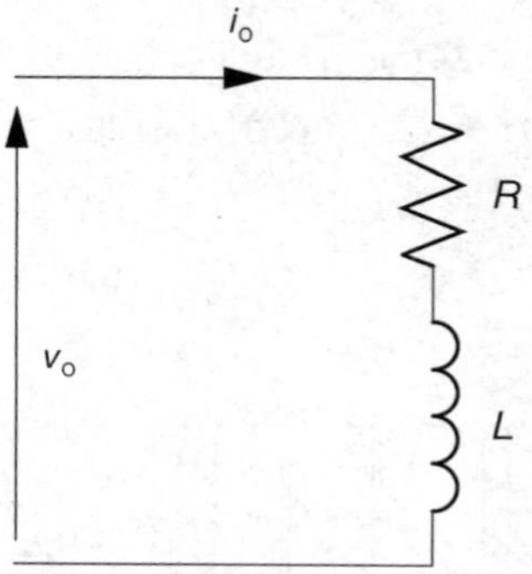

图 1.25　阻-感负载电路

对图 1.25 的电路采用基尔霍夫电压定律，得

$$Ri_o(t) + L\frac{di_o(t)}{dt} = V_{i,p}\sin(\omega t) \tag{1.52}$$

上式可以使用拉普拉斯变换来求解$i_o(t)$，或者简单地利用线性微分方程组的特性，将$i_o(t)$表示为

$$i_o(t) = i_{o,F}(t) + i_{o,N}(t) \tag{1.53}$$

其中$i_{o,F}(t)$和$i_{o,N}(t)$分别表示$i_o(t)$的**强制分量**和**自由分量**。这种方法很方便，因为强制分量构成式(1.52)的稳态解，也就是正弦电压$v_i(t)$在图 1.25 所示电路中产生的稳态电流。电气工程师应该都知道

$$i_{o,F}(t) = \frac{V_{i,p}}{Z}\sin(\omega t - \varphi) \tag{1.54}$$

其中

$$Z = \sqrt{R^2 + (\omega L)^2} \tag{1.55}$$

$$\varphi = \arctan\left(\frac{\omega L}{R}\right) \tag{1.56}$$

分别代表阻-感负载的阻抗和相角。由式(1.52)到强制分量的表达式(1.54)的求解方法能节省大量的工作。

将式(1.52)右侧(激励)置零后，对应齐次方程的解即为自由分量$i_{o,N}(t)$，

18

$$Ri_{\text{o,N}}(t) + L\frac{\mathrm{d}i_{\text{o,N}}(t)}{\mathrm{d}t} = 0 \tag{1.57}$$

可见，$i_{\text{o,N}}(t)$ 和其导数的线性组合等于零。显然，指数函数

$$i_{\text{o,N}}(t) = Ae^{BT} \tag{1.58}$$

是该齐次方程的最优解。将式（1.58）代入式（1.57）

$$RAe^{BT} + LABe^{BT} = 0 \tag{1.59}$$

可得，$B = -R/L$，所以

$$i_{\text{o,N}}(t) = Ae^{-\frac{R}{L}t} \tag{1.60}$$

因此，基于式（1.53）和式（1.54），有

$$i_{\text{o}}(t) = \frac{V_{\text{i,p}}}{Z}\sin(\omega t - \varphi) + Ae^{-\frac{R}{L}t} \tag{1.61}$$

为了求解常数 A，需要利用整流器在准稳态下的已知条件，$i_{\text{o}}(0) = i_{\text{o}}(T/2) = i_{\text{o}}(\pi/\omega)$（如图 1.4 所示）。因此

$$\frac{V_{\text{i,p}}}{Z}\sin(-\varphi) + A = \frac{V_{\text{i,p}}}{Z}\sin(\pi - \varphi) + Ae^{-\frac{R}{L}\frac{\pi}{\omega}} \tag{1.62}$$

其中

$$-\frac{R\pi}{L\omega} = -\frac{\pi}{\tan\varphi} \tag{1.63}$$

求解方程式（1.62），得到

$$A = \frac{2V_{\text{i,p}}\sin\varphi}{Z\left[1 - e^{-\frac{\pi}{\tan\varphi}}\right]} \tag{1.64}$$

因此

$$i_{\text{o}}(t) = \frac{V_{\text{i,p}}}{Z}\left[\sin(\omega t - \varphi) + \frac{2\sin\varphi}{1 - e^{-\frac{\pi}{\tan\varphi}}}e^{-\frac{R}{L}t}\right] \tag{1.65}$$

推导式（1.65）所用的时间和精力显然要少于拉普拉斯变换法。读者可以自行推导以证实这个结论。

当通用电力变换器运行在逆变器状态下时，状态 1 对应的输出电压为 V_{i}，状态 2 对应的输出电压为 $-V_{\text{i}}$。如果用 T 表示输出电压的周期，那么可以假设在 $[0,T/2]$ 区间，变换器为状态 1，$[T/2,T]$ 之间为状态 2。由于输出电压每半个周期改变一次方向，因此第二个半周波输出电流 $i_{\text{o(2)}}(t)$ 的值为 $-i_{\text{o(1)}}(t - T/2)$，其中 $i_{\text{o(1)}}(t)$ 是第一个半周波的输出电流。因此，接下来只需要求解 $i_{\text{o(1)}}(t)$ 的值。

阻-感负载电路中，可由欧姆定律得到直流电压 $v_{\text{o}} = V_{\text{i}}$ 的电流 $i_{\text{o(1)}}(t)$ 的强制分量 $i_{\text{o,F(1)}}(t)$：

$$i_{\text{o,F(1)}} = \frac{V_{\text{i}}}{R} \tag{1.66}$$

自由分量由负载决定，和通用整流器的输出电流相同。因此

$$i_{\text{o(1)}}(t) = \frac{V_{\text{i}}}{R} + Ae^{-\frac{R}{L}} \tag{1.67}$$

由条件 $i_{\text{o(1)}}(0) = -i_{\text{o(1)}}(T/2)$（参见图 1.5）得：

$$\frac{V_{\text{i}}}{R} + A = -\left[\frac{V_{\text{i}}}{R} + Ae^{-\frac{\pi}{\tan\varphi}}\right] \tag{1.68}$$

可以求得常数 A

$$A = \frac{-2}{1 + e^{-\frac{\pi}{\tan\varphi}}} \frac{V_i}{R} \tag{1.69}$$

因此有

$$i_o(t) = \begin{cases} \dfrac{V_i}{R}\left[1 - \dfrac{2}{1 + e^{-\frac{\pi}{\tan\varphi}}} e^{-\frac{R}{L}t}\right], & 0 < t \leqslant \dfrac{T}{2} \\[4mm] -\dfrac{V_i}{R}\left[1 - \dfrac{2}{1 + e^{-\frac{\pi}{\tan\varphi}}} e^{-\frac{R}{L}\left(t - \frac{T}{2}\right)}\right], & \dfrac{T}{2} < t \leqslant T \end{cases} \tag{1.70}$$

　　最后，本节对 PWM 交流电压控制器进行讨论。在输出电压的一个周期内，PWM 交流电压控制器的状态变化了很多次，每个时间间隔内的输出电流都由不同的方程进行描述。因此，为了有效表示波形，这里采用迭代法。迭代公式的一般形式是 $i_o(t+\Delta t) = f[i_o(t), t]$，表示输出电流的下一个值将利用它的上一个值计算得到，其中 Δt 是时间步长。

　　为了进一步推导迭代公式，这里做了两个简化假设：第一，电流波形分段线性化；第二，输出电流的初值 $i_o(0)$ 等于输出电压基频分量在该负载上产生的正弦电流。因此，如果通用 PWM 交流电压控制器的输入电压如式（1.1）所示，那么输出电流的初值为

$$i_o(0) = M\frac{V_{i,p}}{Z}\sin(\omega t - \varphi)\big|_{t=0} = -M\frac{V_{i,p}}{Z}\sin\varphi \tag{1.71}$$

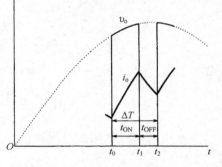

图 1.26　通用 PWM 交流电压控制器
的部分输出电压和电流波形

　　该控制器的输出电压波形如图 1.21（b）所示，它是被切断的正弦波。该输出电压在一个开关周期内的波形以及对应的输出电流如图 1.26 所示。和开关周期对应的时间段 $[t_0, t_2]$ 被称为**开关周期**。控制器在 $[t_0, t_1]$ 的时间段内状态等于 1，输出电压等于输入电压，在 $[t_1, t_2]$ 的时间段内，输出电压等于零，控制器状态为 0。将时间间隔 $t_2 - t_0$ 定义为 ΔT，导通时间 t_{ON} 等于 $M\Delta T$，断开时间 t_{OFF} 等于 $(1-M)\Delta T$。

　　负载电路的微分方程为

$$Ri_o(t) + L\frac{di_o(t)}{dt} = v_o(t) \tag{1.72}$$

当 $t = t_0$ 时，上述方程可以写为

$$Ri_o(t_0) + L\frac{\Delta i_o}{\Delta t} = V_{i,p}\sin(\omega t_0) \tag{1.73}$$

其中，$\Delta i_o = i_o(t_1) - i_o(t_0)$ 和 $\Delta t = t_1 - t_0$ 均为**差分方程**。考虑到 $\Delta t = M\Delta T$，求解式（1.73），可以得到 $i_o(t_1)$：

$$i_o(t_1) = i_o(t_0) + \frac{M}{L}[V_{i,p}\sin(\omega t_0) - Ri_o(t_0)]\Delta T \tag{1.74}$$

同样，当 $t = t_1$ 时，负载电路方程为

$$Ri_o(t_1) + L\frac{\Delta i_o}{\Delta t} = 0 \tag{1.75}$$

其中 $\Delta i_o = i_o(t_2) - i_o(t_1)$，$\Delta t = t_2 - t_1$。上述方程可以重新写为

$$i_o(t_2) = i_o(t_1)\left[1 - \frac{R}{L}(1-M)\Delta T\right] \tag{1.76}$$

利用式（1.71）、式（1.74）和式（1.76）就可以连续计算输出电流的分段线性化波形。实际应用中，PWM 变换器的开关频率 $f_{sw}=1/\Delta T$ 通常比输入或输出频率至少高一个数量级，上述近似计算足以满足所有精度要求。

1.6.2 数值解

当使用计算机程序对变换器进行仿真时，输出电压是和时间序列 t_0，t_1，t_2，$\cdots$ 对应的一系列值 $v_{o,0}$，$v_{o,1}$，$v_{o,2}$，$\cdots$。这些时间序列的间隔需要足够小，使得 $t_{n+1}-t_n \ll \tau$，其中 τ 表示仿真系统的最小时间常数。对应的输出电流值 $i_{o,1}$，$i_{o,2}$，$i_{o,3}$，$\cdots$ 是负载电路对阶跃电压 $v_{o,0}u(t-t_0)$，$v_{o,1}u(t-t_1)$，$v_{o,2}u(t-t_2)$，$\cdots$ 的响应，其中 $u(t-t_n)$ 表示 $t=t_n$ 时的单位阶跃函数。

例如，对上一节的阻-感负载，$t \geq t_n$ 时负载电路的微分方程可以重写为

$$Ri_o(t) + L\frac{\mathrm{d}i_o(t)}{\mathrm{d}t} = v_{o,n}u(t-t_n) \tag{1.77}$$

其中 $u(t-t_n)=1$。对式（1.77）求解，得到 $i_o(t)$ 的强制分量 $i_{o,F}(t)$ 为

$$i_{o,F}(t) = \frac{v_{o,n}}{R} \tag{1.78}$$

自由分量 $i_{o,N}(t)$ 为

$$i_{o,N}(t) = Ae^{-\frac{R}{L}t} \tag{1.79}$$

因此

$$i_o(t) = \frac{v_{o,n}}{R} + Ae^{-\frac{R}{L}t} \tag{1.80}$$

利用下述方程：

$$i_o(t_n) = i_{o,n} = \frac{v_{o,n}}{R} + Ae^{-\frac{R}{L}t_n} \tag{1.81}$$

可以求得常数 A 为

$$A = \left(i_{o,n} - \frac{v_{o,n}}{R}\right)e^{\frac{R}{L}t_n} \tag{1.82}$$

将 $t=t_{n+1}$ 和式（1.82）代入式（1.80），并用 $i_{o,n+1}$ 代替 $i_o(t_n+1)$，可得到

$$i_{o,n+1} = \frac{v_{o,n}}{R} + \left(i_{o,n} - \frac{v_{o,n}}{R}\right)e^{-\frac{R}{L}(t_{n+1}-t_n)} \tag{1.83}$$

上述公式可以写成迭代公式 $i_{o,n+1}=f(i_{o,n},t_{n+1}-t_n)$，因此可以方便地求解输出电流的连续值。

其他常见的负载和对应的输出电流数值计算公式有

阻性负载（R 负载）：

$$i_{o,n} = \frac{v_{o,n}}{R} \tag{1.84}$$

感性负载（L 负载）：

$$i_{o,n+1} = i_{o,n} + \frac{v_{o,n}}{L}(t_{n+1}-t_n) \tag{1.85}$$

阻性-反电动势负载（RE 负载）：

$$i_{o,n} = \frac{v_{o,n} - E_n}{R} \tag{1.86}$$

其中 E_n 表示 $t=t_n$ 时的负载电动势。负载电动势和电阻 R 串联，它的方向和输出电流的正方向相反。

感性-反电动势负载（LE 负载）：

$$i_{o,n+1} = i_{o,n} + \frac{v_{o,n} - E_n}{L}(t_{n+1} - t_n) \tag{1.87}$$

其中负载电动势和电感 L 串联。

阻性-感性-反电动势负载（RLE 负载）：

$$i_{o,n+1} = \frac{v_{o,n} - E_n}{R} + \left(i_{o,n} - \frac{v_{o,n} - E_n}{R}\right) e^{-\frac{R}{L}(t_{n+1} - t_n)} \tag{1.88}$$

其中负载为电阻 R、电感 L 和电动势 E 的串联。

上述过程也可以用于分析普及性稍弱的电流源型变换器。由电流源型变换器的工作原理可以很容易确定电流的大小，而电压的大小需要通过对微分方程进行解析或数值计算。

在工程实践中，需要使用专门的计算机程序来对电力电子变换器进行建模与分析。本书使用可以免费下载的软件包 LTspice 对大部分上机作业进行仿真（参见附录 A）。软件市场上还可以购买到加州大学伯克利分校开发的其他版本的原始 Spice 商业软件。很多国家专门对开关型电力电子变换器进行动态特性建模，其中 Saber 在众多高级仿真程序中名声最大。EMTP 程序主要用于电力系统分析，也可以对电力电子变换器进行仿真，而且特别适用于研究变换器对电力系统的影响。Simulink，Simplorer 或 ACSL 等通用动态仿真器不仅可以分析变换器，而且可以分析包含变换器的整个系统，如电动机驱动系统。

1.6.3　实例：单相二极管整流器

接下来以单相二极管整流器为例，对以上两节的分析结果进行说明，同时对实际应用中的电力电子变换器进行介绍。单相二极管整流器是电力系统中最简单的静态变换器。其中的电力二极管被认为是不可控半导体电力开关。电力二极管在阳极电压高于阴极电压（即二极管正向偏置）时开通（导通），当电流改变方向时关断（断开）。

单脉波（单相半波）二极管整流器如图 1.27 所示。从功能上看，它类似于只有开关 S1 和 S2 的降阶的通用电力变换器，只要负载电流流经这些路径，它们就保持导通状态。如果负载是纯阻性负载（R 负载）且输入电压为式（1.1）所示的正弦波，则输出电流波形与输出电压相似，如图 1.28 所示。

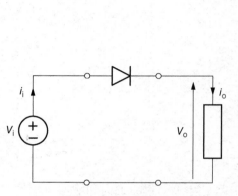

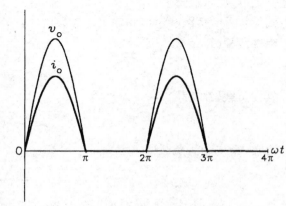

图 1.27　单脉波二极管整流器　　　图 1.28　单脉波二极管整流器的输出电压和电流（R 负载）

比较图 1.28 和图 1.4 可见，单脉波二极管整流器输出电压的平均值 $V_{o,dc}$ 只有 1.2 节中通用整流器输出电压的一半，即 $V_{o,dc} = V_{i,p}/\pi \approx 0.32 V_{i,p}$ [参见式（1.15）]。因为输入电压每周期只输出一个"脉波"电流，所以该整流器被称为单脉波二极管整流器。

当负载包含电感（阻−感负载）时，电压增益更低。如果在 $\omega t = \alpha_e$ 时负载电流为零，则可以使用方程式（1.61）来描述 $\omega t = \alpha_e$ 之前的输出电流，其中 α_e 称为**熄弧角**。因此，

$$i_o(0) = \frac{V_{i,p}}{Z}\sin(-\varphi) + A = 0 \tag{1.89}$$

可得

$$A = \frac{V_{i,p}}{Z}\sin\varphi \tag{1.90}$$

当 $i_o > 0$，即 $0 < \omega t \leqslant \alpha_e$ 时

$$i_o(t) = \frac{V_{i,p}}{Z}\left[\sin(\omega t - \varphi) + e^{-\frac{R}{L}t}\sin\varphi\right] \tag{1.91}$$

用 α_e/ω 替代 t，用 0 替代 i_o，可以由下式求得熄弧角：

$$\frac{V_{i,p}}{Z}\left[\sin(\alpha_e - \varphi) + e^{-\frac{\alpha_e}{\tan\varphi}}\sin\varphi\right] = 0 \tag{1.92}$$

显然，熄弧角 α_e 是负载阻抗角 φ 的函数，它没有解析解，只能通过数值计算得到。第 4 章将会对熄弧角的计算进行更详细的分析。

图 1.29 为带阻−感负载时单脉波二极管整流器的输出电压和电流。当熄弧角大于 180° 且当 ωt 在 $[\pi, \alpha_e]$ 的区间内时，输出电压为负。电压平均值整体低于阻性负载下的平均值。这种情况可以通过在负载侧并联**续流二极管** DF 来改善，对应电路如图 1.30 所示。

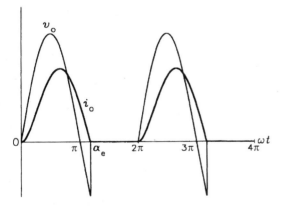

图 1.29 单脉波二极管整流器的输出电压和电流（RL负载）

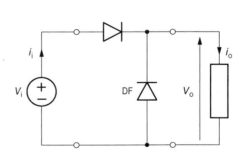

图 1.30 带有续流二极管的单脉波二极管整流器

续流二极管对应于通用电力变换器的开关 S5，它在输出电压为零时将输出端短接，使得输出电流在 $[\pi, \alpha_e]$ 的时间段内有流通路径。在电压等于零之前，输出电压的波形和图 1.29 所示的电压波形相同，输出电流如式（1.91）所示。之后，电流通过续流二极管 DF 逐步衰减到零。因为 $v_o = 0$，电流方程简化为

$$i_o(t) = Ae^{-\frac{R}{L}t} \tag{1.93}$$

因为式（1.91）和式（1.93）在 $\omega t = \pi$ 时相等，因此常数 A 等于

$$\frac{V_{i,p}}{Z}\left[1+e^{-\frac{\pi}{\tan(\varphi)}}\right]\sin\varphi = Ae^{-\frac{\pi}{\tan\varphi}} \tag{1.94}$$

由式(1.94)得

$$A = \frac{V_{i,p}}{Z}\left[e^{\frac{\pi}{\tan\varphi}}+1\right]\sin\varphi \tag{1.95}$$

所以

$$i_o(t) = \frac{V_{i,p}}{Z}\left[e^{\frac{\pi}{\tan\varphi}}+1\right]e^{-\frac{R}{L}t}\sin\varphi \tag{1.96}$$

含续流二极管时单脉波二极管整流器的输出电压和电流的波形如图 1.31 所示。

对单脉波二极管整流器进行更彻底的改进,如图 1.32 所示,输出端上跨接有电容器。当输入电压很高时,电容器充电,当输入电压减小到低于电容器和负载上的电压时,电容器放电,当负载为阻性负载时,输出电压v_o和电容器电流i_C的典型波形如图 1.33 所示。学习程度较高的读者可以利用本章介绍的方法推导这些波形的解析表达式。

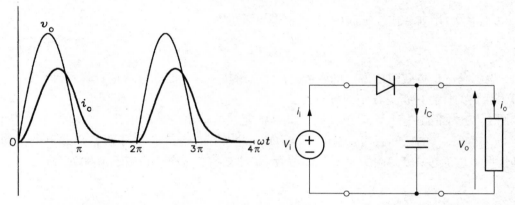

图 1.31 带有续流二极管的单脉波二极管整流　　　图 1.32 带有输出电容器的单
器的输出电压和电流(阻-感负载)　　　　　　　脉波二极管整流器

实际上,单脉波二极管整流器不是真正的电力电子设备,因为它的输出电容器非常大。在图 1.34 所示的双脉波(单相全波)二极管整流器中,输出电压的平均值$V_{o,dc}$可以增大到$2V_{i,p}/\pi \approx$

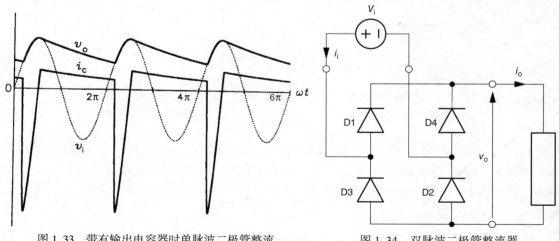

图 1.33 带有输出电容器时单脉波二极管整流　　　图 1.34 双脉波二极管整流器
器的输出电压和电流(阻-感负载)

$0.64\ V_{i,p}$。二极管 D1～D4 和通用电力变换器的开关相互对应,输入和输出端的连接方式(直接连接还是交叉连接)取决于输入电压的极性。因此,输出电压和电流的波形与通用电力变换器相同(参见图 1.4)。在小功率整流器中,电容器可直接跨接在负载两侧,就像图 1.32 的单脉波二极管整流器一样,该电容器既可以平滑输出电压又可以增大整流器的直流分量。但是,单相整流器的工作特性明显不如三相整流器,第 4 章将对之进行详述。

小结

电力电子变换器用于完成电力的变换和控制,它是由半导体电力开关组成的网络。电压源型变换器有三种基本状态(有些变换器只需要两种状态):输入和输出端直接连接、交叉连接或断开。当输入和输出端断开时,输出端必须短路,以维持输出电流的导通路径。适当地设置变换器的状态可以将指定的输入电压(电源)转换为期望的输出(负载)电压。

电流源型变换器不如电压源型变换器那么普及,但也有用处。电流源型变换器的负载相当于电压源,电压源型变换器的负载相当于电流源。在实践中,电流源和电压源分别代表串联的电抗器和并联的电容器。

电压源型变换器通过周期性地使变换器处于状态 0 来实现输出电压的控制。这会导致输出电压的部分波形为零。电压控制有两种方法:相位控制和 PWM 控制。PWM 技术在现代电力电子技术中的应用日益增多,它随着快速全控型半导体电力开关的发展而迅速壮大。利用脉宽调制进行电力变换的效率和控制效果均高于相位控制。

电压源型变换器的输出电压通常很容易确定。但电流需要对描述变换器准稳定状态的微分方程或差分方程进行解析或数值求解,尤其是对 PWM 变换器。上述的两种控制方法同样适用于电流源型变换器。工程实践中广泛使用仿真软件包。

单相二极管整流器是最简单的交流-直流变换器。但是,它们(特别是单脉波二极管整流器)的电压增益很低,对应的输出电压和电流的纹波系数很高。对小功率整流器,可以通过安装输出电容器来进行改善。

例题

例 1.1 120 V、50 Hz 的交流电压源向通用电力变换器供电,输出电压波形如图 1.35 所示。由图可见,变换器进行交流-交流电力变换,输出基频随着输入频率的降低而降低。这种电力变换是**变频器**的特点。本例中,通用变频器运行在简单的**梯形模式**下,输入频率和输出基频的比值是整数。求输出电压的基频。试画出变换器的开关状态时序图。

解:输出基频是输入频率 50 Hz 的 1/4,即 12.5 Hz。变频器开关状态的时序图如图 1.36所示。开关 S5 在开关 S1～S2 或 S3～S4 导通时处于断开状态(断态)。

例 1.2 对图 1.35 所示的输出电压波形,试求:

(a) 有效值V_o

(b) 基频分量的最大值$V_{o,1,p}$和有效值$V_{o,1}$

(c) 谐波含量$V_{o,h}$

(d) 总谐波畸变率THD_V

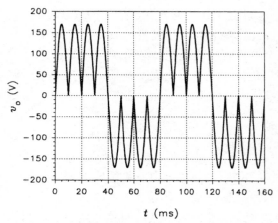

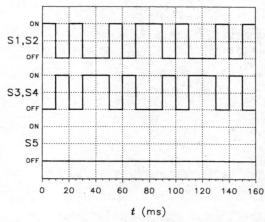

图 1.35　例 1.1 中通用变频器的输出电压　　　　图 1.36　例 1.1 中通用变频器的开关状态时序图

解： 输入电压的峰值为 $\sqrt{2} \times 120 = 170$ V。

用 ω 表示输出电压的基本角频率，输出电压的波形可以表示为

$$v_{\text{o}}(\omega t) = \begin{cases} |170|\sin(4\omega t), & 2n\dfrac{\pi}{4} \leqslant \omega t < (2n+1)\dfrac{\pi}{4} \\ -|170|\sin(4\omega t), & (2n+1)\dfrac{\pi}{4} \leqslant \omega t < (2n+2)\dfrac{\pi}{4} \end{cases}$$

其中 $n = 0, 1, 2, \cdots$，电压的有效值 V_{o} 和输入电压的有效值相等，也是 120 V。因为波形具有奇对称和半波对称性，所以基频电压的峰值 $V_{\text{o,1,p}}$ 为

$$V_{\text{o,1,p}} = \frac{4}{\pi} \int_0^{\frac{\pi}{2}} v_{\text{o}}(\omega t)\sin(\omega t)\mathrm{d}\omega t = \frac{4}{\pi} \int_0^{\frac{\pi}{4}} 170\sin(4\omega t)\mathrm{d}\omega t - \frac{4}{\pi} \int_{\frac{\pi}{4}}^{\frac{\pi}{2}} 170\sin(4\omega t)\mathrm{d}\omega t$$

$$= \frac{4 \times 170}{\pi} \left\{ \left[\frac{\sin(3\omega t)}{6} - \frac{\sin(5\omega t)}{10} \right]_0^{\frac{\pi}{4}} - \left[\frac{\sin(3\omega t)}{6} - \frac{\sin(5\omega t)}{10} \right]_{\frac{\pi}{4}}^{\frac{\pi}{2}} \right\} = 139 \text{ V}$$

基频电压的有效值为

$$V_{\text{o,1}} = \frac{V_{\text{o,1,p}}}{\sqrt{2}} = \frac{139}{\sqrt{2}} = 98 \text{ V}$$

由于没有直流分量，所以谐波含量为

$$V_{\text{o},k} = \sqrt{V_{\text{o}}^2 - V_{\text{o,1}}^2} = \sqrt{120^2 - 98^2} = 69 \text{ V}$$

因此，总谐波畸变率为

$$\text{THD}_{\text{V}} = \frac{V_{\text{o,h}}}{V_{\text{o,1}}} = \frac{69}{98} = 0.7$$

例 1.3　对于通用相控整流器，试求输出电压纹波系数 RF_{V} 和触发角 α_{f} 之间的关系。

解： 式（1.44）为通用相控整流器输出电压直流分量 $V_{\text{o,dc}}$ 和触发角之间的关系，式（1.45）为通用相控交流电压控制器输出电压有效值 V_{o} 的表达式，通用相控整流器可以直接利用式（1.45）计算输出电压的有效值 V_{o}（为什么？），因此

$$\text{RF}_{\text{V}}(\alpha_{\text{f}}) = \frac{V_{\text{o,ac}}(\alpha_{\text{f}})}{V_{\text{o,dc}}(\alpha_{\text{f}})} = \frac{\sqrt{V_{\text{o}}^2(\alpha_{\text{f}}) - V_{\text{o,dc}}^2(\alpha_{\text{f}})}}{V_{\text{o,dc}}^2(\alpha_{\text{f}})} = \sqrt{\frac{V_{\text{o}}^2(\alpha_{\text{f}})}{V_{\text{o,dc}}^2(\alpha_{\text{f}})} - 1}$$

$$= \sqrt{\frac{\frac{1}{2\pi}\left[\pi - \alpha_{\text{f}} + \frac{\sin(2\alpha_{\text{f}})}{2}\right]}{\frac{1}{\pi^2}[1 + \cos\alpha_{\text{f}}]^2} - 1} = \sqrt{\frac{\pi}{2}\frac{\pi - \alpha_{\text{f}} + \frac{\sin(2\alpha_{\text{f}})}{2}}{[1 + \cos\alpha_{\text{f}}]^2} - 1}$$

电压纹波系数与触发角的关系如图1.37所示。可见，当触发角超过150°时，因为直流分量接近于零，所以电压纹波系数迅速增加。

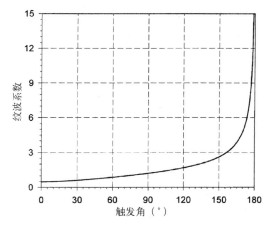

图1.37　例1.3中通用相控整流器的电压纹波系数与触发角的关系

例1.4　100 V直流源向通用电力变换器供电，通用电力变换器运行在斩波器模式下，其中开关频率f_{sw}为2 kHz。输出电压的平均值为-60 V，试求该变换器所有开关的占空比，以及各个开关的导通时间t_{ON}和断开时间t_{OFF}。

解：输出电压为负表示开关S3、S4和S5参与调制，而开关S1和S2永久断开（关断）。因此，开关S1和S2的占空比d_{12}为零，利用式(1.48)来计算开关S3和S4的占空比d_{34}，可得

$$d_{34} = \frac{V_{o,dc}}{V_1} = \frac{60}{100} = 0.6$$

上式删去了60 V前面的负号，因为使用开关S3~S4后，输出电压本来就反向了（显然，占空比只能是0和1之间的值）。当开关S3~S4处于断开状态时，开关S5需要导通。因此，占空比d_5为

$$d_5 = 1 - d_{34} = 1 - 0.6 = 0.4$$

由式(1.49)，可得

$$t_{ON} + t_{OFF} = \frac{1}{f_{sw}} = \frac{1}{2 \times 10^3} = 0.0005\ s = 0.5\ ms$$

由式（1.47），可得

$$t_{ON,34} = d_{34}(t_{ON} + t_{OFF}) = 0.6 \times 0.5 = 0.3\ ms$$

且

$$t_{ON,5} = d_5(t_{ON} + t_{OFF}) = 0.4 \times 0.5 = 0.2\ ms$$

因此有

$$t_{OFF,34} = 0.5 - 0.3 = 0.2\ ms$$
$$t_{OFF,5} = 0.5 - 0.2 = 0.3\ ms$$

例1.5　120 V、60 Hz的交流电压源向通用电力变换器供电，该通用电力变换器运行在通用PWM整流器模式下，其中，负载为阻-感负载，$R = 2\ \Omega$，$L = 5\ mH$。开关频率是720 Hz，幅值控制比为0.6。试推导输出电流的迭代公式，并计算输出电压一个周期内开关的动态电流值。

解：仔细观察通用PWM交流电压控制器的式(1.74)和式(1.76)，可见只需要用$|\sin(\omega t_0)|$取代式(1.74)中的$\sin(\omega t_0)$项，就可以使用这两个公式对通用PWM整流器进行分析。因此，该整流器的输出电流公式为

$$i_o(t_1) = i_o(t_0) + \frac{M}{L}[V_{i,p}|\sin(\omega t_0)| - Ri_o(t_0)]\Delta T$$

$$i_o(t_2) = i_o(t_1)\left[1 - \frac{R}{L}(1-M)\Delta T\right]$$

输入频率ω等于$2\pi \times 60 = 377\ rad/s$，开关周期$\Delta T$等于1/720 s。因此，一般迭代公式为

$$i_o(t_1) = i_o(t_0) + \frac{0.6}{5 \times 10^{-3}} \left[\sqrt{2} \times 120 | \sin(377t_0)| - 2i_o(t_0) \right] \times \frac{1}{720}$$
$$= 0.667 i_o(t_0) + 28.3 |\sin(377t_0)|$$

$$i_o(t_2) = i_o(t_1) \left[1 - \frac{2}{5 \times 10^{-3}} (1 - 0.6)\frac{1}{720} \right] = 0.778 i_o(t_1)$$

由图 1.21(a)可见，该整流器输出电压的周期是输入电压周期的一半，即 1/120 s = 8.333 ms。比较输出电压的周期和开关频率可见，输出电压每个周期包含 6 个开关周期。因为 M = 0.6，导通时间 t_{ON} 等于 $t_1 - t_0$，即 0.6/720 s = 0.833 ms。断开时间 t_{OFF} 等于 $t_2 - t_1$，即 0.4/720 s = 0.556 ms。

开始迭代之前，还需要知道第一个开关周期的初值 $i_o(0)$，这里表示为 $i_o(t_0)$。对输出电流的直流分量 $I_{o,dc}$ 进行估算

$$I_{o,dc} = \frac{M \frac{2}{\pi} V_{i,p}}{R} = \frac{0.6 \times \frac{2}{\pi} \times \sqrt{2} \times 120}{2} = 32.4 \text{ A}$$

现在，就可以计算各个开关周期中的电流 $i_o(t)$ 了，上一个开关周期结束的时间 t_2 是下一个开关周期的起始时间 t_0。

第一段：($t_0 = 0$，$t_1 = 0.833$ ms，$t_2 = 1.389$ ms)
$$i_o(0.833 \text{ ms}) = 0.667 \times 32.4 + 28.3 |\sin(377 \times 0)| = 21.6 \text{ A}$$
$$i_o(1.389 \text{ ms}) = 0.778 \times 21.6 = 16.8 \text{ A}$$

第二段：($t_0 = 1.389$ ms，$t_1 = 2.222$ ms，$t_2 = 2.778$ ms)
$$i_o(2.222 \text{ ms}) = 0.667 \times 16.8 + 28.3 |\sin(377 \times 1.389 \times 10^{-3})| = 25.4 \text{ A}$$
$$i_o(2.778 \text{ ms}) = 0.778 \times 25.4 = 19.8 \text{ A}$$

第三段：($t_0 = 2.778$ ms，$t_1 = 3.611$ ms，$t_2 = 4.167$ ms)
$$i_o(3.611 \text{ ms}) = 0.667 \times 19.8 + 28.3 |\sin(377 \times 2.778 \times 10^{-3})| = 37.7 \text{ A}$$
$$i_o(4.167 \text{ ms}) = 0.778 \times 37.7 = 29.3 \text{ A}$$

第四段：($t_0 = 4.167$ ms，$t_1 = 5$ ms，$t_2 = 5.556$ ms)
$$i_o(4.167 \text{ ms}) = 0.667 \times 29.3 + 28.3 |\sin(377 \times 4.167 \times 10^{-3})| = 47.8 \text{ A}$$
$$i_o(5.556 \text{ ms}) = 0.778 \times 47.8 = 37.2 \text{ A}$$

第五段：($t_0 = 2.778$ ms，$t_1 = 3.611$ ms，$t_2 = 4.167$ ms)
$$i_o(6.389 \text{ ms}) = 0.667 \times 37.2 + 28.3 |\sin(377 \times 5.556 \times 10^{-3})| = 49.3 \text{ A}$$
$$i_o(6.944 \text{ ms}) = 0.778 \times 49.3 = 38.4 \text{ A}$$

第六段：($t_0 = 6.944$ ms，$t_1 = 7.778$ ms，$t_2 = 8.333$ ms)
$$i_o(7.778 \text{ ms}) = 0.667 \times 38.4 + 28.3 |\sin(377 \times 6.944 \times 10^{-3})| = 39.8 \text{ A}$$
$$i_o(8.333 \text{ ms}) = 0.778 \times 39.8 = 31.0 \text{ A}$$

由于假设该整流器运行在准稳定状态，最后的终值 $i_o(8.333 \text{ ms})$ 应该等于初值 $i_o(0)$。但计算结果和初值不相等，这意味着预估的初值 32.4 A 有误差。注意，初值对终值的影响很小，因为在每一步的迭代中，上一步的输出电流需要先乘以 0.667 或 0.778。本例中，6 个开关周期共迭代了 12 步，所以初始误差 $\Delta i_o(0)$ 经过逐步累加，到 $\Delta i_o(8.333 \text{ ms})$ 时，就只剩 $(0.667 \times 0.778)^6 \Delta i_o(0) \approx 0.02 \Delta i_o(0)$。因此，可以认为计算得到的最终电流 31 A 只比实际的初值大了一点。现在假设 $i_o(0)$ 等于 30.9 A，重复迭代后，得到输出电流为

0	30.9 A
0.833 ms	20.6 A
1.389 ms	16.0 A
...	...
6.944 ms	38.3 A
7.778 ms	39.7 A
8.333 ms	30.9 A

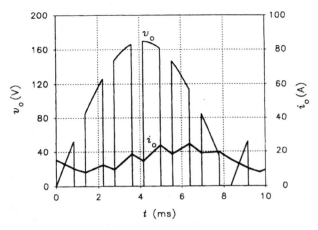

图 1.38 例 1.5 通用 PWM 整流器的输出电压和电流

输出电压和电流波形如图 1.38 所示。显然,上述计算过程可以用计算机编程轻松完成,从而大幅减少相关工作量。

习题

P1.1 试参考图 1.13,画出通用相控整流器的输出电压波形,其中触发角分别为

(a) 36°
(b) 72°
(c) 108°
(d) 144°

P1.2 试参考图 1.15,画出通用相控交流电压控制器的输出电压波形,其中触发角分别为

(a) 36°
(b) 72°
(c) 108°
(d) 144°

P1.3 试由图 1.18(a) 的谐波频谱求:

(a) 触发角为 90° 时,通用相控整流器输出电压的直流分量(标幺值),并利用式(1.44)验证结果;
(b) 触发角同上,输出电压基频分量的峰值和有效值(标幺值)。

P1.4 从图 1.18(b) 的谐波频谱中读取触发角为 90° 时通用相控交流电压控制器输出电压基频分量的峰值(标幺值),然后:

(a) 利用式(1.44),求解输出电压的有效值(标幺值);
(b) 求解输出电压的谐波分量(标幺值);
(c) 输出电压的总谐波畸变率。

P1.5 已知通用逆变器运行在方波模式下,推导输出电压第 k 次谐波分量的峰值计算公式(表示为基于直流输入电压 V_i 的标幺值)。计算前 10 次谐波分量的峰值(标幺值)。

P1.6 230 V、60 Hz 的交流电源向通用相控整流器供电,其中触发角为 30°。对于该整流器的

输出电压，试求：

（a）直流分量

（b）交流分量的有效值

（c）纹波系数

P1.7 对习题 P1.6 的通用相控整流器，求输出电压的基波频率。

P1.8 对通用相控交流电压控制器，推导输出电压第 k 次谐波分量的峰值与触发角的函数关系（输出电压为基于输入电压峰值 $V_{i,p}$ 的标幺值）。计算触发角为 90° 时 5 个最低阶谐波分量的大小，并用图 1.18(b) 的频谱来验证该公式。

P1.9 观察图 1.13 和图 1.15 的输出电压波形以及图 1.18 的对应频谱。通用相控整流器中的哪些谐波分量没有出现在通用交流电压控制器的频谱中？为什么？

P1.10 200 V 直流电源向通用相控变换器供电。通用电力变换器运行在斩波器模式下，如果输出电压的平均值为 80 V，那么斩波器的幅值控制比是多少？各个开关的占空比是多少？

P1.11 当输出电压为 -95 V 时，重做习题 P1.10。

P1.12 通用电力变换器运行在斩波器模式下，其幅值控制比为 0.4。输出电压一个脉冲的持续时间是 125 μs，试求开关频率。

P1.13 通用电力变换器运行在斩波器模式下，输出电压每秒钟含有 2500 个脉冲，幅值控制比为 0.7，试求输出电压脉冲和陷波的持续时间。

P1.14 通用 PWM 整流器输出电压的平均值为输出电压最大可能值的 70%，试求输出电压的幅值控制比，以及脉冲宽度和陷波宽度之比。

P1.15 习题 P1.14 中，通用 PWM 整流器输入电压的频率为 60 Hz。和输入电压相比，输出电压在一个周期中含有 100 个脉冲，试求开关的频率和脉冲宽度。

P1.16 60 Hz 交流电压源向通用 PWM 交流电压控制器供电。输出电压的基频分量是供电电压基频分量的 1/3，开关频率是 5 kHz，试求：

（a）输出电压每周期所含的脉冲数

（b）开关 S1、S2 和 S5 的占空比

（c）脉冲宽度

P1.17 参考图 1.23(a)，确定通用 PWM 逆变器中所有开关的状态（导通或者断开）：

（a）$\omega t = \pi/2$ rad

（b）$\omega t = \pi$ rad

（c）$\omega t = 3\pi/2$ rad

P1.18 通用 PWM 逆变器的输出波形如图 1.24 所示，通过以下方式使输出电压每周期含 10 个脉冲：

（1）将电压一个周期内的 360° 划分为 10 个相等的开关周期，每个开关周期持续 36°；

（2）用 α_n 表示第 n 个开关周期的中心角（$\alpha_1 = 18°$，$\alpha_2 = 54°$，等等），开关 S1~S2 或 S3~S4 的占空比 d_n 为

$$d_n = M|\sin\alpha_n|$$

其中 M 表示幅值控制比。

令每个周期输出 8 个脉冲，且 $M = 0.6$，试求输出电压各脉冲的宽度（单位为角度），并画出对应的电压波形$v_o(\omega t)$。电压脉冲位于开关周期的中心位置。

P1.19 参考图 1.35，画出通用**相控**变换器的输出电压波形，其中输入和输出频率之比等于 3，触发角为 45°。标明该变换器的状态。

P1.20 参考图 1.35，画出通用 PWM 变频器的输出电压波形，其中输入和输出频率之比等于 2，幅值控制比等于 0.5（为方便起见，假设输出电压的脉冲数较少）。

P1.21 460 V、60 Hz 的交流线路向通用 PWM 整流器供电，其中，幅值控制比等于 0.6，开关频率为 840 Hz。该整流器向等效为 RLE 负载的直流电动机供电，其中 $R = 0.5\,\Omega$，$L = 10\,\text{mH}$，$E = 200\,\text{V}$。试确定输出电压一个周期内输出电流的分段线性化波形。

P1.22 220 V、50 Hz 电源向通用 PWM 交流电压控制器供电，其中输入电源的一个周期等于 10 个开关周期，幅值控制比为 0.75，负载为阻-感负载，负载电阻和负载电感分别是 22 Ω 和 55 mH。试确定输出电压一个周期内输出电流的分段线性化波形。

上机作业

通用电力变换器是理论上的理想概念，它无法用软件 Spice 进行精确建模。Spice 用于对实际的电路进行仿真。与通用电力变换器中理想且切换动作无限快的开关不同，Spice 中的开关从一个状态切换到另一个状态需要时间，为了避免输出电流中断，在开关S1~S2或S3~S4 关断并使输出和输入端断开连接前，开关 S5 必须将变换器的输出端短接。因此，供电电源侧也被瞬时短路了，尽管短路时间非常短，输入电流也会产生很大的脉冲（"尖峰"）。如果对电力电子变换器进行了正确的设计和控制，这种短路电流实际上并不存在。不过，通用电力变换器的输出电压和电流可以被精确仿真。

为了计算品质因数，需要使用函数 avg(x)（x 的平均值）和 rms(x)（x 的有效值）。同时，可以对 X 轴进行傅里叶变换，从而得到电压和电流的频谱。有关 Spice 电路仿真的说明，请参阅附录 A 和补充资料[3]。

上机作业如果标有星号（*），表示读者可以在前言和附录 A 列出的出版社网站上获取相关电路文件。

CA1.1* 运行文件名为 Gen_Ph-Contr_Rect. cir 的通用相控整流器 Spice 程序。试求触发角为 0°和 90°时该变换器输出电压的

(a) 直流分量

(b) 有效值

(c) 交流分量的有效值

(d) 纹波系数

观察输入和输出电压、电流的波形。解释输入分量中出现尖峰脉冲的原因，说明限制电流尖峰脉冲幅度的因素。

CA1.2 利用 Spice 编写一个运行在方波模式下的通用逆变器程序，使输出基频可调。试求输出频率为 50 Hz 时该逆变器输出电压的

(a) 有效值

(b) 基频分量的有效值（从频谱上获得）

(c) 谐波含量

(d) 总谐波畸变率

观察输入和输出电压、电流的波形。

CA1.3 利用 Spice 编写一个通用相控交流电压控制器程序，试求触发角为 0° 和 90° 时变换器输出电压的

(a) 有效值

(b) 基频分量的有效值(从频谱上获得)

(c) 谐波含量

(d) 总谐波畸变率

观察输入和输出电压、电流的波形。

CA1.4 参考例 1.1 和课后习题 P1.19，利用 Spice 编写一个通用相控变频器程序，其中输入频率为 50 Hz，输出基频为 25 Hz。试求触发角为 0° 和 90° 时变换器输出电压的

(a) 有效值

(b) 基频分量的有效值(从频谱上获得)

(c) 谐波含量

(d) 总谐波畸变率

观察输入和输出电压、电流的波形。

CA1.5 利用 Spice 编写一个通用斩波器程序，其中开关频率为 1 kHz，试求幅值控制比为 0.6 和 0.3 时变换器输出电压的

(a) 直流分量

(b) 有效值

(c) 交流分量的有效值

(d) 纹波系数

观察输入、输出电压和电流的波形。

CA1.6* 运行文件名为 Gen_PWM_Rect. cir 的通用 PWM 整流器 Spice 程序。其中输出电压每个周期含 12 个脉冲，且幅值控制比为 0.5，试求变换器输出电压的

(a) 直流分量

(b) 有效值

(c) 交流分量的有效值

(d) 纹波系数

观察输入和输出电压、电流的波形。解释输入分量中出现电流尖峰的原因，并说明限制电流尖峰峰值的因素。

CA1.7 利用 Spice 编写一个通用 PWM 交流电压控制器程序，其中输出电压每个周期含 12 个脉冲，且幅值控制比为 0.5，试求变换器输出电压的

(a) 直流分量

(b) 基频分量的有效值(从频谱上获得)

(c) 谐波含量

(d) 总谐波畸变率

观察输入和输出电压、电流的波形。

CA1. 8 参考例 1. 1 和课后习题 P1. 20，利用 Spice 编写一个通用 PWM 变频器程序，其中输入频率为 50 Hz，输出基频为 25 Hz，幅值控制比为 0. 5，输出电压一个周期含 10 个脉冲。求变频器输出电压的

（a）有效值

（b）基频分量的有效值（从频谱上获得）

（c）谐波含量

（d）总谐波畸变率

观察输入和输出电压、电流的波形。

CA1. 9 编写计算周期性函数 $\psi(\omega t)$ 中谐波分量的程序。将一个周期内的波形数据以 $(\omega t, \psi(\omega t))$ 的格式存放在 ASCII 码文件中。生成并存储图 1. 13（通用整流器）中的电压波形，然后用自己编写的程序获取该波形的频谱，将该结果与图 1. 18（a）进行比较。

CA1. 10 编写一个程序，计算周期性函数 $\psi(\omega t)$ 的下列分量：

（a）有效值

（b）直流分量

（c）交流分量的有效值

（d）基频分量的有效值

（e）谐波含量

（f）总谐波畸变率

将一个周期内的波形数据以 $(\omega t, \psi(\omega t))$ 的格式存放在 ASCII 码文件中。生成并存储图 1. 15（通用交流电压控制器）中的电压波形，然后用自己编写的程序计算该波形（a）至（f）的参数。

CA1. 11 编写一个程序，计算指定电压源和负载时的输出电流波形。负载可以是 R 负载、RL 负载、RE 负载、LE 负载或 RLE 负载，电压源 $v(t)$ 可以是与时间相关的解析函数 $v=f(t)$，也可以是以 (t,v) 表示的 ASCII 码文件。

CA1. 12* 运行文件名为 Diode_Rect_1P. cir 的单脉波二极管整流器 Spice 程序。在整流器上安装续流二极管与输出电容器（注释掉未使用的元件），重复仿真。确定两种情况下输出电压的平均值和纹波系数。

补充资料

[1] Rashid, M. H. , *Power Electronics Handbook*, 2nd ed. , Academic Press, Boston, MA, 2010, Chapter 1.

[2] Rashid, M. H. , *Power Electronics: Circuits, Devices, and Applications*, 4th ed. , Prentice Hall, Upper Saddle River, NJ, 2013, Chapter 1.

[3] Rashid, M. H. , *SPICE for Power Electronics and Electric Power*, 3rd ed. , CRC Press, Boca Raton, FL, 2012.

第 2 章　半导体电力开关

本章介绍电力电子变换器中的半导体电力开关。首先介绍不可控、半控型以及全控型开关；接着介绍电力二极管、晶闸管（SCR）、双向晶闸管（TRIAC）、门极可关断晶闸管（GTO）、集成门极换流晶闸管（IGCT）、电力三极管（BJT）、功率场效应晶体管（电力 MOSFET）和绝缘栅双极晶体管（IGBT）的参数和特性，并对这些器件进行比较；最后，对由若干个半导体器件组成的功率模块进行分析。

2.1　半导体电力开关的一般特性

第 1 章介绍的通用电力变换器是由五个开关组成的简单二端口网络，它可以实现各种电力变换和控制。实际中电力电子变换器使用**半导体电力开关**。半导体电力开关和通用电力变换器的开关有两个主要区别。一是半导体电力开关只允许电流朝一个方向流动，二是两种开关的控制特性不同。理想开关被假定为瞬间完成开通（导通）或关断（断开）动作。但是，有些半导体电力开关是**不可控**（无控制电极）或**半控型**的（无关断能力）。所有半导体电力开关，包括**全控型**开关，对控制信号的响应都需要时间，时间的长短由开关的类型和尺寸决定。实际应用中，大功率晶闸管和 GTO 的最大开关频率为 1 kHz 左右，而小功率电力 MOSFET 的最大开关频率能超过 1 MHz。

此外，通用电力变换器的开关没有功率损耗，而半导体电力开关在开通和关断过程中需要消耗能量。半导体器件导通时电压降不小于 1 V，经常能高达几伏特。**通态功率损耗**P_c 为

$$P_c = \frac{1}{T}\int_0^T p\,\mathrm{d}t \tag{2.1}$$

其中 T 表示导通时长，p 是瞬时功率损耗，即开关上的电压降和流过开关的电流乘积。功率损耗在开关开通与关断过程中增大，因为从一种状态过渡到另一种状态时电压和电流都会瞬时变大。因此，**开关功率损耗**P_{sw} 为

$$P_{sw} = \left(\int_0^{t_{ON}} p\,\mathrm{d}t + \int_0^{t_{OFF}} p\,\mathrm{d}t\right)f_{sw} \tag{2.2}$$

其中f_{sw}表示开关频率，即每秒开关开通–关断的次数，t_{ON} 和t_{OFF} 为开关开通时间与关断时间，稍后将对其确切含义进行解释。典型半导体电力开关在开通过程、通态、关断过程中的电压、电流和瞬时功率损耗如图 2.1 所示。

本征半导体指电阻率介于绝缘体和导体之间的材料。半导体电力开关使用的硅是位于元素周期表上的四价元素，由 4 个电子围绕。如果在纯净硅中掺杂少量的五价元素，如磷、砷、锑，那么在每个硅晶体内将形成一个共价键，并留下一个自由电子。这些自由电子增加了材料的导电率，被称为 **n 型**（电子型）半导体。

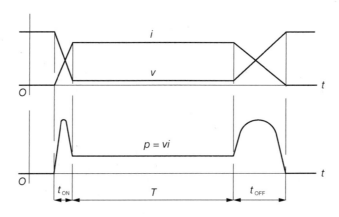

图 2.1　半导体电力开关在开通过程、通态和关断过程中的电压、电流和功率损耗

反之亦然，如果掺杂的是三价元素，如硼、镓、铟，在硅晶体中将出现一个空置的位置，称之为**空穴**。与电子类似，空穴可以看成是移动电荷的载体，因为它可以被相邻的电子填充，并在相邻位置留下一个空穴。这种含空穴的材料也比纯硅的导电性能好，被称为 **p 型**（空穴型）半导体材料。通常，通过在 100 万个硅原子中添加 1 个杂质原子来获得 p 型半导体材料。半导体电力开关以 n 型和 p 型半导体构成的各种结构为基础。

由于本书属于导论性书籍，因此接下来不涉及半导体电力开关的固态物理学内容。本章之所以对各种半导体器件的主要参数和特性进行说明，是为了让读者了解这些器件的适用范围。注意，下文中各种开关的典型值，尤其是最大额定电压和额定电流，指的是那些典型的、常见器件的参数大小。由于技术飞速发展且厂商数量庞大，所以本书无法完全覆盖这些器件的最新发展动态和其最大额定值。

2.2　电力二极管

电力二极管属于半导体电力开关中的不可控器件，它被广泛应用在电力电子变换器中，对应的半导体结构、电路符号以及伏安特性曲线分别如图 2.2 和图 2.3 所示。注意，大电流只能从电力二极管的**阳极**（A）流向**阴极**（C）。伏安特性曲线中，坐标轴的正负半轴使用的刻度单位不同。**最大反向泄漏电流** I_{RM} 比允许流过的安全正向电流的数量级小得多。同样，会导致**雪崩击穿**的反向击穿电压 V_{RB} 比加在二极管上的**最大正向电压降** V_{FM} 高得多。对于给定的正向电流 I_{FM}，V_{FM} 通常为 1~2 V，因此，在大多数实际分析中，该电压降都可以被忽略掉。但是，当需要计算变换器功率损耗或者需要设计冷却系统时，必须考虑二极管上的电压降。否则，可以将二极管近似等效为理想开关。当二极管**正向偏置**，即阳极-阴极电压为正时，二极管导通；当正向电流过零，通常是电压反向的过程中，二极管关断。

以下将详细介绍电力二极管产品目录中的主要参数，在具体应用中，这些参数是正确选择二极管的基础。下文使用的符号是最常见的符号，个别厂商也可能使用其他符号。各种产品目录中参数个数和可选内容也可能不同。

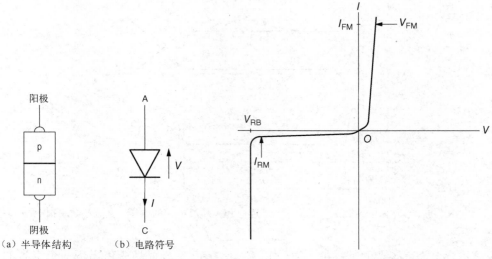

図2.2 電力二极管   图2.3 电力二极管的伏安特性

(1) 最大允许**反向重复峰值电压**V_{RRM}(V)。注意由于电压峰值是瞬时值，如果它大于或等于反向击穿电压V_{BR}，就可能对半导体器件造成损坏。只有当二极管**反向偏置**且$V_{RRM}<V_{BR}$时，二极管两端才会出现很高的电压。反向重复峰值电压可简称为**额定电压**，因为它是二极管产品目录中指定的两个参数之一。另一个是额定电流。因此，除了使用符号V_{RRM}，本书也使用符号V_{rat}。

(2) 最大允许**正向平均电流**$I_{F(av)}$(A)。此参数也被称为**额定电流**，用符号I_{rat}表示。注意过电流引发的过热会损坏半导体器件。因此，电流的平均值比电流的峰值更适合描述这种发热现象。因为二极管通常作为整流器，所以普通二极管平均电流的计算方法与单脉波二极管整流器平均电流的计算方法相同，其中负载为阻性负载、频率为60 Hz。如果是**快恢复**二极管，频率为1 kHz。额定电流I_{rat}小于最大正向电压降对应的正向电流I_{FM}。

(3) 最大允许**正向电流有效值**$I_{F(rms)}$(A)。当二极管运行在带阻性负载的单脉波二极管整流器状态下，且二极管的平均电流为$I_{F(av)}$，那么二极管的电流有效值即为$I_{F(rms)}$。因此，如果按照$I_{F(av)}$选择二极管，且二极管运行在整流器状态下，那么正向电流有效值就不会越限。只有当纹波电流很大时，才需要将二极管中正向电流的有效值与$I_{F(rms)}$进行比较。如果$I_{F(rms)}$不在产品目录中，可以由下式确定：

$$I_{F(rms)} = \frac{\pi}{2}I_{F(av)} \tag{2.3}$$

(4) 最大允许**不重复浪涌电流**I_{FSM}(A)。它是指二极管在半个周期(60 Hz)内可以承受的过电流的最大峰值。实际情况下，它和变换器的短路有关。浪涌电流的持续时间必须很短，通常在8.3 ms(即60 Hz频率时的半个周期)内，在这段时间内过电流保护系统需要切断短路电流。

(5) 结温Θ_{JM}(℃)和管壳温度Θ_{CM}(℃)。它们的变化范围通常在150℃~200℃之间。也可以指定允许的储存温度，例如−65℃~175℃。

(6) 二极管结-壳的**热阻**$R_{\Theta JC}$和壳-散热片的热阻$R_{\Theta CS}$(℃/W)。对冷却系统进行设计时需要使用这些参数，尤其是正确选择**散热片**(散热器)时。必须强调的是，半导体电力开关中与电流相关的参数都对应于带散热片的开关。这是因为现在的开关体积很小，单个器件的热容量太低，以至于这些器件本身无法对内部功耗所产生的热量进行安全散热。

（7）**熔断器协调系数** $I^2t(A^2\cdot s)$。该参数用于为二极管选择熔断器。如果熔断器的 I^2t 小于二极管的 I^2t，那么二极管过电流时，熔断器将在二极管损坏前熔断。二极管 I^2t 的值为 8.3 ms 内可承受的电流有效值的平方与 8.3 ms 的乘积。考虑到不重复浪涌电流的定义，

$$I^2t = \frac{I_{FSM}^2}{240} \tag{2.4}$$

（在电源频率为 50 Hz 的国家，需要用 200 替换 240）。如果 I_{FSM} 不在产品目录中，可以用下式确定：

$$I_{FSM} = \sqrt{240I^2t} \tag{2.5}$$

参数（1）至参数（5）是**限制性**参数，为了维持二极管的完整性，不允许超过这些参数的最大值。参数（6）及参数（7）以及前面介绍过的最大反向泄漏电流 I_{RM} 和最大正向电压降 V_{FM} 都是**描述性**参数，用于描述器件的特定属性。**反向恢复时间** t_{rr} 是另一个重要的描述性参数，接下来会进一步详述。

当突然将导通的二极管反向偏置时，二极管不会立即具有反向阻断能力，它需要等到结电容上的**反向恢复电荷** Q_{rr} 衰减为零。为了使电容放电，短期内二极管上将流过一个很大的反向电流。如图 2.4 所示，$t=0$ 时在二极管上施加反向电压 V_R。图中，大致可以定义反向恢复时间 t_{rr} 为二极管恢复其阻断能力所用的时间。在此期间，首先出现反向过冲电流 I_{rrM}，然后出现过冲电压 V_{RM}。过冲电压与拖尾电流（电流波形的衰减部分）的斜率 di_{rr}/dt 成正比。

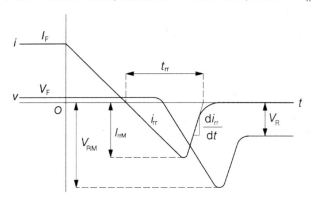

图 2.4　电力二极管反向恢复过程中的电压和电流

di_{rr}/dt 是经常出现在产品目录中的描述性参数，它影响了二极管的反向恢复时间，标准二极管的反向恢复时间短到数微秒，长的超过 20 μs。快恢复二极管的 t_{rr} 比标准二极管的 t_{rr} 小一个数量级，但过冲电压却更高。小型超快恢复二极管的反向恢复时间只有 100 ns。一般来说，对于同一类型的二极管，反向恢复时间的长短主要取决于器件的大小。

图 2.4 中反向电流所包含的三角形面积代表反向恢复电荷 Q_{rr}。因此

$$Q_{rr} \approx 0.5t_{rr}I_{rrM} \tag{2.6}$$

有些厂商仅提供二极管的 Q_{rr} 和 I_{rrM} 值，这时可以利用式（2.6）来估算反向恢复时间 t_{rr}。

注意，描述性参数不是固定不变的，它们依赖于二极管的运行条件，尤其是依赖于阳极

电流和结温。不但电力二极管如此，所有的半导体器件都如此。

电力二极管是最大的半导体器件之一。它们的额定电压和额定电流可以分别高至 8.5 kV 和 12 kA。但是，二极管的电压最高不代表电流也最大，反之亦然。其他半导体电力开关也如此。表 2.1 列出了一些大功率二极管的参数。可以看到，二极管分为平板形和螺栓形两类。当二极管管壳为平板形（"冰球"）时，电力二极管是一个夹在两个散热片（散热器）之间的扁平圆柱体。而螺栓形二极管用螺栓将二极管的一端与散热片固定在一起。平板形二极管的额定电流比螺栓形二极管的额定电流大。一般用途的二极管主要用于不可控整流器，快恢复二极管用于其他变换器。

表 2.1　大功率二极管的参数

型号	5SDD 31H6000	R6012625	5SDF 10H6004	R6031435
厂商	ABB	Powerex	ABB	Powerex
类型	一般用途	一般用途	快恢复	快恢复
管壳	平板形	螺栓形	平板形	螺栓形
V_{RRM}	6 kV	2.6 kV	6 kV	1.4 kV
$I_{F(av)}$	3.25 kA	0.25 kA	1.1 kA	0.35 kA
$I_{F(rms)}$	5.1 kA	0.4 kA	1.7 kA	0.55 kA
I_{FSM}	42.7 kA	6 kA	18 kA	6 kA
I^2t	7.6×10^6 A$^2 \cdot$ s	1.5×10^5 A$^2 \cdot$ s	1.6×10^6 A$^2 \cdot$ s	1.5×10^5 A$^2 \cdot$ s
V_{FM}	1.55 V	1.5 V	3 V	1.5 V
I_{RRM}	120 mA	50 mA	50 mA	50 mA
t_{rr}	25 μs	11 μs	6 μs	2 μs
直径	102 mm	27 mm	95 mm	27 mm
厚度	27 mm	59 mm[a]	27 mm	59 mm[a]

[a] 不包括螺柱和端线。

肖特基二极管是功率更小的不可控半导体电力开关，它基于金属–半导体结，因为特性优越而备受关注。肖特基二极管的反向恢复时间几乎为零，因此动作速度很快。同时，它的正向电压降很低（对小型二极管，该值为 0.2 V），通态电流能达到 0.6 kA，反向重复峰值电压可以超过 1.5 kV。例如，由 Cree 公司生产的 CPW5-1700-Z050B 型碳化硅肖特基二极管的额定电压和电流分别为 1.7 kV 和 50 A。

2.3　半控型开关

半导体器件中，**晶闸管系列**可以认为是半控型电力开关。通过适当控制门级信号，可以使晶闸管开通。晶闸管的关断与二极管类似，当通态电流降低到某**维持电流**数值以下时，晶闸管就自然关断。接下来将介绍两种重要的晶闸管器件，分别是第 1 章提到过的晶闸管（SCR）以及可以等效为两个晶闸管反并联的**双向晶闸管**（TRIAC）。

2.3.1　晶闸管（SCR）

可控硅整流器（SCR，也称为晶闸管）是四层三电极半导体器件，其结构如图 2.5 所示，当它处于断开状态时，可以将其等效为正负极都没有电流流过的可控二极管。当晶闸管正向偏置且被开通（被触发），只要通态电流大于**维持电流**I_H，晶闸管就等效于普通二极管。如果变换器中有许多晶闸管，如第 4 章的相控整流器，就会发生**换流**，即一个晶闸管关断、另一个晶闸管开通，从而使电流流通路径发生转换。

如果在晶闸管的**门极**（G）和阴极之间加上外部电源，那么将产生门极电流i_G，并进而触发晶闸管开通。在阳极和阴极之间施加一个很高的正向电压，或者使该正向电压的变化率$\mathrm{d}v/\mathrm{d}t$很大，也会导致晶闸管开通，但这种情况应予以避免。晶闸管的伏安特性如图 2.6 所示（为清楚起见，正向和反向漏电流被放大了）。如果门极电流为零，但加在晶闸管上的正向电压超过**正向转折电压**V_FB时，正向泄漏电流将急剧增大到**擎住电流**I_L的水平，晶闸管开始导通。通过门极向中间的 p 型层结注入电流，可以将正向转折电压降低到小于晶闸管两端实际承受的电压，从而控制晶闸管的导通。

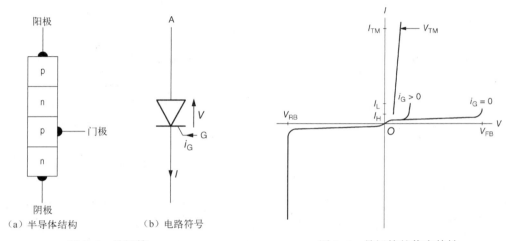

（a）半导体结构　　　　（b）电路符号

图 2.5　晶闸管　　　　　　　　　　　图 2.6　晶闸管的伏安特性

晶闸管的大部分参数与上一节二极管的参数相同，但是，为了表示晶闸管可以阻断双向电压，晶闸管在通态下的对应参数用下标"T"代替下标"F"。例如，如图 2.6 所示，最大正向电压降用V_TM表示，而不是V_FM。同样，和正向断态相关的变量用下标"D"开头。例如，V_DRM表示门极开路时能维持晶闸管正向断态的最大**正向重复峰值电压**。通常情况下，$V_\mathrm{DRM}=V_\mathrm{RRM}$。

除了与阴极–阳极电路相关的参数，晶闸管产品目录中还提供了能触发晶闸管的直流门极电流和电压（确切地说，是门极–阴极电压），分别表示为I_GT和V_GT。晶闸管的数据列表比一般目录详细，它包含以瞬时门极电流与电压作为坐标的触发区域图。对于不同的具体应用，用于触发晶闸管的门极电流可以通过如图 2.7 所示的单脉冲或**多脉冲**门极电压信号v_G获得。多脉冲信号可以通过对正弦高频电压进行整流和截取得到。通常情况下，正弦高频电压的频率为数千赫兹，因此多脉冲信号可能含有几十个单独的正弦半波脉冲。当不确定单脉冲是否能完成触发任务时，就采用多脉冲触发方式。大型晶闸管的典型门极电流为 0.1~0.3 A，因此电流增益（即阳极电流和门极电流的比值）高达数千。

晶闸管产品目录和数据列表中还包含**断态电压临界上升率** $\mathrm{d}v/\mathrm{d}t$ 和**重复通态电流临界上升率** $\mathrm{d}i/\mathrm{d}t$。$\mathrm{d}v/\mathrm{d}t$ 表示门极开路时能使晶闸管开通的最小阳极电压变化率。$\mathrm{d}i/\mathrm{d}t$ 用于限制阳极电流的上升率，它在阳极电流增大到一定程度之前确保晶闸管上的全部导电区域都完全进入导通状态。否则，最早导通的区域内电流密度将过大，这会引起局部过热并导致器件的永久损坏。

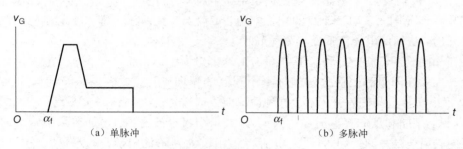

（a）单脉冲   （b）多脉冲

图 2.7　晶闸管门极电压信号

　　晶闸管的参数表中通常会提供两个时间参数。一个是开通时间t_{ON}，指从施加门极信号开始，到阳极电压下降至初始电压的 10% 时所用的时间。开通时间包括两部分，即**延迟时间**和**电压下降时间**。其中延迟时间是指从施加门极信号开始，到阳极电压下降至初始电压的 90% 时所用的时间；电压下降时间是指阳极电压从初始电压的 90% 下降至 10% 时所用的时间。当然，开通时间也可以按照阳极电流来进行定义，表示为延迟时间和**电流上升时间**之和。其中延迟时间是指从施加门极信号开始，到阳极电流上升至其稳态电流值的 10% 时所用的时间；电流上升时间是指阳极电流从稳态电流值的 10% 增大到稳态电流值的 90% 时所用的时间。典型的开通时间为数毫秒，触发脉冲的持续时间比开通时间大一个数量级。

　　另一个时间参数是关断时间t_{OFF}，如图 2.8 所示。该图为晶闸管**强迫换流**期间（关断）的阳极电压和电流。强迫换流是指在导通的晶闸管两端施加反向偏置电压迫使阳极电流反向并关断晶闸管的过程。在反向恢复过程结束后，仍需要晶闸管维持一段时间的反向偏置，以便晶闸管恢复其正向阻断能力。晶闸管通常被分为相控型或逆变器级。相控型晶闸管用于整流器和交流电压控制器等 60 Hz 的交流应用场合，逆变器级晶闸管用于电力逆变器，后者比前者的转换速度快得多。

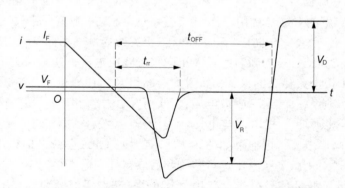

图 2.8　强迫换流期间晶闸管的阳极电压和电流

　　晶闸管是除电力二极管外最大的半导体电力开关。标准相控型晶闸管的额定值可以分别高达 8 kV 和 6 kA。逆变器级快速晶闸管的额定值可以达到 2.5 kV 和 3 kA。用于高压直流输电（HVDC）的专用光控型晶闸管与普通相控型晶闸管有着相同的额定电压和电流。表 2.2 为实例中大功率晶闸管的参数。

表 2.2　大功率晶闸管的参数

型号	5STP 20Q8500	TDS4453302	5STF 15F2040	T7071230
厂商	ABB	Powerex	ABB	Powerex
类型	相控	相控	快速	快速
管壳	平板形	平板形	平板形	螺栓形
V_{RRM}/V_{DRM}	8 kV	4.5 kV	2 kV/1.8 kV	1.4 kV
$I_{T(av)}$	2.15 kA	3.32 kA	1.49 kA	0.3 kA
$I_{T(rms)}$	3.38 kA	5.22 kA	2.34 kA	0.47 kA
I_{TSM}	47.5 kA	56 kA	18.2 kA	8 kA
I^2t	$11.3 \times 10^6 \, A^2 \cdot s$	$1.31 \times 10^7 \, A^2 \cdot s$	$1.37 \times 10^6 \, A^2 \cdot s$	$2.65 \times 10^5 \, A^2 \cdot s$
V_{TM}	2 V	1.8 V	1.6 V	1.45 V
I_{RRM}/I_{DRM}	1 A	300 mA	150 mA	30 mA
t_{ON}	3 μs	3 μs	2 μs	3 μs
t_{OFF}	1080 μs	600 μs	40 μs	60 μs
I_{GT}	400 mA	300 mA	300 mA	150 mA
V_{GT}	2.6 V	4 V	3 V	3 V
直径	150 mm	144 mm	75 mm	38 mm
厚度	27 mm	27 mm	27 mm	102 mm[a]

a 不包括螺柱和端线。

2.3.2　双向晶闸管（TRIAC）

　　双向晶闸管（TRIAC）是一种可以等效为两个晶闸管反并联的半导体器件，但是如图2.9所示，其内部结构并不完全是两个晶闸管。由于TRIAC具有双向导通能力，因此电极不用阳极和阴极表示，而称之为**主电极1**（T1）和**主电极2**（T2）。门极信号加在门极和主电极1之间。任何方向的门极电流都可以触发 TRIAC，通态电流的方向由电源电压的极性决定。

　　和一对等效反并联晶闸管相比，TRIAC 的关断时间更长、电压临界上升率 dv/dt 更低、电流增益更小。但是，在照明、加热控制、固态继电

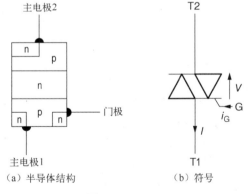

图 2.9　TRIAC

器、小型电动机控制等特定应用中，这种紧凑的结构颇具优势。目前，TRIAC 的额定电压和额定电流可以达到 1.4 kV 和 0.1 kA。

　　本节还要提一下功能与 TRIAC 类似的**双向可控晶闸管**（BCT）。它将两个类似晶闸管的器件反并联集成到一个硅片上。不像 TRIAC，BCT 中的晶闸管是被单独触发的。BCT 比 TRIAC 的体积大，目前额定值高达 6.5 kV 和 2.6 kA。

2.4 全控型开关

虽然晶闸管开启了半导体电力电子技术的新时代，但接踵而来的各种全控型开关逐步取代了晶闸管的应用，尤其是在直流输入型变换器中的应用。全控型开关的开通和关断都很容易控制，因此它们备受现代电力电子变换器（尤其是脉宽调制型变换器）的青睐。以下各节将对此类半导体器件的常见类型进行说明。

2.4.1 门极可关断晶闸管（GTO）

GTO 是**门极可关断晶闸管**的首字母缩写，其结构和电路符号如图 2.10 所示。它是由晶闸管派生出来的半导体电力开关，开通方式与晶闸管类似，在门极上加一个小的正向电流即可触发 GTO 开通。与晶闸管不同的是，如果在门极上施加一个反向大电流脉冲（通常大于额定电流），就可以关断 GTO。因此，GTO 的关断电流增益很差，但因为关断门极脉冲只持续几十毫秒，所以门极信号的能量很低。GTO 的额定值与晶闸管的相同，可以达到 6 kV 和 6 kA。

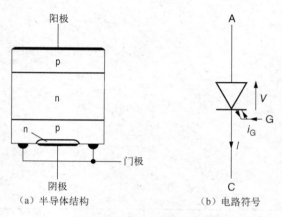

（a）半导体结构   （b）电路符号

图 2.10　GTO

GTO 是最早出现的全控型大功率半导体电力开关，但它们速度慢，开关动作和导通期间的损耗大。因此，它需要缓冲器来抑制（"缓冲"）关断过程中的电压瞬变。

2.4.2 集成门极换流晶闸管（IGCT）

集成门极换流晶闸管（IGCT）的电路符号如图 2.11 所示，它与 GTO 类似，可以通过门极信号来控制开通和关断。IGCT 的门极关断电流比阳极电流大，使得关断时间很短。**门极驱动器**用于产生门极电流，它布置在 IGCT 的外围并与 IGCT 集成为一个器件。因此，IGCT 的形状不像其他大功率开关的螺栓形或平板形，它是方形的。由于驱动器和 IGCT 的接触面积大、距离短，因此它们之间的连接阻抗很小。这个特性非常重要，因为这样

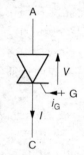

图 2.11　IGCT 的电路符号

就可以不需要使用导线而实现门极电流的快速大变化。IGCT 不需要使用缓冲器。

IGCT 没有反向电压阻断能力，因此它是**非对称型**器件。非对称型 IGCT 和续流二极管集成后，被称为**逆导型** IGCT。

IGCT 的开关时间比 GTO 短得多，所以它可以运行在很高的开关频率下。但是，由于开关损耗很大，因此需要将开关频率限制在 1 kHz 以下。IGCT 的额定电压和额定电流可以达到 6.5 kV 和 6 kA。表 2.3 为实例中 IGCT 和 GTO 的部分参数。

表 2.3　IGCT 和 GTO 的参数

型号	5SHY 42L6500	5SHX 19L6020	5SHX19L6010	FG6000AU
厂商	ABB	ABB	ABB	Mitsubishi
类型	非对称型 IGCT	逆导型 IGCT	GTO(平板型)	GTO(平板型)
V_{DRM}	6.5 kV	5.5 kV	4.5 kV	6 kV
$I_{T(av)}$	1.29 kA	0.84 kA	1 kA	2 kA
$I_{T(rms)}$	2.03 kA	1.32 kA	1.57 kA	3.1 kA
I_{TSM}	40 kA	25.5 kA	25 kA	40 kA
$I^2 t$	$2.4 \times 10^6\ A^2 \cdot s$	$1.6 \times 10^6\ A^2 \cdot s$	$3.1 \times 10^6\ A^2 \cdot s$	$6.7 \times 10^6\ A^2 \cdot s$
V_{TM}	3.7 V	2.9 V	4.4 V	6 V
I_{DRM}	50 mA	50 mA	100 mA	320 mA
t_{ON}	4 μs	3.5 μs	100 μs	10 μs
t_{OFF}	8 μs	7 μs	100 μs	30 μs
I_{GQM} [a]	3.8 kA	1.8 kA	1.1 kA	2.4 kA
E_{off} [b]	44 J	11 J	14 J	N/A
尺寸	429 mm×173 mm×41 mm	429 mm×173 mm×41 mm	85 mm×85 mm×26 mm	190 mm×190 mm×36 mm

[a] I_{GQM},关断门极电流的峰值;[b] E_{off},单个门极脉冲电流的关断能量。

2.4.3　电力三极管(BJT)

图 2.12 为 n-p-n 双极结型晶体管,简称为电力三极管(BJT)。集电极(C)到发射极(E)的路径相当于开关,用于开通或者关断主电流,基极(B)是控制极。与晶闸管不同,BJT 的基极电流I_B可以控制集电极电流I_C的大小:

$$I_C = \beta I_B \tag{2.7}$$

其中β表示该晶体管的**直流电流增益**。大功率 BJT 的电流增益较低,约为 10 左右。发射极电流I_E是集电极和基极电流之和。

BJT 的伏安特性如图 2.13 所示,图中曲线表示和各种基极电流I_B对应的集电极电流I_C和集-射极电压V_{CE}的关系。通态功率损耗P_c为

$$P_c = V_{CE} I_C \tag{2.8}$$

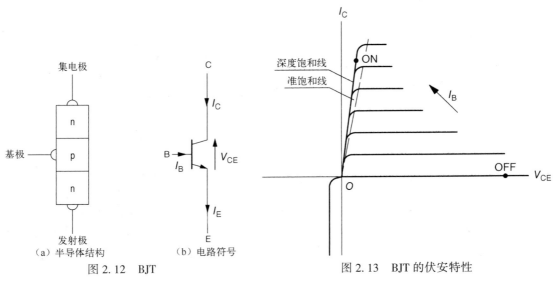

（a）半导体结构　　（b）电路符号
图 2.12　BJT

图 2.13　BJT 的伏安特性

43

因此，为了将 BJT 等效为理想的无损开关，应该使通态下的基极电流足够大，使运行点落在(或接近于)和设备两端最小电压降相关的**深度饱和线**内。在断态下，基极电流为零，集电极电流减小为漏电流(图 2.13 中假定该值为零)。

BJT 的额定电流是指集电极的最大允许直流电流，通常简称为 I_C。额定电压 V_{CEO} 表示在基极开路的情况下能使 BJT 保持安全断态的最大集–射极电压。如图 2.13 所示，BJT 在集–射极电压为负时没有阻断能力。因此，当用于交流输入型变换器时，必须在集电极上串联一个二极管以防止 BJT 被反向击穿。其他类型的非对称阻断型半导体电力开关也需要经过类似的处理。

BJT 容易遭受**二次击穿**，注意它与反向的雪崩击穿(一次击穿)不同。一次击穿是在断态器件上施加大电压而产生的击穿，而二次击穿发生在导通或关断的过程中，此时集电极电流和集–射极电压都很高。由于晶体熔化或杂质波动，加上功率损耗大，半导体中会出现局部过热点。而集电极电流的温度系数为正，因此温度正反馈，使得过热点的电流密度增大。如果时间足够长，这个**热击穿**将造成无法挽回的损失。限制 BJT 的耗散功率是防止二次击穿的最佳手段。为了抵消这个正的温度系数，可以在 BJT 的结构中加入**发射极镇流电阻**。但是，这会导致通态电压降增大。

为了缩短关断过程，最好将基极电流暂时反向。开通和关断过程中基极和集电极的电流波形如图 2.14 所示。通态时避免全饱和可进一步缩短关断时间。相反，减少通态时的基极电流可以使 BJT 的运行点由深度饱和线向附近的**准饱和区**转移。

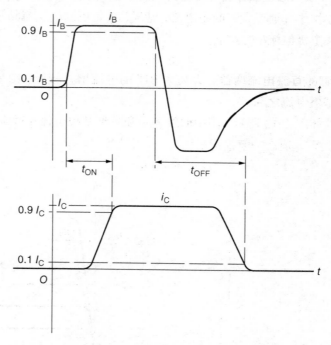

图 2.14 BJT 在开通和关断过程中的基极和集电极电流

因为 BJT 的电流增益很低，因此电力电子变换器很少使用单个 BJT，通常使用由两个或三个晶体管构成的**达林顿连接**(级联)。达林顿连接如图 2.15 所示。两个晶体管进行达林顿连接后的电流增益是 100 左右，三个晶体管连接的增益大约为 1000。BJT 可以运行在 10 kHz 的开关频率下，它们的额定电压和额定电流可以高达 1.5 kV 和 1.2 kA。

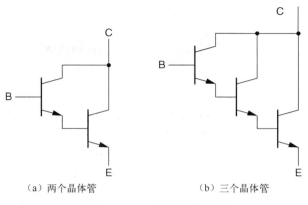

（a）两个晶体管   （b）三个晶体管

图 2.15　BJT 的达林顿连接

近年来，BJT(尤其是大容量 BJT)的市场份额逐步被其他开关(尤其是 2.4.5 节的 IGBT)所取代。电压控制型 IGBT 具有 BJT 的所有优点，但没有 BJT 的缺点，如二次击穿或者电流控制开断等。因此，IGBT 适用于含 BJT 的大部分应用场合。有些厂家甚至已经停止生产 BJT。

2.4.4　功率场效应晶体管(电力 MOSFT)

功率场效应晶体管(电力 MOSFET)的简化结构和电路符号如图 2.16 所示，在半导体电力开关中，电力 MOSFET 的开关速度最快。它有三个电极：**漏极**（D）、**源极**（S）和**栅极**（G），分别对应于 BJT 的集电极、发射极和基极。但是，和 BJT 相反，电力 MOSFET 是电压控制型器件，栅-源极间的直流阻抗可以认为等于无穷大($10^9 \sim 10^{11}$ Ω)。只有在快速开通与快速关断期间，栅极电路中才会出现一个和栅-源极电容充放电相关的短暂电流脉冲。

电力 MOSFET 的伏安特性如图 2.17 所示。图中曲线为不同栅-源极电压 V_{GS} 下漏极电流 I_D 和漏-源极电压 V_{DS} 的关系。虽然电力 MOSFET 的特征与 BJT 的特征相似(参见图 2.13)，但电力 MOSFET 没有深度饱和线。此外，当 V_{DS} 较小时每条特性曲线都有一个电阻恒定的部分，电压 V_{GS} 需要足够高才能使通态运行点落在该区域。额定电压和额定电流分别是指漏-源极电压和漏极电流的最大允许值(V_{DSS} 和 I_{DM})。和 BJT 一样，电力 MOSFET 无法承受反向漏-源极电压，因此需要串联二极管以保护该晶体管。

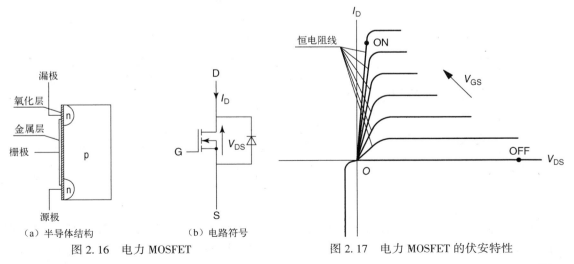

（a）半导体结构　　　（b）电路符号

图 2.16　电力 MOSFET

图 2.17　电力 MOSFET 的伏安特性

除了开关速度快，电力 MOSFET 还有其他优势。电力 MOSFET 的驱动功率很小，控制电路也比 BJT 的控制电路简单。用于开通电力 MOSFET 的典型栅-源极电压是 20 V，关断该器件的电压为 0 V。电力 MOSFET 上漏极电流的温度系数为负值，这有利于将多个电力 MOSFET 并联以增强电流处理能力。如果并联器件中的一个电力 MOSFET 温度升高，对应的通态电流将下降，从而使该器件重新达到热平衡。这一特点也使得电力 MOSFET 中的电流密度处处相等，避免产生二次击穿。高压电力 MOSFET 的通态电阻曾经相当高，但随着技术发展，该电阻值已经被大幅度降低。由于开通和关断的时间都很短，因此，就算在开关频率很高的情况下，开关损耗仍很小。开通和关断时间通常小于 100 ns，这与 BJT 类似(参见图 2.14)。

图 2.16(b) 中与电力 MOSFET 并联的二极管被称为**寄生二极管**，是工艺流程的副产品。它可以作为续流二极管，但因为它相对速度较慢，因此在快速开关变换器中需要用外部快恢复二极管进行旁路。电力 MOSFET 用于中型功率的变换器时，开关频率可高达数百千赫兹，用于小型开关电源时，开关频率可达 1 MHz。电力 MOSFET 的额定电压和额定电流可以高达 1.5 kV 和 1.8 kA。

2.4.5 绝缘栅双极型晶体管(IGBT)

绝缘栅双极型晶体管(IGBT)是混合半导体器件，它结合了电力 MOSFET 和 BJT 的优点。像电力 MOSFET 一样，它也是电压控制型器件，但通态损耗更小，额定电压和额定电流更高。IGBT 的等效电路和符号如图 2.18 所示。为了强调 IGBT 的混合特性，将控制电极称为栅极(G)，控制主电流开断的路径由集电极(C)和发射极(E)构成。

IGBT 的伏安特性如图 2.19 所示。图中曲线为各种栅-射极电压 V_{GE} 下集电极电流 I_C 和集-射极电压 V_{CE} 之间的关系。市场上的 IGBT 绝大多数属于**非对称**型(穿通型)。它们不具备反向电压阻断能力，通态损耗低，因此很适合用在斩波器和逆变器等直流输入型变换器中。它们通常与反并联的续流二极管集成在一起。**对称型**(非穿通型)IGBT 的通态损耗虽然大于非对称型 IGBT，但它们可以承受与正向额定阻断电压一样高的反向阻断电压。对称型 IGBT 主要用于交流输入型 PWM 变换器，如整流器和交流电压控制器等。

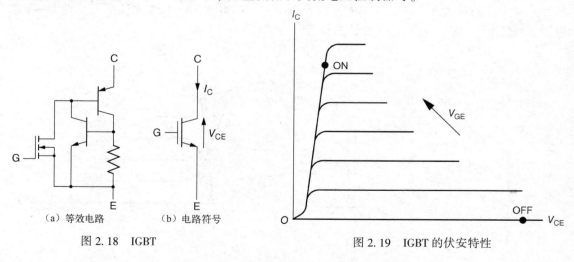

图 2.18　IGBT   图 2.19　IGBT 的伏安特性

IGBT 的通态电压降与 BJT 相当，但比电力 MOSFET 低。和电力 MOSFET 一样，IGBT 在栅-射极电压为 20 V 时开通、0 V 时关断。IGBT 可以用"超音速"(超过 20 kHz)频率进行切换。其额定电压和额定电流可高达 6.5 kV 和 2.4 kA。除了运行的优越性，IGBT 的额定电压和额定电流的变化范围比 BJT 大。因此，IGBT 是当今最受欢迎的半导体电力开关。表 2.4 为实例中大功率电力晶体管的参数。

表 2.4　大功率电力晶体管的参数

型号	IXFK160N30T	ESM3030DV	5SNA 2000K45	CM750HG-130R
厂商	IXYS	STMicroelectronics	ABB	Mitsubishi
类型	电力 MOSFET	达林顿 BJT	IGBT	IGBT
V_{DSS}/V_{CE}	0.3 kV	0.4 kV	4.5 kV	6.5 kV
I_D/I_C	0.16 kA	0.1 kA	2 kA	0.75 kA
I_{DM}/I_{CM}	0.44 kA	0.15 kA	4 kA	1.5 kA
$V_{GS}/V_{BE}/V_{GE}$	20 V	7 V	20 V	20 V
I_G/I_B	0.2 μA	5 A	0.5 μA	0.5 μA
t_{ON}	34 ns	4.1 μs	1.35 μs	2.3 μs
t_{OFF}	90 ns	1.2 μs	5.2 μs	10.2 μs
尺寸	42[a] mm×16 mm×5 mm	38 mm×25 mm×12 mm	247 mm×237 mm×32 mm	190 mm×140 mm×41 mm

[a]包括导线。

2.5　半导体电力开关的比较

设计电力电子变换器时需要对各种电力半导体器件进行选择。器件的多样性也允许对具体变换器进行器件选优。由于每种开关都有优缺点，因此很难断言哪一种类型最优。

通常用理想开关来作为选择实际器件的参考标准。理想开关具有以下特点：

（1）额定电压和额定电流大，因此大功率变换器只需要使用一个开关。

（2）断态下的泄漏电流和通态下开关两端的电压降很小，甚至为零。因此，开关在通态和断态下的功率损耗最小。

（3）开通和关断的时间很短，因此该器件的开关频率可以很高，而开关损耗最小。

（4）开关开通与关断需要的功率很小。因此可以简化变换器的控制电路，使整个变换器的效率和可靠性得到提高。

（5）通态电流温度系数为负，使得所有并联器件中的电流相等。

（6）dv/dt 和 di/dt 值很大，因此不需要使用缓冲器来预防开关故障和结构损坏。

（7）低价格——在当今竞争激烈的电力电子市场中，这是器件选择的一个重要考虑因素。

最后，半导体电力开关最好能在正向和反向偏置时都有较宽的**安全工作区**（SOA）。本书为了简洁性，对各类开关的讲解均删除了 SOA 的相关描述，因此此处需要稍做阐述。注意，图 2.13、图 2.17 和图 2.19 中的伏安特性曲线并没有包括电压的全部范围。实际上，这些特性曲线的包络线呈双曲线形状，因为器件产生的热量与功率损耗（电压与电流的乘积）成正比。为了使功率损耗等于其最大允许值且保持不变，电流必须与电压成反比。因此伏安特性曲线中的稳态运行点受双曲线的限制。当开关开通或关断时，瞬时运行点可能落在这个限制之外很远的区域。但除非有很大的过电压，瞬时运行点过限并不会造成开关损坏，因为开通和关断的时间太短，所以不会有过度温升。

电力 MOSFET 的典型 SOA 如图 2.20 所示。因为坐标为对数刻度，因此之前的双曲线限制变为线性限制。左侧的斜线表示 MOSFET 的通态电阻限制，若漏极电流一定，则该通态电阻决定了器件两端的电压降。右侧的三条斜线对应于脉冲宽度一定时脉冲电流的 SOA 范围。正向偏置 SOA 对应栅-源极电压为正的情况，如开通。如果栅-源极电压为负，如关断，相应的 SOA 被称为反向偏置 SOA。电力 MOSFET 的正反向 SOA 相同，但是其他全控型开关的正反向偏置 SOA 却不一定相同。和高 dv/dt 和 di/dt 值一样，SOA 范围宽表示可以减少器件对外部保护电路的依赖。

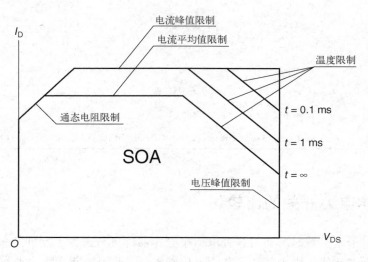

图 2.20 电力 MOSFET 的安全工作区

大功率的半导体电力开关动作较慢，而高频开关的功率处理能力又较弱。从动作慢的大功率晶闸管、GTO、IGCT、BJT 和 IGBT，到动作快但相对功率较小的电力 MOSFET，综合比较它们的电压-电流值和高频开关能力后，可以发现 IGBT 最优。虽然 IGBT 还有一些缺点，如通态功率损耗较大，但如果把对开关的所有期望列出来，可以发现 IGBT 几乎完美。

虽然速度较慢的相控型晶闸管仍是相控整流器和交流电压控制器的最佳选择，但逆变器级晶闸管几乎没有前途。BJT 也逐渐被基于混合技术的器件所淘汰。最后需要注意，本章并未包含现在所有的半导体电力开关。除了上述器件，开关器件还包括另一些不常见的器件，如 **MOS 门控制晶闸管**（MCT）、**静电感应晶体管**（SIT）或**静电感应晶闸管**（SITH）。

表 2.5 为常见半导体电力开关的基本属性和最大额定值。大多数情况下，厂商提供的开关如果具有最高的额定电压，那么额定电流只有中等大小，反之亦然。表 2.5 中的参数只是典型值，还可能有额定值更高的器件（通常是专用器件）。例如，ABB 网站中提供的焊接二极管的额定电流大于 13.5 kA。

按照常用的管壳可以将半导体电力开关分成图 2.21 和图 2.22 所示的两类。由图可见，额定电压和额定电流最高的开关，如电力二极管、晶闸管和 GTO 只使用环氧树脂或陶瓷的平板形状，这种形状使得开关可以夹在两个散热片之间。IGCT 的形状很独特，它便于向门极快速注入大的关断电流。小型开关则可以有各种各样的管壳形状。

48

表 2.5　半导体电力开关的属性和最大额定值

类　　型	开关信号	开关特性	开关频率	正向电压	额定电压	额定电流
二极管			20 kHz[a]	1.2~1.7 V	6.5 kV	12 kA
晶闸管	电流	触发	0.5 kHz	1.5~2.5 V	8.5 kV	9 kA
双向晶闸管	电流	触发	0.5 kHz	1.5~2 V	1.4 kV[b]	0.1 kA[b]
GTO	电流	触发	1 kHz	3~4 V	6 kV	6 kA
IGCT	电流	触发	5 kHz	3~4 V	6.5 kV	6 kA
BJT	电流	线性	20 kHz	1.5~3 V	1.7 kV	1.2 kA
IGBT	电压	线性	20 kHz	3~4 V	6.5 kV	3.6 kA
电力 MOSFET	电压	线性	1 MHz	3~4 V	1.7 kV	1.8 kA

[a] 快恢复二极管。一般用途的二极管工作频率为 50 Hz 或 60 Hz。

[b] BCT 的工作原理与 TRIAC 相似，它的额定电压和额定电流可达 6.5 kV 和 5.5 kA。

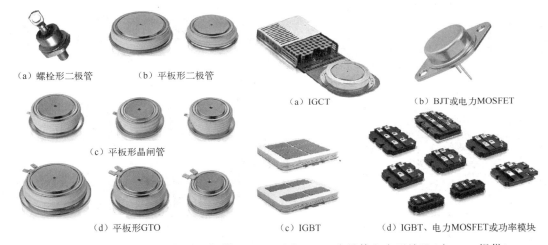

（a）螺栓形二极管　　（b）平板形二极管

（c）平板形晶闸管

（d）平板形 GTO

图 2.21　半导体电力开关 I（由 ABB 提供）

（a）IGCT　　　　　　（b）BJT 或电力 MOSFET

（c）IGBT

（d）IGBT、电力 MOSFET 或功率模块

图 2.22　半导体电力开关 II（由 ABB 提供）

2.6　功率模块

为了便于设计并简化电力电子变换器的物理布局，半导体器件的制造商提供了很多**功率模块**。功率模块是按特定拓扑连接并封装在同一个管壳中的半导体电力开关，就像图 2.22(d) 所示。最常用的拓扑结构有单相桥式、三相桥式或它们的分支电路。为了增大整个模块的额定电压和额定电流，功率模块还可能包含同类型开关的串联、并联或串并联结构。

图 2.23、图 2.24、图 2.25 和图 2.26 为现有功率模块的结构图。图 2.23 为电力二极管和晶闸管的六种不同组合方式。图 2.23(a)~(c) 中的串联器件可用在整流器中，图 2.23(d) 中反并联的两个晶闸管组成 2.3.2 节介绍的 BCT，它可以作为交流电压控制器或者静态交流开关的一部分。图 2.23(e) 为六脉波（或双脉波）二极管整流器模块。图 2.23(f) 为用于直流电动机控制的单相整流桥，其中，左边的两个二极管组成另外一个整流器，它用于给电动机的励磁绕组提供直流电流。

图 2.24 为利用两个晶体管的达林顿级联构建功率模块，图中有双开关模块、四开关模块和六开关模块。每个 BJT 都和一个续流二极管并联，同时，连接在达林顿各个晶体管发射极

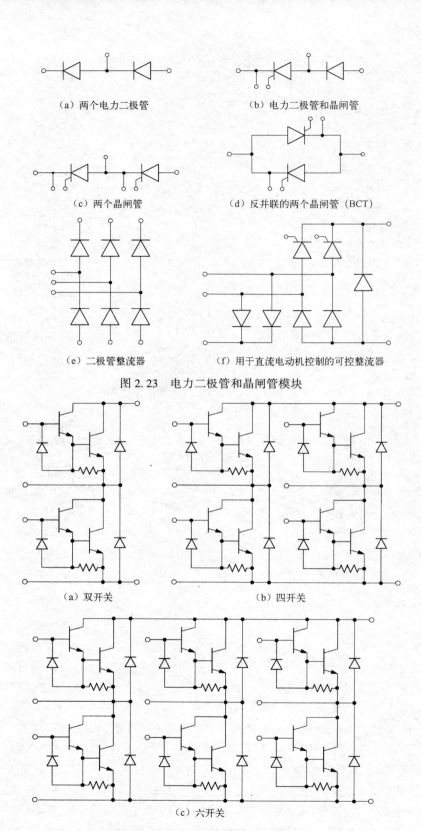

（a）两个电力二极管　　　　　　　　　（b）电力二极管和晶闸管

（c）两个晶闸管　　　　　　　　　（d）反并联的两个晶闸管（BCT）

（e）二极管整流器　　　　　（f）用于直流电动机控制的可控整流器

图 2.23　电力二极管和晶闸管模块

（a）双开关　　　　　　　　　　（b）四开关

（c）六开关

图 2.24　BJT（达林顿连接）模块

和基极之间的电阻-二极管回路能用于降低泄漏电流，并加快关断过程。四开关桥式拓扑结构可根据不同的控制算法用于四象限斩波器或单相电压源型逆变器。六开关桥式拓扑结构可构成三相电压源型逆变器。但是，同一模块中集成的器件越多，单个器件允许散发的热量就越少，因此电流额定值就越低。所以，当四开关或六开关模块中流过的负载电流很大时，就需要使用双开关模块来组成上述这些桥式拓扑结构。

图 2.25(a) 为双电力 MOSFET(双开关)模块，图 2.25(b) 为六开关模块。图 2.25(c) 为由前端二极管整流器供电的四开关电路。图 2.25(d) 为一个单开关模块，为了增加整个模块的额定电流，4 个电力 MOSFET 并联在一起，并由同一个门极信号进行控制，与 4 个电力 MOSFET 的门极连接的电阻等效于施加在电力 MOSFET 上的电压。

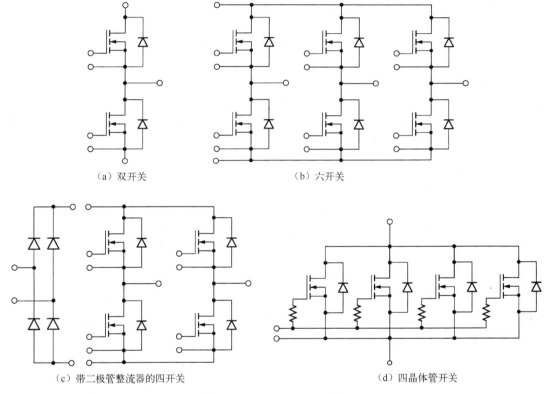

（a）双开关　　　　　　　　　　（b）六开关

（c）带二极管整流器的四开关　　　　　　　（d）四晶体管开关

图 2.25　电力 MOSFET 模块

图 2.26 中 IGBT 的拓扑结构与图 2.24 中 BJT 的结构相似。图 2.27(a) 为 IGBT 斩波器的"高电平端"(连接到电源的"+"极)，图 2.27(b) 为"低电平端"(连接到电源的"−"极)。图 2.27(c) 为三电平二极管钳位式 IGBT 逆变器的一个引脚。图 2.28 为由 7 个 IGBT 和 13 个二极管构成的三相、交流-直流-交流变换器，即**变频器**。图中并未显示该变频器的外部阻性和容性元件，因为它们体积太大，所以无法在该模块中进行展示。

上述功率模块仅包含电路部分。开关的控制需要由外部元件完成。为了方便电力电子变换器的生产，有些厂商引入了智能功率模块(IPM)的概念。在 IPM 中，电力元件本身就带有保护电路和门极驱动电路。但这种集成并不容易，因为这些精密的数字器件必须与高电压大电流的半导体电力开关共存。

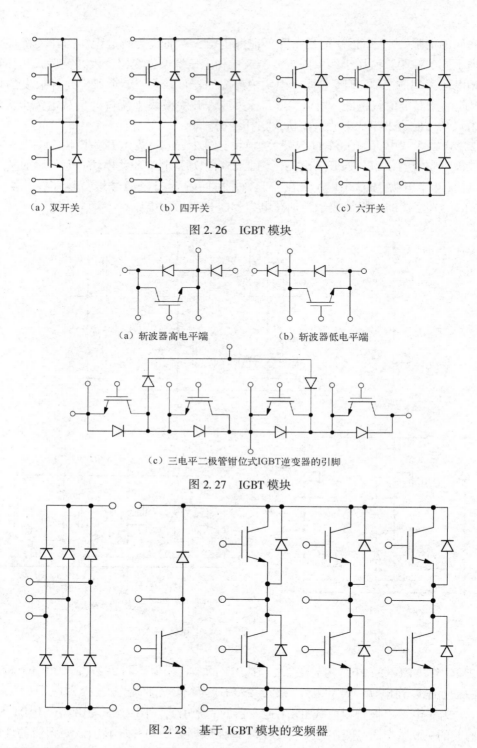

（a）双开关　　　　　　（b）四开关　　　　　　　（c）六开关

图 2.26　IGBT 模块

（a）斩波器高电平端　　　　　　（b）斩波器低电平端

（c）三电平二极管钳位式IGBT逆变器的引脚

图 2.27　IGBT 模块

图 2.28　基于 IGBT 模块的变频器

　　在第 4 章到第 7 章的学习过程中，读者最好能常常复习本节内容，从而加深对这些功率模块实用性的理解。电力电子器件市场上模块化电路种类繁多，本节描述的拓扑结构只是冰山一角。

2.7　宽禁带器件

由固体物理学可知,原子中的电子都占据一定能带,这种能量用**电子伏特** eV 表示。**价带**中的价电子在各个原子上不可移动,但传导电子可以在原子之间自由移动。将电子从原子中释放所需的能量范围称为**导带**。价带的最高能量和导带的最低能量之间的差值就是**禁带**。绝缘体的禁带很宽,半导体的禁带很窄,金属(导体)中则不存在禁带。

硅(Si)和砷化镓(GaAs)是半导体电力开关常用的材料,它们的禁带分别为 1.1 eV 和 1.4 eV。20 世纪 90 年代初期开始对禁带超过 3 eV 的材料进行研究,之后,宽禁带(WBG)半导体器件的相关技术得到蓬勃发展。碳化硅(SiC)、氧化锌(ZnO)和氮化镓(GaN)等常用宽禁带材料的禁带为 3.3~3.4 eV。目前为止最先进的技术是碳化硅技术。

由于宽禁带的成本相对较高,这些器件目前主要用在太空和军事中。但是,Cree(美国)、Farichild(美国)、Infineon(德国)、Powerex(美国/日本)、ST 微电子(瑞士)和东芝(日本)等公司,正在积极参与 SiC 市场的开发。目前,基于碳化硅的电力器件包含有二极管、电力 MOSFET、BJT 和各种功率模块。但是,想要抓住并分享半导体电力开关的巨大市场份额,甚至对整个电力电子技术带来新变革,还需要克服宽禁带器件的很多困难,才能完全发挥其潜能。

研究表明,和基于硅的器件相比,宽禁带开关运行时:

(a) 电压可以高出 10 倍
(b) 频率可以高出 10 倍
(c) 温度可以高出两倍
(d) 能源损耗可以减少 90%

值得一提的是,宽禁带半导体,特别是氮化镓,能发出可见光,这个特点使得它们在固态照明(如强光 LED)中非常有用。在电力领域,宽禁带器件的潜在应用包括变速驱动器、高效数据中心、消费类电子产品的紧凑型电源、能源系统一体化、直流输电线路和电动汽车。对电力电子技术,可以说,1970 年至 1990 年是晶闸管和电力 MOSFET 的时代,1990 年至 2010 年是硅 IGBT 的时代,下一个时代将属于碳化硅。

小结

电力电子变换器基于只有导通和断开两种运行状态的半导体电力开关。在导通状态下,开关上的电压降很低,因此通态损耗低。在断开状态下,通过开关的电流等于零,因此几乎没有损耗。但是,在这两种状态的切换过程中,因为暂态电压和电流短期内同时存在,因此会产生开关损耗。每次开关动作都有能量损耗,因此,每秒钟开关的动作次数越多,对应的开关频率越高,功率损耗就越大。

半导体电力开关分为不可控、半控型和全控型三种类型。电力二极管是不可控开关,正向偏置时导通,电流反向时关断。晶闸管、TRIAC 和 BCT 是半控型开关,正向偏置时允许被触发导通。一旦该器件被触发导通,则无法被关断。GTO、IGCT、BJT、电力 MOSFET 和 IGBT 是最常见的全控型开关。GTO 与 IGCT 的触发方式和晶闸管相同,但在它们的门极上加一个反向大脉冲就可以关断它们。BJT、电力 MOSFET 和 IGBT 中的电流线性可控，但为了尽量减少运行损耗，如同所有的开关一样，它们通常只运行在导通和断开状态下。BJT 是电流控制型器件，电力 MOSFET 和 IGBT 是电压控制型器件，它们只需要很小的门极功率。

除了 TRIAC 和 BCT，所有半导体电力开关导通时电流都只能朝一个方向流动。但是，并不是所有开关都具有正向和反向电压阻断能力。通常只有晶闸管、TRIAC、BCT 以及某些 GTO、IGCT 和非击穿 IGBT 具有对称阻断的能力。其他器件可能无法承受反向电压，需要利用串联二极管来阻断该电压。

半导体电力开关的产品目录和数据列表提供的信息包括：限制性参数、描述性参数、特征参数和 SOA。这些数据，尤其是额定电压和电流，可用于对具体应用进行器件选优。晶闸管、GTO 和 IGCT 尺寸最大，但开关速度最慢，电力 MOSFET 容量最小，但开关速度最快。每种类型的开关都有优缺点，但 IGBT 在中小型功率变换器中占主导地位。电力半导体行业给功率模块提供了广泛的选择空间，单个管壳中可能集成了若干个不同电路结构的开关。更先进的解决方案称为 IPM，它包含控制和保护电源开关的数字元件。

宽禁带半导体，如碳化硅代表着最先进的发展，它比现有的基于硅的电力开关技术更有优势。它在高压、高温、高频以及低功率损耗上都展现出了极优越的特性。

补充资料

[1] Baliga, B. J. ,*Advanced High Voltage Power Device Concepts*, Springer, New York, 2012.

[2] Baliga, B. J. ,*Fundamentals of Power Semiconductor Devices*, Springer, New York, 2008.

[3] Lutz, J. , Schlangenotto, H. , Scheuermann, U. , and De Doncker, R. ,*Semiconductor Power Devices*, Springer, Berlin, 2011.

[4] Madjour, K. , Silicon carbide market update：from discrete devices to modules, *PCIM Europe* 2014, available at：http://apps. richardsonrfpd. com/Mktg/Tech-Hub/pdfs/YOLEPCIM_ 2014_SiC_ Market_ARROW_KMA_Yole-final. pdf

[5] Wide bandgap semiconductors：pursuing the promise,*U. S. DOE Advanced Manufacturing Office*, available at：http://www. manufacturing. gov/docs/wide_bandgap_semiconductors. pdf

[6] Available at：http://new. abb. com/semiconductors

[7] Available at：www. irf. com/

[8] Available at：http://www. ixys. com/ProductPortfolio/PowerDevices. aspx

[9] Available at：www. pwrx. com

第3章　辅助元件与系统

本章对电力电子变换器的辅助元件与系统进行介绍。对驱动器、保护电路、缓冲器、滤波器、冷却方法和控制系统进行分析，并对例题进行讲解。

3.1　什么是辅助元件与系统

实际的电力电子变换器是由若干个子系统和许多元件组成的复杂系统。而变换器的电路原理图通常仅包含电源电路，并不包含全部元器件，有时也包括控制系统框图。现代电力电子变换器的辅助元件和系统包括：

（1）**驱动器**　它向半导体电力开关提供开关信号，是开关与控制系统的接口。
（2）**保护电路**　保护变换器开关和敏感负载免受过电流、过电压和高温的影响。
（3）**缓冲器**　在切换过程中保护开关免受瞬时过电压和过电流的冲击，同时降低开关损耗。
（4）**滤波器**　用于提高负载或电源的电能质量。作为电源电路的一部分，滤波器通常包含在变换器的电路图中。
（5）**冷却系统**　用于给开关降温。
（6）**控制系统**　用于控制（含保护）变换器的运行。

由于本书是介绍性书籍，因此本书重点介绍电力变换和控制的原理以及它们在电力电子变换器中的实现方式。但是，读者应该了解上述辅助元件和系统的基本属性及它们对变换器运行的影响。因此，本章接下来主要对这些辅助系统进行简单介绍。注意，厂商提供的各种电力电子辅助系统只是本主题中的一部分内容。

3.2　驱动器

电力电子变换器选择不同的开关类型、变换器拓扑结构和电压等级，可以构成各种驱动器配置。驱动器由控制系统发出的逻辑电平信号激活，然后提供足够高的电压或电流以控制电极、栅极或基极，从而使开关立即开通。开关保持安全导通，直到关断。

必须确保驱动器的低压控制系统和高压电源电路的电气隔离。这可以通过脉冲变压器（PTR）或光学耦合来实现。后者在光控半导体设备附近放置一个发光二极管（LED）。光信号可以通过空气间隙或者光缆进行传输。由于驱动信号的要求存在本质差别，半控型晶闸管（SCR、TRIAC、BCT）、电流控制型开关（GTO、IGCT、BJT）和电压控制型混合器件（电力MOSFET 和 IGBT）所采用的解决方案都不同。总体来说，本章接下来的例子只用于介绍基本概念，实际的商用驱动器比这些例子复杂得多。

3.2.1 SCR、TRIAC 和 BCT 的驱动器

为了触发("点火")SCR、TRIAC 或者 BCT，门极脉冲电流 i_G 必须足够大且持续时间足够长，可能还要求门极电流上升时间很短，即 $\mathrm{d}i_G/\mathrm{d}t$ 很高。控制电路和电源电路需要进行隔离，至少对于阴极不接地的开关。光耦合器或变压器都可以实现隔离。这两种方案各有优缺点。光耦合器需要有电源，而且在晶闸管侧需要有放大器。变压器不需要使用放大器，但是变压器必须采用附加电路以避免铁心饱和。

基于脉冲变压器 PTR 和晶体管放大器 TRA 的 SCR 的驱动器如图 3.1 所示。二极管 D1 和齐纳二极管 DZ 跨接在一次绕组上，当开关断开时为一次侧电流提供续流通路，同时防止变压器铁心饱和。门极电路中的二极管 D2 对变压器的二次侧电流进行整流。

用于 SCR 的简单光隔离驱动器如图 3.2 所示。光耦合器由发光二极管 LED 和一个小光敏晶闸管 LAT 构成。LAT 门极信号的能量直接由电源电路提供，因为当 LAT 被 LED 激活时，LAT 上的门极电流是由晶闸管 SCR 两端的电压产生的。LAT 承受的端电压必须与晶闸管 SCR 相同。但这不是问题，因为 LAT 属于额定电压值最高的半导体器件之一，它本身也可以用于高压输电线路中。

图 3.3 为用于 TRIAC 的非隔离驱动器。TRA 向 TRIAC 提供门极电流。图 3.4 为用于 TRIAC 的含光敏晶闸管 LAT 的光隔离驱动器。

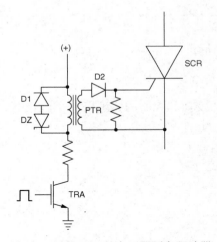

图 3.1　用于 SCR 的变压器隔离驱动器

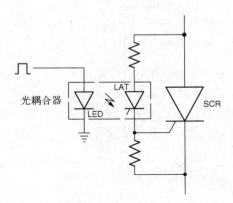

图 3.2　用于 SCR 的光隔离驱动器

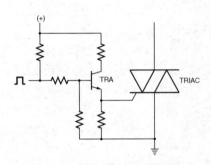

图 3.3　用于 TRIAC 的非隔离驱动器

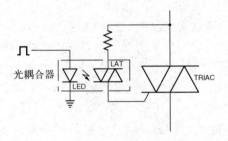

图 3.4　用于 TRIAC 的光隔离驱动器

3.2.2　GTO 和 IGCT 的驱动器

尽管 GTO 和 IGCT 的开通方式与晶闸管相同，但因为关断这些器件需要很高的门极脉冲电流，所以这些开关的驱动器比半控型晶闸管要复杂得多。图 3.5 为用于 GTO 的门极驱动电路。为了使 GTO 导通，两个电力 MOSFET 器件 M1 和 M2 轮流导通，从而产生高频电流脉冲流经 PTR。该电流通过齐纳二极管 DZ 和电抗器 L 向门极提供触发电流。电抗器 L 用于限制电流的变化率 di_G/dt。该电流同时也通过由 4 个二极管组成的二极管整流器 RCT 向电容器 C 充电。停止输出高频脉冲串表示接下来要关断开关。晶闸管 SCR 发起关断动作，它导致门极-阴极电路中的电容器快速放电。

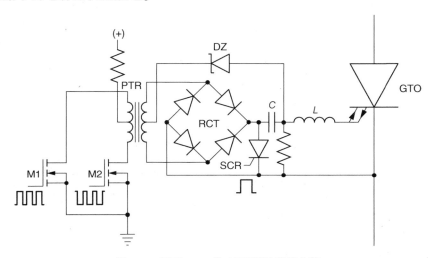

图 3.5　用于 GTO 的变压器隔离驱动器

驱动器也可以采用光隔离的方式。驱动器的 GTO 侧必须有独立的电源以提供需要的门极电流，尤其是在开关关断的时候。开关的开通或者关断不是由图 3.5 中的晶闸管发起，而是由 BJT、电力 MOSFET 或者它们的组合来产生门极脉冲。

3.2.3　BJT 的驱动器

为了生成基极电流，BJT 的驱动器必须采用电流源型的方式。高质量的驱动器应该具有以下特征：

（1）开通时电流脉冲高，使开通时间缩减。

（2）导通状态时基极电流可调，使基极-发射极的损耗减小。开通后，需要减小起始电流。

（3）预防 BJT 深度饱和。BJT 饱和后的关断时间比准饱和状态下的关断时间长很多。

（4）关断时将基极电流反向，以进一步缩减关断时间。

（5）导通状态下基极和发射极间的阻抗很小，断开状态下基极-发射极的电压反向。这些措施增加了 BJT 集-射极间的电压阻断能力。

图 3.6 为两种简单的非隔离驱动器。图 3.6（a）的单端驱动器只需要一个晶体管 TR，但它的性能不如其他高级方案。图 3.6（b）所示的驱动器电路能降低功率损耗。npn 型晶体管

TR2 和 pnp 型晶体管 TR3 组成 **B 类输出极**，它们由输入晶体管 TR1 驱动。两种驱动器中的电容器 C 都用于向基极提供一个额外的电流增量以加快开关动作速度。

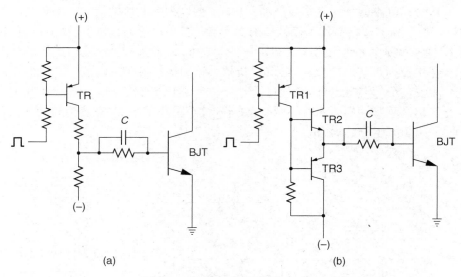

图 3.6　用于 BJT 的非隔离驱动器

　　为了加快关断速度，可以采用如图 3.7 所示的抗饱和电路，即**贝克钳位电路**。钳位的目的是根据集-射极电压的大小，利用二极管 D0 实现对基极电流的分流，从而将 BJT 的运行点从深度饱和线转移到准饱和区域（参见图 2.13）。二极管 D1～D3 用于在钳位二极管 D0 上产生适当的电压偏差（实际应用中，二极管串联的数量可以大于或小于 3）。二极管 D4 用于在开关关断期间为反向基极电流提供流通路径。

　　如果 BJT 要用在高压电路中，可以使用变压器进行隔离，如图 3.8 所示。但是，被驱动的 BJT 的占空比范围大约为 0.1～0.9。因此，BJT 的驱动器通常采用光耦合器进行隔离。带有光隔离的商用单芯片驱动器如图 3.9（a）所示。光耦合器内部使用光敏晶体管，BJT 由 B 类输出级驱动。由驱动器产生的基极电流波形如图 3.9（b）所示。但图中波形并不反映实际的比例：实际上，电流的正向和反向峰值是导通状态下电流的 10～20 倍。

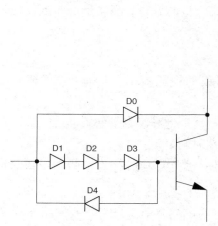

图 3.7　用于 BJT 的抗饱和贝克钳位电路

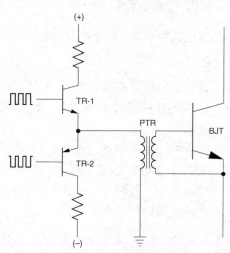

图 3.8　用于 BJT 的变压器隔离驱动器

58

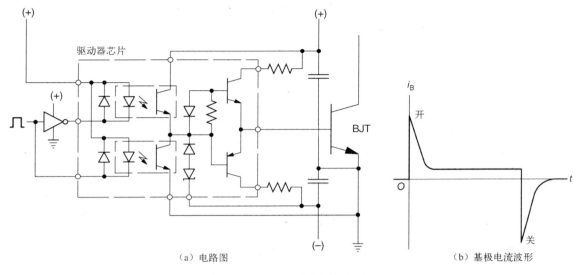

（a）电路图   （b）基极电流波形

图 3.9　用于 BJT 的光隔离驱动器

3.2.4　电力 MOSFET 和 IGBT 的驱动器

稳态时，混合半导体电力开关的门极电流几乎为零。因此，逻辑门就可以直接触发它们。但是，如果需要很高的开关频率，则必须对门极电容进行快速充放电。这就要求门极电流在开通和关断初期的脉冲很高。但是，标准逻辑门本身不能提供(或吸收)这么大的电流，从而极大限制了最大可用开关频率。为了充分利用混合开关(尤其是快速电力 MOSFET)速度快的优势，必须在驱动器中做足准备，以输出或吸收暂态电流脉冲。

为了讨论的一致性，接下来介绍的所有驱动器都用于电力 MOSFET，当然它们也可以用于 IGBT。图 3.10 为一个带大电流 TTL 时钟驱动器 CD 的门极驱动电路。图 3.11 为由 PTR 驱动的电力 MOSFET。AM 为辅助 MOSFET，其内部的寄生二极管 D 用于为主 MOSFET 的门极电容提供充电路径。当 PTR 提供反向脉冲并使 AM 开通时，主 MOSFET 关断。当 PTR 饱和时，AM 用于在主 MOSFET 关断前阻止门极电流放电。这种驱动器特别适合于门极驱动浮地(不接地)的开关。

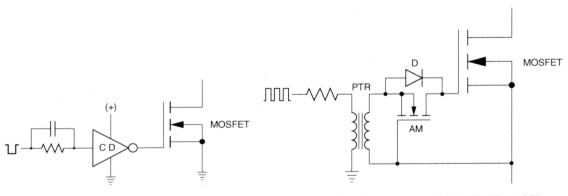

图 3.10　用于电力 MOSFET 的门极驱动　　　图 3.11　用于电力 MOSFET 的变压器隔离驱动器
　　　　（带大电流 TTL 时钟驱动器）

电力 MOSFET 和 IGBT 的光隔离驱动器如图 3.12 所示。除了控制开关的开通和关断外，驱动器还对开关进行过电流保护。过电流情况可以通过监测导通状态下集-射极电压获取。由于混合开关电路的电阻近似为恒定值，电压增大就意味着过电流。一旦检测到这种情况，开关就被关断，指示灯亮起。

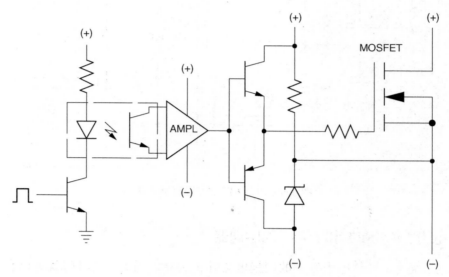

图 3.12　用于电力 MOSFET 的光隔离驱动器

3.3　过电流保护方案

如果变换器或负载短路，或者负载过大[即太小的负载阻抗和(或)反电动势]导致过电流，半导体电力开关就很容易遭受永久性的损坏。电力电子变换器使用以下三种基本的过电流保护方法：

（1）熔丝
（2）晶闸管"撬棍"排列
（3）一旦检测到过电流，则关断开关

功率大、动作慢的电力半导体器件，如二极管、晶闸管或 GTO，通过串联的专用快熔熔丝进行保护。熔丝由厚度不超过 1/10 英寸的薄银板构成，通常上面还有多行冲压出来的孔洞。将一个或多个这样的银板用沙子包裹，并封装在圆柱形陶瓷坯体里，然后固定在镀锡支架上。熔丝的协调参数 I^2t 必须小于被保护设备的 I^2t，但不能太小，否则会中断正常运行。正确选择的熔丝应该在电源电压的半个周期(60 Hz 或 50 Hz)内熔化。

低成本电力电子变换器的保护可以通过在电源和变换器之间连接一个熔丝来完成。更复杂的解决方案如图 3.13 所示，在变换器输入端上并联了晶闸管"撬棍"。通过监测低阻值电阻 R 上的电压降或者采用电流互感器可以得到变换器的输入电流。如果检测到过电流，立即触发晶闸管，使电源短路，输入端的熔丝因而熔断。或者，直接用快速断路器代替熔丝。同样，过电压保护也可以使用晶闸管撬棍。

60

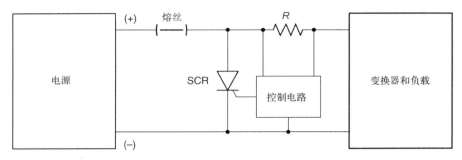

图 3.13　电力电子变换器的晶闸管"撬棍"式过电流保护

一旦发现过电流则立即关断全控型半导体电力开关是最好的保护方式。但是为了避免开关电流 $\mathrm{d}i/\mathrm{d}t$ 变化过大而产生电压尖峰并危及器件，通常需要降低关断过程的速度。因此，正如图 3.12 所示，现在的驱动器中经常嵌入专用的过电流保护电路。

对于很多使用**桥式拓扑结构**的电力电子变换器而言，有一种特别危险的短路类型，称为"**直通**"。如图 3.14 所示，两个 IGBT 组成桥式拓扑结构的一个桥臂，每个桥臂（支路）由两个（或更多）开关串联组成**图腾柱**排列。通常情况下，它们的状态是相反的，即当一个开关导通时，另一个开关为断开状态，电流通过负载 R 形成回路。但是，如果由于某种原因（如驱动器故障或开关信号错误）导致一个开关在另一个开关关断之前导通，就

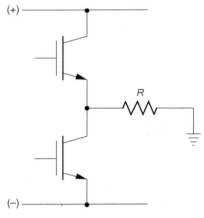

图 3.14　桥式拓扑结构中一条桥臂上两个开关组成的图腾柱排列

会发生短路。为了降低"直通"的可能性，在一个开关关断信号结束后，需要延迟另一个开关的开通时间，即**时滞**。

3.4　缓冲器

在半导体器件所有可能的运行模式中，最难处理的是两种极端状态之间的切换，因为此时电力电子变换器的开关需要承受各种应力。例如，开关关断时，如果不采取措施，电流的快速变化会使杂散电感两端产生破坏性的电压尖峰。开关开通时，同时出现的高电压和大电流可能会使开关的运行点远远超出安全工作区（SOA）。因此，需要在半导体电力开关中加入开关的辅助电路，即缓冲器。缓冲器的作用包括防止暂态过电压和过电流、降低电压和电流的急剧变化、减少开关损耗以及确保开关运行在 SOA 内。缓冲器还有助于维持电压在串联开关中的平均分配（从而增大变换器的额定电压），或者电流在并联开关中的平均分配（从而增大变换器的额定电流）。缓冲器的功能和结构取决于开关的类型和变换器的拓扑结构。

由于半导体器件的非线性以及策略的复杂性，缓冲器的分析过程繁杂，有时还困难重重。因此，接下来主要对缓冲器进行定性分析。实际应用中，除了专业论著，通常使用 PSpice 或类似软件对缓冲器进行建模。

下面以实例来说明缓冲器的必要性。图 3.15（a）为一个简单的基于 BJT 的斩波器。假定负载电感很大，因此输出电流恒定且等于 I_o。这样，负载可以等效为电流源。输入电压

61

V_i和晶体管之间的电感L_σ表示缓冲器的集总杂散电感。电阻R_{sn}和电容C_{sn}串联构成缓冲器并与晶体管并联。

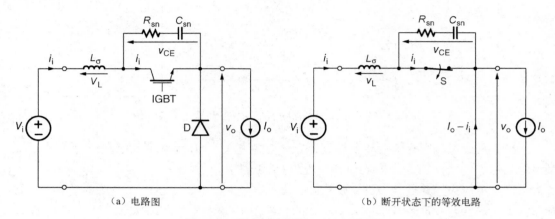

（a）电路图 （b）断开状态下的等效电路

图 3.15　带 RC 缓冲器的 BJT 斩波器

BJT 的集-射极电压v_{CE}为

$$v_{CE} = V_i - v_L - v_o \tag{3.1}$$

其中v_L和v_o分别表示电感电压和输出电压。当晶体管处于导通状态时，$v_{CE} \approx 0$。$t=0$时，BJT 关断，集电极电流i_C从初值I_o开始线性衰减，直到$t=t_0$时等于零。因此，在杂散电感两端将出现暂态电压。电压波形由一个持续时间为t_0、峰值为$V_{L,p}$的脉冲构成

$$V_{L,p} = L_\sigma \frac{\mathrm{d}i_C}{\mathrm{d}t} = -L_\sigma \frac{I_o}{t_0} \tag{3.2}$$

同时，输出电流通过续流二极管 D 续流，因此$v_0 = 0$，集-射极电压的峰值$V_{CE,p}$为

$$V_{CE,p} = V_i - V_{L,p} = V_i + L_\sigma \frac{I_o}{t_0} \tag{3.3}$$

从降低开关损耗的角度出发，希望能快速关断开关，但是式(3.3)显示，当t_0趋近于零时，BJT 两端电压将接近无穷大。甚至当关断时间t_0很短时，电压都会很容易越限并破坏晶体管。

带有缓冲器的斩波器在断开状态下的等效电路如图 3.15(b)所示。当断开代表 BJT 的开关 S 后，就得到一个串联的 RLC 电路。从相关电路理论可知，如果$R_{sn} < 2\sqrt{L_\sigma/C_{sn}}$，电流$i_i$为

$$i_i = I_p \mathrm{e}^{-\frac{R_{sn}}{L_\sigma}t} \cos(\omega_d t + \varphi) \tag{3.4}$$

其中

$$\omega_d = \sqrt{\frac{1}{L_\sigma C_{sn}} - \left(\frac{R_{sn}}{2L_\sigma}\right)^2} \tag{3.5}$$

式(3.4)中的电流幅值I_p和相角φ可以通过初始条件和最终状态求得。由于初始电流$i_i(0)$等于I_o，通过电容器的最终稳态电流等于 0，即$I_p = I_o$，$\varphi = 0$，则有

$$i_i = I_o \mathrm{e}^{-\frac{R_{sn}}{L_\sigma}t} \cos(\omega_d t) \tag{3.6}$$

对 i_i 求微分，并将 di_i/dt 代入下述方程，可得缓冲器两端的集-射极电压为

$$v_{CE} = V_i - v_L = V_i - L_\sigma \frac{di_i}{dt} \tag{3.7}$$

重新整理后，有

$$v_{CE} = V_i \left[1 - e^{-\frac{R_{sn}}{L_\sigma} t} \cos(\omega_d t) \right] \tag{3.8}①$$

对缓冲器进行正确设计和调谐后，集-射极电压只会有很小的越限。未安装缓冲器和已安装缓冲器两种情况下斩波器的电压和电流波形如图 3.16 所示。把 $i_C(t)$ 和 $v_{CE}(t)$ 的关系用公式 $i_C = f(v_{CE})$ 表示后，可得到代表晶体管运行轨迹的**开关轨迹图**。将 BJT 的 SOA 叠加在开关轨迹图上，显然缓冲器能保护晶体管运行在安全区间内。图 3.17(a) 中，晶体管未带缓冲器，开关轨迹很大一部分位于 SOA 之外。但是，图 3.17(b) 中，当晶体管安装了缓冲器后，开关轨迹不但落在 SOA 内，而且具有很大的安全裕度。

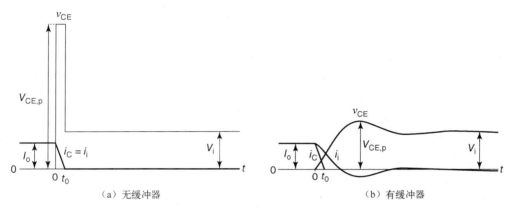

（a）无缓冲器　　　　　　　　　　　（b）有缓冲器

图 3.16　图 3.15 所示斩波器的电压和电流波形

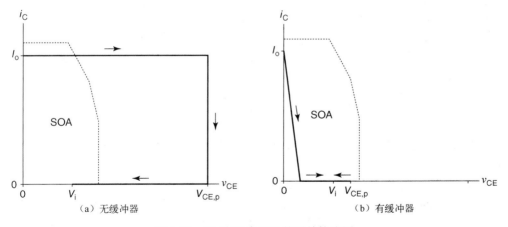

（a）无缓冲器　　　　　　　　　　　（b）有缓冲器

图 3.17　图 3.15 中 BJT 的开关轨迹图

缓冲器不是必需的设备，因为也可以选择额定值很高的电力开关，使得很高的暂态电压和电流不会对开关造成危险。但是，超大型半导体器件会导致成本增加；不仅是字面意义上的成本增加，也表现在质量、体积和损耗的增加。当然，缓冲器也会导致电力电子变换器的

———————————————
① 该式为近似式，感兴趣的读者可以自行推导。

成本、质量和体积的增加，而且，缓冲器还有损耗。因此，在具体的应用中如何选择最佳的缓冲器，是对设计师专业和专注程度的真正考验。

谐振变换器中可以去掉缓冲器。谐振变换器通过一个谐振电路给所有开关提供安全且低损耗的开关环境。谐振变换器大多属于 8.4 节的小功率直流-直流变换器。现在大功率变换器也使用谐振的一些概念。7.4 节将对**谐振直流环节逆变器**进行讲述。

3.4.1 电力二极管、SCR 和 TRIAC 的缓冲器

电力二极管反向恢复电流的上升率很高，因此就算杂散电感很小，也很可能在关断时发生过电压问题。因此，需要在二极管上并联如图 3.15 所示的简单 RC 缓冲器。这种类型的开关辅助电路通常被称为**关断型缓冲器**，因为它们在开关关断时可减轻电压应力。

RC 缓冲器也用于基于 SCR 和 TRIAC 的变换器，主要用于防止 dv/dt 过大而造成错误触发（点火）。某些应用中，在错误的时间触发晶闸管可能导致灾难性的后果。此外，还需要防止 SCR 和 TRIAC 的 di/dt 值过大。这可以通过串联电抗器实现。上述缓冲器通常称为**开通型缓冲器**，它们不需要很大的电感，因此电路导线上的杂散电感就能满足要求。图 3.18 为电力二极管和 SCR 的缓冲器。

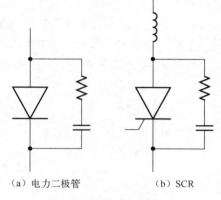

（a）电力二极管　　　　（b）SCR

图 3.18　缓冲器

3.4.2 GTO 和 IGCT 的缓冲器

图 3.19 为用于 GTO 的简单开通型和关断型缓冲器。当电流从一个慢速器件（即大功率续流二极管）转移到 GTO 时，开通型缓冲器不但可以防止 GTO 过电流，还可以减弱 di/dt 的变化。当 GTO 被关断时，存储在电抗器中的能量通过二极管-电阻回路快速耗尽。

RDC（电阻-二极管-电容器）关断型缓冲器能在开关关断时降低阳极-阴极电压，从而限制开关的损耗。和用于 SCR 的缓冲器类似，该缓冲器还可以防止由于 dv/dt 越限而再触发 GTO。关断时，输入电流 i_i 被二极管分流到缓冲电容器上，从而使 GTO 中的阳极电流 i 减小。阳极受电容器钳位，两端电压由初值零开始逐步增大。因此，开关关断时阳极上不会同时出现高电压 v 和大电流 i。在下一次开通时，电容器通过电阻-GTO 回路快速放电。

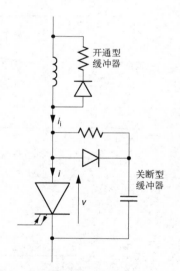

图 3.19　带有开通型和关断型缓冲器的 GTO

3.4.3 晶体管的缓冲器

本节以 IGBT 为例来讲解晶体管（BJT、电力 MOSFET 和 IGBT）的缓冲器，这些解决方案也适用于其他器件。晶体管的缓冲器和 GTO 的缓冲器（参见图 3.19）类似。感性开通型缓冲器能确保集-射极电压 v_{CE} 在集电极电流到达通态极值之前减小并进入饱和区域。

图 3.20 为另一种解决方案。它将开通型和关断型缓冲器组合在一起。开通时，串联电

64

抗器用于降低集电极电流 i_C 的增长率。同时，电容器通过电阻、电抗器和晶体管放电。关断时，输入电流 i_i 从晶体管上分流到二极管-电容器并联支路。当电容器满充时，电抗器中剩余的电磁能量将通过电阻耗尽。

必须指出，在选择缓冲器时，必须考虑整个变换器的拓扑结构，因为电路中的其他元件会干扰缓冲器的正常运行。桥式变换器常用的缓冲器如图 3.21 所示，图中只显示了桥式变换器的单条桥臂，开关为常见的带反并联续流二极管的开关。

近年来开始出现无缓冲器的变换器。由于专家们在如何减少器件的杂散电感以及如何提高 SOA 鲁棒性上已经积累了很多经验，因此设计时可以去掉关断型缓冲器。但是，为了保护开关内部的续流二极管并减少电磁干扰（EMI），仍然建议在开关上并联简单的 RC 缓冲器。此外，在桥式变换器中，可以在桥式电路的输入端上串联一个电抗器。如果变换器由变压器直接供电，那么变压器二次侧漏感就可以作为开通型缓冲器以限制变换器中电流的变化。

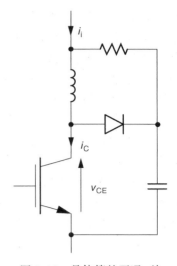

图 3.20　晶体管的开通-关断混合型缓冲器

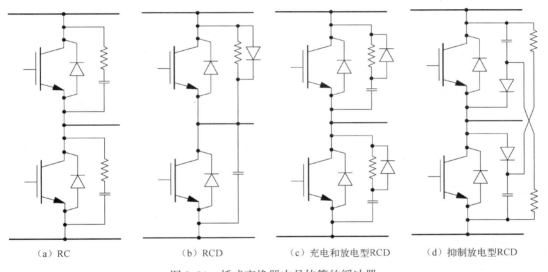

（a）RC　　　　（b）RCD　　　　（c）充电和放电型RCD　　　　（d）抑制放电型RCD

图 3.21　桥式变换器中晶体管的缓冲器

3.4.4　缓冲器的能量回收

上节的缓冲器改善了开关轨迹，并减少了开关损耗。但是，暂时存储在电感和电容元件里的能量最终将被电阻消耗掉。在高频率和大功率变换器中，缓冲器的损耗很大，这不但加重了冷却系统的压力，而且降低了变换器的效率。因此，必须找到从缓冲器回收能量的方法，并将该能量传送给用户或者返回电源。

能量回收系统可以分为被动型和主动型两种，后者包含辅助电力电子变换器。图 3.22 是容性关断型缓冲器的被动能量回收方案。晶体管 TR 采用 PWM 模式实现对负载（包含感性分量）两端输出电压 v_o 的控制。因此，为了在晶体管断开时给负载电流提供通路，需要一个续流二极管D_{fw}。简单的容性关断型缓冲器由二极管D_{sn}和电容器C_{sn}组成。能量回收电路由二极管 D1 和 D2、电抗器 L 和电容器 C 组成。关断时，缓冲电容器 C_{sn} 被充电直到等于输入(电源)电压 V_i。当晶体管开通时，电容器 C_{sn} 通过 C_{sn}-L-D1-C-TR 电路的谐振将储存的电荷转移到电容器 C 中。在下一次关断时，电容器 C_{sn} 被再次充电，而电容器 C 通过二极管 D2 向负载放电。因为没有电阻，缓冲电容器的大部分能量被回收并提供给了负载。

基于 GTO 的大功率变换器使用辅助的升压斩波器(详见 6.3 节)主动将能量从缓冲器转移到电源中。升压斩波器是 PWM 型直流-直流变换器，其脉冲输出电压的幅值可调且高于输入电压的幅值。图 3.23 为主动能量回收系统。当 GTO 导通时，缓冲电容器 C_{sn} 经过 GTO、电抗器 L 和二极管 D，以振荡的形式将电荷转移到大型储能电容器 C 中。对升压斩波器而言，储能电容器 C 等效于电压源。能量经过升压斩波器升压后转移到供电线路中。

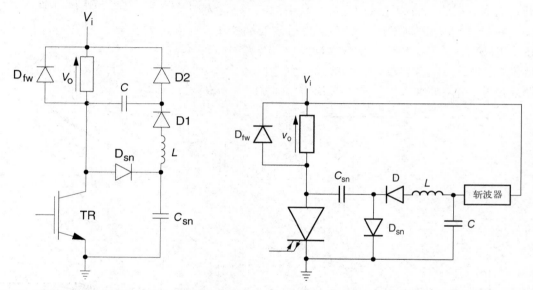

图 3.22　容性关断型缓冲器的被动能量回收　图 3.23　用于 GTO 的容性关断型缓冲器的主动能量回收

3.5　滤波器

实际应用中，滤波器是大多数电力电子变换器不可或缺的电路元件。根据滤波器所处的位置，一般可以将滤波器分为输入、输出和中继滤波器。输入滤波器，也称为**线路**或**前端滤波器**，用于防止变换器产生的谐波电流注入电源，同时也用于提高变换器的输入功率因数。输出或负载滤波器用于提高负载的供电质量。中继滤波器常常也称为**滤波环节**，它将两个变换器级联连接，比如交流-直流-交流电力变换方案中整流器和逆变器的级联。

电力电子领域中包含一些由电感(L)和电容(C)元件构成的结构简单的滤波器。这些滤波器将在下一章讲解变换器时同步介绍。通常情况下，输入或输出的全部电流将流经滤波器的电抗器。因此，应该使电抗器的电阻尽可能低，这意味着以粗线绕制的绕组的线圈数 N_t 很小。由于电感系数与 N_t^2 成正比，同时与电抗器的磁阻成反比，因此需要采用横截面积大、磁导率高的铁心。此外，滤波器的电感往往很低，通常约为几或者几十 mH。为了尽量减少涡流损耗，电抗器的铁心由薄叠片叠装而成，这些叠片之间采用清漆或虫胶进行绝缘。

为了弥补低电感的问题，滤波电容器的电容值必须很大。因此可以使用铝箔电解电容器，其电容值可以高达 500 mF。然而，大电容对应的电压额定值很低。电力电子应用的电容器需要具有较小的杂散电感和等效串联电阻。电容器的出厂数据表中提供了最大允许工作电压、无重复性浪涌电压、电压和电流纹波系数以及温度等参数。**有极性**电解电容器单位体积的电容比率最高，但它不能运行在反向电压下。无极性电容器的容量是相同尺寸下有极性电容器容量的一半。在三相系统中，电容器连接成三角形，使得线间有效电容值最大，为一个电容器电容值的 1.5 倍。

电力电子变换器直流侧的滤波器用来减少电压和电流的纹波。根据具体应用的不同要求，变换器终端的滤波器可以包含并联电容器或串联电抗器，或者两者兼而有之。如果在时间间隔 Δt 内，电容器 C 提供的直流电流为 I_C，那么电容器的电压降为

$$\Delta V_C = \frac{I_C}{C} \Delta t \qquad (3.9)$$

可见，滤波器电容越大，两端的电压越稳定。同样，如果在时间 Δt 内，加在电抗器 L 上的直流电压为 V_L，电抗器中的电流增量为

$$\Delta I_L = \frac{V_L}{L} \Delta t \qquad (3.10)$$

由此可见电感对电流稳定的影响。

交流电路中的滤波器用于阻断纹波电流或用于对纹波电流进行分流，同时允许基频电流流过。如果谐波频率远高于基波频率，比如对 PWM 变换器，那么滤波电抗器可以与变换器终端串联，使输入或输出的全部电流均流经该电抗器。由于电抗器的阻抗 Z_L 为

$$Z_L = 2\pi f L \qquad (3.11)$$

因此，电抗器可以作为**低通滤波器**。相比之下，电容器的阻抗 Z_C 为

$$Z_C = \frac{1}{2\pi f C} \qquad (3.12)$$

因此，电容器可以构成**高通滤波器**。这样的话，和直流滤波器一样，交流滤波器的电容器与变换器终端并联，对高频电流进行分流。为了避免谐振过电压带来的危险，必须注意 LC 滤波器的谐振频率需要比供电频率(60 Hz 或 50 Hz)高得多。

如果想滤除低频的交流电流分量，比如相控变换器输入电流中的低频分量，就不能使用电感和电容滤波元件的串并联结构。这是因为主要谐波分量的频率并没有比基波频率高很多，所以，抑制谐波电流的同时，基频电流也会受到抑制。因此，如随后的 4.1.2 节和 4.2.1 节所述，当交流线路向基于二极管和晶闸管的整流器供电时，需要在交流线路中间安装**谐振滤波器**。每个滤波器都对应特定的谐波频率，通常为基波的 5 次、7 次和 12 次谐波分量，因此至少需要 9 个电抗器和 9 个电容器。

如果是为了防止电磁干扰，就需要使用特殊的滤波器来保护电力系统。如果高频电流(尤其是射频电流)流经系统，它们将会严重污染电磁环境，同时会干扰敏感通信系统的运行。**EMI 滤波器**，也称为**射频滤波器**，是开关频率很高时电力电子变换器中不可或缺的器件。常见的高阶 EMI 滤波器中包含多个电阻器、电抗器和电容器。

电力电子变换器本身也是**辐射电磁干扰**的来源，因为运行中开关切换会导致很大的 $\mathrm{d}i/\mathrm{d}t$，从而产生电磁波。在实践中，有两种方式能用于减少这种辐射电磁干扰对环境的影

响，即采用缓冲器和金属开关柜。缓冲器用于减少开关切换对电流和电压变化率的影响，金属开关柜用于封装电力电子变换器，并进行有效的电磁屏蔽。

3.6 冷却

电力电子变换器由于损耗所产生的热量必须被转移并通过周围环境进行释放。电力电子变换器中的大部分损耗由半导体电力开关产生，但由于这些开关的尺寸较小，所以它们的热容量受到限制。半导体器件的温度如果很高，会导致开关电气特性（如最大阻断电压或关断时间）的退化。严重的过热会导致半导体器件在短时间内毁坏。为了将温度保持在安全范围内，电力开关必须配有散热片（散热器），并且至少能进行**自然对流**冷却。开关产生的热量通过散热片转移到周围的空气中，受热空气上升并远离开关。

实际应用中常常使用**强迫空气冷却**，它比自然冷却更有效。通常，冷却空气由安装在电力电子变换器机柜底部的风机推动。机柜的顶部开槽，所以热空气可以释放到周围环境中。小功率风机的能耗对变换器的整体效率不会有实质的影响。

如果变换器的功率密度（即额定功率与质量之比）很高，可能就需要采用**液体冷却**方式。水、汽车冷却剂、油都可以作为冷却介质。用螺栓将半导体电力开关固定在空心铜或铝棒上，然后强迫液体在这些特意加长的空心铜或铝棒中流动。因为水的比热很高，所以水冷方式非常有效，但水冷方式可能造成腐蚀。另一方面，油的比热还不及水的一半，但它有更好的绝缘和保护特性。

对冷却系统进行设计与分析时，使用**热等效电路**将会非常方便。热等效电路的概念由热传导与电现象的相似性得到。热分量与对应的电路等效分量如表 3.1 所示。图 3.24 为带有散热片的电力二极管和相应的热等效电路。其中的变量为：

P_l　　　　　　　　二极管中的功率损耗（W）

$\Theta_J, \Theta_C, \Theta_S, \Theta_A$　　pn 结、箱壳、散热片和周围空气的绝对温度（K）

$R_{\Theta JC}, R_{\Theta CS}, R_{\Theta SA}$　结-壳、壳-散热片、散热片-周围空气的热阻（K/W）

$C_{\Theta J}, C_{\Theta C}, C_{\Theta S}$　　结、壳和散热片热容量（J/K）

热阻值可以从半导体电力开关和散热片的出厂数据表中查到，元件的热容量可以由该元件的温度和质量求得。热容量用于计算暂态温度，热阻用于计算稳态温度。设计冷却系统的目的是确保变换器开关上的温度不会超过允许的最高温度。

表 3.1　热分量和电气分量的比较

热　分　量	电气分量
热量（能），Q（J）	电荷，Q（C）
热流（功率），P（W）	电流，I（A）
温度，Θ（°K）	电压，V（V）
热阻，R_{Θ}（°K/W）	电阻，R（Ω）
热容量，C_{Θ}（J/°K）	电容，C（F）
热时间常数，$t_{\Theta} = R_{\Theta} C_{\Theta}$（s）	电气时间常数，$\tau = RC$（s）

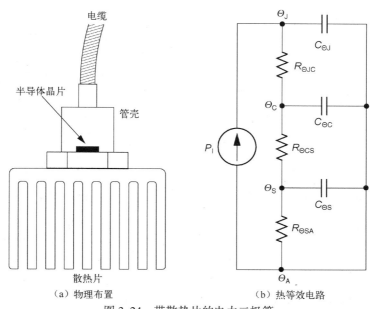

（a）物理布置　　　　　　　　（b）热等效电路

图 3.24　带散热片的电力二极管

3.7　控制

为了使电力电子变换器能高效、安全地运行，必须加以适当控制，即电力变换的过程必须与信息处理的过程同步进行。过去的几十年出现了各种各样的控制技术，由最开始带分布式元件的模拟电子线路，发展到当代集成微电子的数字系统。值得注意的是，很多小功率直流-直流变换器(尤其是开关频率很高的变换器)仍然采用简单的模拟控制。

在实际应用中，电力电子变换器通常是更大型工程系统(如可调速驱动器或有源电力滤波器)的一部分。因此变换器的控制系统隶属于另一个主控制器(例如对电动机转速进行控制的主控制器)。变换器控制系统的主要任务是向半导体电力开关提供开关信号，从而得到期望的基频输出电压或电流。控制系统还可以完成其他"杂活"，例如，控制变换器与供电系统之间的机电断路器。控制系统还常常用于监测运行环境，尤其是对昂贵的大功率变换器的监测。当检测到故障时，控制系统将关断变换器并显示诊断信息。一般来说，控制系统将操作人员、传感器和主控制器的信息进行汇总并转换成变换器开关和外部断路器的开关信号。控制系统还通过显示屏、指示器或记录仪等方式将变换器的运行情况反馈给操作人员。

在控制现代电力电子变换器的各种工具中，**微控制器**、**数字信号处理器**(DSP)和**现场可编程逻辑阵列**(FPGA)具有不可撼动的地位。这些设备的计算能力正在以令人吃惊的速度增长，因此单个处理器就可以对包含多个变换器的整个电力变换系统进行控制。而且，因为数字处理器的价格在不断下跌，所以即使是低成本的应用场合，数字处理器仍然具有经济性。

很多厂商都在提供用于微控制器的微处理器，因此微处理器的差别很大。如名称所示，微控制器的目的是控制。微控制器包含一个处理存储在只读存储器(ROM)中的程序的中央处理单元(CPU)、一个用于存储数据的随机存取存储器(RAM)，以及与外界通信的输入和输出设备。通常情况下，微控制器的指令集比同等大小的微型计算机的指令集少，但微处理器可能包含一些额外的功能模块。数据的数量、指令的位数(8、12、16、24、32 或 64)以及内存的大小都取决于任务的复杂性。微控制器是小功率设备，为了能够承受苛刻的运行环境(如高温或振动），常常需要进行加固。

电力电子系统常常采用**DSP 控制器**。和微控制器类似，除了基本元件外，DSP 控制器还有专门的功能模块，如 A/D 和 D/A 变换器、嵌入式计时器或 PWM 开关信号生成器。为了进一步提高计算速度和增加功能，单个芯片上放置的内存和外围电路越来越多，因此现代微控制器和 DSP 控制器可能非常复杂。DSP 控制器和微控制器都具有数据处理单元、存储单元和输入/输出电路，因此它们之间的差异更多地体现在功能上，而不是结构上。DSP 控制器的 CPU 处理小型简单指令集的速度非常快。高级 DSP 控制器使用浮点运算，它摒弃繁琐的汇编语言而改用高级语言进行编程。硬件乘法器和移位寄存器能大幅降低乘法、除法或平方根等代数运算所需的计算步数。

FPGA 是可编程数字逻辑芯片，它包含数以千计带触发器（内存单元）和可编程互连结构的小逻辑块。逻辑函数在进行定义并编译后，可以以二进制文件的形式下载到 FPGA 中。如果需要另一个逻辑函数，FPGA 可以轻松地重新进行编译。因此，可以将 FPGA 视为虚拟线路板，它既不需要更改元件，也不需要重新焊接，因此给原型的快速开发带来了极大便利。一般情况下，FPGA 稍次于针对特定应用所开发的集成电路（ASIC），但它更便宜，更便于使用。

图 3.25 为可调速交流驱动系统的示意图，它由一个基于 DSP 控制器的数字系统进行控制。控制系统接收速度传感器传来的速度控制信号，然后向电流调节器 $CR_A \sim CR_C$ 发送参考电流信号，电流调节器将参考电流信号与电流传感器监测到的信号进行比较，并生成适当的开关信号，然后对逆变器的各相进行独立控制。最后，逆变器向三相交流电动机提供频率和幅值均可调的电流。因为大多数信号都是数字信号，所以若采用廉价的模拟电流传感器，就必须使用模拟/数字（A/D）转换器。

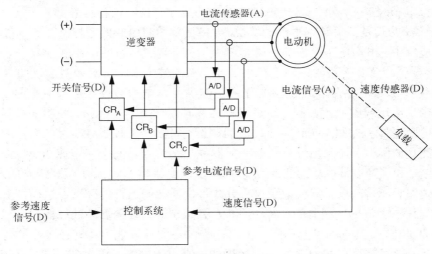

图 3.25　可调速交流驱动器的示意图：符号（A）表示模拟，符号（D）表示数字

另一种方案是，利用数字传感器监测电流，电流控制模块集成到 DSP 控制器的算法中。在这种情况下，控制器的输入信号将包括从电流传感器传来的信号。如果该驱动系统是更大系统的一部分，参考速度信号可以由等级更高的另一个控制器来提供。

总之，变换器控制系统的趋势是将半导体电力开关和控制电路整合到一个集成模块中，即集成组件（IA）。IA 是 2.6 节智能功率模块的延伸。它们可以包括三相大功率逆变桥、直流电容器组、带有电源的光隔离驱动器、故障监测和保护电路、电流传感器和与外部控制器连接的简单用户界面。

小结

完整的电力电子变换器包括大量的辅助元件和系统，它们大部分都不在典型的电路图中。根据控制系统发出的指令，驱动器为变换器开关提供门极或基极的开关电压和电流。基于快速熔断或专用电路的过电流保护方案可以实现对开关的保护，防止变换器或负载短路对开关造成的损坏。缓冲器用于减轻开关开通和关断过程中暂态电压和电流对开关的影响，同时减少开关损耗。

基于电抗器和电容器的电力滤波器可以安装在变换器的输入和输出端上，从而提高电源或者负载的电能质量。中继滤波器用于对两个变换器进行匹配并实现级联。EMI 滤波器放置在快速动作变换器的电源测，从而减少导电时的电磁噪声。冷却系统用于对开关进行散热，从而防止过高温度对开关的损坏。

控制系统决定了电力电子变换器的整体运行情况。现在的控制系统基于微控制器、DSP控制器和 FPGA，所有这些模块都能完成复杂的控制算法。现代电力电子变换器是复杂的工程系统，它将高效能量变换与先进的信息处理技术结合在一起。成功设计这些高质量的装置需要各种专业工程师团队的共同努力。

补充资料

[1] Rashid，M. H. （editor），*Power Electronics Handbook*，3rd ed.，Butterworth-Heinemann，Burlington，MA，2011.

[2] Sozanski，K.，*Digital Signal Processing in Power Electronics Control Circuits*，Springer，London，2013.

第4章 交流-直流变换器

本章对三相交流-直流变换器进行讲解。首先介绍基于二极管的不可控整流器;接着阐述相控整流器、双向变换器和脉宽调制(PWM)整流器,并分析它们的电路拓扑、控制原理和运行特性;之后对交流-直流变换器的器件选型进行比较;最后对整流器的典型应用进行介绍。

4.1 二极管整流器

第1章的单相二极管整流器被广泛应用于小功率电子电路中,但它并不适用于大中型功率的交流-直流变换。因为二极管整流器的输出电压中直流分量低且纹波系数高,使得输出电压的质量较差。因此,大中型电力电子设备主要使用三相六脉波整流器。尽管三脉波二极管整流器实用性不强,但为了本章的完整性,下面将首先对它进行简单讨论。

4.1.1 三脉波二极管整流器

图 4.1 为三脉波(三相、半波)二极管整流器的电路图。其交流侧由三相四线制交流电源供电,整流器由 DA、DB、DC 三个电力二极管组成。负载连接在二极管的共阴极点和供电线路的中性点 N 之间。

可见,任意时刻都只有与相电压最高的线路连接的二极管能导通并输出电流 i_o。图 4.2 中,B 相电压最高,由于 v_{BN} 大于 v_{AN} 和 v_{CN},因此二极管 DB 导通,二极管 DA 和 DC 由于分别承受反向电压 v_{BA} 和 v_{BC} 而处于断开状态。

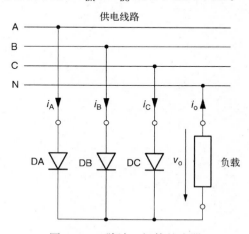

图 4.1 三脉波二极管整流器

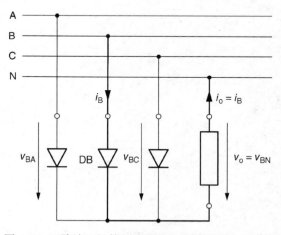

图 4.2 三脉波二极管整流器的电流路径和电压分布

在一个周期内,电源侧的三个相电压轮流达到最大值,且均持续 1/3 个电源周期。因此,在连续导通模式下,一个周期中三个二极管分别导通 120°。图 4.3 为带阻性负载时三脉波二极管整流器的输出电压和电流波形。其中,输出电压每 120°(即 $2\pi/3$)重复一次。

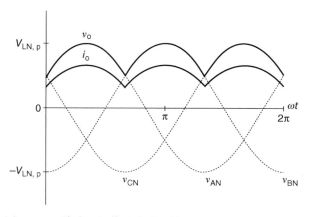

图 4.3　三脉波二极管整流器的输出电压和电流（R 负载）

设二极管为理想的无损半导体器件，那么二极管导通时可以忽略两端的电压。当 $0 \leqslant \omega t \leqslant 2\pi/3$ 时

$$v_{\mathrm{o}} = v_{\mathrm{AN}} = V_{\mathrm{LN,p}} \sin\left(\omega t + \frac{\pi}{6}\right) \tag{4.1}$$

其中 $V_{\mathrm{LN,p}}$ 为电源相电压的峰值，因此输出电压的直流分量 $V_{\mathrm{o,dc(C)}}$ 为

$$
\begin{aligned}
V_{\mathrm{o,dc(C)}} &= \frac{1}{\frac{2}{3}\pi} \int_0^{\frac{2}{3}\pi} V_{\mathrm{LN,p}} \sin\left(\omega t + \frac{\pi}{6}\right) \mathrm{d}\omega t = \frac{3}{2\pi} V_{\mathrm{LN,p}} \left[\cos\left(\omega t + \frac{\pi}{6}\right)\right]_{\frac{2}{3}\pi}^{0} \\
&= \frac{3\sqrt{3}}{2\pi} V_{\mathrm{LN,p}} \approx 0.827 V_{\mathrm{LN,p}}
\end{aligned}
\tag{4.2}
$$

下标"（C）"表示连续导通模式。

由图 4.3 可见，输出电流中含有很大的直流分量。该直流分量将流经中线，并使三相线路 A、B、C 中也出现直流分量，其大小等于直流输出电流的 1/3。因此三脉波二极管整流器不实用。因为三相电源中若含有直流电流，就会造成变压器铁心饱和，导致系统电压波形失真。此外，电力系统的所有元件都是以频率固定（美国为 60 Hz）的交流正弦波为基础而设计的。而三脉波二极管整流器的输入电流与正弦波完全不同，如图 4.4 所示。这样的电流流过整流器，将会干扰保护系统的正常运行。

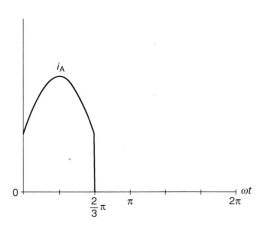

图 4.4　三脉波二极管整流器的输入电流（R 负载）

4.1.2　六脉波二极管整流器

图 4.5 为带 RLE 负载的六脉波（三相、全波）二极管整流器。它是最常用的交流-直流变换器之一，用于输出恒定的直流电压。三相桥式不可控整流电路是由 6 个电力二极管组成的三相桥式结构。二极管 DA、DB、DC 共阴极，二极管 DA′、DB′、DC′共阳极。任意时

刻，共阴极的二极管和共阳极的二极管中都只能各有一个二极管导通，且导通的两个二极管不在同一桥臂上。因此，二极管一共有 6 种组合模式，每种模式导通 1/6 周期，对应角度为 60°。

如图 4.6 所示，与线电压最高的线路连接的一对二极管导通。图中，线电压 v_{AB} 高于线电压 v_{AC}、v_{BC}、v_{BA}、v_{CA} 和 v_{CB}。注意区分线电压下标的不同，例如，v_{AB} 与 v_{BA} 不同。二极管 DA 和 DB′ 组成输出电流的通路。其他 4 个二极管承受反向电压 v_{AC}（二极管 DC）、v_{CB}（二极管 DC′）和 v_{AB}（二极管 DA′ 和 DB）。图 4.7 为瞬时电压 v_{AB}（相量 $\hat{V}_{AB}$ 的实部）最大时的矢量图，此时，矢量 $\hat{V}_{AB}$ 位于复平面阴影所示的 60° 扇区中。

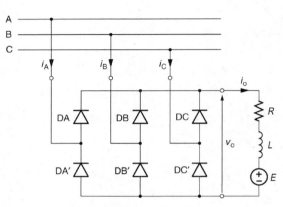

图 4.5　六脉波二极管整流器

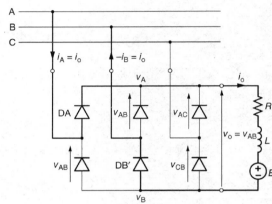

图 4.6　六脉波二极管整流器的电流路径和电压分布

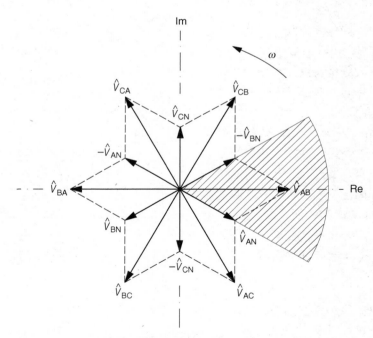

图 4.7　三相交流线路的电压相量图和最大电压区域

可见，电压 v_{AC}、v_{CB} 和 v_{AB} 为正（各自相量的实部为正），使二极管 DC、DC′、DA′ 和 DB 反向偏置并断开。通过该相量图还可以确定二极管的导通顺序，即 DA 和 DB′、DA 和 DC′、DB

74

和 DC′、DB 和 DA′、DC 和 DA′、DC 和 DB′。因此，每个二极管导通 1/3 个周期。电流从一个二极管变换到另一个二极管的过程称为**自然换流**。

输出电压和电流 大多数工作状态下，输出电流是连续的，如图 4.8 所示。当 $0 \leqslant \omega t \leqslant \pi/3$ 时，输出电压等于线电压 v_{AB}

$$v_{AB} = V_{LL,p} \sin\left(\omega t + \frac{\pi}{3}\right) \tag{4.3}$$

其中 $V_{LL,p}$ 表示电源侧线电压的峰值。输出电压每经过 $\pi/3$ 弧度重复一次，因此输出电压平均值 $V_{o,dc(C)}$ 为

$$V_{o,dc(C)} = \frac{1}{\frac{\pi}{3}} \int_0^{\frac{\pi}{3}} V_{LL,p} \sin\left(\omega t + \frac{\pi}{3}\right) d\omega t = \frac{3}{\pi} V_{LL,p} \left[\cos\left(\omega t + \frac{\pi}{3}\right)\right]_{\frac{\pi}{3}}^{0}$$
$$= \frac{3}{\pi} V_{LL,p} \approx 0.955 V_{LL,p} \tag{4.4}$$

可见，输出电压不但质量高于三脉波二极管整流器，而且直流分量更大。因为三脉波二极管整流器由相电压供电，而六脉波二极管整流器对线电压进行整流，因此后者的直流输出电压是前者的两倍。

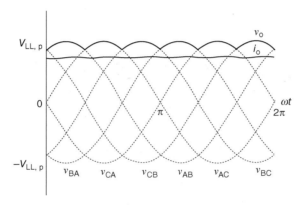

图 4.8 连续导通模式下六脉波二极管整流器的输出电压和电流（RLE 负载）

连续导通模式下，p 脉波不可控（二极管）整流器输出电压 $V_{o,dc(unc)}$ 的通用公式是

$$V_{o,dc(unc)} = \frac{p}{\pi} V_{i,p} \sin\left(\frac{\pi}{p}\right), \quad p = 2, 3, \cdots \tag{4.5}$$

上式中，p 为包括 2、3、6 的整数。实际上，通过增加交流电源的相数和相应的二极管对数，可以对上述半波和全波整流器的拓扑结构进行扩展。例如，如图 4.9 所示的十二脉波全波整流器。将三相线路与二次侧带有 6 个绕组的变压器连接后，可得到六相供电电源。显然，增大 p，则直流输出电压将接近输入线电压的峰值，电压纹波系数接近零。上述"超级整流器"大多用于电化学工厂，但是由于通常情况下供电电源都是三相电源，因此主要还是由六脉波桥式整流器完成交流-直流的电力变换。

在连续导通模式下，当 $0 \leqslant \omega t \leqslant \pi/3$ 时，输出电流 $i_{o(C)}(\omega t)$ 可以用第 1 章的方法进行求解。一般而言，设负载为 RLE 负载，则有电路方程

$$V_{AB} = L\frac{di_o}{dt} + Ri_o + E \tag{4.6}$$

其中 L、R 和 E 分别表示负载电感、负载电阻和负载电动势。式（4.3）中电压 v_{AB} 产生的强制分量 $i_{o(F)}(\omega t)$ 为

$$i_{o(F)}(\omega t) = \frac{V_{LL,p}}{Z} \sin\left(\omega t + \frac{\pi}{3} - \varphi\right) - \frac{E}{R} \tag{4.7}$$

其中 Z 是负载阻抗，等于

$$Z = \sqrt{R^2 + (\omega L)^2} \tag{4.8}$$

φ 表示负载阻抗角，为

$$\varphi = \arctan\left(\frac{\omega L}{R}\right) = \arccos\left(\frac{R}{Z}\right) \tag{4.9}$$

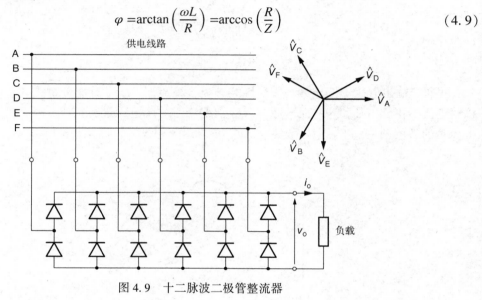

图 4.9　十二脉波二极管整流器

因为

$$\frac{E}{R} = \frac{V_{LL,p}}{Z} \frac{E}{V_{LL,p}} \frac{Z}{R} = \frac{V_{LL,p}}{Z} \frac{\varepsilon}{\cos(\varphi)} \tag{4.10}$$

将 ε 定义为**负载电动势系数**，大小等于 $E/V_{LL,p}$，式（4.7）可以重写为

$$i_{o(F)}(\omega t) = \frac{V_{LL,p}}{Z}\left[\sin\left(\omega t + \frac{\pi}{3} - \varphi\right) - \frac{\varepsilon}{\cos(\varphi)}\right] \tag{4.11}$$

RL 负载下的自由分量 $i_{o(N)}(\omega t)$ 为

$$i_{o(N)}(\omega t) = A_{(C)} e^{-\frac{R}{L}t} = A_{(C)} e^{-\frac{R}{\omega L}\omega t} = A_{(C)} e^{-\frac{\omega t}{\tan(\varphi)}} \tag{4.12}$$

其中 $A_{(C)}$ 是由初始条件和终值决定的常数。因此，输出电流 $i_{o(C)}(\omega t)$ 为

$$
\begin{aligned}
i_{o(C)}(\omega t) &= i_{o(F)}(\omega t) + i_{o(N)}(\omega t) \\
&= \frac{V_{LL,p}}{Z}\left[\sin\left(\omega t + \frac{\pi}{3} - \varphi\right) - \frac{\varepsilon}{\cos(\varphi)}\right] + A_{(C)} e^{-\frac{\omega t}{\tan(\varphi)}}
\end{aligned} \tag{4.13}
$$

利用 $\omega t = 0$ 时电流的初值等于 $\omega t = \pi/3$ 时电流的终值这一条件，可以求得 $A_{(C)}$。$\omega t = 0$ 时的初值为

$$i_{o(C)}(0) = \frac{V_{LL,p}}{Z}\left[\sin\left(\frac{\pi}{3} - \varphi\right) - \frac{\varepsilon}{\cos(\varphi)}\right] + A_{(C)} \tag{4.14}$$

$\omega t = \pi/3$ 时电流值为

$$i_{o(C)}\left(\frac{\pi}{3}\right) = \frac{V_{LL,p}}{Z}\left[\sin\left(\frac{2\pi}{3} - \varphi\right) - \frac{\varepsilon}{\cos(\varphi)}\right] + A_{(C)}e^{-\frac{\pi}{3\tan(\varphi)}} \tag{4.15}$$

式(4.14)和式(4.15)相等,比较等号的右边项,可得 $A_{(C)}$ 为

$$A_{(C)} = \frac{V_{LL,p}}{Z}\frac{\sin(\varphi)}{1 - e^{-\frac{\pi}{3\tan(\varphi)}}} \tag{4.16}$$

将式(4.16)代入式(4.13),得到

$$i_{o(C)}(\omega t) = \frac{V_{LL,p}}{Z}\left[\sin\left(\omega t + \frac{\pi}{3} - \varphi\right) - \frac{\varepsilon}{\cos(\varphi)} + \frac{\sin(\varphi)}{1 - e^{-\frac{\pi}{3\tan(\varphi)}}}e^{-\frac{\omega t}{\tan(\varphi)}}\right] \tag{4.17}$$

当负载电动势 E 大于输出电压 v_o 的最小值时,整流器进入不连续导通模式。整流器中的二极管被反向偏置,使负载电流无法流通。因此,必须等到输入电压增大到大于 E 且电流开始流通时,才有 $v_o = E$。输出电压最小值出现在 $\omega t = 0$ 时(参见图4.8),根据式(4.3),最小值等于 $(\sqrt{3}/2) V_{LL,p}$。因此,整流器发生不连续导通的条件是 $\varepsilon > \sqrt{3}/2$。

上述结论可以通过解析法进行证明。连续和不连续导通的边界是:在 $0 \leqslant \omega t \leqslant \pi/3$ 内,输出电流的最小值等于零。因此,如果电流是连续的,在 $\omega t = 0$ 时该电流大于零,根据式(4.17),可得连续导通的条件为

$$\sin\left(\frac{\pi}{3} - \varphi\right) - \frac{\varepsilon}{\cos(\varphi)} + \frac{\sin(\varphi)}{1 - e^{-\frac{\pi}{3\tan(\varphi)}}} > 0 \tag{4.18}$$

即

$$\varepsilon < \left[\sin\left(\frac{\pi}{3} - \varphi\right) + \frac{\sin(\varphi)}{1 - e^{-\frac{\pi}{3\tan(\varphi)}}}\right]\cos(\varphi) \tag{4.19}$$

其关系如图4.10所示。的确,不连续导通模式出现时,负载电动势系数 ε 的最小值为 $\sqrt{3}/2 \approx 0.866$。如果 ε 大于 0.955,由于负载电动势太大,二极管被将永久偏置,不再导通。

不连续导通模式下输出电流 $i_{o(D)}(\omega t)$ 的公式推导与连续电流类似。当输入电压大于负载电动势时,电流开始导通,此时

$$\omega t = \arcsin(\varepsilon) - \frac{\pi}{3} = \alpha_c \tag{4.20}$$

其中角度 α_c 被称为**交叉角**。输出电流的表达式与式(4.13)类似

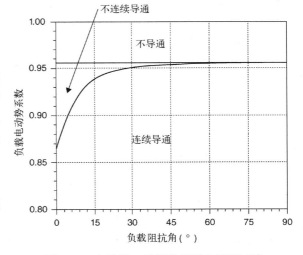

图 4.10 六脉波二极管整流器的导通区域

$$i_{o(D)}(\omega t) = \frac{V_{LL,p}}{Z}\left[\sin\left(\omega t + \frac{\pi}{3} - \varphi\right) - \frac{\varepsilon}{\cos(\varphi)}\right] + A_{(D)}e^{-\frac{\omega t}{\tan(\varphi)}} \tag{4.21}$$

常数 $A_{(D)}$ 可以通过初始条件获得。因为

$$i_{o(D)}(\alpha_c) = 0 \tag{4.22}$$

因此

$$A_{(D)} = -\frac{V_{\mathrm{LL,p}}}{Z} \left[\sin\left(\alpha_{\mathrm{c}} + \frac{\pi}{3} - \varphi\right) - \frac{\varepsilon}{\cos(\varphi)} \right] \mathrm{e}^{\frac{\alpha_{\mathrm{c}}}{\tan(\varphi)}} \qquad (4.23)$$

将上式代入式(4.21)，得

$$i_{\mathrm{o(D)}}(\omega t) = \frac{V_{\mathrm{LL,p}}}{Z} \left\{ \sin\left(\omega t + \frac{\pi}{3} - \varphi\right) - \frac{\varepsilon}{\cos(\varphi)} \right.$$
$$\left. - \left[\sin\left(\alpha_{\mathrm{c}} + \frac{\pi}{3} - \varphi\right) - \frac{\varepsilon}{\cos(\varphi)} \right] \mathrm{e}^{-\frac{\omega t - \alpha_{\mathrm{c}}}{\tan(\varphi)}} \right\} \qquad (4.24)$$

图 4.11 为不连续导通模式下的输出电压和电流波形图。交叉角 α_{c} 和**熄弧角** α_{e} 之间存在电流脉波。α_{c} 和 α_{e} 的角度差称为**导通角** β，等于

$$\beta = \alpha_{\mathrm{e}} - \alpha_{\mathrm{c}} \qquad (4.25)$$

熄弧角由负载电动势系数 ε 和负载阻抗角 φ 决定，可以用"简单粗暴"的方法计算得到，即利用式(4.24)求解输出电流在一系列 ωt 时的不同值，从 α_{c} 开始，直到电流过零并反向。显然，这个方法只有在满足不连续导通条件时才有效(参见图 4.10)。

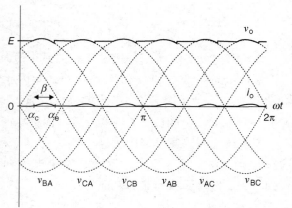

图 4.11　不连续导通模式下六脉波二极管整流器的输出电压和电流（RLE 负载）

上述所有针对 RLE 负载的推导都适用于负载更简单的情况，例如，令 $\varphi = 0$ 得到 RE 负载，令 $\varepsilon = 0$ 得到 RL 负载，令 $\varphi = 0$ 和 $\varepsilon = 0$ 可得到 R 负载。其中，RE 负载可以代表电池，RL 负载可以代表电磁铁，R 负载可以代表电化学过程。RLE 负载通常代表直流电动机。

整流器运行在不连续导通模式下时，通过输出电压 $v_{\mathrm{o}}(\omega t)$ 的平均值可以得到输出电压的直流分量 $V_{\mathrm{o,dc(D)}}$。因为

$$v_{\mathrm{o}}(\omega t) = \begin{cases} v_{\mathrm{AB}}(\omega t), & \alpha_{\mathrm{c}} < \omega t < \alpha_{\mathrm{e}} \\ E, & \text{其他} \end{cases} \qquad (4.26)$$

所以

$$V_{\mathrm{o,dc(D)}} = \frac{1}{\frac{\pi}{3}} \left[\int_0^{\alpha_{\mathrm{c}}} E \mathrm{d}\omega t + \int_{\alpha_{\mathrm{c}}}^{\alpha_{\mathrm{e}}} V_{\mathrm{LL,p}} \sin\left(\omega t + \frac{\pi}{3}\right) \mathrm{d}\omega t + \int_{\alpha_{\mathrm{e}}}^{\frac{\pi}{3}} E \mathrm{d}\omega t \right]$$
$$= \frac{3}{\pi} V_{\mathrm{LL,p}} \left[2 \sin\left(\alpha_{\mathrm{c}} + \frac{\beta}{2} + \frac{\pi}{3}\right) \sin\left(\frac{\beta}{2}\right) + \varepsilon\left(\frac{\pi}{3} - \beta\right) \right] \qquad (4.27)$$

如图 4.11 所示，尽管 $V_{\mathrm{o,dc(D)}}$ 的表达式非常复杂，但整流器的直流输出电压近似等于电源侧线电压的峰值。因为负载电感两端没有直流电压，所以无论是连续还是不连续导通模式下输出电流的平均值 $I_{\mathrm{o,dc}}$ 都可以简单表示为

$$I_{\mathrm{o,dc}} = \frac{V_{\mathrm{o,dc}} - E}{R} \qquad (4.28)$$

显然，连续导通模式优于不连续导通模式。

在连续导通模式下，输出电压的平均值不依赖于负载，输出电压和电流的波纹系数低。此外，交流供电系统向整流器提供的持续电流，无论是谐波含量还是输入功率因数方面，都比不连续导通模式下的质量高。

输入电流和功率因数　下面只考虑连续导通模式，并假定输出电流 i_o 为理想直流，即 $i_\text{o}=I_\text{o,dc}$，则 A 相线电流 i_A 为

$$i_\text{A} = \begin{cases} I_\text{o,dc}, & 0 < \omega t < \dfrac{2}{3}\pi \\ -I_\text{o,dc}, & \pi < \omega t < \dfrac{5}{3}\pi \\ 0, & \text{其他} \end{cases} \tag{4.29}$$

i_A 如图 4.12 所示，图中还包括 i_A 的基频线电流 $i_\text{A,1}$。i_A 的有效值 I_A 为

$$I_\text{A} = \sqrt{\dfrac{1}{2\pi}\left[\int_0^{\frac{2}{3}\pi} I_\text{o,dc}^2 \mathrm{d}\omega t + \int_\pi^{\frac{5}{3}\pi} I_\text{o,dc}^2 \mathrm{d}\omega t\right]} = \sqrt{\dfrac{2}{3}} I_\text{o,dc} = 0.82 I_\text{o,dc} \tag{4.30}$$

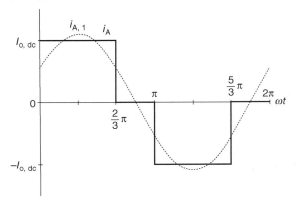

图 4.12　六脉波二极管整流器的输入电流波形（假定输出电流为理想直流）

基频线电流 $i_\text{A,1}$ 的有效值 $I_\text{A,1}$ 为

$$I_\text{A,1} = \dfrac{1}{\sqrt{2}}\sqrt{I_\text{A,1c}^2 + I_\text{A,1s}^2} \tag{4.31}$$

其中

$$I_\text{A,1c} = \dfrac{1}{\pi}\left[\int_0^{\frac{2}{3}\pi} I_\text{o,dc}\cos(\omega t)\mathrm{d}\omega t + \int_\pi^{\frac{5}{3}\pi} -I_\text{o,dc}\cos(\omega t)\mathrm{d}\omega t\right] = \dfrac{3}{\pi} I_\text{o,dc} \tag{4.32}$$

$$I_\text{A,1s} = \dfrac{1}{\pi}\left[\int_0^{\frac{2}{3}\pi} I_\text{o,dc}\sin(\omega t)\mathrm{d}\omega t + \int_\pi^{\frac{5}{3}\pi} -I_\text{o,dc}\sin(\omega t)\mathrm{d}\omega t\right] = \dfrac{\sqrt{3}}{\pi} I_\text{o,dc} \tag{4.33}$$

因此

$$I_\text{A,1} = \dfrac{1}{\sqrt{2}}\sqrt{\left(\dfrac{3}{\pi} I_\text{o,dc}\right)^2 + \left(\dfrac{\sqrt{3}}{\pi} I_\text{o,dc}\right)^2} = \dfrac{\sqrt{6}}{\pi} I_\text{o,dc} \approx 0.78 I_\text{o,dc} \tag{4.34}$$

线电流 i_A 的谐波分量 $I_\text{A,h}$ 为

$$I_\text{A,h} = \sqrt{I_\text{A}^2 - I_\text{A,1}^2} = \sqrt{\left(\sqrt{\dfrac{2}{3}} I_\text{o,dc}\right)^2 - \left(\dfrac{\sqrt{6}}{\pi} I_\text{o,dc}\right)^2} \tag{4.35}$$

$$= \sqrt{\dfrac{2}{3} - \dfrac{6}{\pi^2}} I_\text{o,dc} \approx 0.24 I_\text{o,dc}$$

因此，总谐波畸变率 THD 为

$$\mathrm{THD} = \frac{I_{\mathrm{A,h}}}{I_{\mathrm{A,1}}} = \frac{\sqrt{\frac{2}{3} - \frac{6}{\pi^2}} I_{\mathrm{o,dc}}}{\frac{\sqrt{6}}{\pi} I_{\mathrm{o,dc}}} = \sqrt{\frac{\pi^2}{9} - 1} \approx 0.31 \qquad (4.36)$$

可见，尽管整流器运行在连续导通模式下，总谐波畸变率 THD 仍非常高。而第 1 章曾指出：理想的 THD 值应该小于 5%。

在连续导通模式下，六脉波二极管整流器的转换效率 η_{c} 和输入功率因数 PF 都很高。这是因为输出电流被假设为理想直流，所以转换效率为 100%。功率因数为

$$\mathrm{PF} = \frac{P_{\mathrm{i}}}{S_{\mathrm{i}}} = \frac{P_{\mathrm{o}}}{S_{\mathrm{i}}} = \frac{V_{\mathrm{o,dc}} I_{\mathrm{o,dc}}}{\sqrt{3} V_{\mathrm{LL}} I_{\mathrm{L}}} = \frac{\frac{3}{\pi} V_{\mathrm{LL,p}} I_{\mathrm{o,dc}}}{\sqrt{3} \frac{V_{\mathrm{LL,p}}}{\sqrt{2}} \sqrt{\frac{2}{3}} I_{\mathrm{o,dc}}} = \frac{3}{\pi} \approx 0.955 \qquad (4.37)$$

也非常接近 1。对比图 4.11 和图 4.12 可见，基频输入电流 $i_{\mathrm{A,1}}$ 滞后线电压 v_{AB} 30°，又由图 4.7 可得，$i_{\mathrm{A,1}}$ 与相电压 v_{AN} 同相。如果电流 i_{A} 是正弦波，那么相位偏移等于零，使得输入功率因数等于 1。

在不连续导通模式下，由于输出电流中的交流分量很大，上述所有的特性都急剧恶化。为了更好地理解整流器中的功率关系，接下来不用傅里叶变换［见式(4.34)］而用功率平衡的概念来确定基频线电流的有效值 $I_{\mathrm{A,1}}$。假定输入电压三相平衡，交流供电电源提供的三相有功功率相等，都等于输出功率的 1/3。因此

$$V_{\mathrm{AN}} I_{\mathrm{A,1}} = \frac{1}{3} V_{\mathrm{o,dc}} I_{\mathrm{o,dc}} \qquad (4.38)$$

其中 V_{AN} 表示相电压 v_{AN} 的有效值。因为 $V_{\mathrm{AN}} = V_{\mathrm{LL,p}}/\sqrt{6}$，又由式(4.4)，$V_{\mathrm{o,dc}} = 3V_{\mathrm{LL,p}}/\pi$，因此

$$I_{\mathrm{A,1}} = \frac{V_{\mathrm{o,dc}} I_{\mathrm{o,dc}}}{3 V_{\mathrm{AN}}} = \frac{\frac{3}{\pi} V_{\mathrm{LL,p}} I_{\mathrm{o,dc}}}{3 \frac{V_{\mathrm{LL,p}}}{\sqrt{6}}} = \frac{\sqrt{6}}{\pi} I_{\mathrm{o,dc}} \qquad (4.39)$$

这个结果和式(4.34)一致。

图 4.12 中，六脉波二极管整流器从电力系统(电网)吸收的电流为非正弦、准方波波形，其中含有大量的低次谐波分量，对应的频谱如图 4.13 所示。图中，各谐波分量的幅值是以 $I_{\mathrm{o,dc}}$ 为基准值的标幺值。谐波电流对供电系统有许多负面影响。它们使电机、变压器和电容器的损耗增大，干扰通信系统，并可能导致计量误差、控制系统故障以及系统中的电容器组共振。随着电力系统对电能质量的要求日益严格，在输入侧加装滤波器(线路滤波器)以减少谐波电流成为必须。

需要指出，三相整流器中不含三次及三倍次谐波电流。这个特性可以从图 4.13 中看出。因为没有中线，因此线电流 i_{A}、i_{B}、i_{C} 之和在任意时刻都必须等于零。由于三个线电流基频分量的相角互差 120°，因此它们的三倍次谐波分量的相角差将是 360° 的倍数。这意味着如果三个线电流中存在三倍次谐波电流，那么这些谐波分量将有相同的相位，所以线电流之和不等于零，这个结论违背了基尔霍夫电流定律。此外，因为电流半波对称，所以电流中也没有偶数次谐波。因此，线电流中 5 次、7 次、11 次和 13 次谐波分量最为明显。

为了防止频率为 $k\omega$ 的谐波电流注入电力系统，可以在供电侧并联一个由三个电抗器和电容器组成的滤波器。将线路间的电感和电容分别用 L_{f} 和 C_{f} 表示。假设滤波器无损耗，如果

$$L_f C_f = \frac{1}{(k\omega)^2} \qquad (4.40)$$

那么滤波器在第 k 次谐波下的阻抗为零,它将对电源侧的第 k 次谐波电流进行分流。图 4.14 为实际应用中典型的输入滤波器,也称为**谐波势陷**。它包含两个谐振 LC 滤波器(滤波器 1 和滤波器 2)和一个阻尼谐振滤波器(滤波器 3),其中滤波器 1 用于滤除 5 次谐波,滤波器 2 用于滤除 7 次谐波,滤波器 3 在大于 12 倍频的很宽的频带上都呈现低阻抗。图中,滤波器的电抗器和电容器的连接方式实现了利用率的最大化。具体地说,三相线路的每两相之间都串联有两个电抗器和一个电容器,同时该电容器还与同一滤波器的另外两个电容器并联。这样,每个电抗器的电感值都只需要是谐振电感 L_f 的一半,每个电容器的电容值是谐振电容 C_f 的 2/3。

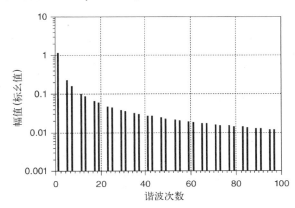

图 4.13 六脉波二极管整流器输入电流的谐波频谱(假定输出电流为理想直流)

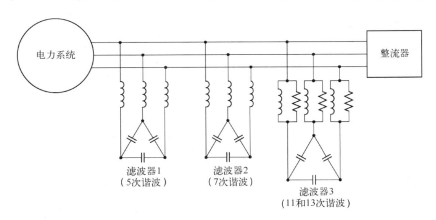

图 4.14 三相整流器的输入滤波器(谐波势陷)

4.2 相控整流器

相控整流器能调节输出电压平均值 $V_{o,dc}$ 的大小,其拓扑结构与二极管整流器相同,但需要将二极管整流器中的二极管用晶闸管替代。相控整流器可以控制输出电压直流分量的大小,其最大值和式(4.5)二极管整流器的输出电压值相等。

实际使用中,大多数可控整流器是三相六脉波结构。作为半控型开关的晶闸管并不适合于 PWM 控制,但却非常适合于相位控制。当晶闸管正向偏置且被触发时,它就开通。当电流降至零或电流换流到另一个晶闸管时(由不同的导通模式决定),晶闸管就关断。当晶闸管正向偏置时,触发延迟时间越长,输出电压的平均值越低。

当负载电动势 E 为负时,可以得到负值的直流输出电压。但是,由于半导体电力开关的单向性,输出电流不能为负。因此,潮流方向发生改变,功率从负载流向交流电源。能够使输出电压反向是可控整流器的特有属性,将两个整流器反并联可以实现电流的反向,从而加强电压反向能力。这种能够控制直流输出电压和电流方向的双向变换器,在直流电动机的控制中特别有用。

4.2.1 相控六脉波整流器

图 4.15 为基于 SCR 的相控六脉波整流器电路。SCR 常被称为晶闸管(Thyristor),因此,接下来用符号 TA~TC′表示晶闸管。晶闸管的开通顺序与 4.1.2 节二极管整流器的开通顺序相同。但是,晶闸管正向偏置时,其触发时间可以滞后于自然换流点。正如 1.4 节所述,这段延迟时间所对应的电角度称为**触发角**,表示为 α_f。

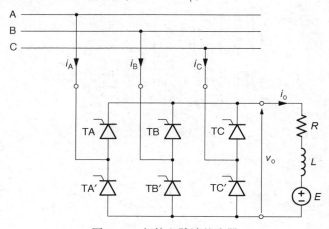

图 4.15 相控六脉波整流器

按前文所述,当 $0 \leqslant \omega t < \pi/3$ 时,晶闸管 TA 和 TB′首先导通。因此,对应触发角为从 $\omega t = 0$ 到 α_f 的角度。其他每对晶闸管的触发角依次延迟 60°。例如,接下来被触发的一对晶闸管为 TA 和 TC′,所以触发角等于 $\omega t = \alpha_\mathrm{f} + \pi/3$。

输出电压和电流 图 4.16 为 $\alpha_\mathrm{f} = 45°$ 时触发脉冲在一个周期内的完整时序图。图 4.17 为连续导通模式下对应的输出电压和电流波形。可见,延迟触发晶闸管会导致输出电压的平均值低于二极管整流器的对应值。直流输出电压为

$$V_{\mathrm{o,dc(C)}} = \frac{1}{\frac{\pi}{3}} \int_{\alpha_\mathrm{f}}^{\alpha_\mathrm{f} + \frac{\pi}{3}} V_{\mathrm{LL,p}} \sin\left(\omega t + \frac{\pi}{3}\right) \mathrm{d}\omega t = \frac{3}{\pi} V_{\mathrm{LL,p}} \cos(\alpha_\mathrm{f}) \tag{4.41}$$

在连续导通模式下,多脉波($p>1$)可控整流器直流输出电压 $V_{\mathrm{o,dc(cntr)}}$ 的通用表达式为

$$V_{\mathrm{o,dc(cntr)}} = V_{\mathrm{o,dc(unc)}} \cos(\alpha_\mathrm{f}) \tag{4.42}$$

其中 $V_{\mathrm{o,dc(unc)}}$ 是式(4.5)二极管整流器的直流输出电压。

式(4.41)的电压控制特性如图 4.18 所示。如前所述,直流输出电压可以为负值,也就是说,功率可以从负载流向交流供电电源,这种运行模式被称为**逆变模式**。为了使整流器运行在逆变模式下,必须满足两个条件:(1)负载电动势为负;(2)触发角大于 90°。如图 4.19

所示，负载电流的方向与负载电动势相同，因此负载向系统输送功率。图 4.20 为整流器运行在逆变模式下的输出电压和电流波形，其中 $\alpha_f = 105°$。

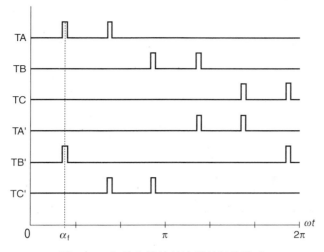

图 4.16　相控六脉波整流器的触发脉冲

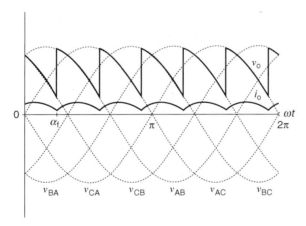

图 4.17　在连续导通模式下相控六脉波整流器的输出电压和电流波形（$\alpha_f = 45°$，RLE 负载）

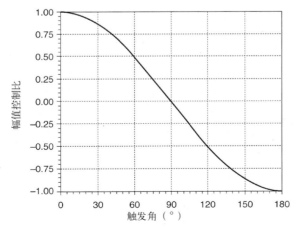

图 4.18　连续导通模式下相控六脉波整流器的控制特性

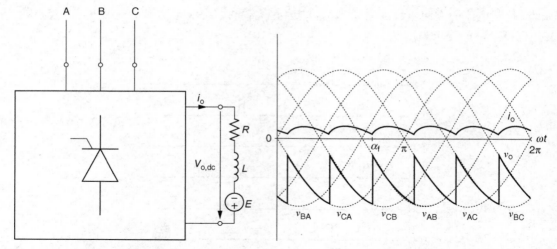

图 4.19 整流器运行在逆变模式下 ($\alpha_f > 90°$)

图 4.20 连续导通模式下相控六脉波整流
器的输出电压和电流 ($\alpha_f = 105°$)

必须强调的是，由于负载电动势会影响晶闸管的偏置，因此并非所有的触发角都能触发晶闸管。以晶闸管 TA 和 TB′ 为例，当它们导通时，整流器输出端的电压为 v_{AB}，但当负载电动势 $E \geq v_{AB}$，即 $\alpha_f \leq \alpha_c$ 或 $\alpha_f \geq \pi/3 - \alpha_c$ 时，这两个晶闸管将无法被触发。因此，由式（4.20）可得，有效的触发角需要满足以下条件：

$$\arcsin(\varepsilon) - \frac{1}{3}\pi < \alpha_f < \frac{2}{3}\pi - \arcsin(\varepsilon) \tag{4.43}$$

对应区域如图 4.21 所示。

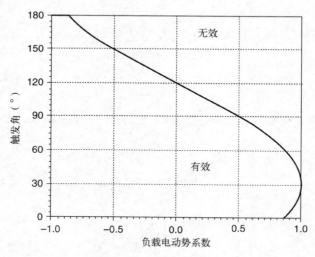

图 4.21 有效触发角的区域

连续导通模式下输出电流 $i_{o(C)}(\omega t)$ 在 $0 \leq \omega t \leq \pi/3$ 时的公式推导与二极管整流器相似，唯一的区别是公式 $i_{o(C)}(0) = i_{o(C)}(\pi/3)$ 被公式 $i_{o(C)}(\alpha_f) = i_{o(C)}(\alpha_f + \pi/3)$ 所替代。电流波形为

$$i_{o(C)}(\omega t) = \frac{V_{LL,p}}{Z}\left[\sin\left(\omega t + \frac{\pi}{3} - \varphi\right) - \frac{\varepsilon}{\cos(\varphi)} + \frac{\sin(\varphi - \alpha_f)}{1 - e^{-\frac{\pi}{3\tan(\varphi)}}}e^{-\frac{\omega t - \alpha_f}{\tan(\varphi)}}\right] \tag{4.44}$$

连续导通的条件是 $i_{o(C)}(\alpha_f)>0$。考虑到式(4.44)，该条件可以表示为

$$\varepsilon < \left[\sin\left(\alpha_f + \frac{\pi}{3} - \varphi\right) + \frac{\sin(\varphi - \alpha_f)}{1 - e^{-\frac{\pi}{3\tan(\varphi)}}}\right]\cos(\varphi) \qquad (4.45)$$

其对应关系如图4.22所示。显然，描述二极管整流器导通区域的图4.10对应于图4.22中 $\alpha_f = 0$ 的情况。类似地，如果把式(4.44)和式(4.45)中的 α_f 用0代替，就得到不可控整流器的式(4.17)和式(4.19)。

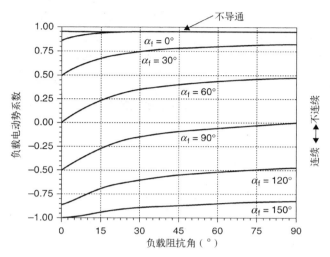

图4.22 相控六脉波整流器的导通区域

在不连续导通模式下，$\omega t = \alpha_f$ 时出现输出电流脉冲，这和二极管整流器在 $\omega t = \alpha_c$ 时出现电流类似。因此，将式(4.24)和式(4.27)中的 α_c 用 α_f 代替，可直接得到电流 $i_{o(D)}(\omega t)$ 和输出电压平均值 $V_{o,dc(D)}$ 的表达式

$$i_{o(D)}(\omega t) = \frac{V_{LL,p}}{Z}\left\{\sin\left(\omega t + \frac{\pi}{3} - \varphi\right) - \frac{\varepsilon}{\cos(\varphi)}\right.$$
$$\left. - \left[\sin\left(\alpha_f + \frac{\pi}{3} - \varphi\right) - \frac{\varepsilon}{\cos(\varphi)}\right]e^{-\frac{\omega t - \alpha_f}{\tan(\varphi)}}\right\} \qquad (4.46)$$

$$V_{o,dc(D)} = \frac{3}{\pi}V_{LL,p}\left[2\sin\left(\alpha_f + \frac{\beta}{2} + \frac{\pi}{3}\right)\sin\left(\frac{\beta}{2}\right) + \varepsilon\left(\frac{\pi}{3} - \beta\right)\right] \qquad (4.47)$$

其中，导通角 β 为

$$\beta = \alpha_c - \alpha_f \qquad (4.48)$$

注意，在连续导通模式下，$\beta = \pi/3$，将该值代入式(4.47)，可得到式(4.41)。不连续导通模式下的输出电压如图4.23所示，其中输出电压一个为正值、一个为负值。

输入电流和功率因数 图4.24为相控六脉波整流器在连续导通模式下输入线电流 i_A 和基频线电流 $i_{A,1}$ 的波形。同样，输出电流被假定为理想直流。该图中的电流波形与二极管整流器的波形(参见图4.12)类似，但有一个很大的差别，就是图4.24中电流发生相移，且相移角度与触发角相等。这个相移造成输入功率因数的减小。事实上，将式(4.37)中的 $V_{o,dc}$ 用 $V_{o,dc}\cos(\alpha_f)$ 取代后，可控整流器的功率因数为

$$PF = \frac{V_{o,dc}}{V_{LL,p}} = \frac{3}{\pi}\cos(\alpha_f) \approx 0.95\cos(\alpha_f) \qquad (4.49)$$

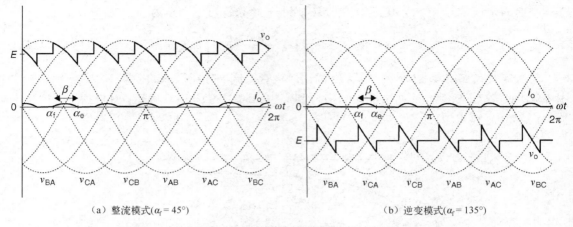

（a）整流模式（$\alpha_f = 45°$）　　　　　　　　　　（b）逆变模式（$\alpha_f = 135°$）

图 4.23　不连续导通模式下相控六脉波整流器的输出电压和电流

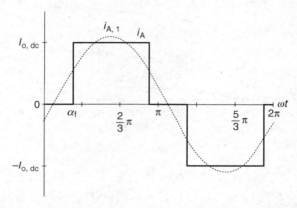

图 4.24　相控六脉波整流器的输入电流（输出电流为理想直流）

为了提高功率因数，同时对电力系统中的谐波分量进行分流，建议按图 4.14 安装输入滤波器。

电源电感的影响　为了简化分析，以上各节均假设电源为理想交流电源。但实际上，向整流器供电的电源带有电阻和电感。这些电阻和电感主要是指系统中变压器和输电线路的电阻和电感。事实上，从电网角度来看，希望电源侧能带有电感，因为它不但减少了高频电流谐波分量，而且增大了短路阻抗。

在分析电源侧带电感的相控六脉波整流器时，常用图 4.25 所示的电路。该整流器的全波桥式拓扑结构可以等效为六脉波半波电路。其中，相控六脉波整流器的线电压等效为图中的相电压。相控六脉波整流器供电线路中的相阻抗等效为集总参数 R_s 和 L_s。

输入电流流经电源电阻时将产生电压降，从而降低整流器的输出电压。实际应用中，电源电阻上的电压降与开关导通时开关两端的电压降一样很小，可以被忽略。因此，在接下来的分析中，将假定电源电阻为零。但是，电源电感对整流器的运行有重大影响，它能防止晶闸管换流时供电电流的快速变化。这种由于触发一个晶闸管导致另一个晶闸管被关断的过程称为**电网换流**。电网换流只发生在连续导电模式下，在不连续导通模式下，晶闸管在电流降到零时就直接断开，没有任何其他动作。

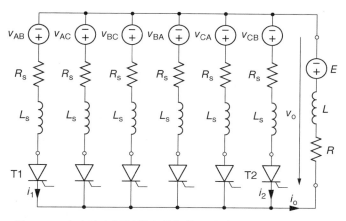

图 4.25　由直流电压源供电的相控六脉波整流器的等效电路

如图 4.24 所示,若电源电感为零,晶闸管开通和关断时输入电流将发生快速变化。但是,由于电抗器中的电流不能快速变化,因此,由实际交流电源供电的整流器不可能完成瞬间换流。这样,在换流期间,参与换流的两个晶闸管中都有电流流过。图 4.25 表示输电电流 i_o 从晶闸管 T2 逐步换流到晶闸管 T1 时的情况。因为 T1 和线电压 v_{AB} 连接,T2 和线电压 v_{CB} 连接,因此,图 4.25 表示实际桥式整流器中晶闸管 TA 和 TC 的换流。从图 4.17 和图 4.20 可以看到,换流发生在 $\omega t = \alpha_f$ 时,TA 被触发,导致 TC 被关断。

假定输出电流为理想的直流电流,$i_o = I_{o,dc}$,图 4.25 的电路可表示为

$$v_o = v_{AB} - L_s \frac{\mathrm{d}i_1}{\mathrm{d}t} \tag{4.50}$$

$$v_o = v_{CB} - L_s \frac{\mathrm{d}i_2}{\mathrm{d}t} \tag{4.51}$$

且

$$i_o = i_1 + i_2 = I_{o,dc} \tag{4.52}$$

其中 i_1 和 i_2 分别表示晶闸管 T1 和 T2 上的电流,电压 v_{AB} 由式(4.2)确定,电压 v_{CB} 为

$$v_{CB} = V_{LL,p} \sin\left(\omega t + \frac{2}{3}\pi\right) \tag{4.53}$$

将式(4.50)和式(4.51)等号两边的式子分别相加,得到

$$2v_o = v_{AB} + v_{CB} - L_s\left(\frac{\mathrm{d}i_1}{\mathrm{d}t} + \frac{\mathrm{d}i_2}{\mathrm{d}t}\right) = v_{AB} + v_{CB} \tag{4.54}$$

因为

$$\frac{\mathrm{d}i_1}{\mathrm{d}t} + \frac{\mathrm{d}i_2}{\mathrm{d}t} = \frac{\mathrm{d}}{\mathrm{d}t}(i_1 + i_2) = \frac{\mathrm{d}}{\mathrm{d}t}I_{o,dc} = 0 \tag{4.55}$$

所以

$$\begin{aligned} v_o &= \frac{v_{AB} + v_{CB}}{2} = \frac{1}{2}\left[V_{LL,p}\sin\left(\omega t + \frac{1}{3}\pi\right) + V_{LL,p}\sin\left(\omega t + \frac{2}{3}\pi\right)\right] \\ &= \frac{\sqrt{3}}{2}V_{LL,p}\cos(\omega t) \end{aligned} \tag{4.56}$$

为了推导换流期间电流 $i_1(\omega t)$ 和 $i_2(\omega t)$ 的表达式,将式(4.50)和式(4.51)相减,可得到

$$\frac{\mathrm{d}i_1}{\mathrm{d}t} = -\frac{\mathrm{d}i_2}{\mathrm{d}t} = \frac{1}{2L_s}(v_{AB} - v_{CB})$$

$$= \frac{1}{2L_s}\left[V_{LL,p}\sin\left(\omega t + \frac{1}{3}\pi\right) - V_{LL,p}\sin\left(\omega t + \frac{2}{3}\pi\right)\right] \quad (4.57)$$

$$= \frac{V_{LL,p}}{2L_s}\sin(\omega t)$$

求解 $i_1(\omega t)$，得

$$i_1(\omega t) = \int \frac{V_{LL,p}}{2L_s}\sin(\omega t)\mathrm{d}t + A_1 = -\frac{V_{LL,p}}{2X_s}\cos(\omega t) + A_1 \quad (4.58)$$

其中 X_s 是电源电抗，它等于 ωL_s，A_1 是积分常数。

因为 $i_1(\alpha_f) = 0$，所以

$$A_1 = \frac{V_{LL,p}}{2X_s}\cos(\alpha_f) \quad (4.59)$$

因此

$$i_1(\omega t) = \frac{V_{LL,p}}{2X_s}[\cos(\alpha_f) - \cos(\omega t)] \quad (4.60)$$

$$i_2(\omega t) = I_{o,dc} - i_1(\omega t) = I_{o,dc} - \frac{V_{LL,p}}{2X_s}[\cos(\alpha_f) - \cos(\omega t)] \quad (4.61)$$

换流过程如图 4.26 所示。从 α_f 开始，电流 i_1 逐渐增大，电流 i_2 逐渐减小，在 $\omega t = \alpha_f + \mu$ 时，电流 i_1 增大到等于 $I_{o,dc}$，电流 i_2 减小为零。角度 μ 称为**重叠角**或**换流角**，表示换流持续时间所对应的电角度。重叠角的大小可以利用式（4.60）进行求解，考虑到 $i_1(\alpha_f + \mu) = I_{o,dc}$，可得到

$$\frac{V_{LL,p}}{2X_s}[\cos(\alpha_f) - \cos(\alpha_f + \mu)] = I_{o,dc} \quad (4.62)$$

因此有

$$\mu = \left|\arccos\left[\cos(\alpha_f) - 2\frac{X_s I_{o,dc}}{V_{LL,p}}\right] - \alpha_f\right| \quad (4.63)$$

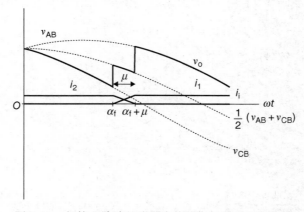

图 4.26　相控六脉波整流器在换流期间的电压和电流

图 4.27 为电源电感非零时相控六脉波整流器的输出电压波形和电流波形，显然，电流不是理想的正弦波。图中，$V_{o,dc} > 0$ 时为整流模式，$V_{o,dc} < 0$ 时为逆变模式。相控六脉波整流器的

运行条件与图 4.17 及图 4.20 的运行条件相同。显然,非瞬间完成的换流过程对输出电压和电流均有显著的影响。

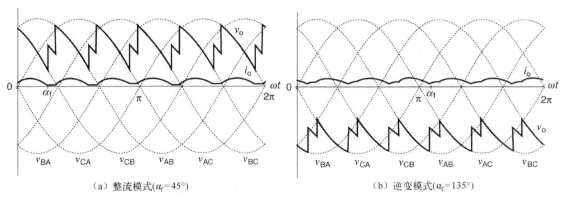

（a）整流模式（$\alpha_f = 45°$）　　　　　　　　（b）逆变模式（$\alpha_f = 135°$）

图 4.27　电源电感非零时相控六脉波整流器的输出电压和电流

换流期间,输出电压(换流期间等于线电压的算术平均值)的直流分量减小了。$X_s = 0$ 和 $X_s > 0$ 时输出电压直流分量的差值 $\Delta V_{o,dc}$ 可以用两个波形在 $\dfrac{\pi}{3}$ 内的差的积分表示。利用式(4.57)和式(4.62)的部分结果,有

$$
\begin{aligned}
\Delta V_{o,dc} &= \frac{3}{\pi} \int_{\alpha_f}^{\alpha_f + \mu} \left(v_{AB} - \frac{v_{AB} + v_{CB}}{2} \right) \mathrm{d}\omega t = \frac{3}{\pi} \int_{\alpha_f}^{\alpha_f + \mu} \frac{v_{AB} - v_{CB}}{2} \mathrm{d}\omega t \\
&= \frac{3}{2\pi} \int_{\alpha_f}^{\alpha_f + \mu} V_{LL,p} \sin(\omega t) \mathrm{d}\omega t \\
&= \frac{3}{2\pi} V_{LL,p} [\cos(\alpha_f) - \cos(\alpha_f + \mu)] = \frac{3}{\pi} X_s I_{o,dc}
\end{aligned}
\tag{4.64}
$$

同样,换流期间,输出电流也减小了,其瞬时值的最小值接近于零。这意味着图 4.22 中连续导通区域的减小。

实际应用中,整流器的输出电压还受到各种电阻上的电压降(尽管很小)的影响。这些电阻包括电源电阻、开关导通时的电阻、线路(包括与负载连接的电缆)电阻。由此,桥式整流器的视在内阻 R_r 为

$$
R_r = \frac{3}{\pi} X_s + R_s + 2R_{ON} + R_w
\tag{4.65}
$$

其中 R_{ON} 为整流器中电力开关导通时的等效电阻(在桥式变换器中,两个开关串联形成输出电流的通路),R_w 为线路电阻。因此,基于式(4.41)和式(4.65),实际应用中整流器在连续导通模式下的直流输出电压可以表示为

$$
V_{o,dc} = \frac{3}{\pi} V_{LL,p} \cos(\alpha_f) - R_r I_{o,dc}
\tag{4.66}
$$

显然,上式的整流器实际上就是一个直流电压源,其端口电压随输出电流的增大而减小。

电源电感的另一个负面影响是**线电压陷波**。以图 4.26 的换流过程为例。其中正弦波 v_{AB} 和 v_{CB} 表示电源电动势。但是,在换流期间,整流器输入端的线电压 v_{ab} 和 v_{cb} 与电源电动势完全不同,它们与输出电压波形相同,可表示为

$$
v_{ab} = v_{bc} = v_o = \frac{1}{2}(v_{AB} + v_{CB})
\tag{4.67}
$$

晶闸管 TB′开通，使得 B 相线路与整流器输出端的负极连接，晶闸管 TA 和 TC 同时开通，使得 A 相和 C 相线路与整流器输出端的正极连接。因此，如图 4.28 所示，v_{ab} 的波形发生严重畸变，晶闸管 TA、TA′、TB 和 TB′的换流过程中均出现类似陷波。当然，这样的畸变也会影响输入电压。虽然对整流器本身而言，陷波不是问题，但陷波可能会对与整流器并联运行的其他设备造成干扰。电源电感会影响所有的可控和不可控多脉波整流器的运行。

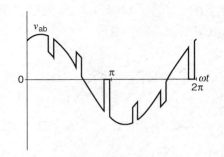

图 4.28 电源电感非零时相控六脉波整流器输入电压的陷波

4.2.2 双向变换器

上节提到，如果负载电动势为负值，且幅值足够大，潮流就能从负载流向交流电源，可控整流器也可以输出负的直流电压。但是，输出电流在任何情况下都不可能为负值，因为电流只能从晶闸管的阳极流向阴极。可见，可控整流器只能在工作平面的两个象限中工作，如图 4.29 所示。整流器直流输出电流 $I_{o,dc}$ 和电压 $V_{o,dc}$ 代表**运行点**在工作平面上的坐标，所有允许的运行点组成了一个**运行区域**。显然，可控整流器只能运行于第一和第四象限，而二极管整流器只能在第一象限中运行。

在可控整流器输出端上安装机电交叉开关后，可以实现四个象限的运行，如图 4.30 所示。通过在整流器和负载之间加装交叉开关，使负载电流 i_o' 等于（$-i_o$），负载电压 v_o' 等于（$-v_o$）。这样，依据直流输出电压 $V_{o,dc}$ 的极性，负载可以在第二或第三象限中运行。但是，由于机电开关使用寿命有限，且工作频率低，因此只有在不需要频繁切换开关的场合，如直流电动机驱动车辆时，上述加装机电交叉开关的方案才切实可行。大多数实际应用中采用的方案都是**双向变换器**。

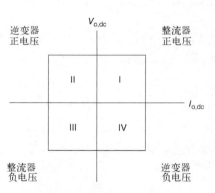

图 4.29 整流器的工作平面、运行区域和运行象限

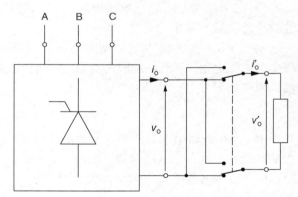

图 4.30 带机电交叉开关的可控整流器

图 4.31 是由两个可控整流器反并联组成的双向变换器。为了使接下来的分析具有普遍性，两个整流器使用不同的交流电源供电。双向变换器有两种基本的类型：**无环流**和**有环流**。"环流"的含义将在稍后进行解释。

无环流双向变换器 图 4.32 为无环流双向变换器的电路图。其中，用在普通整流器中的单个晶闸管被一对反并联的晶闸管取代。如果需要输出正向电流，则使晶闸管 TA1 ~ TC1′

导通,保持晶闸管 TA2~TC2′处于断开(未触发)状态。反之,如果需要输出反向电流,则按顺序触发晶闸管 TA2~TC2′,并使晶闸管 TA1~TC1′保持断开状态。

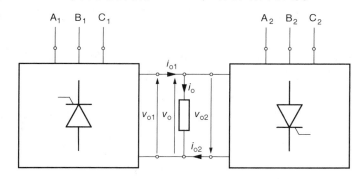

图 4.31   两个反并联的可控整流器

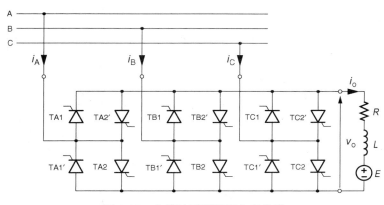

图 4.32   六脉波无环流双向变换器

无环流双向变换器结构简单、紧凑,但有两个严重缺陷。显然,反并联的两个晶闸管中只有一个可以导通,另一个晶闸管由于承受导通晶闸管上的电压降而被反向偏置。但是,如果两个晶闸管都处于断开状态,那么其中总有一个晶闸管是正向偏置的,不当的触发就可能导致短路。例如,当晶闸管 TB1 和 TC1′导通时,电压 v_{BC} 加在晶闸管 TC1 和 TC2′上,使 TC2′正向偏置。如果 TC2′被触发,它将造成 B 相和 C 相短路。这个问题可以通过对触发信号进行适当控制而加以防止。但是如果需要改变输出电流的极性,必须等到当前整流器的电流熄灭且导通的晶闸管断开,下一个整流器才能开始工作。这种强制性的延迟降低了变换器对电流控制命令的响应速度,在有些应用中,这是不可接受的。

无环流双向变换器的另一个缺点是,当触发角很大时,变换器的运行模式会变成不连续导通模式(参见图 4.22),这个缺点是所有相控整流器所共有的。一种解决方案是通过在负载侧加装电感来扩大整流器的连续导通运行范围。该电感还能减小电流纹波,但是因为全部负载电流都将流经这个电抗器,因此这种解决方案成本很高,不但体积大而且价格昂贵。另一种解决方案是不管触发角多大,都保持通过晶闸管的电流足够大。有环流双向变换器巧妙地利用了这种方案。

有环流双向变换器   在有环流双向变换器中,两组整流器同时运行,一个工作于整流模式,其触发角 α_{f1} 小于 90°,另一个工作于逆变模式,其触发角 α_{f2} 等于 180° − α_{f1}。根据式(4.41),如果两个整流器都运行在连续导通模式下,因为 cos(α_{f1}) = −cos(α_{f2}),所以两个整流器的输出电压具有相同的直流分量。但是，这两个输出电压的瞬时值不同，它们的差值 v_0 将在整流器之间产生环流。如果整流器直接连接成图 4.31 所示，环流电流 i_{cr} 将很大，因为它只受线路电阻和晶闸管导通时的电阻的限制。因此，需要在整流器和负载之间加装电抗器以抑制环流的交流分量。

图 4.33 为有环流双向变换器的另一种结构。为了避免交流供电线路的相间短路，变换器由三相变压器二次侧的两个绕组供电，两个整流器输入电压的幅值和相位均相等。电抗器 L_1 和 L_2 将整流器与负载隔离。$\omega t = \pi/3$ 时电流路径如图 4.33 中粗线所示。两个整流器的输出电压波形如图 4.34 所示，其中 $\alpha_{f1} = 45°$、$\alpha_{f2} = 135°$。垂直虚线表示当前分析所对应的时刻。

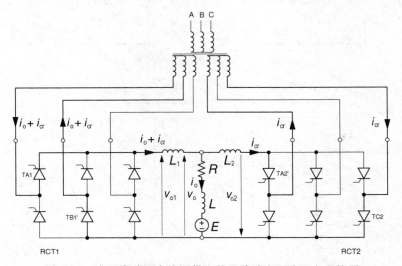

图 4.33　由两个独立交流源供电的六脉波有环流双向变换器

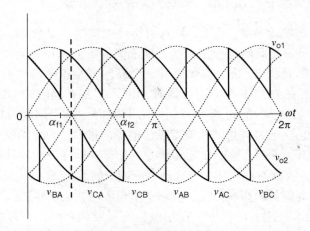

图 4.34　有环流双向变换器中两个整流器的输出电压（$\alpha_{f1} = 45°$，$\alpha_{f2} = 135°$）

输出电压的差值 $\Delta v_o = v_{o1} + v_{o2}$ 以及环流电流 i_{cr} 如图 4.35 所示。其中电压差 Δv_o 的平均值为零，环流电流的波形表示整流器正运行在连续导通模式的临界状态。实际应用中，两个整流器的触发角之和略小于 180°，这使得 Δv_o 的直流分量非零。

在实际使用的双向变换器中，通过闭环控制电路使环流电流的平均值保持为期望值（通常为额定负载电流的 10%～15%）。控制电路通过控制其中一个整流器的触发角（此处为 α_{f2}）

来调节环流电流的大小，通过控制另一个整流器的触发角（α_{f1}）来调节负载电流的大小。图 4.36 为 $\alpha_{f1}=45°$ 和 $\alpha_{f2}=134°$ 时输出电压的差值和环流电流的波形。

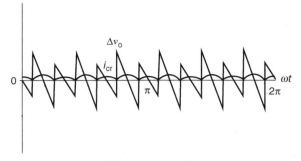

图 4.35 有环流双向变换器的输出电压之差和环流电流：$\alpha_{f1}+\alpha_{f2}=180°$

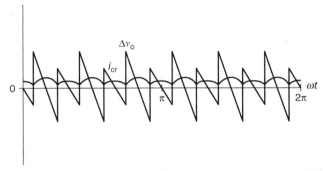

图 4.36 有环流双向变换器的输出电压之差和环流电流：$\alpha_{f1}+\alpha_{f2}=179°$

有环流双向变换器的动态特性极佳，运行象限的转换可以瞬时完成。因为不存在不连续导通模式，所以输出电压和电流的控制范围很宽。图 4.37 为该变换器的另一种结构。图中，两个整流器由同一个交流线路供电，四个分散电抗器（$L_1 \sim L_4$）用于防止相间短路。该变换器中有两个环流，分别是 i_{cr1} 和 i_{cr2}。

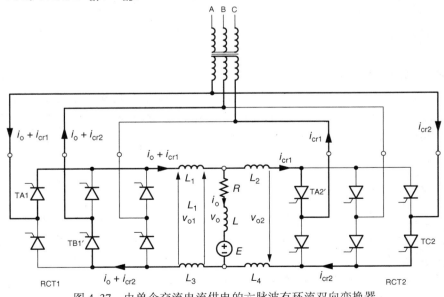

图 4.37 由单个交流电流供电的六脉波有环流双向变换器

93

双向变换器也可以是 PWM 双向变换器，但这种方案不实用。作为替代方案，可以利用第 6 章介绍的四象限直流–直流变换器(斩波器)获得高质量的四象限直流电源。斩波器的直流输入电源可以由可控整流器提供。

4.3　PWM 整流器

不可控和相控整流器，因为其开关的关断由交流线路的电压决定，所以被称为**电网换流变换器**。如 4.2.1 节所述，这些变换器有两个主要缺点，一是供电电流非正弦波，二是输入功率因数的大小依赖于触发角。由于全控型电力开关(如 IGBT 或电力 MOSFET)的实用化，使得输出电压的调节方式由相位控制向 PWM 控制发展。与电力电子变换器的电网换流相比，基于全控型电力开关的变换被称为**强迫换流**。通过接下来的分析可见，带有小型 LC 输入滤波器的强迫换流 PWM 整流器可以大幅减小其对交流供电系统的负面影响。

4.3.1　输入滤波器的影响

图 4.38 的单相 PWM 整流器可以很好地解释 LC 输入滤波器对供电侧电流质量的强化作用。图中，整流器输入端的电流分布是一种理想情况，在实际应用中并非如此。输入电流 i_1 中包含基波电流分量 $i_{1,1}$ 和谐波电流分量 $i_{1,h}$。谐波分量 $i_{1,h}$ 的角频率是基波角频率 ω 的倍数，也就是说，它们比基波频率大很多倍。因此，滤波器电感 L_f 对输入电流高次谐波的抑制能力比对基频电流的抑制能力强很多，滤波器在第 k 次谐波电流下的电感电抗为基波电感电抗的 k 倍。

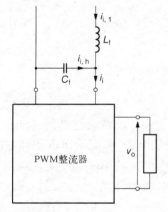

图 4.38　带有 LC 输入滤波器的单相 PWM 整流器

与 L_f 相反，谐波电流比基波电流更容易通过滤波器电容 C_f，因为第 k 次谐波下的电容电抗是基波电容电抗的 $1/k$。因此，整流器吸收了电容器中的大部分谐波电流。如果输入电流的主要谐波分量的频率接近于无穷，或者更实际地，如果可以忽略低阶谐波分量，那么电流的实际分布将接近于图 4.38 所示的理想情况。

上文所述的滤波器并不适用于相控整流器，在相控整流器中，输入电流最大谐波分量的频率很低。相反，PWM 整流器中谐波电流频率很高，因此，就算输入滤波器的电感和电容值很小，也能使这些高频电流谐波分量得到有效抑制。实际应用中，电源的电感可能会造成相控整流器的换流失败，但相同的电源电感在 PWM 整流器中却可以作为输入滤波器的电感部分。因此，滤波器只需要安装输入电容器即可。

4.3.2　PWM 的原理

第 1 章已经对 PWM 的一般概念进行了介绍。但是在第 1 章的大部分讨论中，都假定通用电力变换器中开关的占空比为常数，对通用 PWM 逆变器中开关占空比可变(参见图 1.24)的情况只是进行了很简单的描述。PWM 整流器是本书介绍的第一个实用化 PWM 电力电子变换器，而且，和前面提到的逆变器一样，PWM 整流器的开关占空比在一个电源周期中可变。为了深入讨论 PWM，下面首先对一些重要的概念进行解释。

开关变量 表示开关状态的二进制变量的最小集。它的值决定了变换器的状态。以图 1.2 的通用电力变换器为例，用开关变量 x_{12}、x_{34} 和 x_5 描述三种可能的状态。具体地说，三个开关变量可以定义为

$$x_{12} = \begin{cases} 0, & \text{如果 } S1 \text{ 和 } S2 \text{ 断开} \\ 1, & \text{如果 } S1 \text{ 和 } S2 \text{ 导通} \end{cases} \tag{4.68}$$

$$x_{34} = \begin{cases} 0, & \text{如果 } S3 \text{ 和 } S4 \text{ 断开} \\ 1, & \text{如果 } S3 \text{ 和 } S4 \text{ 导通} \end{cases} \tag{4.69}$$

$$x_5 = \begin{cases} 0, & \text{如果 } S5 \text{ 断开} \\ 1, & \text{如果 } S5 \text{ 导通} \end{cases} \tag{4.70}$$

那么，$x_{12}x_{34}x_5 = 001$、100 和 010 分别表示状态 0、1 和 2。需要注意，通常，三个二进制变量可以描述 $2^3 = 8$ 种状态，但在本例中，有 5 个状态是被禁止的，因为它们会导致短路或断路（输出"浮地"）。此外，通用电力变换器开关变量的数量小于开关的个数，按开关的个数，实际上可以生成多达 $2^5 = 32$ 种可能的状态。这种变换器状态量的最小表示法在实际的电力电子系统中显得非常精简，例如在第 7 章的典型电压源型逆变器中。但是，有些控制算法可能需要变换器的每个开关都对应一个开关变量，开关处于断开状态（开）时，该变量为 0；开关处于导通状态（关）时，该变量为 1。

显然，开关变量是幅值等于 1 的矩形脉冲序列，术语"PWM"指的是对单个脉冲的脉宽（持续时间）进行调制。交流输入和交流输出电力电子变换器的运行具有周期性，其周期的长短由各自的输入或输出频率决定。通常，在 PWM 变换器中，交流输入或输出电压的周期由一系列子周期（称为**开关间隔**或**开关周期**）组成。开关周期 T_{sw} 的倒数 f_{sw}，称为**开关频率**。PWM 变换器的开关频率通常在 4~20 kHz 之间。开关频率的平均值是变换器输入或输出频率的 N 倍。这意味着输入或输出变量的一个周期中包含 N 个开关周期，通常 N 不一定是整数。

虽然相位控制方法只有一种，但 PWM 技术却数不胜数，而且还不断出现针对已知算法的改进技术。在大多数情况下，开关变量的一个开关周期中包含一个脉冲。由于开关变量 x 的占空比 d_x 可以在 0 至 1 之间变化，因此开关周期中可能没有脉冲，或者变量 x 的脉冲填满整个开关周期。

现代 PWM 技术中，很少独立地直接生成与变换器实际开关信号密切相关的开关变量的脉冲数。相反，通常用 PWM 算法生成一个关于**变换器状态**的时间序列，其中每个状态由开关变量的对应值决定。

举例来说，考虑一个假想的简单 PWM 变换器，它由两个开关变量 x_1 和 x_2 表示。开关变量可以是任何允许状态，每个状态由二进制数 $(x_1 x_2)_2$ 所对应的十进制数表示。因此，当 $x_1 x_2 = 00$ 时，该变换器为状态 0；当 $x_1 x_2 = 01$ 时，该变换器为状态 1；当 $x_1 x_2 = 10$ 时，该变换器为状态 2；当 $x_1 x_2 = 11$ 时，该变换器为状态 3。在某一个开关周期中，假设由 PWM 算法决定的变换器状态和持续时间为 $0(50 \mu s) - 2(40 \mu s) - 3(20 \mu s) - 2(40 \mu s) - 0(50 \mu s)$。该变换器没有状态 1。显然，开关周期是 200 μs，对应的开关频率为 5 kHz。所述的开关模式如图 4.39 所示。可以看出，x_1 的脉宽是 100 μs，x_2 的脉宽是 20 μs，这意味着 x_1 的占空比为 0.5，x_2 的占空比为 0.1。两个脉冲都集中出现在该开关周期的中间部分。以上信息可以从表示变换器状态的时间序列中得到，因此无须对每个开关变量进行单独分析。

PWM 变换器的另外一个重要概念是**电压和电流空间矢量**[①]。空间矢量法是在 20 世纪 20 年代对电机进行动态分析时提出的方法，它们在 20 世纪 80 年代被成功地应用在电力电子

[①] 如无特别说明，下文的矢量均是空间矢量的简称。——译者注

变换器中。目前，**空间矢量脉宽调制**（SVPWM）技术最为流行。空间矢量与用于交流电路分析的相量类似。但是，它在很多方面都与相量不同，因此不要混淆这两种电量。

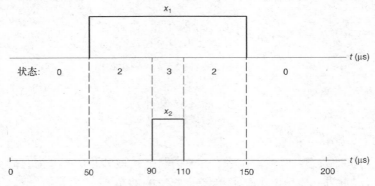

图 4.39　假想的四状态 PWM 变换器的开关模式

为了解释电压和电流空间矢量的概念，图 4.40 为一个简单三相交流电机的定子横截面图。图中，每相绕组都由与本书页面垂直的两根导线构成，这两根导线在定子背面连接在一起。三相导线的前端连接成 Y 形或三角形（图中未显示此连接）。用符号 A、B、C、A′、B′和 C′对导线进行标注，这六根导线形成三个互差 120°的三相线圈。当定子电流 i_A、i_B 和 i_C 从相应导线的前端流入时，认为该电流为正。

线圈中的电流产生磁势（MMF）$\vec{F}_A$、$\vec{F}_B$ 和 $\vec{F}_C$，三相磁势叠加形成定子磁势 $\vec{F}_s$。图 4.41 为一个三相平衡电流（幅值相等，相角互差 120°）的实例。如相量图 4.41（a）所示，电流 i_A 和 i_B 为正值，且其瞬时值等于电流峰值的一半，电流 i_C 为负值，大小等于电流峰值。磁势分别和对应的线圈垂直，它们是真正的矢量，因为它们不但有特定的幅值和方向，而且有与定子物理空间相对应的极性。很容易观察到，随着时间的变化，三相电流是正序电流，$\vec{F}_s$ 按定子电流的角速度 ω 逆时针旋转。因此，静止的定子矢量 $\vec{F}_A$、$\vec{F}_B$ 和 $\vec{F}_C$ 产生了一个旋转的矢量 $\vec{F}_s$。

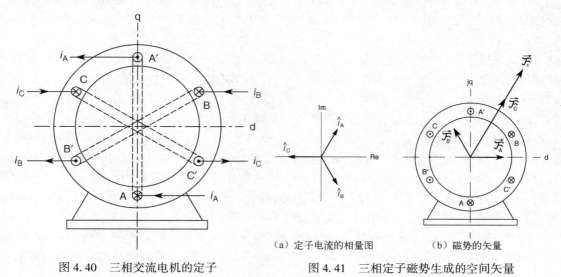

（a）定子电流的相量图　　（b）磁势的矢量

图 4.40　三相交流电机的定子　　图 4.41　三相定子磁势生成的空间矢量

可以将空间矢量分解为水平分量（直轴）和垂直分量（交轴）两部分。如果将定子直轴（d 轴）

认为是实数，将定子交轴（q轴）认为是虚数，则定子磁势矢量可以用复数表示。例如，如图 4.42 所示

$$\vec{\mathcal{F}}_s = \mathcal{F}_{ds} + j\mathcal{F}_{qs} = \mathcal{F}_s e^{j\Theta_s} \qquad (4.71)$$

其中，$\mathcal{F}_{ds}$ 和 $\mathcal{F}_{qs}$ 分别表示定子磁势矢量的直轴和交轴分量，$\mathcal{F}_s$ 和 Θ_s 是该矢量的幅值和相角。

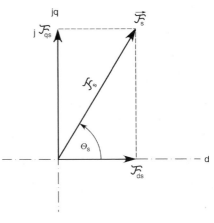

空间矢量 $\vec{\mathcal{F}}_s$ 为

$$\vec{\mathcal{F}}_s = \mathcal{F}_{as} + \mathcal{F}_{bs}e^{j120°} + \mathcal{F}_{cs}e^{j240°} \qquad (4.72)$$

其中 $\mathcal{F}_{as}$、$\mathcal{F}_{bs}$ 和 $\mathcal{F}_{cs}$ 分别表示各相的磁势大小。图 4.41 中的磁势用标幺值（以最大可能磁势作为基准值）表示为：$\mathcal{F}_{as} = \mathcal{F}_{bs} = 0.5$ p.u.，$\mathcal{F}_{cs} = -1$ p.u.。将这些值代入式（4.72），得到：$\vec{\mathcal{F}}_s = 0.75 + j1.299 = 1.5\ e^{j60°}$ p.u.，即 $\mathcal{F}_{ds} = 0.75$ p.u.，$\mathcal{F}_{qs} = 1.299$ p.u.，$\mathcal{F}_s = 1.5$ p.u.，$\Theta_s = 60°$。这些结果与图 4.41 和图 4.42 所示结果一致。

图 4.42　定子磁势的空间矢量及其分量

磁势表示线圈匝数和线圈中电流的乘积。因此，将磁势空间矢量除以线圈匝数（无物理单位）可得电流空间矢量 $\vec{i}$。相电流 i_A、i_B、i_C 和对应矢量的 dq 轴分量 i_d、i_q 的关系如式（4.73）所示

$$\vec{i} = \begin{bmatrix} i_d \\ i_q \end{bmatrix} = \begin{bmatrix} 1 & -\dfrac{1}{2} & -\dfrac{1}{2} \\ 0 & \dfrac{\sqrt{3}}{2} & -\dfrac{\sqrt{3}}{2} \end{bmatrix} \begin{bmatrix} i_A \\ i_B \\ i_C \end{bmatrix} \qquad (4.73)$$

这种 ABC 轴到 dq 轴的转换，称为派克变换，该变换只对三线制三相系统才有效，因为三线制三相系统中相电流之和为零，即三个电流中只有二个电流分量是独立的。因此，相电流 i_A、i_B、i_C 可以没有任何信息损失地转换成 i_d、i_q 两个分量。

电流空间矢量的概念有点抽象，因为它不一定指交流电机的定子电流，而可以是任意的三相电流。将电流空间矢量的概念延伸到相电压，有

$$\vec{v} = \begin{bmatrix} v_d \\ v_q \end{bmatrix} = \begin{bmatrix} 1 & -\dfrac{1}{2} & -\dfrac{1}{2} \\ 0 & \dfrac{\sqrt{3}}{2} & -\dfrac{\sqrt{3}}{2} \end{bmatrix} \begin{bmatrix} v_{AN} \\ v_{BN} \\ v_{CN} \end{bmatrix} \qquad (4.74)$$

相电压空间矢量的概念更抽象，因为很难想象电压"指向"某个特定的方向。但是，电流和电压的空间矢量能使三相电机和三相电力电子变换器的分析和控制变得简单。线电压空间矢量可以按相电压空间矢量的方法进行类似定义。

上文对空间矢量和相量的差别进行了说明。相量用于简化**正弦**交流分量的算术运算，是一个复数，用于描述单个变量，通常是电流或电压。因此，电流相量与相应的电流有相同的幅值和相角（不是频率），它的实部表示具体时刻电流的实际值。相比之下，电流空间矢量捕捉三相三线制系统中三个电流的信息。更重要的是，三相电流不一定必须是正弦波，因为电流矢量是一个由三相电流瞬时值所决定的瞬时参数。

如图 4.42 所示，由式（4.72）表示的空间矢量是一个真的矢量，其幅值对应相量幅值的 1.5 倍。因此，在空间矢量的另一种定义中，式（4.72）的等式右边需要乘以 2/3。这样，修正后的式（4.72）所描述的磁势空间矢量 $\vec{\mathcal{F}}_s$ 的幅值 $\mathcal{F}_s$ 为 1 p.u.，和磁势相量的幅值相同。上述两

种空间矢量的定义方法差别很小，但需要在前后分析中保持定义的一致性。

根据三相 PWM 变换器的不同类型，"指定电流或电压可控"的意思是指定电流或电压的空间矢量可以随着参考电流矢量 $\vec{i}^*$ 的变化而变化。参考电流矢量随着时间的推移在 dq 复平面中旋转。作为特例，稳态时，$\vec{i}^*$ 以对应电流的角速度恒定旋转。如前所述，通过在变换器上施加一个时间状态序列可以实现对电流或电压的控制。

例如，假设某个变换器的状态 X 生成电流矢量 $\vec{I}_X$、状态 Y 生成电流矢量 $\vec{I}_Y$、状态 Z 生成幅值为零的电流矢量 $\vec{I}_Z$。将这三个矢量合成位于 $\vec{I}_X$ 和 $\vec{I}_Y$ 之间的参考电流矢量 $\vec{i}^*$，如图 4.43 所示。

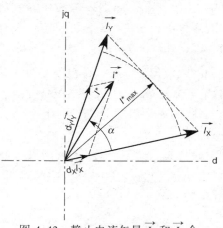

随着时间的推移，参考电流矢量的位置和幅值都会发生变化。但是，考虑到实际应用中开关周期非常短，因此可以假定参考电流矢量在一个开关周期内静止且幅值不变。如图 4.43 所示，参考电流矢量可以表示为

$$\vec{i}^* = d_X\vec{I}_X + d_Y\vec{I}_Y \qquad (4.75)$$

其中 d_X 和 d_Y 分别是状态 X 和状态 Y 的占空比，即状态 X 和 Y 相对于开关周期 T_{sw} 的长度。参考电流矢量的最大幅值 I^*_{max} 等于由矢量 $\vec{I}_X$ 和 $\vec{I}_Y$ 形成的三角形的内弧半径。本例中，d_X 和 d_Y 之和等于 1。否则，为了填满整个开关周期，需要加入一个零矢量 I_Z，使其对应的占空比 d_Z 满足

$$d_X + d_Y + d_Z = 1 \qquad (4.76)$$

图 4.43　静止电流矢量 $\vec{I}_X$ 和 $\vec{I}_Y$ 合成旋转空间电流矢量 $\vec{i}^*$

这样，通过对静止电流矢量 $\vec{I}_X$、$\vec{I}_Y$ 和 $\vec{I}_Z$ 求**时间平均**就合成了一个旋转电流矢量 $\vec{i}^*$，即先让状态 X 持续 $d_X T_{sw}$ 秒，再让状态 Y 持续 $d_Y T_{sw}$ 秒，最后让零状态 Z 持续 $d_Z T_{sw}$ 秒，就可以得到旋转电流矢量 $\vec{i}^*$。在实际应用中，开关周期通常分为三个以上的子周期。大多数情况下是 6 个子周期，每个子周期的时长为该状态指定总时长的一半。

d_X、d_Y 和 d_Z 的表达式可以用图 4.43 对应的复数方程来进行推导。以实际应用中三相变换器的常见状态为例，电流矢量 $\vec{I}_X$ 和 $\vec{I}_Y$ 的幅值相同，相角相差 60°，那么

$$d_X = m\sin(60° - \alpha) \qquad (4.77)$$
$$d_Y = m\sin(\alpha) \qquad (4.78)$$

其中 m 表示**调制度**，定义为

$$m \equiv \frac{I^*}{I^*_{max}} \qquad (4.79)$$

符号 I^* 为参考电流矢量 $\vec{i}^*$ 的幅值，I^*_{max} 为参考电流矢量的最大幅值。按照式(4.76)可得零矢量的占空比为

$$d_Z = 1 - d_X - d_Y \qquad (4.80)$$

在某些 PWM 变换器中(但不是全部)，调制度和之前介绍过的幅值控制比 M[参见式(1.40)]的意义相同。"调制度"一词是从通信系统中描述调制的术语中借鉴而来的。

各种状态的变化顺序由变换器对运行质量或效率的要求决定。当变换器的开关按顺序有规律地切换时，即相邻两次开关的时间间隔相同时，可以获得最好的质量。当电源单个周期中的开关次数最小时，效率可以达到最高。

PWM 变换器中的有些控制策略采用**旋转参考坐标**来描述电压电流空间矢量。注意，电压电流空间矢量在静止 dq 轴中是旋转的，它们的 d 轴和 q 轴分量都是时间的正弦函数，也就是交流变量。但因为交流分量使用起来不太方便，因此控制策略中通常使用直流分量。如果将旋转参考坐标的角速度 ω 设为等于或者接近电压电流空间矢量的角速度，那么，用旋转参考轴 DQ 描述的旋转矢量就成为了直流变量。传统上，上标 "e" 用于表示空间矢量属于旋转轴系，而在电机理论中，上标 "e" 通常指的是**励磁轴系**。

静止 dq 轴中的电压空间矢量 $\vec{v}$ 为

$$\vec{v} = v_d + j v_q \tag{4.81}$$

相同的矢量如果用旋转 DQ 轴表示为

$$\vec{v}^e = \vec{v}e^{-j\omega t} = v_D + j v_Q \tag{4.82}$$

dq 和 DQ 分量之间的关系可以用矩阵描述为

$$\begin{bmatrix} v_D \\ v_Q \end{bmatrix} = \begin{bmatrix} \cos(\omega t) & \sin(\omega t) \\ -\sin(\omega t) & \cos(\omega t) \end{bmatrix} \begin{bmatrix} v_d \\ v_q \end{bmatrix} \tag{4.83}$$

将式（4.82）和式（4.83）重写为

$$\vec{v} = \vec{v}^e e^{j\omega t} \tag{4.84}$$

且

$$\begin{bmatrix} v_d \\ v_q \end{bmatrix} = \begin{bmatrix} \cos(\omega t) & -\sin(\omega t) \\ \sin(\omega t) & \cos(\omega t) \end{bmatrix} \begin{bmatrix} v_D \\ v_Q \end{bmatrix} \tag{4.85}$$

上述旋转参考轴的概念如图 4.44 所示。

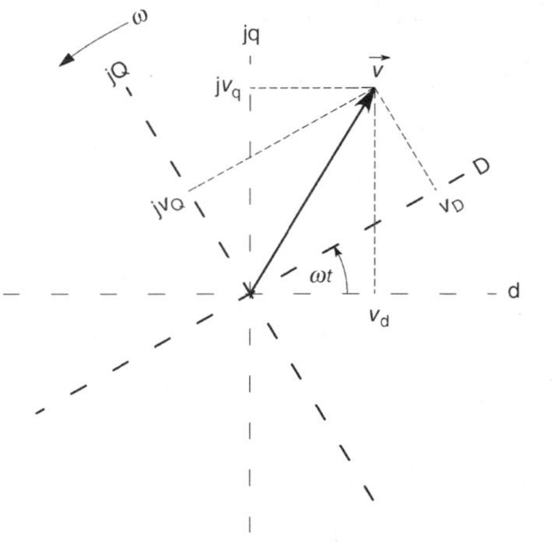

图 4.44　静止和旋转参考轴下的电压空间矢量

4.3.3　电流型 PWM 整流器

电流型 PWM 整流器的电路如图 4.45 所示。专业技术文献有时也称之为电流源型整流器，但这个名称有可能会造成误解，因为图 4.45 中的输入电容器表示该变换器由电压源（参见图 1.6）供电。电流型 PWM 整流器是**降压型**变换器，这意味着直流输出电压 V_o 的调节范围必须小于最大值 $V_{o,max}$。如式（4.4）所示，不管是三相二极管整流器，还是触发角等于零的晶闸管整流器，它们直流输出电压 V_o 的最大值大约都等于电源线电压峰值的 95%。如图 1.21（a）所示，即使 $V_o = V_{o,max}$，PWM 整流器输出电压的波形中仍然存在陷波。因此，直流输出电压的最大值等于输入线电压峰值的 92% 左右。

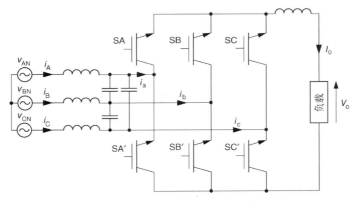

图 4.45　电流型 PWM 整流器

电流型 PWM 整流器采用术语"电流"的原因是输出电流 i_o 和电流源一样不能反向。因此，与相控整流器相同，如果功率需要由负载流向电源，那么输出电压需要为负。与负载串联的电感可用于平滑输出电流。如果负载电感足够大，则不一定需要单独的电感设备。

电流型 PWM 整流器有两个主要优点：（1）能够提供使功率因数等于 1 的正弦输入电流；（2）由于输出电压的陷波和脉冲都很窄，所以输出电流连续。如果开关频率足够高，输入和输出电流都只有很小的纹波含量。输出电压的幅值受调制度的控制，对电流型 PWM 整流器而言，调制度等于幅值控制比，即 $M = m = V_o / V_{o,\max}$。为了使输入功率因数等于 1，输入电流空间矢量需要跟踪参考电流矢量 $\vec{i}^*$（与输入相电压空间矢量 $\vec{v_i}$ 同步）的变化。注意，这里只对 $\vec{i}^*$ 的相角 β^* 感兴趣，因为 $\vec{i}^*$ 的幅值 I^* 由输出电流决定，而输出电流依赖于负载。在接下来的分析中，考虑到负载电感对谐波的抑制作用，假设输出电流为常数，且等于其平均值 I_o。

在任意时刻，整流器中有且只有两个开关能处于导通状态，一个在上半桥臂，另一个在下半桥臂。举例而言，如果开关 SA 和 SB 同时开通，则无法确定整流器上端节点的电位，因为该节点同时与电源的 A 相和 B 相连接。除此之外，也无法确定输出电流 I_o 在这两个开关中的分流情况。因此，开关 SA～SC′ 的开关变量 a、b、c、a'、b'、c' 必须满足条件

$$a + b + c = a' + b' + c' = 1 \qquad (4.86)$$

上述条件使得整流器的状态只有如下 9 种，即

状态 1：$a = b' = 1$（开关 SA 和 SB′ 导通）
状态 2：$a = c' = 1$（开关 SA 和 SC′ 导通）
状态 3：$b = c' = 1$（开关 SB 和 SC′ 导通）
状态 4：$b = a' = 1$（开关 SB 和 SA′ 导通）
状态 5：$c = a' = 1$（开关 SC 和 SA′ 导通）
状态 6：$c = b' = 1$（开关 SC 和 SB′ 导通）
状态 7：$a = a' = 1$（开关 SA 和 SA′ 导通）
状态 8：$b = b' = 1$（开关 SB 和 SB′ 导通）
状态 9：$c = c' = 1$（开关 SC 和 SC′ 导通）

当整流器处于状态 1 时，电流 i_A、i_B、i_C 分别等于 I_o、$-I_o$ 和 0。因此，根据式（4.73），该状态下输入电流的空间矢量为

$$\vec{I_1} = \frac{3}{2} I_o - j \frac{\sqrt{3}}{2} I_o \qquad (4.87)$$

其他状态下的电流矢量可以用同样的方法进行求解。整流器在状态 1 至 6 的有效（非零）电流矢量如图 4.46 所示。状态 7、8 和 9 下的输入电流矢量为 0，即

$$\vec{I_7} = \vec{I_8} = \vec{I_9} = 0 \qquad (4.88)$$

可见，有效电流矢量的幅值 I 等于 $\sqrt{3} I_o$，同时，参考电流矢量 $\vec{i}^*$ 的幅值 I^* 受半径为 $1.5 I_o$ 的圆限制。这些有效电流矢量将 dq 平面分成六个

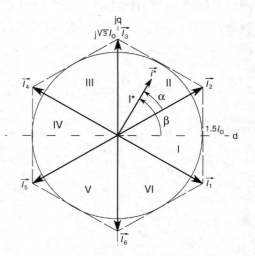

图 4.46　电流型 PWM 整流器输入电流的参考电流矢量

扇区(每个扇区为圆的六分之一)，分别用符号 I 至 VI 表示。参考电流矢量为

$$\vec{i}^* = I^* \mathrm{e}^{\mathrm{j}\beta} \qquad (4.89)$$

该电流矢量在扇区内的角度由 α 表示。如果经过控制后，整流器的 $\vec{i}^*$ 和 $\vec{v}_{\mathrm{i}}$ 同相，那么整流器运行在第一象限内，且功率因数等于 1，如果 $\vec{i}^*$ 滞后 $\vec{v}_{\mathrm{i}}$ 180°，功率因数仍然等于 1，但整流器运行在第二象限内，即逆变模式。通过整流器输入端的电压传感器可以很容易地得到输入相电压空间矢量。

由式(4.77)至式(4.79)，为了使参考电流矢量落在由状态 X 和状态 Y 构成的扇区中，状态 X 和状态 Y 的持续时间为

$$T_{\mathrm{X}} = m T_{\mathrm{sw}} \sin(60° - \alpha) \qquad (4.90)$$

$$T_{\mathrm{Y}} = m T_{\mathrm{sw}} \sin(\alpha) \qquad (4.91)$$

零矢量状态 Z 的持续时间为

$$T_{\mathrm{Z}} = T_{\mathrm{sw}} - T_{\mathrm{X}} - T_{\mathrm{Y}} \qquad (4.92)$$

为了使换流(开关)次数最少，在 dq 平面的各个扇区中使用以下状态序列：

第一扇区：状态 1-2-7-2-1-7⋯
第二扇区：状态 2-3-9-3-2-9⋯
第三扇区：状态 3-4-8-4-3-8⋯
第四扇区：状态 4-5-7-5-4-7⋯
第五扇区：状态 5-6-9-6-5-9⋯
第六扇区：状态 6-1-8-1-6-8⋯

因此，在一个开关周期内，每个状态出现两次，每个状态的持续时间都占该状态总持续时间的一半。图 4.47 所示为一个开关周期中的状态序列。它代表 $m = 0.65$ 和 $\beta = 70°$ 的状态，即参考电流矢量落在扇区 II 中。因此，$\alpha = 40°$，$X = 2$，$Y = 3$，$Z = 9$，又根据式(4.90)至式(4.92)可得，$T_2 = 0.22\,T_{\mathrm{sw}}$，$T_3 = 0.42\,T_{\mathrm{sw}}$，$T_9 = 0.36\,T_{\mathrm{sw}}$。

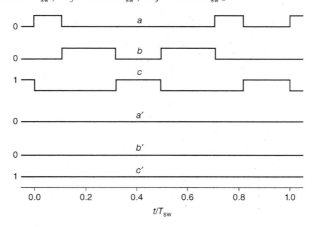

图 4.47　电流型 PWM 整流器在一个开关周期中开关变量的波形

分析图 4.47 中开关变量的波形，可见，三个开关 SA、SB 和 SC 在每个开关周期内开通和关断各两次，而剩下的三个开关 SA′、SB′、SC′的状态不变。一般来说，在偶数扇区内，整流桥上半桥臂的开关进行换流，而在奇数扇区内，整流器下半桥臂的开关进行换流。通常，

在一个开关周期中每个开关各开通和关断一次。图4.47对应的控制策略如图4.48所示。如果需要整流器运行在逆变模式下，则将整流器的调制度 m 设为负值，同时将式(4.90)至式(4.92)中的 m 用 $|m|$ 取代，即可对 T_X、T_Y 和 T_Z 进行计算。

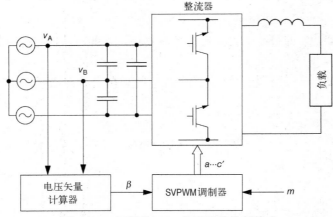

图4.48　电流型PWM整流器的控制策略

为了说明调制度的影响，将电流型PWM整流器在整流模式下的输出电压 v_o 和输出电流 i_o 示于图4.49，将其输入电流 i_a 和基频电流 $i_{a,1}$ 示于图4.50。对应的线电流 i_A（未显示在图中）和基频电流 $i_{a,1}$ 的波形类似，但是含有一定的纹波分量，其中纹波分量的多少由滤波电容器的电容大小决定。整流器运行在逆变模式下的波形如图4.51所示。对应的输入电流的谐波频谱如图4.52所示，从该图可以观察到开关频率 f_{sw} 对电流谐波的影响。

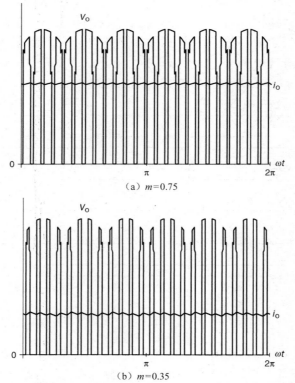

（a）$m=0.75$

（b）$m=0.35$

图4.49　电流型PWM整流器的输出电压和电流（$f_{sw}/f_o=24$，RLE负载）

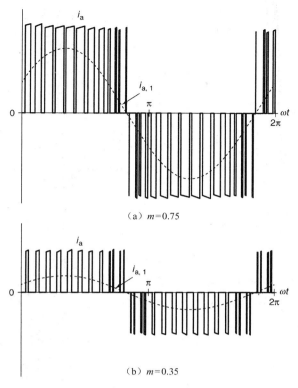

（a）$m=0.75$

（b）$m=0.35$

图 4.50 电流型 PWM 整流器的输出电流和它的基频分量（$f_{sw}/f_o=24$，RLE 负载）

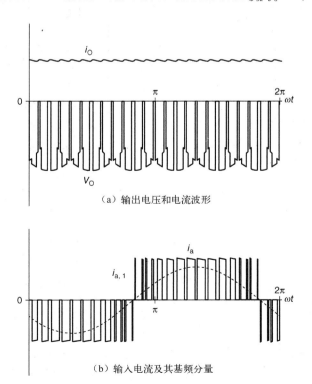

（a）输出电压和电流波形

（b）输入电流及其基频分量

图 4.51 逆变模式下的电流型 PWM 整流器（$m=0.75$，$f_{sw}/f_o=24$，RLE 负载）

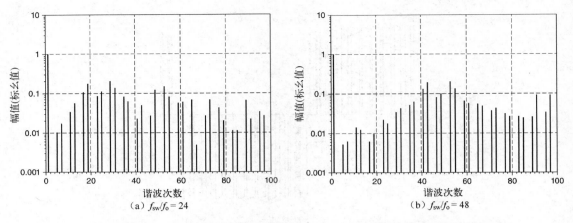

（a）$f_{sw}/f_o = 24$ （b）$f_{sw}/f_o = 48$

图 4.52   电流型 PWM 整流器输入电流的频谱（$m=1$，输出电流为理想直流）

输入电压的传感器能提供参考电流矢量的角度信息。因为三线制系统的相电压之和为零，即只有两个相电压参数是独立变量，因此只需要两个传感器就能满足控制要求。在实际应用中，也可以增加传感器以满足控制算法的要求。直流输出电压通常需要加装传感器，因为这个电压是主要的控制量。但是，传感器增加了变换器的成本，同时降低了变换器的可靠性。因此，逐渐出现了各种基于预测变量、而不是测量变量的**无传感器控制策略**。

4.3.4   电压型 PWM 整流器

在图 4.53 所示的电压型 PWM 整流器中，输出电流可以反向，但输出电压始终是正值。电源通过输入电抗器向整流器供电，和负载并联的电容器用于平滑输出电流。注意，电压型 PWM 整流器中全控型开关的方向与图 4.45 电流型 PWM 整流器中的开关方向相反，而且每个开关都装有一个续流二极管。由于直流输出电压的调节范围必须大于最小值 $V_{o,min}$，因此电压型 PWM 整流器是一个升压型变换器。

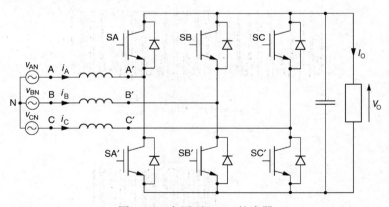

图 4.53   电压型 PWM 整流器

电压型 PWM 整流器的特点是"真的"输出直流电压，通过选择合适容量的电容器，可以将直流电压的纹波控制得很小。因为电压型 PWM 整流器具有升压特性，所以不需要在输入端上加装升压变压器就可以得到很高的输出电压。接下来将介绍电压型 PWM 整流器的两种基本控制方法。注意，除非调制度 m 很小，电压型 PWM 整流器的幅值控制比 M 与 m 互为倒数。作为经验法则，如果 $M=m=1$，那么整流器的直流输出电压就等于输入线电压的峰值。

基于电压定向矢量控制的 PWM 整流器的 A 相支路(或桥臂)如图 4.54 所示。注意,由于该支路有两个开关 SA 和 SA′,因此从理论上可以认为该支路有四种状态。但是,如果两个开关同时导通,将造成输出电容器短路,这是非常危险的。此外,如果两个开关都断开,A′点的电压值将由输入电流 i_A 的方向决定。电流 i_A 流过二极管 DA 或者二极管 DA′,使得对应的 A′点电压为 0 或 V_o。因此,如果希望端子 A′点电压与输出电压的关系完全由开关状态决定,则该整流器支路只能允许两种状态存在:SA 导通和 SA′断开,或者反过来,SA 断开和 SA′导通。因此,只需要定义一个开关变量 a

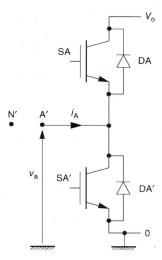

图 4.54 电压型 PWM 整流器的 A 相支路

$$a = \begin{cases} 0, & \text{如果 SA 断开,} \quad \text{SA′导通} \\ 1, & \text{如果 SA 导通,} \quad \text{SA′断开} \end{cases} \tag{4.93}$$

就能描述该支路的状态。按类似方法可以定义整流器其他两个支路的开关变量 b 和 c。

在接下来的分析中,端子 A′B′C′的电压用下标为小写字母的电压表示。当 $a=0$ 且 $i_A>0$ 时,开关 SA′将端子 A′与大地连接,所以 $v_a=0$。当 $a=0$ 且 $i_A<0$ 时,因为 SA 处于断开状态,电流只能流经二极管 DA′,使得端子 A′仍然与大地连接,$v_a=0$。

反之亦然,当 $a=1$ 时,$v_a=V_o$,与 i_A 的极性无关。继续观察其他两个支路,可得

$$\begin{bmatrix} v_a \\ v_b \\ v_c \end{bmatrix} = V_o \begin{bmatrix} a \\ b \\ c \end{bmatrix} \tag{4.94}$$

因为 $v_{ab}=v_a-v_b$,$v_{bc}=v_b-v_c$,$v_{ca}=v_c-v_a$,因此 $v_{an}=(v_{ab}+v_{ac})/3$,$v_{bn}=(v_{ba}+v_{bc})/3$,$v_{cn}=(v_{ca}+v_{cb})/3$。其中 v_{ab}、v_{bc} 和 v_{ca} 为整流器的输入线电压,v_{an}、v_{bn} 和 v_{cn} 为输入相电压。因此

$$\begin{bmatrix} v_{ab} \\ v_{bc} \\ v_{ca} \end{bmatrix} = V_o \begin{bmatrix} 1 & -1 & 0 \\ 0 & 1 & -1 \\ -1 & 0 & 1 \end{bmatrix} \begin{bmatrix} a \\ b \\ c \end{bmatrix} \tag{4.95}$$

且

$$\begin{bmatrix} v_{an} \\ v_{bn} \\ v_{cn} \end{bmatrix} = \frac{V_o}{3} \begin{bmatrix} 2 & -1 & -1 \\ -1 & 2 & -1 \\ -1 & -1 & 2 \end{bmatrix} \begin{bmatrix} a \\ b \\ c \end{bmatrix} \tag{4.96}$$

上述三个开关变量代表了整流器的 8 种状态,分别用 $0(abc=000)$ 到 $7(abc=111)$ 的 8 个十进制数 abc_2 来进行描述。状态 0 和状态 7 称为 0 状态,因为这两种状态下整流器的三个输入端同时与直流母线的顶端或底端连接,使得整流器的输入线电压和输入相电压都等于 0。基于 ABC→dq 变换[参见式(4.73)],可得与有效状态 1~6 对应的电压空间矢量。图 4.55(a)为线电压矢量(用上标"′"表示),图 4.55(b)为对应的相电压矢量。注意线电压矢量图与线电流矢量图(参见图 4.46)相似。

图 4.56 为整流器输入电压的 SVPWM 控制原理图,图中再次画出输入相电压的空间矢量图。参考电压矢量 $\vec{v}^* = V^* \angle \beta$(落在图中扇区 III 中)由矢量 $\vec{V}_X$(图中为 $\vec{V}_2$)、$\vec{V}_Y$(图中为 $\vec{V}_3$)以及 $\vec{V}_Z$($\vec{V}_0$ 或 $\vec{V}_7$)按照式(4.91)至式(4.93)合成得到。

电压矢量定向控制是利用旋转参考轴 DQ 实现整流器控制的巧妙方法。图 4.57 为静止

和旋转坐标中输入电压和电流的空间矢量 $\vec{v}$ 和 $\vec{i}$。可见，为了使功率因数等于1，这两个矢量必须同向。$\vec{v}$ 和 $\vec{i}$ 的夹角 φ 等于0时，输入功率因数 $PF = \cos(\varphi)$ 才等于1。因此，当D轴与矢量 $\vec{v}$ 同向，即 v_Q 等于0时，矢量 $\vec{i}$ 的 Q 轴分量 i_Q 也必须为0。

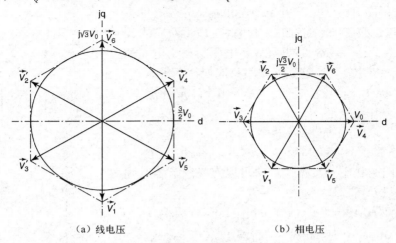

（a）线电压　　　　　　　　　　　（b）相电压

图 4.55　电压型 PWM 整流器的输入电压空间矢量

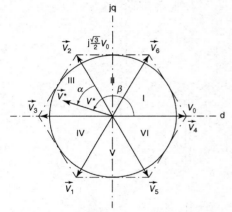

图 4.56　矢量空间中电压型 PWM 整流器
输入相电压的参考电压矢量

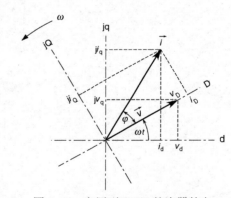

图 4.57　电压型 PWM 整流器的电
压矢量定向控制原理图

　　图 4.58 为该整流器的控制系统框图。输入电压和电流经过传感器后被转换成空间矢量。电流矢量 $\vec{i}$ 的 dq 轴分量 i_d 和 i_q 被转换为旋转坐标中的 i_D 和 i_Q 分量。电流矢量 $\vec{i}$ 的 Q 轴分量的参考值 i_Q^* 设为零。整流器输出电压 V_o 的参考值 V_o^* 与反馈信号 V_o 相减后输入比例积分（PI）环节的输出量为电流矢量 D 轴分量的参考值 i_D^*。同样通过 PI 控制环节可产生信号 v_D^* 和 v_Q^*，然后转换成 v_d^* 和 v_q^* 分量，之后通过 SVPWM 调制器得到参考电压矢量。为了使用式（4.83）和式（4.85）来实现 dq→DQ 和 DQ→dq 的转换，还需要利用输入电压矢量 $\vec{v}$ 的 dq 轴分量 v_d 和 v_q 来确定运行阻抗角 ωt。

　　直接功率控制　功率因数等于1表示整流器输入端的无功功率等于零。从三相交流电路理论可知，复功率 $\vec{S}$ 的相量为

$$\bar{S} = 3\bar{V}_{AN}\bar{I}_A^* = P + jQ \qquad (4.97)$$

其中$\bar{V}_{AN}$为相电压v_{AN}的有效值相量，$\bar{I}_A^*$是线电流i_A的有效值相量的共轭。P和Q分别表示有功功率和无功功率的平均值。复功率的矢量$\vec{s}$可以用下述方程表示：

$$\vec{s} = \frac{2}{3}\vec{v}\vec{i}^* = p + jq \qquad (4.98)$$

其中p和q是有功和无功功率的瞬时值(不要将这里的符号q与交轴混淆)。式(4.98)中系数$\frac{2}{3}$等于式(4.97)中对应系数3的$\frac{1}{4.5}$。这是因为由图4.41可见，空间矢量的幅值对应三相分量的1.5倍，而且该幅值代表峰值。因此，式(4.97)中各个相量的有效值等于对应矢量的$\frac{1}{1.5\sqrt{2}}$，所以它们的乘积等于式(4.98)矢量的$\frac{1}{(1.5\sqrt{2})^2} = \frac{1}{4.5}$倍。

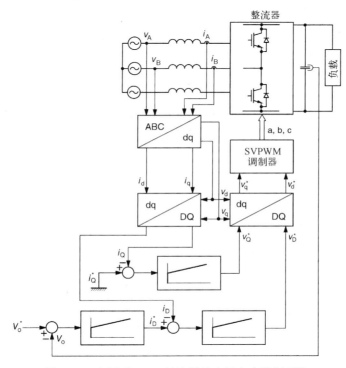

图4.58　电压型PWM整流器的电压定向控制系统

将式(4.98)中的$\vec{v}$和$\vec{i}^*$分别用v_d+jv_q和i_d-ji_q替代，可得到

$$p = \frac{2}{3}(v_d i_d + v_q i_q) \qquad (4.99)$$

且

$$q = \frac{2}{3}(v_q i_d - v_d i_q) \qquad (4.100)$$

利用式(4.73)和式(4.74)的ABC→dq变换，有功功率和无功功率的瞬时值可以表示为

$$p = v_{AN}i_A + v_{BN}i_B + v_{CN}i_C \qquad (4.101)$$

$$q = \frac{1}{\sqrt{3}}(v_{BC}i_A + v_{CA}i_B + v_{AB}i_C) \qquad (4.102)$$

因此，通过检测输入电压和电流，就可以计算整流器从供电线路上吸收的有功和无功功率。

图 4.59 为电压型 PWM 整流器的直接功率控制（DPC）流程图。整流器的状态由三个控制变量 x、y 和 z 的值决定。dq 平面以 30° 为一个分区，共 12 个扇区。变量 x 是 1~12 的整数，它表示输入电压空间矢量 $\vec{v}$ 所在的扇区。如果该矢量的相角由 β 表示，则

$$x = \mathrm{int}\left(\frac{\beta}{30°}\right) + 1 \tag{4.103}$$

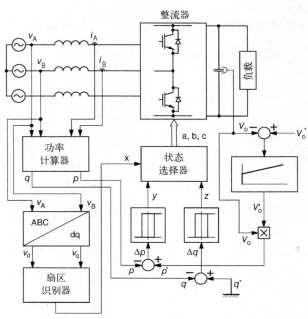

图 4.59 电压型 PWM 整流器的 DPC 系统

例如，如果 $\beta = 107°$，则 $x = 4$，这意味着 $\vec{v}$ 在扇区 4 中。角度 β 由电压矢量的 v_d 和 v_q 分量决定。控制变量 y 和 z 为逻辑变量，它们是有功和无功功率 bang-bang 控制器的输出。该控制器的滞环宽度构成了功率误差 Δp 和 Δq 的允许控制误差范围。因此，通过对滞环宽度的调整可获得期望的平均开关频率。

从整流器输出电压 V_o 的控制回路获取有功功率参考值 p^* 后，将瞬时有功功率 p 与有功功率参考值 p^* 进行比较。整流器输入的有功功率与输出的有功功率密切相关，其中输出的有功功率与输出电压的平方成正比。因此，参考信号 p^* 为 V_o 经过 PI 控制器后的信号 V'_o 和 V_o 的乘积。将瞬时无功功率的参考值 q^* 设为零，并与实际无功功率 q 相减。根据 x、y 和 z 的值，按照表 4.1 选择整流器状态，可以得到对控制误差的最佳补偿效果。

表 4.1　电压型 PWM 整流器 DPC 控制下的状态选择

x:		1	2	3	4	5	6	7	8	9	10	11	12
$y=0$	$z=0$	6	4	4	5	5	1	1	3	3	2	2	6
	$z=1$	2	6	6	4	4	5	5	1	1	3	3	2
$y=1$	$z=0$	0	4	7	5	0	1	7	3	0	2	7	6
	$z=1$	0	0	7	7	0	0	7	7	0	0	7	7

电压和电流波形　如前所述,电压型 PWM 整流器是一个"真的"整流器,因为它的输入电流和电压为正弦波形,而输出电压和电流都是真的直流波形,尽管其中含有很少量的纹波。图 4.60 为功率因数等于 1 时的输入电压和电流,图 4.61 为相应的输出电压和电流波形。

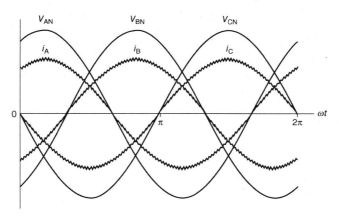

图 4.60　功率因数等于 1 时电压型 PWM 整流器的输入电压和电流

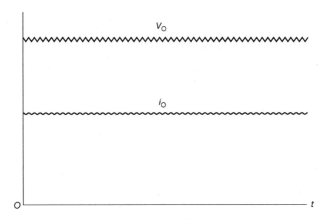

图 4.61　电压型 PWM 整流器的输出电压和电流

值得一提的是,电压型 PWM 整流器采用的旋转参考坐标和 DPC 方法最早都用于控制三相交流电动机。旋转参考坐标是磁场定位控制技术的基本工具,它通过控制电源电流的形状,实现对电动机的磁通和机械转矩的独立控制。直接转矩控制与本节描述的 DPC 方法类似,它利用磁通和转矩的控制误差来决定给电动机供电的逆变器的状态顺序。

4.3.5　Vienna 整流器

20 世纪 90 年代初期,为了给电信设备进行供电,研究者开发了 Vienna 整流器,并用它的起源城市进行命名。由于 Vienna 整流器在电信行业中的贡献,它在现代 PWM 交流-直流变换器中的地位非常稳固。Vienna 整流器只使用了三个半导体电力开关,却具有高功率密度、高效率和高可靠性的特点。由于每个开关所承受的电压都只有输出电压的一半,因此 Vienna 整流器的电压额定值比所采用开关的电压额定值高很多。Vienna 整流器是一种开关频率很高(几十 kHz)的升压变换器。但是,其电压增益(即输出电压和输入线电压峰值之比)

通常不超过 2。

图 4.62 为 Vienna I 型整流器。3 个 IGBT 分别与 4 个二极管连接并形成 3 个双向开关 SA、SB 和 SC。另外的 6 个二极管$D_{1A} \sim D_{2C}$用于防止短路对输出电容器造成危险。例如，当开关 SA 导通时，二极管D_{1A}可用于切断短路路径，以防电容器C_1因为短路而快速放电。

输出电容器C_1和C_2使整流器成为**三电平变换器**。三电平在这里表示整流器三个输入端子 A′、B′ 和 C′ 有三种不同水平的电压。以 A 相为例，由输入电流i_A的极性和开关 SA 的状态，电抗器L_A可以分别和直流母线的顶端、中点 M 以及直流母线的底端连接。多级变换器的内容将在第 7 章中展开。这种拓扑的优点之一是，任何一个半导体器件的电压都不会超过电容器C_1或C_2的电压。因此，假定输出电压V_o平均分配到两个电容器上，那么整流器的额定电压可以是半导体器件的两倍。

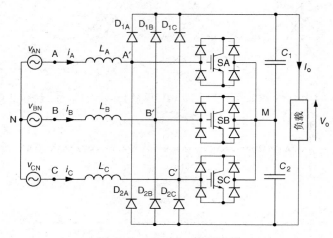

图 4.62　Vienna I 型整流器

开关 SA、SB 和 SC 的状态可以用**三元**开关变量 a、b 和 c 描述，即

$$a = \begin{cases} 2, & \text{如果SA的状态为断开且} i_A > 0 \\ 1, & \text{如果SA的状态为导通} \\ 0, & \text{如果SA的状态为断开且} i_A < 0 \end{cases} \qquad (4.104)$$

假设整流器的中点 M 接地，输出电压平均分配到两个输出电容器上，则输入端 A′ 的电压为

$$V_{A'} = (a - 1)V_o \qquad (4.105)$$

开关 SB 和 SC 的状态可用类似方法描述。

由于输入电流i_A、i_B、i_C不能同时有相同的极性，因此开关的实际状态比三元变量的理论组合个数（$3 \times 3 \times 3 = 27$）少。例如，如果i_A和i_B为正、i_C为负，则变量 a 和 b 的值只能是 1 和 2，而变量 c 的值只能是 0 和 1。将开关状态用 abc 来描述，则状态 000 和状态 222 不可能存在，状态 111 表示 0 状态。因此，可能的状态为 25 个。每个状态都可以对应输入电压的一个空间矢量。图 4.63 为 Vienna 整流器的电压空间矢量图。图中的电压是以V_o为基准值的标幺值。其中包含 6 个长矢量、6 个中等长度的矢量和 6 个短矢量。每个短矢量都对应两个状态。例如，矢量 0.5∠60° 对应状态 110 或状态 221。经过多年积累，现在已经研发出了大量的空间矢量 PWM 技术。

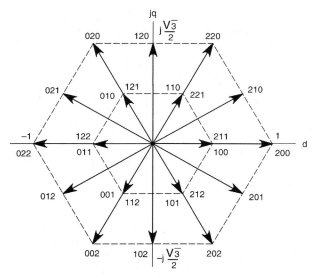

图 4.63   Vienna 整流器的电压空间矢量

不管是对于哪一种 PWM 整流器，控制目标都有两个：（1）得到期望的输出电压；（2）正弦输入电流与对应的电网电压同相。Vienna 整流器的创始人提出了一种简单的输入电流滞环（中继）控制方法。除了能实现上述两个目标外，该控制方法还能平衡电容器电压，使中点 M 能向电压等级较低的负载供电。图 4.64 为 Vienna 整流器的控制框图。图中，有斜线"/"的线路表示只传递单相信号，而未作标记的线路传递三相信号，符号 k 代表 A、B 和 C 相。符号 $\hat{V}_{\mathrm{LN}}$ 和 $\hat{I}_{\mathrm{L}}$ 分别表示电网相电压和线电流（输入电流）的峰值，星号 * 表示参考值。

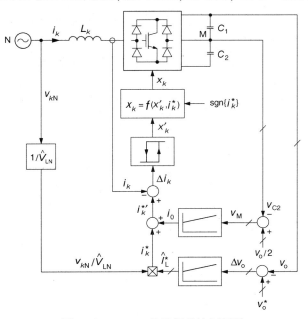

图 4.64   Vienna 整流器的控制框图

如果电流误差 Δi_k 大于滞环宽度 h，则滞环控制器动作，使相应的开关开通。反之，如果 Δi_k 小于 h，则使开关关断。二进制开关变量 x'_k 用于表示上述两种情况，即当 $\Delta i_k > h$ 时，$x'_k = 1$，

111

否则，$x_k' = 0$。二进制开关变量x_k用于控制整流器的开关，当$x_k = 1$时，开关 Sk 开通，当$x_k = 0$时，开关 Sk 关断。x_k满足以下规则：

$$x_k = \begin{cases} x_k', & i_k^* \geq 0 \\ \bar{x}_k', & i_k^* < 0 \end{cases} \tag{4.106}$$

因此，输入电流是含纹波（滞环宽度在 h 以内）的正弦波形，这与上一节电压型整流器（参见图 4.60 和图 4.61）的波形类似。图 4.65 为 Vienna II 型整流器，它与 Vienna I 型整流器的功能相同。

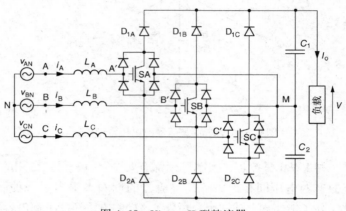

图 4.65　Vienna II 型整流器

4.4　整流器的器件选择

整流器（以及所有电力电子变换器）中半导体电力开关的电压额定值V_{rat}应该大于电路任何两点之间可能出现的最大瞬时电压。在整流器中，它对应输入电压的峰值$V_{i,p}$。由于半导体器件很容易受过电压影响，因此即使过电压时间很短，也应该设计足够大的安全裕度。安全裕度取决于电压水平，低压变换器的安全裕度更高。因此，将电压的安全裕度表示为s_V，整流器中半导体电力开关的电压额定值V_{rat}需要满足条件

$$V_{rat} \geq (1 + s_V)V_{i,p} \tag{4.107}$$

在六脉波整流器中，$V_{i,p} = V_{LL,p}$。

额定电流I_{rat}，即允许流过电力开关的最大电流的平均值，必须大于实际的最大电流平均值$I_{ave(max)}$。在六脉波整流器的一个电源周期中，每个半导体电力开关导通 1/3 的时间。因此，$I_{ave(max)} = I_{o,dc(rat)}/3$，其中，$I_{o,dc(rat)}$ 表示直流输出电流的额定值，通常定义为整流器额定功率和额定输出电压之比。因此，将电流的安全裕度表示为s_I，整流器中半导体电力开关的电流额定值I_{rat}需要满足条件

$$I_{rat} \geq \frac{1}{3}(1 + s_I)I_{o,dc(rat)} \tag{4.108}$$

通常，电流的安全裕度比电压的低。由于变换器都装有散热器，因此瞬时过电流比过电压的破坏性小。在双向变换器中，还需要考虑环流电流的限制。

PWM 整流器中的全控型半导体电力开关在一个电源周期内切换很多次。因此，必须考虑这些器件的动态特性。具体地说，为了产生边界清晰的电压和电流脉冲，开关的最短导通时间应该比开关的开通时间长很多。开关的断开时间也应该比关断时间长。

4.5 整流器的常见应用

二极管整流器用于给直流设备(如电磁铁或电化学工厂)提供定值电压。它们也可以作为电源向直流输入型电力电子变换器(逆变器和斩波器)供电。相控整流器主要用于直流电动机控制,也用在高压直流输电系统、电池充电器和同步交流电机的励磁机,以及需要直流电流控制(如电弧焊)的工艺流程中。此外,如果逆变器或斩波器需要提供双向潮流,那么它们必须由可控整流器供电,因为可控整流器工作在逆变模式下时,能够将电能送回交流供电系统。

PWM 整流器最近才进入主流电力电子市场。因为相控整流器的输入电流完全不是理想正弦波形(参见图4.24),所以电流型 PWM 整流器成为相控整流器的极有价值的替代方案。电压型 PWM 整流器不能用于直流电动机控制,因为其提供的输出电压的最小值大致等于电源线电压的峰值。所以,电压型 PWM 整流器大多用于交流电动机的变频控制。首先将电压恒定的三相交流电压在功率因数等于1的条件下进行整流,然后再通过逆变器转换成可调三相电压,最后向受控电动机的定子供电。

注意,除了可控整流器,其他电力电子变换器,如逆变器、斩波器和交流-交流变换器等,都可以操控电机。电力电子变换器和电机的运行目的相同,就是将一种形式的能量变换成另一种形式。因此,接下来将描述可控整流器向直流电动机供电的过程,以说明这两个子系统运行模式之间的基本关系。

图4.66为他励式直流电机。电枢电路由电枢电阻R_a、电枢电感L_a和电枢电势E_a组成。电枢电势E_a的大小与电机的速度$n(r/min)$成正比,转矩T和电枢电流i_a成正比。将转速和转矩的正方向设定为顺时针方向。以T和n作为电机的运行参数,对应的工作平面如图4.67所示。该平面的4个象限对应4种可能的运行模式,从电机的顺时针旋转(第一象限)到发电机逆时针旋转(第四象限)。运行象限的概念适用于所有旋转机械,并不一定只有电机。

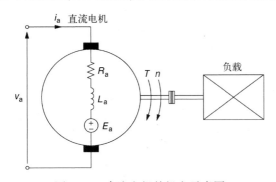

图4.66 直流电机的机电示意图

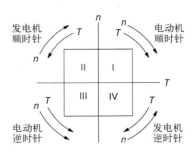

图4.67 旋转电机的工作平面、
运行区域和运行象限

直流电机和给直流电机供电的整流器组成了直流驱动系统,该驱动系统通常还配备了对速度和转矩的自动控制。当驱动电路处于稳态时,电枢电压的直流分量$V_{a,dc}$和电枢电势E_a的方向相同,它们的差值为电枢电阻上的电压降。由于电枢电压和电流均由整流器提供,因此电机的运行象限与图4.29整流器工作平面上的对应象限相同。具体而言,电机的电动机模式对应于整流器的整流模式,功率由电源经过变换器和电机,最后送达负载。反之,电机的发电机模式对应于整流器的逆变模式，因此潮流反向了。

下面考虑一个受直流电动机驱动的电力机车示例。三相架空线路向直流电机供电。虽然现在直流电牵引电动机已经基本上被交流电动机取代了，但是直流电力机车曾经是第一个基于晶闸管的大功率应用。若干个电动机共同驱动机车的轮子转动。为了简化分析，现只考虑其中一个电动机，该电动机由带有机电开关的整流器供电。

图 4.68 为机车拖动列车时的整流器–开关–电动机级联电路，其中电动机顺时针旋转，且速度和转矩均为正。整流器和电动机通过开关连接。因此，电动机电枢电压的平均值 V_a 和电枢电流的瞬时值 i_a 分别等于整流器的直流输出电压 $V_{o,dc}$ 和输出电流 i_o。整流器和电动机都运行在第一象限内，即整流器运行在整流模式下且直流输出电压为正，而电动机运行在顺时针的电动机模式下。触发角 $\alpha_f < 90°$。

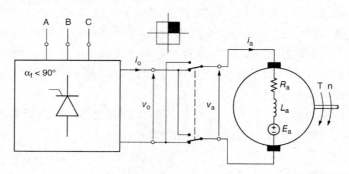

图 4.68　带交叉开关且由整流器供电的直流电动机：运行在第一象限内

列车全速运行时的动能很大，如果只使用摩擦制动器来使列车减速或停止，不但无效而且浪费。因此，可以通过将运行点过渡到第二象限的方法来实现电气制动，使直流电机运行在发电机模式下，整流器运行在逆变模式下。这种情况如图 4.69 所示。触发角增加到大于 $90°$，机电开关切换到交叉连接的位置上，使得 $v_a = -v_o$，$i_a = -i_o$。虽然电动机的转速和电动势的极性都保持不变，但从整流器终端看到的电动势为负值。因此，这满足了整流器逆变运行的条件，负的电枢电流产生和电动机旋转方向相反的制动转矩。直流电机的驱动转矩由列车的动能提供，产生的电能通过整流器流回交流供电线路。

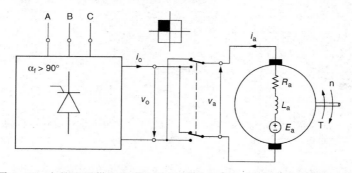

图 4.69　由整流器供电的带交叉开关的直流电动机：运行在第二象限

第三和第四象限的运行分别为电动机模式和制动模式，对应着机车后退和转子逆时针旋转的情况。相应的电路与图 4.68 和图 4.69 类似，读者可以自行求解。

值得注意的是，有些驱动器只能在第一和第四象限中运行，因此可以把整流器与电动机直接连接。电梯中的升降式驱动器就是典型的例子。无论负载上行还是下行，电动机转矩必须能抵消重力产生的转矩。因此，电动机转矩不会改变极性，而整流器的输出电流也不需要反向。当电梯需要停止上行时，重力(同时可能需要刹车的配合)就能产生足够大的制动转矩。

高压直流输电线路(HVDC)用于将遥远的电力系统连接在一起，使系统间的能量通过直流电流进行交换。因此，系统不需要同步运行(它们甚至可以运行在不同的频率下)，对输送功率的控制简单，还能提高系统的稳定性。因为 HVDC 中线路的电感和电容对直流电压和电流没有影响，因此 HVDC 能实现电力的高效输送。

典型的 HVDC 输电系统如图 4.70 所示。互联电力系统的连接包括 2 个 12 脉波整流器 RCT1 和 RCT2、2 个变压器 TR1 和 TR2、4 个平波电抗器 L1~L4 以及 1 条输电线路。12 脉波整流器由两个基于晶闸管的六脉波整流器串联组成，其中六脉波整流器分别由 Y 型和 D 型变压器的二次侧供电。这种 12 脉波整流器的特点是输出电压平滑、纹波系数小。

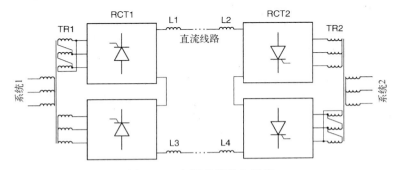

图 4.70　高压直流输电系统

关于直流线路，虽然也可以采用以大地为回路的单线式方法，但通常采用双线式结构。如果需要功率从系统 1 向系统 2 流动，那么就使整流器 RCT1 运行在整流模式下，整流器 RCT2 运行在逆变模式下。因此，系统 1 的三相交流功率首先变换为直流功率，通过直流线路输送给 RCT2，再变换成三相交流功率向系统 2 输送。如果功率输送方向相反，则需要互换整流器的运行模式。注意，因为直流电流只能朝一个方向流动，因此需要将直流电压的极性反转来实现功率的反向。

为了承受住线路的高电压和大电流，HVDC 整流器中的每一个开关都由几十个大功率晶闸管串并联组成。晶闸管由光电晶闸管触发，触发信号通过光纤电缆进行传输，以确保开关同时开启。直流输电线路的成本受所采用的设备的影响，因此只有当电压高达数百 kV、功率高达数百到数千 MW、距离超过数百英里[①]时，HVDC 输电线路才具有经济性。

小结

整流器用于实现交流-直流电力变换，实际应用中，它主要是六脉波、三相桥式拓扑结构。二极管整流器的输出电压恒定，其值取决于交流输入电压的幅值。除负载电动势接近输入电压的幅值以及负载电感很小的情况外，二极管整流器的输出电流连续。功率单相流动，

[①]　1 英里 ≈ 1.609 km——编者注。

方向从交流电源经过整流器到负载。

可控整流器的运行状态非常灵活，既可以控制直流输出电压，又能够控制潮流方向。在基于晶闸管的相控整流器中，通过调整晶闸管的触发角能实现电压控制。在连续导通模式下，直流输出电压与触发角的余弦成正比。当负载电动势为负且触发角大于90°时，整流器运行在逆变模式下。

负载和电源的电感会影响整流器的运行。建议采用谐振式输入滤波器来减少不可控和相控整流器输入电流的谐波含量。

为了将可控整流器的运行范围扩展到四个象限，可以在输出端上安装一个机电交叉开关使负载电流反向。双向变换器是更方便、可靠的解决方案。双向变换器由两个反并联的整流器组成。和有环流变换器相比，无环流双向变换器更简单，但操作性能不如前者。

基于全控型半导体电力开关的PWM整流器可以提高输入电流的质量。无论是电流型（降压式）或电压型（升压式）PWM整流器，都能使输入功率因数保持为1。输出电压和电流的质量也很高。Vienna整流器是PWM整流器的一种，它只需要使用三个全控型半导体电力开关。PWM整流器的最大额定电压、电流值比基于晶闸管的相控整流器低。

整流器中半导体电力开关的选择主要由交流供电电压的幅值和输出电流的最大平均值决定。PWM整流器的开关必须足够快，以满足期望的开关频率。

整流器的常见应用包括直流电动机控制、HVDC输电线路、蓄电池，以及直流输入电力电子变换器的电源。它们也被用在各种各样的工艺流程中，如电弧焊或电解。

例题

例 4.1　试比较三脉波和六脉波二极管整流器的直流输出电压，其中电源为 460 V 交流线路。

解：由式（4.2），三脉波整流器的直流电压 $V_{o,dc(3)}$ 为 $V_{o,dc(3)} = \dfrac{3\sqrt{3}}{2\pi} V_{LN,p}$，其中输入相电压的峰值 $V_{LN,p}$ 为

$$V_{LN,p} = \frac{\sqrt{2} \times 460}{\sqrt{3}} = 375.6 \text{ V}$$

（任何三相设备的额定电压都是线电压有效值）。因此

$$V_{o,dc(3)} = \frac{3\sqrt{3}}{2\pi} \times 375.6 = 310.6 \text{ V}$$

由式（4.4），六脉波整流器的直流电压为

$$V_{o,dc(6)} = \frac{3}{\pi} V_{LL,p} = \frac{3}{\pi} \times \sqrt{2} \times 460 = 621.2 \text{ V}$$

这正好是三脉波整流器直流输出电压的两倍。

例 4.2　六脉波二极管整流器向 270 V 电池组充电。其中电源为 230 V 交流线路，电池组的内阻是 0.72 Ω。试求直流充电电流。

解：负载电动势系数 ε 为

$$\varepsilon = \frac{270}{\sqrt{2} \times 230} = 0.83$$

因为无负载电感，因此负载阻抗角 φ 等于零。根据式（4.19）有

$$\varepsilon < \sin\left(\frac{\pi}{3}\right) = \frac{\sqrt{3}}{2} \approx 0.866$$

可见，本例满足连续导通的条件。因此，可以用式（4.4）计算整流器的直流输出电压$V_{\text{o,dc}}$

$$V_{\text{o,dc}} = \frac{3}{\pi} \times \sqrt{2} \times 230 = 310.6 \text{ V}$$

同时，根据式（4.28），直流输出电流$I_{\text{o,dc}}$为

$$I_{\text{o,dc}} = \frac{310.6 - 270}{0.72} = 56.4 \text{ A}$$

例4.3 相控六脉波整流器向直流电动机供电。其中电源为 460 V、60 Hz 交流线路，电动机的电枢电阻$R_{\text{a}} = 0.6\ \Omega$，电枢电感$L_{\text{a}} = 4$ mH，电动机旋转时的电枢电动势$E_{\text{a}} = 510$ V。试求当触发角α_{f}分别等于 30°和 60°时的直流输出电压$V_{\text{o,dc}}$和电流$I_{\text{o,dc}}$。

解： 首先需要检查这两个触发角是否有效。负载电动势系数ε为

$$\varepsilon = \frac{510}{\sqrt{2} \times 460} = 0.784$$

由式（4.43），有效的触发角需要满足条件

$$-0.146 \text{ rad} < \alpha_{\text{f}} < 1.193 \text{ rad}$$

因此$\alpha_{\text{f}} = 30°$和$\alpha_{\text{f}} = 60°$均为有效触发角。图 4.21 的图也证实了该结论。然后需要确定导通模式，以便选择正确的直流输出电压计算式。负载阻抗角φ为

$$\varphi = \arctan\left(\frac{\omega L_{\text{a}}}{R_{\text{a}}}\right) = \arctan\left(\frac{120\pi \times 4 \times 10^{-3}}{0.6}\right) = 1.192 \text{ rad} = 68.3°$$

当$\alpha_{\text{f}} = 30° = \pi/6$ rad 时，由式（4.45）可得

$$\varepsilon < \left[\sin\left(\frac{\pi}{6} + \frac{\pi}{3} - 1.192\right) + \frac{\sin\left(1.192 - \frac{\pi}{6}\right)}{1 - e^{-\frac{\pi}{3\tan(1.192)}}}\right]\cos(1.192) = 0.81$$

因此，$\alpha_{\text{f}} = 30°$满足连续导通条件。将$\alpha_{\text{f}} = 60°$代入式（4.45），得到$\varepsilon < 0.447$，可见$\alpha_{\text{f}} = 60°$不满足连续导通条件，也就是说，整流器将运行在不连续导通模式下。通过仔细观察图 4.22，可以得出相同的结论。

利用式（4.41）和式（4.28），$\alpha_{\text{f}} = 30°$时的直流输出电压和电流为

$$V_{\text{o,dc}} = \frac{3}{\pi} \times \sqrt{2} \times 460 \times \cos\left(\frac{\pi}{6}\right) = 538 \text{ V}$$

$$I_{\text{o,dc}} = \frac{538 - 510}{0.6} = 46.7 \text{ A}$$

为了计算$\alpha_{\text{f}} = 60°$、输出电流i_{o}不连续情况下的$V_{\text{o,dc}}$值，需要知道导通角β的大小。这可以通过计算不同时刻的一系列电流值$i_{\text{o}}(\omega t)$得到。ωt 开始于α_{f}，结束于电流降到零，即$\omega t = \alpha_{\text{e}} = \alpha_{\text{f}} + \beta$ 时。负载阻抗Z为

$$Z = \sqrt{R_{\text{a}}^2 + (\omega L_{\text{a}})^2} = \sqrt{0.6^2 + (120\pi \times 4 \times 10^{-3})^2} = 1.623\ \Omega$$

由式（4.46）得

$$i_{\text{o}}(\omega t) = 400.8\left[\sin(\omega t - 0.145) - 2.12 + 1.335 e^{\frac{\omega t - \pi/3}{2.513}}\right]$$

利用计算机来计算电流。从 $\omega t = 60°$ 开始，步长为 $0.1°$（当然也可以使用更小的步长），得到以下电流值：

阻 抗 角	电流（A）
60.0°	0.0000000
60.1°	0.0614110
60.2°	0.1221164
…	…
75.8°	0.1172305
75.9°	0.0513202
76.0°	-0.015876

可见，熄弧角 α_e 大约为 $76°$，因此导通角 β 为 $76° - 60° = 16°$，也就是 $0.279\ \text{rad}$。由式（4.47），直流输出电压为

$$V_{o,dc} = \frac{3}{\pi}\sqrt{2} \times 460\left[2\sin\left(\frac{\pi}{3} + \frac{0.279}{2} + \frac{\pi}{3}\right)\sin\left(\frac{0.279}{2}\right) + 0.784\left(\frac{\pi}{3} - 0.279\right)\right]$$
$$= 510.4\ \text{V}$$

直流输出电流为

$$I_{o,dc} = \frac{510.4 - 510}{0.6} = 0.7\ \text{A}$$

也就是说，它比 $\alpha_f = 30°$ 时的连续导通模式下的电流小两个数量级。

注意，如果没有首先判断出不连续导通模式，那么就有可能错误地利用式（4.41）而不是式（4.47）来计算电压 $V_{o,dc}$，得到的电压值 $310.6\ \text{V}$ 将低于负载电动势，这意味着输出电流为负值，但这不可能。

例 4.4 相控六脉波整流器由 $460\ \text{V}$、$60\ \text{Hz}$ 的电源供电，其中电源电感 $L_s = 1\ \text{mH}$，触发角 $\alpha_f = 30°$，输出电流平均值 $I_{o,dc}$ 为 $140\ \text{A}$。忽略电源电阻，试求重叠角 μ 和整流器的输出电压平均值 $V_{o,dc}$。

解：电源电抗 X_s 为

$$X_s = \omega L_s = 120\pi \times 10^{-3} = 0.377\ \Omega/\text{ph}$$

将 α_f、X_s、$I_{o,dc}$ 和 $V_{LL,p}$ 的值代入式（4.63），得

$$\mu = \left|\arccos\left[\cos\left(\frac{\pi}{6}\right) - 2\frac{0.377 \times 140}{650.5}\right] - \frac{\pi}{6}\right| = 0.267\ \text{rad} = 15.3°$$

如果电源电感为零，输出电压平均值 $V_{o,dc(C)}$ 为

$$V_{o,dc(C)} = \frac{3}{\pi} \times 650.5 \times \cos\left(\frac{\pi}{6}\right) = 538\ \text{V}$$

但是，由式（4.64）可见，负载电感降低了输出电压的平均值

$$\Delta V_{o,dc} = \frac{3}{\pi} \times 0.377 \times 140 = 50.4\ \text{V}$$

因此，实际的直流输出电压为 $538\ \text{V} - 50.4\ \text{V} = 487.6\ \text{V}$。

例 4.5 电流型 PWM 整流器由 $460\ \text{V}$ 线路供电，直流输出电压为 $500\ \text{V}$。试求当 $\beta = 235°$ 且开关频率为 $5\ \text{kHz}$ 时整流器的开关模式。

解：整流器直流电压的最大值大约等于电源线电压峰值的 92%，即

$$V_{o(\text{max})} = 0.92 \times \sqrt{2} \times 460 = 598\ \text{V}$$

因此，调制度 m 等于

$$m = \frac{V_o}{V_{o,max}} = \frac{500}{598} = 0.84$$

为了使功率因数等于 1，输入电流的空间矢量必须与输入电压的矢量同相，即两个矢量都落在角度从 210° 到 270° 的扇区 V 内（参见图 4.46）。因此，电流矢量在扇区内的角度 α 为 235°−210° = 25°，对应的状态变量 X、Y、Z 分别为状态 5、6 和 9。如果开关周期为 T_{sw} = 1/5 kHz = 200 μs，那么这些状态持续的时间为

$$T_5 = 0.84 \times 200 \times \sin(60° - 25°) = 96.4\ \mu s$$

$$T_6 = 0.84 \times 200 \times \sin(25°) = 71\ \mu s$$

$$T_9 = 200 - 96.4 - 71 = 32.6\ \mu s$$

扇区 V 的状态序列如 4.3.3 节所示，为 5−6−9−6−5−9···。对应的以 μs 为单位的时间间隔为 48.2−35.5−16.3−35.5−48.2−16.3···。执行换流的开关均位于下半桥臂，即 SA′、SB′ 和 SC′，同时开关 SA、SB 一直断开，开关 SC 一直导通。对应的开关模式如图 4.71 所示。

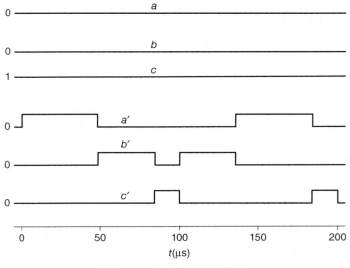

图 4.71　例 4.5 的开关模式

例 4.6　通过控制，使电压型 PWM 整流器的输入电流矢量滞后输入电压矢量 30°。现测得某一时刻的输入相电压 v_{AN} 和 v_{BN} 分别等于 261.5 V 和 −90.8 V，输入线电流 i_A 和 i_B 分别等于 94.0 A 和 −76.6 A。通过控制系统的再次调整，使整流器的功率因数等于 1。某一时刻，当输入相电压与未调整前电压相同时，电流 i_A 和 i_B 分别为 98.5 A 和 −34.2 A。试计算两种情况下瞬时输入有功、无功和视在功率。

解：相电压和线电压为：v_{AN} = 261.5 V，v_{BN} = −90.8 V，v_{CN} = $-v_{AN}-v_{BN}$ = −170.7 V，v_{AB} = v_{AN} − v_{BN} = 352.3 V，v_{BC} = $v_{BN}-v_{CN}$ = 79.9 V，v_{CA} = $-v_{AB}-v_{BC}$ = −432.2 V。

第一种情况下，线电流是 i_A = 94.0 A，i_B = −76.6 A，i_C = $-i_A-i_B$ = −17.4 A。根据式（4.101）和式（4.102），p = 34 506 W，q = 19 911 VAR[①]。瞬时视在功率 s 等于 p 和 q 的几何和（平方和的开方），即 39 839 VA。

---

① VAR 为无功功率的单位，中文为乏。——编者注

第二种情况下，$i_A = 98.5\,A$，$i_B = -34.2\,A$，$i_C = -i_A - i_B = -64.3\,A$，有功、无功和视在功率为：$p = 39\,839\,W$，$q = 0$，$s = 39\,839\,VA$。可见，第一种情况下的无功功率已经转变为有功功率并成为初始有功功率的一部分，所以现在 $s = p$。

习题

P4.1 460 V 交流线路通过三脉波二极管整流器向一个 5 Ω 的阻性负载供电。计算整流器输出电压和电流的平均值。

P4.2 习题 P4.1 中的整流器向 360 V 的电池组充电。充电电流是连续的还是不连续的？试画出输出电压和电流的波形。

P4.3 230 V 交流线路通过六脉波二极管整流器向一个 240 V 的电池组充电。请问充电电流是连续的还是不连续的？试画出输出电压和电流波形。

P4.4 习题 P4.3 中的整流器和电池组之间串联一个 40 mH 的平波电抗器。电池的内阻为 2.2 Ω。试确定导通模式并求解整流器的直流输出电压和电流。

P4.5 习题 P4.3 中的整流器向一个 300 V 的电池组充电。试求交叉角、熄弧角和导通角。

P4.6 画出运行在连续导通模式下的相控三脉波整流器的输出电压波形，其中，触发角等于 60°。

P4.7 在连续导通模式下，画出相控六脉波整流器的输出电压波形，其中触发角分别为 0°、45°、90°、120° 和 180°。

P4.8 对基于晶闸管的整流器而言，如果负载电动势没有超过输入线电压的峰值，请问有效触发角是多少？

P4.9 画出相控六脉波整流器向 RLE 负载供电时的输出电压和电流波形，其中，负载电动势等于输入线电压峰值的 90%，整流器运行在不连续导通模式下，触发角等于 60°。

P4.10 460 V、60 Hz 交流线路通过相控六脉波整流器向直流电动机供电。电动机的电枢电阻和电感分别为 0.3 Ω 和 1.7 mH。电动机旋转时的电枢电动势为 520 V。试求当整流器的触发角等于 15° 时整流器的导通模式以及电机的电枢电压和电流。

P4.11 试求习题 P4.10 中整流器的导通模式及直流输出电压和电流，其中触发角等于 50°。

P4.12 习题 P4.10 中的整流器运行在逆变模式下，其中，触发角等于 125°，电动机运行在直流发电机状态。试求需要多大的电枢电动势才能维持电枢电流连续？

P4.13 相控六脉波整流器运行在连续导通模式下，其中，触发角等于 40°。试求整流器的输入功率因数是多少？

P4.14 相控六脉波整流器由 230 V、60 Hz 线路供电。其中，触发角等于 45°。由于电源电感的存在，整流器的输出电压比电感等于零时的输出电压减少了 12%。假设整流器运行在连续导通模式下，试求整流器的重合角和直流输出电压。

P4.15 有环流双向变换器由 230 V 线路供电，其中一个整流器的触发角等于 50°。请问另一个整流器的触发角是多少？该双向变换器输出电压的平均值是多少？画出该变换器的两个整流器的输出电压波形，并求 $\omega t = \pi/9$ 时的电压差。

P4.16 三相整流器由三线制电力线路供电。现测得某一时刻的线电压 v_{AB} 和 v_{AC} 分别为 498.4 V 和 611.4 V，对应的电流 i_A 和 i_C 分别为 289.8 A 和 -212.2 A。试求解并画出线电压和线电流的空间矢量 $\vec{V}_{LL}$ 和 $\vec{I}_L$。

P4.17 电流型 PWM 整流器的开关频率为 4 kHz，调制度为 0.6。当参考电流矢量位于 dq 平面的第三个扇区时，试求解并画出一个开关周期中开关变量的波形。

P4.18 求解习题 P4.16 中输入整流器的瞬时有功和无功功率。

P4.19 相控六脉波整流器中，晶闸管的额定电压和电流分别为 3200 V 和 1000 A。假定电压和电流的安全裕度分别为 40% 和 20%，试求供电线路允许的最大电压以及负载的最小电阻。注意三相线路的电压指的是线电压的有效值。

P4.20 400 kV 直流输电线路的一端为多脉波变换器，其中晶闸管的额定值为 6.5 kV。假设输出电压为理想直流电压，其大小为电源线电压峰值与触发角的余弦函数的乘积[如式(4.42)所示]。互联系统的工作电压等于交流额定电压时，将触发角设置为 20°，使得当交流电压偏离额定值时，变压器对直流电压的控制具有一定的裕度。交流电压的变化范围为额定值的 95% 到 105%。求解变换器输入侧的交流额定电压，并求电压安全裕度为 20% 时变换器一个电力开关中需要串联的晶闸管个数。

上机作业

CA4.1[*] 运行文件名为 Contr_Rect_1P. cir 的单脉波相控整流器 PSpice 程序。观察各种触发角下的电压和电流波形。

CA4.2 使用计算机绘图工具绘制一个表格，用于记录六脉波整流器的电压波形。该表格中需要包含图 4.8 所示的用虚线表示的六个输入线电压。

CA4.3[*] 运行文件名为 Diode_Rect_3P. cir 的三脉波二极管整流器 PSpice 程序。为负载电动势设置合适的值，并对整流器的连续和不连续运行模式进行仿真。求解两种情况下输出电压和电流的

(a) 直流分量

(b) 有效值

(c) 交流分量的有效值

(d) 纹波系数

观察输入电压和电流的波形。

CA4.4[*] 运行文件名为 Diode_Rect_6P. cir 的六脉波二极管整流器 PSpice 程序。为负载电动势设置适当的值，并对整流器的连续和不连续运行模式进行仿真。求解两种情况下输出电压和电流的

(a) 直流分量

(b) 有效值

(c) 交流分量的有效值

(d) 纹波系数

观察输入电压和电流的波形。

CA4.5[*] 运行文件名为 Diode_Rect_6P_F. cir 的六脉波二极管整流器 PSpice 程序。该整流器输入侧装有输入滤波器，为了评估输入滤波器的影响，观察电源侧电流(滤波器前面)以及整流器输入侧的电流(滤波器后面)的

(a) 总谐波畸变率

(b) 基频、第 5 次、第 7 次、第 11 次和第 13 次谐波的幅值

CA4.6[*] 运行文件名为 Contr_Rect_6P.cir 的相控六脉波整流器 PSpice 程序，其中电源为理想电源。求解输出电压和电流的

(a) 直流分量

(b) 有效值

(c) 交流分量的有效值

(d) 纹波系数

观察输入电压和电流的波形。

CA4.7[*] 运行文件名为 Rect_Source_Induct.cir 的六脉波相控整流器 PSpice 程序。其中，电源含电感参数，整流器与上机作业 CA4.6 的整流器相同。试比较本题与上机作业 CA4.6 的输出电压波形及平均值。

CA4.8 编写一个程序用于分析相控六脉波整流器。若指定电源电压、RLE 负载的参数和触发角的大小，该程序能够

(a) 求解有效触发角

(b) 求解导通模式

(c) 计算输出电压波形

(d) 计算输出电流波形

建议首先计算输入电压一个子周期内的波形，然后再对其余的子周期进行分析。该程序能够存储波形数据，并绘制与图 4.8、图 4.11、图 4.17、图 4.20 和图 4.23 类似的波形图。

CA4.9[*] 运行文件名为 Dual_Conv.cir 的六脉波有环流双向变换器 PSpice 程序。观察两个整流器的输出电压、双向变换器的输出电压、输出电压的差值和环流电流。

CA4.10[*] 运行文件名为 PWM_Rect_CT.cir 的电流型 PWM 整流器 PSpice 程序。试求

(a) 输入电流的总谐波畸变率

(b) 直流输出功率

(c) 输入有功功率

(d) 输入视在功率

(e) 输入功率因数

观察输出电压和电流的波形。

CA4.11[*] 运行文件名为 PWM_Rect_VT.cir 的电压型 PWM 整流器 PSpice 程序。其中，整流器带有输入滤波器。试求

(a) 输入电流的总谐波畸变率

(b) 直流输出功率

(c) 输入有功功率

(d) 输入视在功率

(e) 输入功率因数

观察输出电压和电流的波形。

CA4.12　为了对 SVPWM 调制器进行仿真(参见图 4.48)，试编写一个关于六脉波电流型 PWM 整流器的程序。该程序在输入调制度、开关频率和输入电压矢量的角度后，能够求解整流器的开关模式，即一个开关周期内所有 6 个开关的开关信号波形。

CA4.13　试编写一个程序来求解六脉波整流器中电力开关的最小额定电压和电流值，该程序能够求解整流器的容量和电压额定值，并根据指定的安全裕度得到开关的额定电压和额定电流。

补充资料

［1］ Kolar, J. W., Drofenik U., and Zach F. C., Vienna rectifier II—a novel high-frequency isolated three-phase PWM rectifier system, *IEEE Transactions on Industrial Electronics*, vol. 46, no. 4, pp. 674-691, 1999.

［2］ Lee, K., Blasko, V., Jahns, T. M., and Lipo, T. A., Input harmonic estimation and control methods in active rectifiers, *IEEE Transactions on Power Delivery*, vol. 25, no. 2, pp. 953-960, 2010.

［3］ Malinowski, M., Kazmierkowski, M, and Trzynadlowski, A. M., A comparative study of control techniques for PWM rectifiers in AC adjustable speed drives, *IEEE Transactions on Power Electronics*, vol. 18, no. 6, pp. 1390-1396, 2003.

［4］ Rodriguez, J. R., Dixon, J. W., Espinoza, J. R., Ponnt, J., and Lezana, P., PWM regenerative rectifiers: state of the art, *IEEE Transactions on Industrial Electronics*, vol. 52, no. 1, pp. 5-22, 2005.

［5］ Singh, B., Singh, B. N., Chandra, A., Al-Haddad, K., Pandey, A, and Kothari, D. P., A review of three-phase improved power quality ac-dc converters, *IEEE Transactions on Industrial Electronics*, vol. 51, no. 3, pp. 641-660, 2004.

第 5 章　交流–交流变换器

本章介绍由交流电源供电、输出电压的幅值和频率可调的电力电子变换器。分析交流电压控制器、交流–交流变频器和矩阵变换器的电源电路、控制方法和特点；介绍交流–交流变换器的电力开关选型和它们的典型应用。

5.1　交流电压控制器

交流电压控制器用于对交流电压的幅值进行调节。它不能对频率进行控制，因此输出频率的基频等于输入频率。单相控制器由单相交流电源供电，输出也是单相的。三相控制器的输入和输出都是三相的(通常在三线制系统中)。

交流电压控制器的基本结构是一对反并联的电力开关。当电力开关为晶闸管或双向晶闸管时，控制器采用相位控制，它属于电网换流型电力电子变换器。强迫换相型 PWM 交流电压控制器使用全控型开关，其优点与 PWM 整流器的优点类似。

5.1.1　相控单相交流电压控制器

相控单相交流电压控制器的电路如图 5.1 所示。在小功率变换器中，图中反并联的一对晶闸管被双向晶闸管替代。在接下来的分析中，均假设负载为阻–感(RL)负载。当一个晶闸管导通时，另一个晶闸管被反向偏置，偏置电压等于导通晶闸管两端的电压降。电流只有一条流通路径，所以输入电流i_i等于输出电流i_o。无论哪一个晶闸管导通，变换器的输入和输出端都直接连接，因此输出电压v_o等于输入电压v_i。

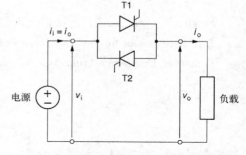

图 5.1　单相交流电压控制器

输出电压和电流　图 5.2 为阻–感负载时单相交流电压控制器的输出电压和电流波形。当晶闸管 T1 正向偏置且触发角为α_f时，T1 开通，由于输入电压为正，所以电流开始逐步增大，但最终会随着电压减小而减小，并滞后电压一个角度降低为零。然后输入电压变为负值，晶闸管 T2 被正向偏置并等待触发。T2 在 $\omega t = \alpha_f + \pi$ 时被触发，其中 ω 表示输入和输出电压的角频率。T2 上流过的电流是 T1 上电流的镜像，所以输出电流和电压的波形均为半波对称，不含直流分量。如果使用的是双向晶闸管，在输入电压每次过零并延迟角度α_f后，需要向双向晶闸管的门极施加触发脉冲，即每半个电源周期触发一次。

图 5.2(a)中的触发角为 45°，图 5.2(b)中的触发角为 135°。两种情况均假设负载为阻–感负载且负载阻抗角 $\varphi = 30°$。负载阻抗角是有用信息，稍后会提到，**最小的有效触发角等于负载阻抗角**。可以看到，当触发角增大时，导通角 β 将减小，输出电流脉冲变得又小又窄。这使得输出电流有效值降低，输出电压的有效值也一同减小。注意，由于输出电流是断续

124

的，因此，和纯正弦波相比，输出电流和输出电压的波形畸变严重，尤其是当触发角很大时，畸变更为明显。在对电流的电能质量要求很高的场所，如交流电动机中，需要慎用交流电压控制器。

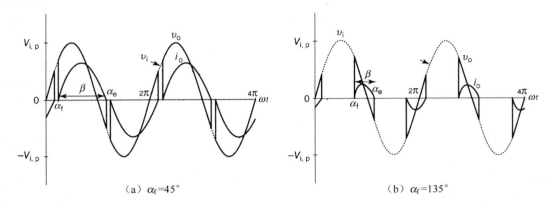

（a）$\alpha_f=45°$ （b）$\alpha_f=135°$

图 5.2   单相交流电压控制器的输出电压和电流波形（$\varphi=30°$）

考虑到输出电压$v_o(\omega t)$的半波对称性，可以得到它的有效值为

$$V_o = \sqrt{\frac{1}{\pi}\int_0^\pi v_o^2(\omega t)\mathrm{d}\omega t} = \sqrt{\frac{1}{\pi}\int_0^\pi \left[V_{i,p}\sin(\omega t)\right]^2 \mathrm{d}\omega t}$$
$$= V_i\sqrt{\frac{1}{\pi}\left\{\alpha_e - \alpha_f - \frac{1}{2}[\sin(2\alpha_e) - \sin(2\alpha_f)]\right\}} \tag{5.1}$$

其中$V_{i,p}$和V_i分别表示输入电压的峰值和有效值，α_e为熄弧角，它的值由触发角α_f和负载阻抗角φ共同决定。

利用4.2.1节不连续导通模式下相控整流器的电流求解方法，可以得到负载电流$i_o(\omega t)$在$\alpha_f < \omega t < \alpha_e$期间的表达式

$$i_o(\omega t) = \frac{V_{i,p}}{Z}\left[\sin(\omega t - \varphi) - \mathrm{e}^{-\frac{\omega t - \alpha_f}{\tan(\varphi)}}\sin(\alpha_f - \varphi)\right] \tag{5.2}$$

其中Z为负载阻抗，如式（4.8）所示。当$\omega t = \alpha_e$时，电流过零，因此可以用数值计算法求得熄弧角。当$\alpha_f = \varphi$时，式（5.2）右侧括号中的第二项等于零，电流为纯正弦函数，该结果等效于负载与供电电源直接连接。这个结果也证实了前面对最小有效触发角的描述。电流为负时的表达式与式（5.2）相似，仅相差一个负号。

电压控制   交流电压控制器的幅值控制比M与输出电压的有效值V_o相关。输出电压的最大有效值等于输入电压的有效值V_i。由于式（5.1）中的熄弧角α_e没有解析表达式，所以也得不到电压控制特性的解析表达式。不过这个问题并不重要，因为实际负荷无法提供计算熄弧角所需的负载阻抗角。只能求到负载阻抗角在$0\sim\pi/2$内变化时控制特性的包络线。如果$\varphi=0$（纯阻性负载），式（5.2）可得

$$i_o(\omega t) = \frac{V_{i,p}}{R}\sin(\omega t) \tag{5.3}$$

且熄弧角等于π。相反，如果$\varphi=\pi/2$（纯感性负载），那么

$$i_o(\omega t) = \frac{V_{i,p}}{\omega L}[\cos(\alpha_f) - \cos(\omega t)] \tag{5.4}$$

因为$\cos(\alpha_f) - \cos(2\pi - \alpha_f) = 0$，所以熄弧角为$2\pi - \alpha_f$。

将求到的 α_e 值代入式（5.1），可以得到控制特性的包络线为

$$V_{o(\varphi=0)}(\alpha_f) \leqslant V_o(\alpha_f) \leqslant V_{o(\varphi=\pi/2)}(\alpha_f) \tag{5.5}$$

其中，

$$V_{o(\varphi=0)}(\alpha_f) = V_i \sqrt{\frac{1}{\pi}\left[\pi - \alpha_f + \frac{1}{2}\sin(2\alpha_f)\right]} \tag{5.6}$$

$$V_{o(\varphi=\pi/2)}(\alpha_f) = \sqrt{2}V_{o(\varphi=0)}(\alpha_f) \tag{5.7}$$

式（5.5）可以用图 5.3 所示的函数 $M=f(\alpha_f)$ 表示。

　　如前所述，通常负载阻抗角未知。有趣的是，当触发角小于负载阻抗角时，交流电压控制器的运行特性取决于触发技术。正如 2.3.1 节所述，晶闸管和双向晶闸管的门极触发电流 i_g 既可以是很窄的单脉冲，也可以是很宽的多脉冲。当 $\alpha_f<\varphi$ 时控制器在两种触发方案下的运行情况如图 5.4 所示。门极电流为单脉冲时［参见图 5.4(a)］，只有一个晶闸管能被 i_{g1} 触发导通，因为由门极脉冲 i_{g2} 触发的另一个晶闸管被反向偏置（电压为导通的晶闸管两端的电压）。因此，变换器错误地运行在单脉波二极管整流器模式下。如果采用宽度不小于 $\pi/2$ 的多脉冲［参见图 5.4(b)］，在一个晶闸管关断后，另一个晶闸管能够立即被连续的多脉冲中的一个脉冲触发。这样，该变换器可以等效为电源和负载之间的闭合开关，触发角实际上等于负载阻抗角。因此，所有相控交流电压控制器，包括下一节的三相交流电压控制器，均采用多脉冲门极信号。

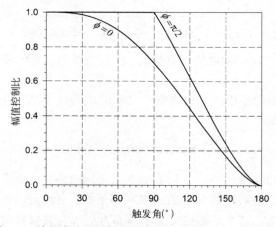

图 5.3　单相交流电压控制器控制特性 $V_o=f(\alpha_f)$ 的包络线

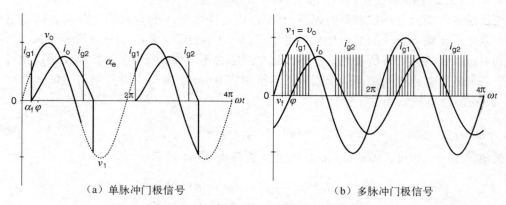

（a）单脉冲门极信号　　　　　　　　（b）多脉冲门极信号

图 5.4　单相交流电压控制器的运行情况

无论触发角(从输入电压过零开始计算,到开始出现多脉冲时对应的角度)多大,基于多脉冲触发的晶闸管的交流电压控制器都能正常工作。但是,触发角在$[0, \varphi]$范围内的变化不会影响输出电压和电流,输出电压和电流恒定,等于它们的最大有效值。控制方案中通常并不希望出现这个宽度随负载阻抗角而变化的死区,尤其是在前馈控制方案中。因此,替代相位控制的方法应运而生,其中触发角的定义与电流(而不是电压)的过零点相关。这就用到了电流传感技术,实际上无论是出于控制还是保护的目的,通常都需要使用电流传感技术。

如图5.5所示,一个电流脉冲结束到下一个脉冲开始时的角度差α_f'可以表示为

$$\alpha_f' = \pi - \beta = \pi - \alpha_e + \alpha_f \qquad (5.8)$$

角度α_f'被称为**控制角**,表示以上一个电流过零点为起点计算得到的触发延迟角。基于式(5.8),触发角α_f可以用控制角描述为

$$\alpha_f = \alpha_f' + \alpha_e - \pi \qquad (5.9)$$

代入式(5.1),得

$$V_o = V_i \sqrt{\frac{1}{\pi} \left[\pi - \alpha_f' + \sin(\alpha_f') \cos(2\alpha_e + \alpha_f') \right]}$$

$$(5.10)$$

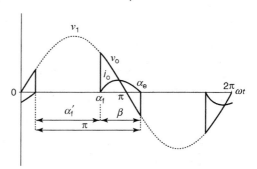

图5.5 控制角的定义

上式中,当$\alpha_f' = 0$时,$V_o = V_i$,当$\alpha_f' = \pi$时,$V_o = 0$,可见,V_o和负载阻抗角无关。和上述分析方法类似,当$\varphi = 0$和$\varphi = \pi/2$时,分别以π和$2\pi - \alpha_f = (3\pi - \alpha_f')/2$代替式(5.10)中的$\alpha_e$,即可求得各种负载阻抗角下控制特性的包络线

$$V_{o(\varphi=\pi/2)} (\alpha_f') \leqslant V_o (\alpha_f') \leqslant V_{o(\varphi=0)} (\alpha_f') \qquad (5.11)$$

其中

$$V_{o(\varphi=\pi/2)} (\alpha_f') = V_i \sqrt{\frac{1}{\pi} \left[\pi - \alpha_f' - \sin(\alpha_f') \right]} \qquad (5.12)$$

$$V_{o(\varphi=0)} (\alpha_f') = V_i \sqrt{\frac{1}{\pi} \left[\pi - \alpha_f' + \frac{1}{2} \sin(2\alpha_f') \right]} \qquad (5.13)$$

式(5.11)的关系可以用图5.6来描述。该控制特性中无死区,特别是对于很大的感性负载,输出电压的有效值随着控制角的增大几乎是线性减小的。

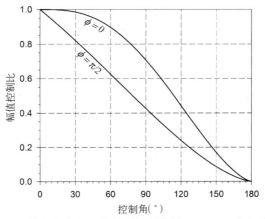

图5.6 单相交流电压控制器控制特性$V_o = f(\alpha_f')$的包络线

功率因数 无损交流电压控制器的输入功率因数 PF 可以表示为

$$PF = \frac{P_o}{S_i} = \frac{RI_o^2}{V_i I_i} = \frac{ZI_o}{V_i} \cos(\varphi) \tag{5.14}$$

当 $\alpha_f \leqslant \varphi$ 时，$I_o = V_i/Z$，功率因数等于负载功率因数，即 $\cos(\varphi)$。当触发角大于负载阻抗角时，输出电流的有效值 I_o 将减小，因此功率因数也将减小。交流电压控制器的负载为纯阻性负载时，功率因数最大，当负载为纯感性负载时，无论 α_f 多大，功率因数均为零。

当负载为阻性负载（$\varphi = 0$）时，将式（5.14）中的 Z 用 R 替换、I_o 用 V_o/R 替换，即可得到输入功率因数 $PF = V_o/V_i = M$（幅值控制比）。因此，基于式（5.6），PF 与触发角之间的关系为

$$PF_{(\varphi=0)}(\alpha_f) = \sqrt{\frac{1}{\pi} \left[\pi - \alpha_f + \frac{1}{2} \sin(2\alpha_f) \right]} \tag{5.15}$$

可见，和相控整流器相同，增大相控交流电压控制器的触发角会降低输入电流的质量。输入功率因数降低，输入电流的总谐波畸变率增大。

5.1.2 相控三相交流电压控制器

三相交流电压控制器具有多种形式。本节只对负载为星形连接时最常见的**全控型**拓扑结构进行一些细节介绍。该变换器的详细分析涉及大量的内容，因此本书的第三版删减了对这一部分内容的讲解。有兴趣的读者可以参阅本书第二版[6]。本节还将对其他类型的三相控制器的典型特点进行简要介绍。

全控三相交流电压控制器 图 5.7 所示的全控三相交流电压控制器比单相交流电压控制器的运行复杂得多。例如，为了启动控制器，必须同时触发两个双向晶闸管，才能提供双向晶闸管导通所需要的路径。

仅有一个双向晶闸管导通不可能实现电流的通路。因此，控制器运行时，可能有两个或三个双向晶闸管同时导通，或者三个双向晶闸管均断开。如果三个双向晶闸管均处于断开状态，电源不再向负载供电，所有输出电流和输出电压均为零。两个或三个双向晶闸管导通的情况如图 5.8 所示。假设图中三相负载是平衡负载，双向晶闸管用通用开关表示。由图 5.8(a) 可见，线电压 v_{AB} 经过 TA 和 TB 后，被平均分配到 A 相和 B 相的负载阻抗中。因此，$v_a = v_{AB}/2$，$v_b = -v_{AB}/2 = v_{BA}/2$，$v_c = 0$。三个双向晶闸管同时导通的情况如图 5.8(b) 所示，输出电压 v_a、v_b 和 v_c 等于它们各自对应的输入分量 v_A、v_B 和 v_C。

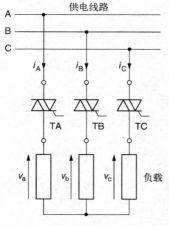

图 5.7 全控三相交流电压控制器

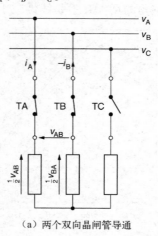

（a）两个双向晶闸管导通

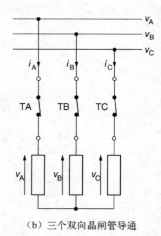

（b）三个双向晶闸管导通

图 5.8 全控三相交流电压控制器的电压和电流分布

用开关变量 a、b 和 c 来分别表示双向晶闸管 TA、TB 和 TC 的状态,当双向晶闸管导通时,开关变量等于 1,否则为 0。可见,控制器的输出电压为

$$\begin{bmatrix} v_a \\ v_b \\ v_c \end{bmatrix} = \frac{1}{2} \begin{bmatrix} a & -b & -c \\ -a & b & -c \\ -a & -b & c \end{bmatrix} \begin{bmatrix} v_A \\ v_B \\ v_C \end{bmatrix} \tag{5.16}$$

正如上式所示,如果所有的双向晶闸管均关断,那么 $a=b=c=0$,$v_a=v_b=v_c=0$。如果 TA 和 TB 导通,那么 $a=b=1$,$c=0$,$v_a=(v_A-v_B)/2=v_{AB}/2$,$v_b=(-v_A+v_B)/2=v_{BA}/2$,且 $v_c=(-v_A-v_B)/2=v_C/2$。只有当 $v_c=0$ 时最后一个等式才成立。如果所有的双向晶闸管均导通,那么,$a=b=c=1$,$v_a=(v_A-v_B-v_C)/2=[2v_A-(v_A+v_B+v_C)]/2=(2v_A-0)/2=v_A$,同样可得,$v_b=v_B$ 且 $v_c=v_C$。

为了简单起见,假设负载为纯阻性负载,考虑 A 相输出电压 v_a。由式(5.16)可见,一般情况下,v_a 由 v_A、$v_{AB}/2$ 和 $v_{AC}/2$ 的一段一段波形拼接而成。例如,图 5.9(a)中,触发角 $\alpha_f=0$,三个双向晶闸管一直处于导通状态,因此电源与负载直接连接。如果触发角等于 $30°$,如图 5.9(b)所示,双向晶闸管在电流过零时将关断。因此,两个或三个双向晶闸管同时导通的情况交替出现,输出电压 v_a 将依次等于 v_A、$v_{AB}/2$、v_A、$v_{AC}/2$、v_A 和 0。

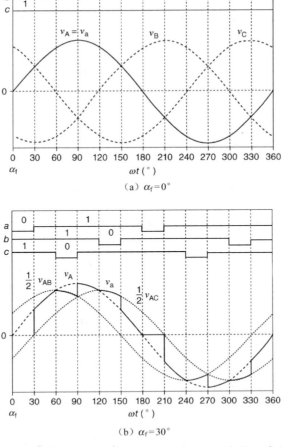

(a) $\alpha_f=0°$

(b) $\alpha_f=30°$

图 5.9　全控三相交流电压控制器的输出电压波形(R 负载)

图 5.10 为触发角很大时控制器的输出。图 5.10（a）为 $\alpha_f = 75°$ 时的输出电压波形，图 5.10（b）为 $\alpha_f = 120°$ 时的输出电压波形。

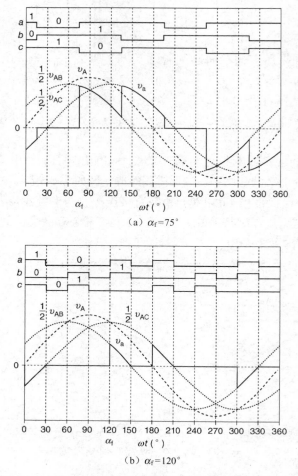

（a）$\alpha_f = 75°$

（b）$\alpha_f = 120°$

图 5.10 全控三相交流电压控制器的输出电压波形（R 负载）

为完整起见，以下分别给出纯阻性和纯感性负载下全控交流电压控制器输出电压有效值 V_o 的计算公式（不做推导）。

对阻性负载

当 $0° \leqslant \alpha_f < 60°$ 时

$$V_o = V_i \sqrt{\frac{1}{\pi} \left[\pi - \frac{3}{2}\alpha_f + \frac{3}{4}\sin(2\alpha_f) \right]} \qquad (5.17)$$

当 $60° \leqslant \alpha_f < 90°$ 时

$$V_o = V_i \sqrt{\frac{1}{\pi} \left[\frac{\pi}{2} + \frac{3\sqrt{3}}{4}\sin\left(2\alpha_f + \frac{\pi}{6}\right) \right]} \qquad (5.18)$$

当 $90° \leqslant \alpha_f < 150°$ 时

$$V_o = V_i \sqrt{\frac{1}{\pi} \left[\frac{5}{4}\pi - \frac{3}{2}\alpha_f + \frac{3}{4}\sin\left(2\alpha_f + \frac{\pi}{3}\right) \right]} \qquad (5.19)$$

对感性负载

当 $90° \leqslant \alpha_f < 120°$ 时

$$V_o = V_i \sqrt{\frac{1}{\pi}\left[\frac{5}{2}\pi - 3\alpha_f + \frac{3}{2}\sin(2\alpha_f)\right]} \qquad (5.20)$$

当 $120° \leqslant \alpha_f < 150°$ 时

$$V_o = V_i \sqrt{\frac{1}{\pi}\left[\frac{5}{2}\pi - 3\alpha_f + \frac{3}{2}\sin(2\alpha_f + \frac{\pi}{3})\right]} \qquad (5.21)$$

图 5.11 为式(5.17)至式(5.21)所述控制特性的包络线。为了避免死区，和单相控制器的处理方式一样，用控制角(从电流最近一个过零点为起点计算得到的角度)代替触发角。对阻性负载，控制角 α'_f 和触发角 α_f 的关系为

$$\alpha'_f = \begin{cases} \alpha_f, & 0° \leqslant \alpha_f < 60° \\ 60°, & 60° \leqslant \alpha_f < 90° \\ \alpha_f - 30°, & 90° \leqslant \alpha_f < 150° \end{cases} \qquad (5.22)$$

对感性负载，控制角 α'_f 和触发角 α_f 的关系为

$$\alpha'_f = 2(\alpha_f - 90°) \qquad (5.23)$$

图 5.12 为电压控制特性用控制角表示时的包络线。纯阻性负载时，控制特性在 $\alpha = 60°$ 时出现不连续。因此只有当负载中包含很大的电感分量时，才采用这种控制方法。又由于控制角的上限是 120° 而不是 180°，所以输出电压的有效值对控制角的敏感度高于单相交流电压控制器。

当全控交流电压控制器的三相负载连接成三角形而不是星形时，控制特性保持不变，但输出电压的波形不同。所有交流电压控制器的输入功率因数都可以由通用方程式(5.14)得到，其中，对星形连接的负载，V_i 表示相电压有效值 V_{LN}，对三角形连接的负载，V_i 表示线电压有效值 V_{LL}。对纯阻性负载，功率因数 PF 等于幅值控制比 M。

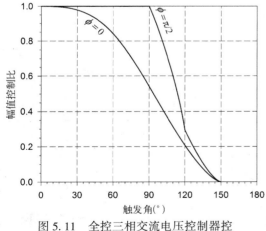

图 5.11 全控三相交流电压控制器控制特性 $V_o = f(\alpha_f)$ 的包络线

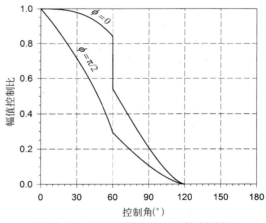

图 5.12 全控三相交流电压控制器控制特性 $V_o = f(\alpha'_f)$ 的包络线

其他类型的三相交流电压控制器 图 5.13 和图 5.14 为一些其他相控型三相交流电压控制器的结构图。因为目前双向晶闸管的额定电流值还很低，大功率三相交流电压控制器必须使用普通晶闸管。因此控制器可以采用图 5.13(a)所示的**半控型**拓扑结构。与 3 个晶闸管反并联的不是晶闸管而是 3 个二极管。当电流流过某一相的二极管时，它间接受到另外一相中导通的晶闸管的控制。注意，半控型交流电压控制器的最大触发角是 210°。

3个双向晶闸管和负载可以连接成三角形,如图 5.13(b)所示。每一相控制器的特点都与单相控制器相同,但是电源的线电流中没有三倍次谐波分量。图 5.14 所示为在负载后面进行连接的控制器,这需要负载有 6 个引出端。但控制器只需要有 3 个引出端。图 5.14(a)中控制器为星形连接,其中三个双向晶闸管共用一个公共节点,这使控制电路得到了简化。图 5.14(a)也可以采用图 5.13(a)所示的半控型结构。但是,这种半控型结构不能用在图 5.14(b)中,因为该图中的控制器为三角形连接,半控型控制器中的二极管使三个负载在控制器侧直接连接在一起,从而造成控制失效。三角形拓扑结构的好处在于双向晶闸管的电流额定值很小,比负载电流小。

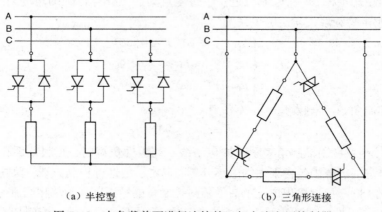

(a)半控型 　　　　　　　　　　　　　(b)三角形连接

图 5.13　在负载前面进行连接的三相交流电压控制器

三相四线制交流电压控制器的电路如图 5.15 所示。负载为星形连接,负载的中性点和供电线路的中性点连接。因此,变换器等效于 5.1.1 节介绍过的三个独立的单相交流电压控制器。

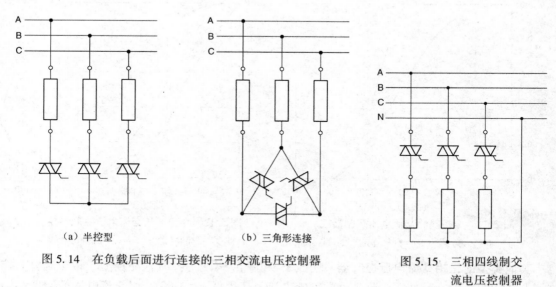

(a)半控型 　　　　　　　　(b)三角形连接

图 5.14　在负载后面进行连接的三相交流电压控制器

图 5.15　三相四线制交流电压控制器

实际应用中,除非负载有中性点且需要单独控制每一相负载时才使用四线制控制器。否则,就算是负载不平衡的场合,图 5.13(b)的结构都更优。

5.1.3　PWM 交流电压控制器

单相 PWM 交流电压控制器也称为**交流斩波器**，其电路如图 5.16 所示。和 PWM 整流器一样，单相 PWM 交流电压控制器也需要利用输入滤波器来削弱从电源(通常是电网)来的高频谐波电流分量。电源提供的电感通常已经足够大，因此只需要安装电容器。交流斩波器用于提高输入功率因数、控制特性和输出电流的质量。

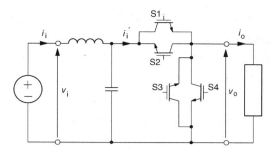

图 5.16　带有输入滤波器的单相交流斩波器

将全控型主开关 S1 和 S2 反并联连接以实现对输出电压和电流有效值的控制。续流开关 S3 和 S4 在 S1 和 S2 都断开时用于提供电流的通路。开关在一个电源周期内开通和关断多次。用变量 x_1 至 x_4 分别表示开关 S1~S4 的状态，开关 S1 和 S2 在第 n 个开关周期中的占空比 $d_{1,n}$ 和 $d_{2,n}$ 分别为

$$d_{1,n} = \begin{cases} F(m,\alpha_n), & 0 < \alpha_n \leqslant \pi \\ 0, & 其他 \end{cases}$$
$$d_{2,n} = \begin{cases} F(m,\alpha_n), & \pi < \alpha_n \leqslant 2\pi \\ 0, & 其他 \end{cases} \tag{5.24}$$

对开关 S3 和 S4，有

$$\begin{aligned} x_3 &= \overline{x}_1 \\ x_4 &= \overline{x}_2 \end{aligned} \tag{5.25}$$

式(5.24)中，$F(m,\alpha_n)$ 表示 $\omega t = \alpha_n$ 时**调制函数** $F(m,\omega t)$ 的值，其中 m 是调制度，α_n 是第 n 个开关周期的中心角。调制函数用于决定输出电压的幅值，同时能够提高输出电流的质量。它的形式可以很简单，如 $F(\omega t) = m$，也可以很复杂，如 $F(\omega t) = m|\sin(\omega t)|$。

实际上，开关的控制非常方便，只需要连续地对所有开关施加开通和关断的信号，使得**期望**的占空比和开关变量为

$$\begin{aligned} d_{1,n}^* &= d_{2,n}^* = F(m,\alpha_n) \\ x_3^* &= x_4^* = \overline{x}_1^* \end{aligned} \tag{5.26}$$

由于每个开关在输入电压的正负周期中都存在偏差，因此**实际的**占空比和开关变量如式(5.24)和式(5.25)所示。尝试触发反向偏置的开关不会对控制器的运行造成影响。与可控整流器相反，该控制方案中，触发信号不需要与输入电压同步。

图 5.17 为交流斩波器的工作波形，其中，电源每个周期含有 12 个开关周期，调制

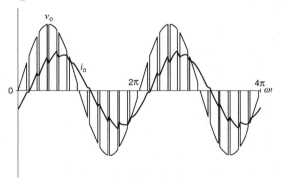

（a）输出电压和电流

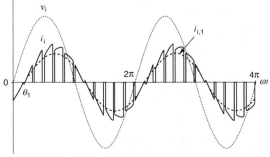

（b）输入电压、电流　（输入滤波器后）和输出电流的基频分量

图 5.17　单相交流斩波器的电压和电流波形

度为 0.8，调制函数用最简形式表示，即 $F(m,\omega t) = m$。显然，输出电流的质量高于相控交流电压控制器。输出电压的波形与图 1.21(b) 通用 PWM 控制器的输出电压波形一致(典型谐波频谱如图 1.23 所示)。脉冲电流 i_i 由滤波器提供，其基频分量 $i_{i,1}$ 滞后输入电压 v_i 的角度为 θ_1，θ_1 实际上等于负载阻抗角 φ。由于输入电容器的存在，滤波器端口的功率因数大于 $\cos(\theta_1)$。供电系统的输入电流 i_i 是只包含了很小纹波的正弦波形。

可以证明，幅值控制比 M 等于 $\sqrt{m}$，即

$$V_O = \sqrt{m}V_i \qquad (5.27)$$

对应的控制特性如图 5.18 所示。但是，输出和输入电压的基频分量之比 $V_{o,1}/V_{i,1}$ 等于调制度 m。

上述调制技术很简单，也非常普遍，但并不是唯一方法。为了既减小滤波器尺寸，又提高输入和输出电流的质量，目前已经有占空比可调的改进 PWM 技术。星形和三角形连接的三相 PWM 交流电压控制器分别如图 5.19 和图 5.20 所示。

脉宽调制无法实现理论上调制度在 [0,1] 的全范围变化，因为这需要开关的最小导通时间和断开时间接近于零。因此，在实际调制时，通常将调制度设置在 $m_{\min} > 0$ 和 $m_{\max} < 1$ 之间。如果期望的调制度小于 $m_{\min}$，则取为 $m_{\min}$，使最小幅值控制比为 $\sqrt{m_{\min}}$。当期望的调制度大于 $m_{\max}$，则将调制度取为 1，这时控制器等效为闭合的交流开关。

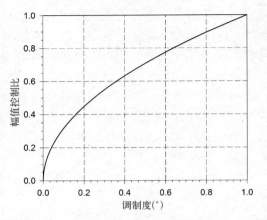

图 5.18　交流斩波器的控制特性

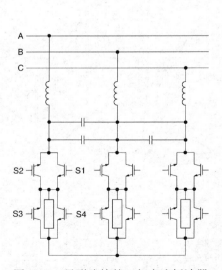

图 5.19　星形连接的三相交流斩波器

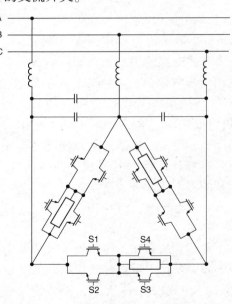

图 5.20　三角形连接的三相交流斩波器

5.2　交流-交流变频器

交流-交流变频器是交流-交流变换器，其中输入频率是输出频率的倍数。例 1.1 和例

134

1.2 中单相双脉波通用交流-交流变频器的输入和输出频率之比就是整数。实际的交流-交流变频器为三相输出，但本节使用假想的单相六脉波交流-交流变频器来讲解交流-交流变频器的运行原理。它的结构与 4.2.2 节有环流双向变换器相同，即两个反并联的相控整流器。类似地，三相交流-交流变频器由三对这种整流器构成。整流器为三脉波或更常见的六脉波结构。

　　大多数交流-交流变频器属于大功率变换器，需要由专用变压器供电。变压器决定了变换器的最大输出电压，对有些交流-交流变频器，变压器还起到了将电源与各相线路隔离的作用。

　　图 5.21 为三相三脉波交流-交流变频器的电路图。图 5.22 和图 5.23 为两种不同类型的三相六脉波交流-交流变频器。图 5.22 中，交流-交流变频器的各相负载相互绝缘，变换器由一个三相电源供电。图 5.23 中，三相负载连接在一起，为了实现相间绝缘，变压器需要 3 个二次侧绕组。图 5.21 至图 5.23 所示的 3 个交流-交流变频器都是有环流变换器，因此需要使用隔离电抗器。

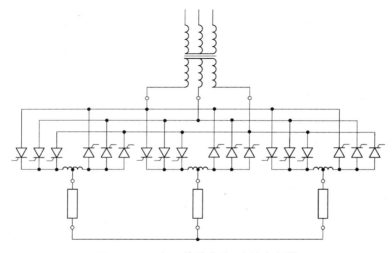

图 5.21　三相三脉波交流-交流变频器

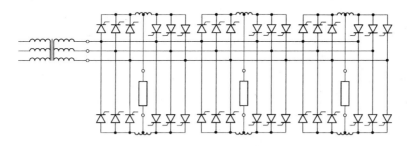

图 5.22　各相负载相互绝缘时的三相六脉波交流-交流变频器

　　由于相控整流器的直流输出电压取决于触发角 α_f，因此，改变触发角可以使输出电压的幅值跟踪参考正弦波的正半波，从零增大到峰值、再减小到 0。对反并联的互补整流器也可以进行同样的控制，使得其直流输出电压沿着负半波，从零继续减小到负的最大值，然后再增大到零。参考正弦波的角频率 ω_o 是变频器的输出频率，本质上，它不能高于输入频率 ω。为了使输出电流的质量维持在合理的范围内，建议 ω/ω_o 的比值至少等于 3。

135

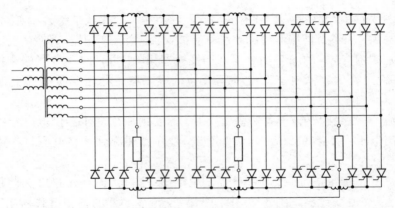

图 5.23　三相负载连接在一起时的三相六脉波交流-交流变频器

由式(4.42)可见，双向变换器的直流输出电压可以表示为

$$V_{o,dc} = V_{o,dc(max)} \cos(\alpha_f) \tag{5.28}$$

其中 $V_{o,dc(max)}$ 表示触发角为零时直流输出电压的最大值。如果双向变换器运行在单相交流-交流变频器模式下，直流输出电压与时间的关系可以表示为

$$V_{o,dc}(t) = V_{o,1,p} \sin(\omega_o t) \tag{5.29}$$

其中 $V_{o,1,p}$ 为交流-交流变频器输出电压基频分量的期望峰值。

基于式(5.28)和式(5.29)，触发角与时间的关系为

$$\cos[\alpha_f(\omega_o t)] = \frac{V_{o,1,p}}{V_{o,dc(max)}} \sin(\omega_o t) \tag{5.30}$$

其中，$V_{o,1,p}/V_{o,dc(max)}$ 的比值代表幅值控制比 M。因此，触发角可以写成关于 $\omega_o t$ 的函数

$$\alpha_f(\omega_o t) = \arccos[M \sin(\omega_o t)] \tag{5.31}$$

图 5.24 为各种 M 值下的触发角波形。

图 5.25 为六脉波交流-交流变频器中一个整流器的输出电压波形 v_{o1}，其中频率比 $\omega_o/\omega = 0.2$。图 5.25(a)中，$M=1$，图 5.25(b)中，$M=0.5$。交流-交流变频器被假定为有环流变换器。否则，两个整流器在交换工作状态的过程中，当输出电流过零时，可能会伴随一个短暂的延迟，从而使即将断流的整流器中的晶闸管完全断开。有环流交流-交流变频器需要隔离电抗器，当然，这些隔离电抗器也使得输出电压的波形更平滑、更接近于理想的正弦波。相应地，输出电流的质量也得到了提高。

忽略隔离电抗器产生的电压降，图 5.21 中三脉波交流-交流变频器输出相电压的基频分量的有效值 $V_{o,LN,1}$ 为

$$V_{o,LN,1} = \frac{3\sqrt{3}}{2\pi} M V_{i,LN} \approx 0.827\, M V_{i,LN} \tag{5.32}$$

而图 5.22 和图 5.23 中，六脉波交流-交流变频器的对应有效值 $V_{o,LN,1}$ 为

$$V_{o,LN,1} = \frac{3}{\pi} M V_{i,LL} \approx 0.955\, M V_{i,LL} \tag{5.33}$$

其中 $V_{i,LN}$ 和 $V_{i,LL}$ 分别表示输入相电压和线电压的有效值。

交流-交流变频器非常适合于大功率低频率的应用场景，因为其输出电流的质量随着输出频率的减小而提高。与常用的整流器-逆变器的级联结构相比，它们直接提供交流-交流的电力变换。它们与生俱来就能在四象限内运行，且性能相当可靠，因为即使有一个晶闸管发

136

生故障，交流-交流变频器仍然能继续工作，尽管输出电压的畸变率会大一点。

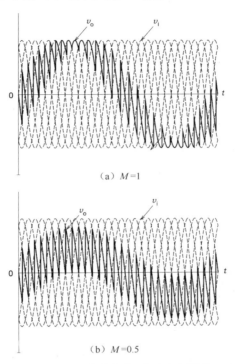

（a）$M=1$

（b）$M=0.5$

图 5.25 六脉波交流-交流变频器的
输出电压波形（$\omega_o/\omega=0.2$）

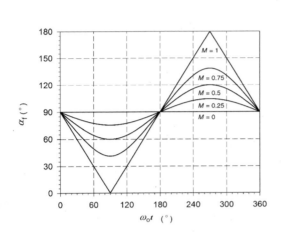

图 5.24 交流-交流变频器的触发角波形

交流-交流变频器的缺点包括：输出频率的范围窄、需要的晶闸管数量多、控制方法复杂。此外，和相控整流器一样，交流-交流变频器的输入功率因数也普遍较低，特别是幅值控制比很小时。由于大功率交流-交流变频器需要与其容量成正比的输入滤波器，因此功率因数校正又贵又不方便。

5.3 矩阵变换器

虽然矩阵变换器的首次提出要追溯到 40 年前，但现在它仍然在电力电子市场中占有重要份额。矩阵变换器是第 1 章通用电力变换器的扩展。通过**双向**全控型开关，K 相交流电源每端都和 L 相负载的一端连接。因此，任何一个输入端上的电压都可能出现在输出端或输出端之间，而各负载中的电流都可能由一相或两相电源提供。

5.3.1 经典矩阵变换器

图 5.26 为经典三相-三相（3Φ-3Φ）矩阵变换器的电路图。该变换器由 9 个开关组成，分别表示为 $S_{Aa} \sim S_{Cc}$。输入滤波器用于防止变换器产生的谐波电流注入供电系统。为了保证输出电流连续，假定负载包含电感分量。显然，在任何时刻，每一列都必须有且仅有一个开关导通。否则，或者供电线路短路，或者一个或多个输出电流断流。很容易证明，理论上该变换器可能存在 512（2^9）种状态，但实际上只允许 27 种。

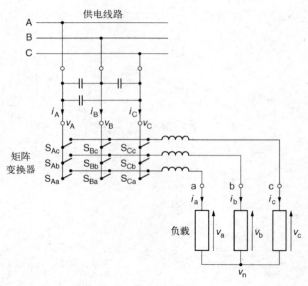

图 5.26　3Φ-3Φ 矩阵变换器的工作原理图

输出电压v_a、v_b、v_c为

$$\begin{bmatrix} v_\mathrm{a} \\ v_\mathrm{b} \\ v_\mathrm{c} \end{bmatrix} = \begin{bmatrix} x_\mathrm{Aa} & x_\mathrm{Ba} & x_\mathrm{Ca} \\ x_\mathrm{Ab} & x_\mathrm{Bb} & x_\mathrm{Cb} \\ x_\mathrm{Ac} & x_\mathrm{Bc} & x_\mathrm{Cc} \end{bmatrix} \begin{bmatrix} v_\mathrm{A} \\ v_\mathrm{B} \\ v_\mathrm{C} \end{bmatrix} \tag{5.34}$$

其中$x_\mathrm{Aa} \sim x_\mathrm{Cc}$表示开关$\mathrm{S_{Aa}} \sim \mathrm{S_{Cc}}$的开关变量，$v_\mathrm{A}$、$v_\mathrm{B}$、$v_\mathrm{C}$为输入电压。可以证明，当负载三相平衡、线性且星形连接时，负载中性点的电压v_n为

$$v_\mathrm{n} = \frac{1}{3}(v_\mathrm{a} + v_\mathrm{b} + v_\mathrm{c}) \tag{5.35}$$

因此，输出相电压v_an、v_bn、v_cn可以表示为

$$\begin{bmatrix} v_\mathrm{an} \\ v_\mathrm{bn} \\ v_\mathrm{cn} \end{bmatrix} = \frac{1}{3} \begin{bmatrix} 2 & -1 & -1 \\ -1 & 2 & -1 \\ -1 & -1 & 2 \end{bmatrix} \begin{bmatrix} v_\mathrm{a} \\ v_\mathrm{b} \\ v_\mathrm{c} \end{bmatrix} \tag{5.36}$$

输入电流i_A、i_B、i_C与输出电流i_a、i_b、i_c的关系为

$$\begin{bmatrix} i_\mathrm{A} \\ i_\mathrm{B} \\ i_\mathrm{C} \end{bmatrix} = \begin{bmatrix} x_\mathrm{Aa} & x_\mathrm{Ab} & x_\mathrm{Ac} \\ x_\mathrm{Ba} & x_\mathrm{Bb} & x_\mathrm{Bc} \\ x_\mathrm{Ca} & x_\mathrm{Cb} & x_\mathrm{Cc} \end{bmatrix} \begin{bmatrix} i_\mathrm{a} \\ i_\mathrm{b} \\ i_\mathrm{c} \end{bmatrix} \tag{5.37}$$

可见，式(5.37)中开关变量矩阵是式(5.34)中对应矩阵的转置。基于上述方程，可以对输出电压和输入电流的基频分量进行控制。控制方式可以是对开关变量设置合适的时间序列，或者如空间矢量控制型 PWM 整流器一样，对变换器的所有状态进行控制(参见 4.3.2 节至 4.3.4 节)。经过控制后，输出电压的基频分量保持平衡并具有期望的频率和幅值，同时输入电流的基频分量也三相平衡，并具有期望的相移(和对应的输入电压相比，相移通常为零)。

　　矩阵变换器有很多种控制方法，有些方法非常复杂。此外，矩阵变换器还有各种解决方案，其中包括电压和电流的闭环控制。有些研究者还提出对输出电压和输入电流进行独立控制的可行性。研究发现，对 3Φ-3Φ 矩阵变换器，最大电压增益(输出电压基频分量的峰值和输入电压的峰值之比)等于$\sqrt{3}/2 \approx 0.866$。这是因为构成输出电压"原料"的 6 个输入线电压

（参见图 4.8），在每经过 60° 后都下降为输入电压峰值的 $\sqrt{3}/2$。因为其他直接或间接（中间含直流环节）交流–交流变换器的电压增益都接近于 1，所以这个特点被认为是矩阵变换器的一个缺陷。但是矩阵变换器具有双向潮流能力，这是很多常用的间接交流–交流变换策略不具备的特征。

矩阵变换器常常使用 4.3 节空间矢量 PWM 技术进行控制。它的基础是将三相输入电流和输出电压表示为空间矢量形式。上述讨论的 9 开关变换器可以用图 5.27 的 2 个 6 开关矩阵变换器来等效代替。6 开关变换器置于电源与负载之间，通过线路 P（"正极"）和 N（"负极"）构成一个"虚拟直流环节"。变换器 CONV 1 为 3Φ-1Φ 型，变换器 CONV 2 为 1Φ-3Φ 型。CONV 1 的拓扑结构与六脉波电流型 PWM 整流器相同，因此，可以控制线路 P 和 N 之间的直流电压分量 V_{dc}，同时使变换器的输入电流是正弦波且功率因数等于 1。相反，CONV 2 可以等效为通用 PWM 三相逆变器，用于在负载中产生平衡的交流电流。在接下来的分析中，变换器 CONV 1 和 CONV 2 将分别被称为"虚拟整流器"和"虚拟逆变器"。

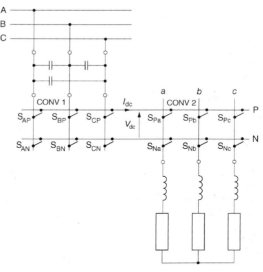

图 5.27　可以等效为 3Φ-3Φ 矩阵变换器
的 3Φ-1Φ 和 1Φ-3Φ 矩阵变换器

在任一时刻，虚拟整流器的每一**列**和虚拟逆变器的每一**行**都必须有且只有一个开关导通。因此，整流器允许有 6 种状态，逆变器允许有 8 种状态，组合而成的 12 开关变换器允许有 48 种不同的状态。但是，这 48 种状态下电源和负载的连接方式都可以通过图 5.26 的 9 开关、27 状态、3Φ-3Φ 原始矩阵变换器来实现。例如，当开关 S_{AP}、S_{BN}、S_{Pa}、S_{Pb}、S_{Nc} 导通时，电源的 A 相通过线路 P 与负载的 a 相和 b 相连接在一起，电源的 B 相通过线路 N 与负载的 c 相连接在一起。这个连接方式可以通过直接闭合原始矩阵变换器中的开关 S_{Aa}、S_{Ab}、S_{Bc} 得到。

上例可以用更通用的方式进行分析。在接下来的讨论中，用三个字母组成的代码来表示矩阵变换器的每个允许状态。此三字母代码用于指明输入端 A、B、C 与输出端 a、b、c 的具体连接方式。因此，上例的状态可以表示为 AAB。注意虚拟整流器将端子 A 与线路 P 连接、端子 B 与线路 N 连接，而端子 C 处于断线状态。因此，可以将整流器的状态称为 PN0。虚拟逆变器将端子 a 和端子 b 与线路 P 连接，将端子 c 与线路 N 连接，所以它的状态可以称为 PPN。检查整流器的状态可以发现，P 与 A 相关，N 与 B 相关。因此，逆变器状态 PPN 可以转换成矩阵变换器的状态 AAB。为了将输入端 AAB 与输出端 abc 连接，必须使开关 S_{Aa}、S_{Ab}、S_{Bc} 闭合。上述状态的实现过程如图 5.28 所示。

如果输入端 ABC 的开关动作导致线路 P 和 N 短接，那么 $V_{dc}=0$。虚拟整流器的零状态按顺序被称为 Z00、0Z0 和 00Z。例如，状态 0Z0 表示只有开关 S_{BP} 和 S_{BN} 闭合导通。同样，虚拟逆变器的零状态导致其输出电压为零。这时，三个输出端 a、b 和 c 同时被线路 P 或者 N 钳位。因此，虚拟逆变器的零状态由 PPP 和 NNN 表示，例如，NNN 表示开关 S_{Na}、S_{Nb}、S_{Nc} 均闭合。

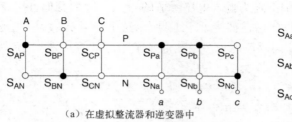
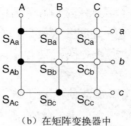

（a）在虚拟整流器和逆变器中　　　　　　　　　（b）在矩阵变换器中

图 5.28　通过开关动作实现状态 AAB

在上文所述的状态 PN0 下，输入电流 i_A、i_B、i_C 分别等于 I_{dc}、$-I_{dc}$、0。对应的输入电流空间矢量为

$$\vec{I}_{PN0} = \frac{3}{2}I_{dc} + j\frac{\sqrt{3}}{2}I_{dc} \tag{5.38}$$

其中 I_{dc} 表示虚拟直流环节中的直流电流（如图 5.27 所示）。用同样的方法可以得到虚拟整流器其他 5 个状态下的电流矢量。图 5.29 为 6 个静止电流矢量和 1 个旋转参考电流矢量 $\vec{i}^*$。它们实际上与图 4.46 电流型 PWM 整流器的电流矢量完全相同。和图 4.46 一样，为了使矩阵变换器的功率因数等于 1，参考电流矢量与输入电压的空间矢量同相。

再考虑上述虚拟逆变器的状态 PPN，可见，$v_a = v_b = v_P$，$v_c = v_N$，其中 v_P 和 v_N 分别表示线路 P 和 N 的电势。根据式（5.36），$v_{an} = v_{bn} = (v_P - v_N)/3 = V_{dc}/3$，$v_{cn} = -2\,V_{dc}/3$。根据式（4.74），输出相电压的空间矢量 $\vec{V}_{PPN}$ 为

$$\vec{V}_{PPN} = \frac{1}{2}V_{dc} + j\frac{\sqrt{3}}{2}V_{dc} \tag{5.39}$$

其他 5 个电压矢量如图 5.30 所示，其中，参考电压矢量 $\vec{v}^*$ 表示矩阵变换器期望的线电压。图 5.30 与图 4.56 电压型整流器的电压矢量几乎相同。电压型整流器和电压源型逆变器有相同的拓扑结构，7.1.3 节将对它们进行详细介绍。

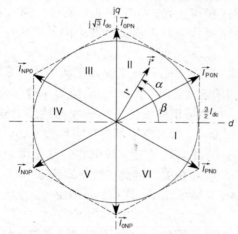
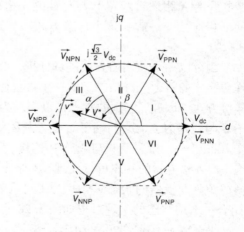

图 5.29　虚拟整流器输入电流　　　　　　　图 5.30　虚拟逆变器输出相电压
的参考电流空间矢量　　　　　　　　　　的参考电压空间矢量

将空间矢量 PWM 控制中的占空比计算公式（4.77）、式（4.78）和式（4.80）进行调整后，可以用于虚拟整流器和逆变器。但需要确定这些变换器的调制度。定义整流器调制度 m_{rec} 为

$$m_{\text{rec}} \equiv \frac{I_{\text{i,p}}}{I_{\text{dc}}} \quad\quad\quad (5.40)$$

其中$I_{\text{i,p}}$表示输入电流的峰值(假设负载三相均衡)。忽略虚拟整流器的损耗,输入功率P_{i}等于虚拟直流环节的功率P_{DC},即

$$\sqrt{3}V_{\text{i}}I_{\text{i}}\cos(\varphi_{\text{i}}) = V_{\text{dc}}I_{\text{dc}} \quad\quad\quad (5.41)$$

其中V_{i}和I_{i}分别表示输入线电压和电流的有效值,$\cos(\varphi_{\text{i}})$是整流器的功率因数。因此

$$V_{\text{dc}} = \frac{\sqrt{3}}{2}m_{\text{rec}}V_{\text{i,p}}\cos(\varphi_{\text{i}}) \qu\quad\quad (5.42)$$

其中$V_{\text{i,p}}$表示输入线电压的峰值。

定义逆变器调制度m_{inv}为

$$m_{\text{inv}} \equiv \frac{V_{\text{o,p}}}{V_{\text{dc}}} \quad\quad\quad (5.43)$$

其中$V_{\text{o,p}}$表示输出线电压基频分量的峰值。将式(5.42)代入式(5.43),得

$$m_{\text{inv}} = \frac{2V_{\text{o,p}}}{\sqrt{3}V_{\text{i,p}}m_{\text{rec}}\cos(\varphi_{\text{i}})} = \frac{2m}{\sqrt{3}m_{\text{rec}}\cos(\varphi_{\text{i}})} \quad\quad\quad (5.44)$$

其中

$$m \equiv \frac{V_{\text{o}}}{V_{\text{i}}} \quad\quad\quad (5.45)$$

是矩阵变换器的调制度。方程式(5.44)可以重新写为

$$m = \frac{\sqrt{3}}{2}m_{\text{rec}}m_{\text{inv}}\cos(\varphi_{\text{i}}) \quad\quad\quad (5.46)$$

式(5.46)再次证明矩阵变换器的最大电压增益为$\sqrt{3}/2$。为了使矩阵变换器的控制范围最大,将m_{rec}设置为1。注意,输入电流矢量的幅值取决于负载,因此,为了使功率因数等于1,只能将电流矢量的相角调整为与输入电压矢量同相。

令图5.29中参考电流矢量对应的状态为X_I和Y_I,图5.30中参考电压矢量对应的状态为X_V和Y_V。零状态为Z_I和Z_V。表5.1示出一种常见的开关模式,其中,一个开关周期T_{sw}中包含9个子周期。子周期用序号n和其持续的时间t_n表示。各个状态的占空比用带下标的字母d表示,例如,d_{XV}表示状态X_V。

表 5.1　3Φ-3Φ 矩阵变换器在空间矢量 PWM 下的开关模式

开关子周期	整流器状态	变换器状态	t_n/T_{sw}
1	X_I	X_V	$d_{XI}/d_{XV}/2$
2	X_I	Y_V	$d_{XI}/d_{YV}/2$
3	Y_I	Y_V	$d_{YI}d_{YV}/2$
4	Y_I	X_V	$d_{YI}/d_{XV}/2$
5	Z_I	Z_V	$1-(d_{XI}+d_{YI})(d_{XV}+d_{YV})$
6	Y_I	X_V	$d_{YI}d_{XV}/2$
7	Y_I	Y_V	$d_{YI}/d_{YV}/2$
8	X_I	Y_V	$d_{XI}d_{YV}/2$
9	X_I	X_V	$d_{XI}/d_{XV}/2$

图 5.31 为矩阵变换器向阻-感负载供电时的典型输出电压和电流波形。为了方便分析，图中也包含 6 个输入线电压波形。开关频率是输入频率 ω 的 48 倍。图 5.31(a)中输出频率 ω_0 是输入频率的 2.8 倍，调制度 $m=0.75$。图 5.31(b)中输出频率 ω_0 是输入频率的 0.7 倍，调制度 $m=0.35$。输入电流波形和 PWM 整流器的对应波形(如图 4.60 所示)相似。

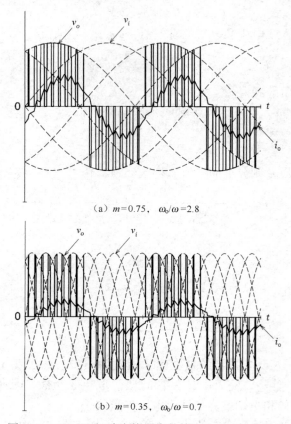

(a) $m=0.75$, $\omega_0/\omega=2.8$

(b) $m=0.35$, $\omega_0/\omega=0.7$

图 5.31　3Φ-3Φ 矩阵变换器中的输出电压和电流波形

实际上，由于不存在双向全控型半导体电力开关，所以矩阵变换器无法实用化。近年来，有些小公司开始生产这种开关，其方案如图 5.32(a)所示，它以发射极连接在一起的 2 个 IGBT 和 2 个二极管为基础。另一种解决方案如图 5.32(b)所示，它由 1 个 IGBT 和 4 个二极管复合而成，这种电路在 4.3.5 节已经被使用。这两种方案都使得经典 3Φ-3Φ 矩阵变换器中含有很多半导体器件(18 个 IGBT 和 18 个二极管，或 9 个 IGBT 和 36 个二极管)和驱动

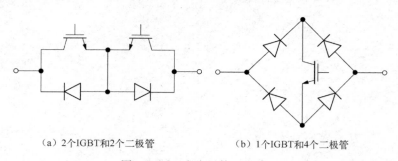

（a）2个IGBT和2个二极管　　　　　（b）1个IGBT和4个二极管

图 5.32　双向半导体电力开关

器。因此,将一个开关所包含的器件集成到同一个管壳中会是一个巨大的进步。基于2个晶体管和2个二极管开关的经典3Φ-3Φ矩阵变换器如图5.33所示。

通常情况下,由于开关频率很高,滤波电容器和电抗器都非常小。图5.33中的输出电抗器在实际中可能代表负载的内电感,如感应电动机的定子电感。由于缺乏大型储能元件,矩阵变换器对电网电压的波动非常敏感。因此,在实际应用中,必须给矩阵变换器配备快速动作的保护系统。

5.3.2 稀疏矩阵变换器

经典的矩阵变换器通常被称为**直接矩阵变换器**,因为如图5.33所示,输入和输出端仅通过一组开关隔离(第1章的通用电力变换器具有相同的属性)。因此,它实现的是单级电力变换。

在保持电力变换能力的同时增加变换的级数就得到图5.34所示的**间接矩阵变换器**。图中,左侧的双向开关构成整流器环节,右侧电路是逆变器环节。整流器和逆变器之间的母线为直流环节,在图中分别表示为P和N。注意间接矩阵变换器的拓扑结构与图5.27所示的开关结构相同,可以等效为经典矩阵变换器。逆变器电路由6个晶体管和6个二极管组成,它是一种已经得到广泛应用的集成功率模块(参见2.6节)。因此,间接矩阵变换器的实用化比直接矩阵变换器容易。

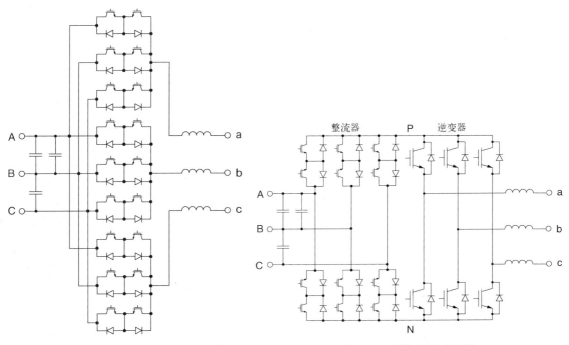

图5.33 经典3Φ-3Φ矩阵变换器电路   图5.34 间接矩阵变换器

因为有整流器环节,所以间接矩阵变换器的直流环节的电压既可以为正,也可以为负。但是,大多数实际应用中,例如对交流电机的控制,矩阵变换器直流环节的电压只能为正。在这种情况下,整流环节可以简化为图5.35所示。其中,二极管的数量不变,但**稀疏矩阵变换器**的晶体管只需要15个,而经典矩阵变换器需要18个。

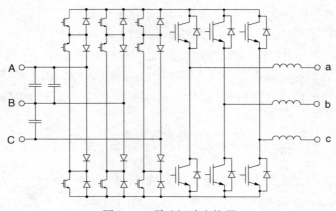

图 5.35　稀疏矩阵变换器

　　某些交流负载仅允许功率方向为正。例如，驱动搅拌器的交流电动机不能运行在发电机模式下，因为搅拌器无法执行往复动作。在这种情况下，可以使用图 5.36 所示的超稀疏矩阵变换器。晶体管的数量可以减少到 9 个。由于控制约束，负载电流相对于输出电压基频分量的相移不能超过 30°。此外，基于成本、可靠性和效率等各种因素，目前市面上还有一些其他拓扑结构的间接矩阵变换器方案。

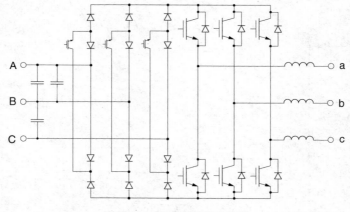

图 5.36　超稀疏矩阵变换器

5.3.3　Z 源矩阵变换器

　　稀疏矩阵变换器比经典矩阵变换器更便宜、更可靠，但电压增益较低。为提高间接矩阵变换器的输出电压，最近出现了一种被称为 **Z 源**（阻抗源）的方法，它在各种应用中受到广泛的欢迎，非常有前景。

　　如图 5.37 所示，Z 源是直流源和直流输入型 PWM 电力电子变换器之间的直流环节。它由两个相同的电抗器（L_1 和

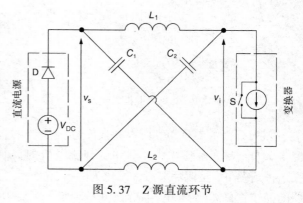

图 5.37　Z 源直流环节

144

L_2)以及两个相同的、交叉连接的电容器(C_1和C_2)组成。因为假定电源(比如二极管整流器)的电流只能朝一个方向流动,因此需要在本方案中加入二极管 D。又因为存在负载电感,所以负载电流不能在很短的时间间隔内发生突变,因此受电侧变换器(如逆变器)可以等效为电流源。并联开关 S 用于表示变换器的直通状态,当它闭合时,直流母线直接连接,导致变换器直流母线短路。

实际应用中最常见的是容性直流环节,即采用大容量电解电容器来连接直流母线。它既能稳定母线电压,又能吸收从变换器回流的杂散电流。但是这种连接在变换器直通时会产生很大的短路电流,对电容器和变换器的开关造成严重损害。因此,对含容性直流环节的变换器,需要避免直通现象。Z 源直流环节由于包含电抗器,因此不但不受直通的影响,还可以利用直通来增大变换器的输入电压。

图 5.38 为变换器在非直通状态下的等效电路。对应的基尔霍夫电压方程为

$$\begin{cases} v_s - V_C - v_L = 0 & (\text{回路 DACD}) \\ V_C - v_i - v_L = 0 & (\text{回路 DCBD}) \end{cases} \tag{5.47}$$

求解后可得:$v_L = V_{DC} - V_C$,$v_i = 2V_C - V_{DC}$。第二个解表明 $2V_C > V_{DC}$,在分析直通状态时需要考虑这个因素。

图 5.39 为直通状态。电容器上的电压在分析时段内保持不变,等于 V_C。变换器的输入电压 $v_i = 0$,电源终端的电压 v_s 比电源电动势 V_{DC} 大(参见随后的分析)。因此,二极管 D 被反向偏置,直流电源与直流环节的连接被断开。利用基尔霍夫电压定律,可得以下方程:

$$\begin{cases} v_L + V_C - v_s = 0 & (\text{回路 DCAD}) \\ v_L - V_C = 0 & (\text{回路 DCBD}) \end{cases} \tag{5.48}$$

求解后可得:$v_L = V_C$,$v_s = 2V_C$。如前所述,v_s 大于电压 V_{DC},可见二极管 D 的确被反向偏置了。

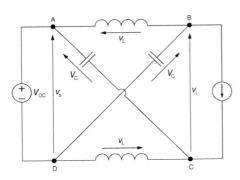

图 5.38 变换器在非直通状态时的 Z 源

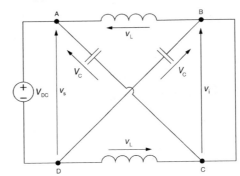

图 5.39 变换器在直通状态时的 Z 源

由于电源是直流源,电抗器 L 两端的平均电压 V_L 等于零。因此

$$V_L = \frac{t_{NS}(V_{DC} - V_C) + t_{ST}V_C}{t_{NS} + t_{ST}} = 0 \tag{5.49}$$

可得

$$V_C = \frac{t_{NS}}{t_{NS} - t_{ST}} V_{DC} \tag{5.50}$$

其中 t_{NS} 和 t_{ST} 分别表示非直通和直通状态的持续时间。因此,在非直通状态下

$$v_i = 2V_C - V_{DC} = 2\frac{t_{NS}}{t_{NS} - t_{ST}} V_{DC} - V_{DC} = \frac{t_{NS} + t_{ST}}{t_{NS} - t_{ST}} V_{DC} \tag{5.51}$$

将式(5.51)重写为

$$v_i = BV_{DC} \tag{5.52}$$

其中

$$B = \frac{t_{NS} + t_{ST}}{t_{NS} - t_{ST}} \tag{5.53}$$

称为**升压因子**,即 Z 源直流环节的电压增益。显然,如果 $0 < t_{ST} < t_{NS}$,那么 $B > 1$,这意味着间接矩阵变换器使用该环节能够使增益增大并大于 1。图 5.40 为 Z 源稀疏矩阵变换器,它是 Z 源矩阵变换器的一种形式。Z 源矩阵变换器还有其他的变化形式。详细内容请参阅补充资料[1]。

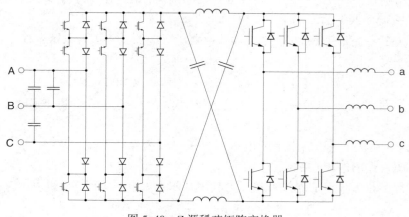

图 5.40 Z 源稀疏矩阵变换器

必须指出,式(5.53)不是精确解,因为推导过程忽略了电路的电阻,尤其是电抗器中的电阻。实际应用中,升压因子只能是个位数。最后,注意,Z 源使得间接矩阵变换器的拓扑结构中包含了储能元件。因此 Z 源矩阵变换器的另一个优势是变换器对电网电压的扰动不敏感,但是 Z 源矩阵变换器是否能真正被称为"矩阵",还存在争议。

5.4 交流–交流变换器的器件选择

交流电压控制器所承受的最大瞬时电压是输入电压的峰值。因此,开关的选择必须满足 4.4 节式(4.107)所列出的条件。对于三相交流电压控制器,需要用电源线电压的峰值 $V_{LL,p}$ 代替 $V_{i,p}$。

额定电流的选择取决于控制器是采用双向晶闸管还是采用单独的反并联器件。双向晶闸管的额定电流表示允许的正弦交流电流的最大**有效值**,而其他半导体电力开关的电流额定值指允许的电流**平均值**。因此,对基于双向晶闸管的交流电压控制器,额定电流需要满足条件

$$I_{rat} \geqslant (1 + s_1)I_{o(rat)} \tag{5.54}$$

其中,s_1 表示电流的安全裕度,$I_{o(rat)}$ 表示控制器额定输出电流的有效值。

交流电压控制器中单个电力开关的电流平均值在全波导通时最大,即输出电流为正弦波形且额定电流 $I_{o(rat)}$ 为最大有效值时,单个开关的最大电流平均值 $I_{ave(max)}$ 为

$$I_{ave(max)} = \frac{1}{2\pi} \int_0^\pi \sqrt{2} I_{o(rat)} \sin(\omega t)\, d\omega t = \frac{\sqrt{2}}{\pi} I_{o(rat)} \approx 0.45 I_{o(rat)} \tag{5.55}$$

因此，开关的额定电流需要满足条件：

$$I_{rat} \geqslant \frac{\sqrt{2}}{\pi}(1 + s_I)I_{o(rat)} \quad\quad\quad (5.56)$$

如果开关按照图 5.14(b)所示，在负载后连接成三角形，那么这些开关中电流的有效值将是负载电流有效值的 $1/\sqrt{3}$。因此，这些开关的额定电流值可以降低到条件式(5.56)的额定电流值的 $1/\sqrt{3}$。

通常情况下，PWM 交流电压控制器续流开关中的电流比主开关小很多。如果该控制器仅限于向无源负载供电，那么续流开关的额定电流可以是主开关的一半。但是，主开关和续流开关通常选用相同的半导体电力开关。这种方法更为明智，它可以避免当控制器向有源、发电型负载(如可以运行在发电机模式下的交流电动机)供电时续流开关过负载的危险。

对于交流斩波器，主开关的最小导通时间 $t_{ON(min)}$ 和最小断开时间 $t_{OFF(min)}$ 为

$$t_{ON(min)} = m_{min}T_{sw} \quad\quad\quad (5.57)$$
$$t_{OFF(min)} = (1 - m_{max})T_{sw} \quad\quad\quad (5.58)$$

其中 m_{min} 和 m_{max} 表示调制度的最小值和最大值。矩阵变换器的开关选择遵循同样的规则。交流斩波器中续流开关的导通和断开时间也可以利用式(5.57)和式(5.58)进行求解，但需要将下标 ON 和 OFF 互换。

因为交流-交流变频器由相控整流器组成，所以它的电力开关的选择与整流器(参见 4.4 节)相同。

5.5 交流-交流变换器的常见应用

交流电压控制器可以用于调整交流电压和电流的有效值，也可以作为**静态交流开关**。当作为静态交流开关时，它直接将电源和负载连接在一起，电流为未加任何控制的正弦电流。需要变换的功率的大小决定了交流开关是采用晶闸管还是双向晶闸管方式。在导通状态下，达到最小触发角时交流开关工作，当移除门极信号时开关关断。

交流电压控制器主要用于照明、加热控制以及感应电动机的**软启动**。软启动器连接在供电线路和电动机之间，起到降低启动电流以防止其过大的作用。交流开关等效于变压器的分接头，实现电力系统的电压控制。交流开关的另一个典型应用是对大惯性感应电动机(如大型离心机)进行速度控制。当离心机的转速低于最低允许值时，将电动机接入，当速度达到最大允许值时，将电动机切除。断开电动机后，离心机受旋转势能驱动，机械惯量大且摩擦力小，因此电机慢慢减速。通过这种简单的控制方式，既可以使离心机的平均速度保持恒定，又可以使瞬时速度不会偏离指定的误差范围。温度控制也可以用类似的控制方法，电加热器或空调通过交流开关来间歇性地开通和关断。

交流-交流变频器主要用在大型交流电动机(通常为同步电机)的低转速、大功率驱动系统中，如金属行业的轧钢厂或水泥厂的驱动系统中。交流电动机的速度与向它供电的交流-交流变频器的输出频率成正比，而交流-交流变频器的输出频率低，所以电动机的转速也低，因此可以不需要传动齿轮而直接带动负载。交流-交流变频器带动的交流驱动器能够快速地加速和减速，而且在允许的整个速度范围内都具有再发电运行能力(功率反向)。近年来，交流-交流变频器开始应用于可再生能源系统。

矩阵变换器已经越来越多地被用在需要宽频/幅值控制和双向功率流动的场所。电压增

益低是限制矩阵变换器在交流电动机控制中广泛应用的原因之一。目前，市场上量产电动机的额定电压大都和现有的电网电压水平相当。感应电动机的转矩和电源电压的平方成正比，所以电压幅值减小15%意味着电机转矩减小了28%。尽管如此，矩阵变换器在某些"定制"的应用中，如专用高性能交流驱动器，仍然占有一席之地。

矩阵变换器在小型和中等功率风电系统中的应用也在不断扩大，它相当于变速交流发电机与电网之间的接口。低电压增益不再是核心问题，因为整个系统中的元件都已经进行了最优匹配设计。专家们目前还在考虑将矩阵变换器用于混合动力汽车。

小结

交流电压控制器通过相位控制或脉宽调制对输出电压和电流的有效值进行调整。相控型控制器使用晶闸管或双向晶闸管，PWM控制器（交流斩波器）采用全控型开关。交流电压控制器通常作为静态交流开关，目前市面上有多种类型的三相交流电压控制器。

三相交流-交流变频器由三个双向变换器构成，输出频率和电压可调。但是，输出频率只能小于输入频率。交流-交流变频器有其优点，但器件数量多，控制系统复杂。通常情况下，交流-交流变频器是由专用变压器供电的大功率变换器。

矩阵变换器利用双向全控型开关将输入端和输出端直接连接在一起，它允许对输出电压和输入电流进行独立的正弦调制。最近还出现很多减少开关数量、提高电压增益的解决方案。

交流电压控制器和静态交流开关的典型应用包括照明和加热控制、变压器分接头调压、感应电动机软启动和交流电动机的全周期控制。交流-交流变频器大多用在大功率、低转速、交流可调速驱动系统中。矩阵变换器的应用相对较少，主要包括可调速工业交流驱动器、可再生能源系统和电动汽车。

例题

例 5.1 利用一个单相交流电压控制器来控制电影院里的白炽灯照明。假设电灯的电阻不随温度变化，试求当触发角为60°时电灯消耗的功率是多少？触发角多大时电灯消耗的功率减少了50%？

解：白炽灯为阻性负载。因此，通过式（5.6）可以得到输出电压和输入电压的有效值之比，即幅值控制比为

$$\frac{V_o}{V_i} = \sqrt{\frac{1}{\pi}\left[\pi - \frac{1}{3}\pi + \frac{1}{2}\sin(120°)\right]} = 0.897$$

当电阻恒定时，功率与电压有效值的平方成正比，所以消耗的功率为额定功率的 $0.897^2 = 0.805$ 倍。可见，消耗的功率减少了19.5%。

如果功率减少了50%，则幅值控制比为 $\sqrt{0.5} = 0.707$。由图5.3控制特性图中 $\varphi = 0$ 的曲线可见，对应的触发角为90°。注意在该触发角下，输入电压刚好传递了一半正弦波到负载。

例 5.2 单相交流斩波器向负载供电，其中电源为120 V线路，调制度为0.75，负载阻抗为2 Ω。试求输出电压的有效值以及忽略纹波后的输出电流有效值。

解：由式（5.27）可得斩波器输出电压的有效值 V_o 为

$$V_o = \sqrt{0.75 \times 120} = 103.9 \text{ V}$$

V_o 的基频分量的有效值 $V_{o,1}$ 为

$$V_{o,1} = 0.75 \times 120 = 90 \text{ V}$$

假设输出电流为纯正弦波，则输出电流有效值 I_o 为

$$I_o = I_{o,1} = \frac{V_{o,1}}{Z} = \frac{90}{2} = 45 \text{ A}$$

例 5.3 三相、六脉波交流–交流变频器向负载供电。其中电源为 460 V、60 Hz 线路，负载为星形连接，每相电阻为 0.9 Ω，每相电感为 15 mH。交流–交流变频器的输出频率为 10 Hz，幅值控制比为 0.7。忽略纹波，试求输出电流的有效值。

解： 由于负载为 Y 形连接，输出电流的有效值 I_o 为

$$I_o = \frac{V_{o,LN,1}}{Z}$$

其中，$V_{o,LN,1}$ 表示输出相电压基频分量的有效值，Z 是负载阻抗，当频率为 10 Hz 时，每相阻抗 $Z = \sqrt{0.9^2 + (2\pi \times 10 \times 0.015)^2} = 1.303 \ \Omega$。由式（5.33），可得 $V_{o,LN,1}$ 为

$$V_{o,LN,1} = \frac{3}{\pi} \times 0.7 \times 460 = 439.3 \text{ V/相}$$

因此

$$I_o = \frac{439.3}{1.303} = 337.1 \text{ A/相}$$

例 5.4 460 V 线路向一个 3Φ-3Φ 矩阵变换器供电，其中开关频率为 5 kHz，调制度为 0.5，功率因数等于 1。设参考输入电流和输出电压的相角分别为 135° 和 100°，确定一个开关周期内的开关模式。

解： 假设 $m_{rec} = 1$，由式（5.46）可以求得虚拟逆变器的调制度 m_{inv} 为

$$m_{inv} = \frac{m}{\frac{\sqrt{3}}{2} m_{rec} \cos(\varphi_i)} = \frac{2}{\sqrt{3}} 0.5 = 0.577$$

由参考矢量的相角 β_I 和 β_V 可知，参考电流矢量 $\vec{i}^*$ 位于第三扇区、参考电压矢量 $\vec{v}^*$ 位于第二扇区（如图 5.29 和图 5.30 所示）。因此，$X_I = 0PN$，$Y_I = NP0$，$X_V = PPN$，$Y_V = NPN$。扇区内（本区）角度 α_I 和 α_V 分别是 15° 和 10°。基于式（4.77）、式（4.79）和式（4.80），有

$$d_{XI} = 1 \times \sin(60° - 15°) = 0.707$$
$$d_{YI} = 1 \times \sin(15°) = 0.259$$
$$d_{ZI} = 1 - d_{XI} - d_{YI} = 0.034$$

且

$$d_{XV} = 0.577 \times \sin(60° - 10°) = 0.442$$
$$d_{YV} = 0.577 \times \sin(10°) = 0.100$$
$$d_{ZV} = 1 - d_{XV} - d_{YV} = 0.458$$

开关周期 T_{sw} 等于开关频率 f_{sw} 的倒数，即 200 μs。表 5.2 为虚拟整流器和虚拟逆变器的状态以及它们相应的持续时间，持续时间是将具体数值代入表 5.1 后得到的结果。由表 5.2 可以得到矩阵变换器各个开关的开通顺序，如表 5.3 和图 5.41 所示。注意，在整个开关周期内，开关 S_{Ab} 和 S_{Cb} 都处于断开状态，而开关 S_{Bb} 处于导通状态。第 5 个开关子周期对应的零状态 BBB 优于零状态 AAA 或 CCC，因为零状态 BBB 的前后状态都是 BBA，这意味着在变更开关模式时，只需要改变开关 S_{Ac} 和 S_{Bc} 的状态。

表 5.2   例 5.4 中矩阵变换器的开关模式

表 5.2   例 5.4 中矩阵变换器的开关模式

开关子周期	整流器状态	逆变器状态	t_n/T_{sw}
1	0PN	PPN	0.156
2	0PN	NPN	0.035
3	NP0	NPN	0.009
4	NP0	PPN	0.057
5	Z00 或 0Z0	PPP	0.486
6	NP0	PPN	0.057
7	NP0	NPN	0.009
8	0PN	NPN	0.035
9	0PN	PPN	0.156

表 5.3   例 5.4 中矩阵变换器的开关开通顺序

开关子周期	矩阵变换器状态	激活的开关	持续时间（μs）
1	BBC	S_{Ba}, S_{Bb}, S_{Cc}	31.2
2	CBC	S_{Ca}, S_{Bb}, S_{Cc}	7.0
3	ABA	S_{Aa}, S_{Bb}, S_{Ac}	1.8
4	BBA	S_{Ba}, S_{Bb}, S_{Ac}	11.4
5	BBB	S_{Ba}, S_{Bb}, S_{Bc}	97.2
6	BBA	S_{Ba}, S_{Bb}, S_{Ac}	11.4
7	ABA	S_{Aa}, S_{Bb}, S_{Ac}	1.8
8	CBC	S_{Ca}, S_{Bb}, S_{Cc}	7.0
9	BBC	S_{Ba}, S_{Bb}, S_{Cc}	31.2

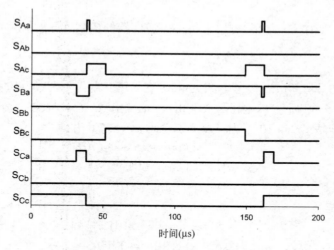

图 5.41   例 5.4 中各个开关的开关信号

矩阵变换器的输入和输出频率未知。这两个参数不需要知道。因为在空间矢量 PWM 方法中，每个开关周期中期望的电压和电流矢量都是独立合成的。因此，矢量的转速只能通过比较两个连续开关周期中矢量的位置来获得。例如本例中，如果输出电压矢量移相 3.6°，那么输出频率为 50 Hz，因为 5000 个开关周期的角度为 18 000°，即输出电压周期的 50 倍。

例 5.5   PWM 交流电压控制器为三相、三角形连接，其额定值为 10 kVA 和 460 V。电源频率是 60 Hz，调制度的范围为 0.05～0.95。假设额定电压和额定电流的安全裕度分别为 0.4

和 0.2，试求开关的最小额定电压和电流。当最小导通时间和最小断开时间为 $20\,\mu s$ 时，开关频率的最大允许值是多少？

解：开关的额定电压 V_{rat} 可以由式（4.107）得到

$$V_{rat} \geqslant (1+0.4) \times \sqrt{2} \times 460 = 911\,V$$

输出电流的额定有效值 $I_{o,rat}$ 为

$$I_{o,rat} = \frac{10 \times 10^3}{3 \times 460} = 7.25\,A$$

开关的额定电流 I_{rat} 受式（5.56）的限制，为

$$I_{rat} \geqslant \frac{\sqrt{2}}{\pi}(1+0.2) \times 7.25 = 3.92\,A$$

由式（5.57）

$$T_{sw} \geqslant \frac{t_{ON(min)}}{m_{min}} = \frac{20}{0.05} = 400\,\mu s$$

即

$$f_{sw} \leqslant \frac{1}{400} = 0.0025\,MHz = 2.5\,kHz$$

本例中，因为 $m_{max} = 1 - m_{min}$，所以由式（5.58）也可以得到相同的结果。

习题

P5.1 假设负载阻抗角小于 $60°$，画出单相交流电压控制器的输出电压和电流波形，其中触发角和熄弧角分别为

（a）$60°$ 和 $225°$

（b）$90°$ 和 $210°$

（c）$120°$ 和 $205°$

P5.2 单相交流电压控制器向负载供电，其中每相负载的电阻为 $2.5\,\Omega$，电感为 $6\,mH$，电源为 $120\,V$、$60\,Hz$ 线路。采用多脉冲门极信号触发双向晶闸管。试估算触发角分别为 $45°$、$90°$ 和 $120°$ 时输出电压的有效值。

P5.3 单相交流电压控制器向阻性负载供电。试利用图 5.3 的特性图求解使输出电压降低 35% 的触发角。

P5.4 图 5.7 的三相交流控制器由 $230\,V$ 线路供电，负载为纯阻性负载。试求当触发角分别为 $30°$、$90°$ 和 $120°$ 时输出电压的有效值。

P5.5 单相交流斩波器由 $120\,V$ 线路供电，调制度为 0.75。试求输出电压的有效值。

P5.6 单相交流斩波器由 $120\,V$、$60\,Hz$ 线路供电，调制度为 0.6 且保持不变，每个电源周期含 20 个开关周期。试求输出电压的基频分量、输出电压脉冲和陷波的持续时间。

P5.7 交流斩波器为三相、三角形连接，电源为 $460\,V$ 线路，调制度为 0.6。试求输出电压的有效值和输出电压的基频分量。

P5.8 三相六脉波交流–交流变频器由 $460\,V$ 线路供电，幅值控制比为 0.75。试求交流–交流变频器输出线电压和输出相电压的有效值。

P5.9 使用三个字母，如 AAB，列出 3Φ-3Φ 矩阵变换器允许的所有状态。

P5.10 3Φ-3Φ 矩阵变换器向纯阻性负载供电，其中电源为 $230\,V$ 正序电压，负载连接成星形且每相负载为 $5\,\Omega$。忽略滤波器电感上的电压降，A 相输入电压可以表示为 $v_A = V_{i,p}\cos(\omega t)$。试求当 S_{Ab}、S_{Ac} 和 S_{Ca} 导通且 $\omega t = 135°$ 时输出线电压和输入电流的瞬时值。

P5.11 若 $f_{sw} = 4\,\text{kHz}$, $m = 0.45$, $\beta_I = 235°$, $\beta_V = 15°$。重做例 5.4。若矩阵变换器由 230 V 线路供电,输出相电压是多少?

P5.12 三相全控交流电压控制器的额定值为 20 kVA、460 V。假设额定电压的安全裕度为 0.4,额定电流的安全裕度为 0.25。试求控制器中晶闸管的最小额定电压和电流。

P5.13 交流电压控制器的晶闸管在负载后连接成三角形。假设该控制器的额定值和安全裕度与习题 P5.12 相同,试求晶闸管的最小额定电压和额定电流。

P5.14 单相交流斩波器的额定值为 10 kVA、120 V、60 Hz。每个电源周期内有 50 个开关周期。斩波器为 PWM 控制方式,最小和最大调制度分别为 0.05 和 0.95。假设其安全裕度与习题 P5.12 相同,试求主开关和续流开关的最低额定电压、额定电流以及开关的最小导通时间和断开时间。

上机作业

CA5.1* 运行文件名为 AC_Volt_Contr_1ph. cir 的单相交流控制器 PSpice 程序。当触发角为 40° 和 80° 时,求输出电压和电流的

(a) 有效值
(b) 基频分量的有效值
(c) 总谐波畸变率

CA5.2* 运行文件名为 AC_Volt_Contr_1ph. cir 的单相交流电压控制器 PSpice 程序。当触发角为 40° 和 110° 时,求输出电压和电流的谐波频谱。以基波幅值为基准值,求幅值最大的 10 个谐波次数和对应的以标幺值表示的谐波幅值。

CA5.3* 运行文件名为 AC_Volt_Contr_3ph. cir 的三相交流电压控制器 PSpice 程序。当触发角为 45° 和 80° 时,求输出电压和电流的

(a) 有效值
(b) 基频分量的有效值
(c) 总谐波畸变率

CA5.4* 运行文件名为 AC_Volt_Contr_3ph. cir 的三相交流电压控制器 PSpice 程序。当触发角为 40° 和 100° 时,求输出电压和电流的谐波频谱。以基波幅值为基准值,求幅值最大的 10 个谐波次数和对应的以标幺值表示的谐波幅值。

CA5.5* 运行文件名为 AC_Chopp. cir 的带输入滤波器的单相交流斩波器 PSpice 程序。当每个电源周期的开关周期 $N = 20$、幅值控制比 $M = 0.75$ 时,求输出电压和电流的

(a) 有效值
(b) 基频分量的有效值
(c) 总谐波畸变率

当 $N = 20$ 和 $M = 0.6$ 时,重做该题。

CA5.6* 运行文件名为 AC_Chopp. cir 的带输入滤波器的单相交流斩波器 PSpice 程序。当每个电源周期的开关周期 $N = 10$、幅值控制比 $M = 0.4$ 时,求

（a）电源电流的总谐波畸变率

（b）滤波器的有功输入功率（因为开关不是理想开关，所以输入功率与输出功率不相等）

（c）滤波器的视在输入功率

（d）输入功率因数

当 $N=20$ 和 $M=0.6$ 时，重做该题。观察电源电流波形以及滤波器供给斩波器的电流波形。另外，比较斩波器（滤波器后）输入端电压和供电端电压波形。

CA5.7*　运行文件名为 Cyclocon. cir 单相六脉波交流−交流变频器 PSpice 程序。观察交流−交流变频器和其中整流器的输出电压、输出电流波形以及每个电抗器上的电流波形。

补充资料

［1］　Baoming, G. , Qin, L. , Wei, Q. , and Peng, F. Z. , A family of Z-source matrix converters, *IEEE Transactions on Industrial Electronics*, vol. 59, no. 1, pp. 35−46, 2012.

［2］　Empringham, L. , Kolar, J. W. , Rodriguez, J. ,Wheeler, P. W. , and Clare,J. C. , Technological issues and industrial application of matrix converters：a review, *IEEE Transactions on Industrial Electronics*, vol. 60, no. 10, pp. 4260−4271, 2013.

［3］　Kolar, J. W. , Friedli, T, Rodriguez, J. , and Wheeler, P. W. , Review of three-phase PWM ac-ac converter topologies, *IEEE Transactions on Industrial Electronics*, vol. 58, no. 11, pp. 4988−5006, 2011.

［4］　Kolar, J. W. , Schafmeister, F. , Round, S. , and Ertl, H. , Novel three-phase AC-AC sparse matrix converters, *IEEE Transactions on Power Electronics*, vol. 22, no. 5, pp. 1649−1661,2007.

［5］　Rashid, M. H. , *Power Electronics Handbook*, 2nd ed. , Academic Press, Boston, MA, 2007, Chapter 18.

［6］　Rombaut, C. , Seguier, G. , and Bausiere, R. , *Power Electronic Converters—AC/AC Conversion*, McGraw-Hill, New York, 1987.

第 6 章　直流-直流变换器

本章对进行直流-直流变换的电力电子变换器进行讲解。分析了带全控型半导体电力开关和强迫换流型晶闸管的静态直流开关;讨论单象限、两象限和四象限降压和升压斩波器;给出了设备选择的原则;并介绍直流-直流变换器的应用。

6.1　静态直流开关

最简单的直流-直流电力变换是对直流电源和负载进行通断处理,它不需要对电源电压进行控制。电力电子**静态直流开关**虽然不能在物理上将电源和负载隔离,但在工业和家电领域却有多种应用。"静态"一词意味着开关状态改变的频率很低。从这个方面来说,静态直流开关可以取代传统的机电开关。传统的机电开关使用寿命有限,因为它的触头和其他机械零件会磨损,而且通常需要很大的启动功率。与此相反,电力电子开关从理论上讲能够运行无限长时间,它们的**功率增益**,即导通时输送的功率和启动功率的比值,远高于机电开关的功率增益。

基于全控型半导体电力开关的静态直流开关如图 6.1 所示。半导体电力开关 S 与负载串联,续流二极管 D 和负载并联。当开关断开时,续流二极管用于给滞后的负载电流提供通路。当开关处于导通状态时,输出电压 v_o 等于大小固定的直流输入电压 V_i,输出电流 i_o 等于输入电流 i_i。二极管被反向偏置,其电流 i_D 为零。

在接下来的讨论中,因为假设负载为 RLE 负载,所以需要使用续流二极管。当开关断开时,输出电流被迫减小。电流的减小使得负载电感上的电压为负。二极管变成正向偏置,输出电流开始通过二极管形成回路。因此,$i_o = i_D$,$v_o \approx 0$,$i_i = 0$。经过短暂时间后,负载电流降为零。开关 S 上的电压降等于输入电压,因此开关正向偏置,准备下一次开通。门级信号 g(根据开关的类型,可以为电流或电压)、输出电压和电流、输入电流和二极管电流波形如图 6.2 所示。为简单起见,假设开关的开通和关断动作瞬时完成。

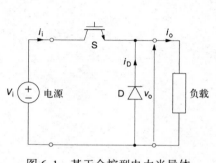

图 6.1　基于全控型电力半导体
开关的静态直流开关

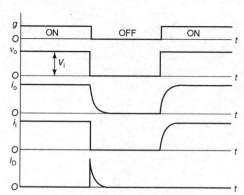

图 6.2　静态直流开关的电压和电流波形

通过施加适当的门极信号可以关断全控型半导体电力开关，但是如果需要关断直流电路中的晶闸管，则需要辅助**换流电路**。辅助换流电路的类型很多。目前大部分直流输入型变换器都不再使用晶闸管，而改为使用全控型开关。尽管如此，为了让读者了解换流电路的概念，本节仍然以基于晶闸管的静态直流开关为例进行说明，其中换流电路为谐振换流电路。

静态直流开关如图 6.3 所示。换流电路包括辅助晶闸管 T2、二极管 D2、电抗器 L 和电容器 C。开关处于导通状态，即主晶闸管 T1 导通、T2 断开时，电容器电压 v_c 的极性如图中所示。

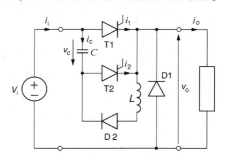

图 6.3　带谐振换流电路的基于晶闸管的静态直流开关

若要关断 T1，需要触发正向偏置的 T2。为了更好地解释强迫换流，T2 导通瞬间的 T1-T2-C 子电路如图 6.4 所示，其中，T2 等效为一个闭合开关。可见，电容器跨接在 T1 上，电容器电压使晶闸管反向偏置。由于 T1 仍处于导通状态，因此电容器被短路，放电电流 i_c 流入 T1 的阴极。结果就是，一个反向恢复电流强加在 T1 上，晶闸管被关断，相当于整个直流开关被关断。

使用同样的方法可以关断辅助晶闸管 T2。当 T1 处于断开状态时，T2 导通，电源-C-T2-负载形成回路。因此，关断 T1 后，电容器 C 开始充电，直到电压等于$-V_i$。注意，如果 T1 的断开时间足够长，T2 可能就不需要强迫换流，它可以随着直流电路中电容器电流的衰减而自然关断。

当电容器充满电时，T1 再次导通，使 T1-L-D2-C 电路闭合。该电路是一个谐振电路，因为如果没有 T1 和 D2，电容器上的电压和电流将会是振荡的正弦波（假设电路中电阻很小）。但是，二极管阻止了正向电流的流通，谐振过程在持续半个周期后被中断。此时，电容器上的电压被再次充电到 $v_c = V_i$，使主晶闸管成功开通。相关波形如图 6.5 所示，其中 g_1 和 g_2 分别表示晶闸管 T1 和 T2 上的门极信号，i_1 和 i_2 分别表示这两个晶闸管上的电流。为简单起见，假设晶闸管的动作瞬时完成，负载为纯阻性负载。

换流电路加大了静态直流开关的尺寸、质量和成本，并对其可靠性造成不利影响。此外，如图 6.5 所示，由于强迫换流需要时间完成暂态过程，导致开关最大可用运行频率的降低。强迫换流的另一个缺点是辅助晶闸管开通后会在输出电压中产生毛刺，从而危害负载。

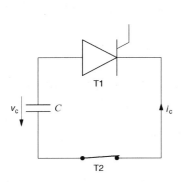

图 6.4　基于晶闸管的静态直流开关的等效子电路

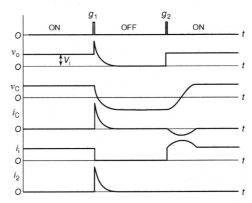

图 6.5　基于晶闸管的静态直流开关中的电压、电流波形

155

6.2 降压斩波器

电力电子斩波器是使输出电压平均值可调的直流-直流变换器。如 1.5 节所述，斩波器由开关的高频投切完成其功能。直流电源交替地与负载连接或断开。因此，输出电压由一系列短脉冲和脉冲间的小切口（陷波）构成。由于假设负载为感性负载，在一个脉冲或者陷波的持续时间内，输出电流不会发生大的改变，因此电流纹波小。

降压型斩波器是最常使用的斩波器。假设忽略开关两端的电压降，输出电压的脉冲幅值与输入电压V_i相等。输出电压的平均值$V_{o,dc}$与降压斩波器开关的占空比成正比，通常在$-V_i$至$+V_i$之间变化。因此，降压斩波器的幅值控制比 M 可表示为

$$M = \frac{V_{o,dc}}{V_i} \tag{6.1}$$

对应的示意图以及用于求解输出电压和电流直流分量的等效电路如图 6.6 所示。RLE 负载可能代表直流电动机，也可能代表通过感性滤波器进行充电的蓄电池。必须强调，在本图和随后的图中，电压和电流的箭头方向表示这些量的**参考正方向**。负载电动势的极性和输出电压平均值的极性相同（如第 4 章的整流器）。在工作平面的第一象限和第三象限，因为功率从电源流向负载，所以负载电动势可以为零。

负载的微分方程为

$$L\frac{di_o}{dt} + Ri_o + E = v_o \tag{6.2}$$

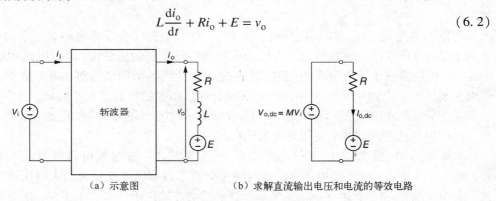

(a) 示意图　　　　　　　(b) 求解直流输出电压和电流的等效电路

图 6.6　降压斩波器

根据降压斩波器的类型，输出电压v_o可以等于零，$-V_i$或$+V_i$。因此，分析给定状态的降压斩波器时，可以认为v_o为常数，这样，求解式（6.2）可得

$$i_o(t) = \frac{v_o - E}{R} + \left[\frac{E - v_o}{R} + i_o(t_0)\right] e^{-\frac{R}{L}(t-t_0)} \tag{6.3}$$

其中$i_o(t_0)$是初始时刻t_0的输出电流值。由图 6.6（b）可以求得输出电流的平均值I_o为

$$I_{o,dc} = \frac{V_{o,dc} - E}{R} = \frac{MV_i - E}{R} \tag{6.4}$$

根据电路的结构，降压斩波器可以在工作平面的一个、两个或四个象限内工作。接下来的章节将对这些变换器进行详细说明。

6.2.1　第一象限斩波器

第一象限斩波器只能使直流输出电压和电流为正，因此平均功率从电源流向负载。如

图 6.7 所示，斩波器的电路与图 6.1 的静态直流开关结构相同。设全控型开关 S 的开关变量为 x_1，斩波器的输出电压为

$$v_o = x_1 V_i \tag{6.5}$$

开关变量的值表示斩波器的状态。图 6.8（a）和图 6.8（b）分别为斩波器在状态 1 和状态 0 时的等效电路。注意此处和后续的等效电路中，开关和二极管中的电流为它们的**实际方向**，而输入和输出变量的方向仍如前所述，代表这些变量的参考正方向。

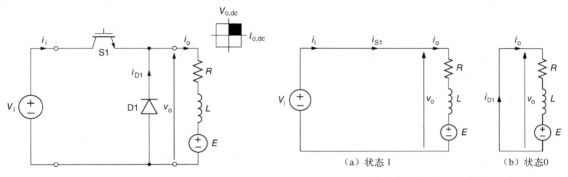

图 6.7　第一象限斩波器　　　　　图 6.8　第一象限斩波器的等效电路

在状态 1 下，开关为导通状态，输入电压加在负载上，负载电感充电，储存电磁能量。输出电流按照式（6.3）增大，其中 $v_o = V_i$。在状态 0 下，开关为断开状态，续流二极管 D1 将输出终端短接，存储在负载电感中的能量开始释放，输出电流按式（6.3）衰减，其中 $v_o = 0$。

用 t_{ON} 和 t_{OFF} 分别表示开关导通和断开状态的持续时间，即斩波器分别处于状态 1 和状态 0 的时间，直流输出电压 $V_{o,dc}$ 可以用图 6.8 输出电压的时间加权平均值表示。具体而言

$$V_{o,dc} = \frac{V_i \times t_{ON} + 0 \times t_{OFF}}{t_{ON} + t_{OFF}} = \frac{t_{ON}}{t_{ON} + t_{OFF}} V_i = d_1 V_i \tag{6.6}$$

其中 d_1 是开关 S1 的占空比。注意，考虑到开关变量的平均值等于相应开关的占空比，通过对式（6.5）两边同时求平均值也能得到式（6.6）。

从式（6.1）和式（6.6）可得

$$M = d_1 \tag{6.7}$$

此外，由于式（6.4）输出电流的平均值必须为正值，因此输出电压的幅值控制范围为

$$\frac{E}{V_i} < M \leqslant 1 \tag{6.8}$$

根据式（6.7），条件式（6.8）中比值 E/V_i 表示能使输出电流连续的最小占空比。如果尝试在较低的 d 值下运行，就会出现输出电流不连续的情况，和整流器一样，应该尽量避免这种情况的发生。

图 6.9 为第一象限斩波器的输出电压和电流波形，其中 $E/V_i = 0.25$。幅值控制比 M 一开始等于 0.50，然后调整为 0.75。由图可见，输出电压立刻响应 M 的变化，但是电流的响应速度较慢，响应时间常数 τ 由负载决定。注意，输出电流和电压确定后，就很容易求得斩波器的其他电压和电流。例如，开关两端的电压为 $V_i - v_o$，开关电流为 $x_1 i_o$。

实际上，由于开关频率很高，所以可以对斩波器的输出电流波形进行分段线性化处理。正如接下来输出电流交流和直流分量的推导一样，这种处理极大地简化了斩波器的分析。

稳态时，第一象限斩波器一个周期内的输出电压和电流波形如图 6.10 所示。输出电流 i_o

在开关导通期间t_{ON}内增加了Δi_o，并在开关断开期间t_{OFF}内减小了同样大小的Δi_o。电流增量可以认为是输出电流交流分量(纹波)幅值的两倍。该分量的波形为三角形，可以很容易地求到其对应的有效值$I_{o,ac}$为幅值的$1/\sqrt{3}$，所以

$$I_{o,ac} = \frac{\Delta i_o}{2\sqrt{3}} \tag{6.9}$$

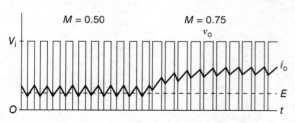

图6.9 第一象限斩波器的输出电压和电流

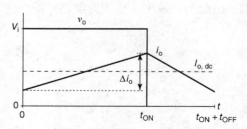

图6.10 第一象限斩波器一个周期内的输出电压和电流

由式(6.2)

$$di_o = \frac{1}{L}(v_o - E - Ri_o)dt \tag{6.10}$$

在开关导通期间，$di_o \approx \Delta i_o$，$v_o = V_i$，$i_o \approx I_{o,dc}$，$dt \approx t_{ON}$。因此

$$\Delta i_o = \frac{1}{L}(V_i - E - RI_{o,dc})t_{ON} \tag{6.11}$$

类似地，在开关断开期间，$di_o \approx -\Delta i_o$，$v_o = 0$，$i_o \approx I_{o,dc}$，$dt \approx t_{OFF}$，所以

$$\Delta i_o = \frac{1}{L}(E + RI_{o,dc})t_{OFF} \tag{6.12}$$

比较式(6.11)和式(6.12)，可得$I_{o,dc}$为

$$I_{o,dc} = \frac{1}{R}\left(\frac{t_{ON}}{t_{ON} + t_{OFF}}V_i - E\right) = \frac{d_1 V_i - E}{R} = \frac{MV_i - E}{R} \tag{6.13}$$

$I_{o,dc}$与上一节的式(6.4)相同。

将式(6.13)代入式(6.12)可得

$$\Delta i_o = \frac{MV_i}{L}t_{OFF} \tag{6.14}$$

注意，t_{OFF}可以表示为

$$t_{OFF} = (1-d)(t_{ON} + t_{OFF}) = \frac{1-M}{f_{sw}} \tag{6.15}$$

其中$f_{sw} \equiv 1/(t_{ON} + t_{OFF})$为斩波器的开关频率。此外，考虑到$L = \tau R$，其中$\tau \equiv L/R$表示负载时间常数。因此，重新整理式(6.14)，得到

$$\Delta i_o = \frac{V_i}{R}\frac{M(1-M)}{\tau f_{sw}} \tag{6.16}$$

为了使上式也适用于工作在第三象限和第四象限的斩波器，即幅值控制比为负的情况，将式(6.16)中的M用$|M|$替换。然后，由式(6.9)和式(6.16)，可得

$$I_{o,ac(pu)} = \frac{|M|(1-|M|)}{2\sqrt{3}f_{sw(pu)}} \tag{6.17}$$

其中$I_{o,ac(pu)}$为输出电流纹波分量有效值的标幺值

158

$$I_{\mathrm{o,ac(pu)}} \equiv \frac{I_{\mathrm{o,ac}}}{\dfrac{V_{\mathrm{i}}}{R}} \qquad (6.18)$$

$f_{\mathrm{sw(pu)}}$ 为开关频率的标幺值

$$f_{\mathrm{sw(pu)}} \equiv \tau f_{\mathrm{sw}} \qquad (6.19)$$

式(6.17)中各个变量之间的关系可以用图 6.11 所示的三维图形描述。由图可见,最大纹波发生在 $|M| = 0.5$ 时。开关频率对纹波电流的影响很大,特别是当开关频率很低时,即斩波器的开关时间与负载的时间常数差不多时。不能设置过高的开关频率,因为这种方法只能使输出电流的质量得到小幅提高,但开关损耗很高。为

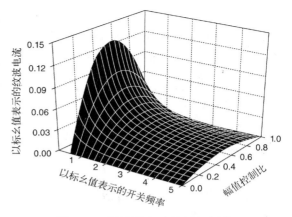

图 6.11 斩波器电流纹波与幅值控制比、开关频率的关系

了在开关质量和斩波器运行效率之间达到平衡,开关频率的标幺值通常设为 3 左右。

6.2.2 第二象限斩波器

图 6.12 为第二象限斩波器,它的输出电压为正,而输出电流平均值为负。因此平均功率从负载流向电源。图 6.13 为该斩波器在状态 1 和状态 0 时的等效电路。将这两个电路与图 6.8 第一象限斩波器的电路进行比较,可见两种状态下的电路做了简单的互换。显然,第二象限斩波器能防止输入和输出电流正向流动。

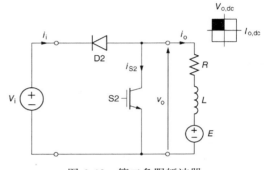

图 6.12 第二象限斩波器

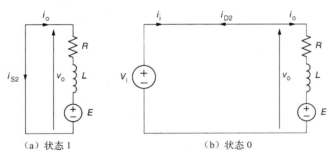

(a) 状态 1 (b) 状态 0

图 6.13 第二象限斩波器的等效电路

状态 1 时,开关 S2 将负载短接,负载空载电动势 E 向包括负载电感 L 的电路供电。状态 0 时,电流通过二极管 D2 流向供电电源,储存在电抗器中的能量用于维持该电流恒定。设开关 S2 的开关变量为 x_2,输出电压的瞬时值为

$$v_{\mathrm{o}} = (1 - x_2)V_{\mathrm{i}} \qquad (6.20)$$

输出电压的平均值为

$$V_{\mathrm{o,dc}} = \frac{0 \times t_{\mathrm{ON}} + V_{\mathrm{i}} \times t_{\mathrm{OFF}}}{t_{\mathrm{ON}} + t_{\mathrm{OFF}}} = \frac{t_{\mathrm{OFF}}}{t_{\mathrm{ON}} + t_{\mathrm{OFF}}} V_{\mathrm{i}} = (1 - d_2)V_{\mathrm{i}} \qquad (6.21)$$

也就是

$$M = 1 - d_2 \qquad (6.22)$$

其中d_2表示开关 S2 的占空比。为了使输出电流连续且直流分量$I_{o,dc}$为负，当$E<V_i$时，斩波器的幅值控制范围为

$$0 \leqslant M \leqslant \frac{E}{V_i} \qquad (6.23)$$

若$E<V_i$，则M可以在$[0,1]$的全范围变化。如果允许电流不连续，那么即使输入电压大于空载电动势，能量也可以从有源负载向输入电源流动。

图 6.14 为第二象限斩波器的运行结果图。其中$E/V_i = 0.75$，幅值控制比最初等于 0.50，然后调整为 0.25。得到的输出电流波形是图 6.9 电流波形的镜像。

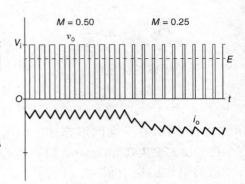

图 6.14　第二象限斩波器的
输出电压和电流

6.2.3　第一和第二两象限斩波器

6.2.1 节和 6.2.2 节的斩波器为单象限斩波器，它们的能量只能沿着一个方向输送，但两象限斩波器能够实现双向能量流动。第一和第二两象限斩波器（即输出电压为正，输出电流方向任意）的电路如图 6.15 所示。从拓扑图上看，该斩波器是第一和第二象限斩波器的组合。实际上也是这样，如果删除支路 S2-D2，剩下的电路与第一象限斩波器电路相同，反之亦然，删除支路 S1-D1 就成为第二象限斩波器。

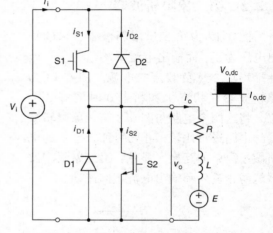

图 6.15　第一和第二两象限斩波器

分别用开关变量x_1和x_2来表示开关 S1 和 S2 的状态，那么斩波器的状态为$(x_1 x_2)_2$。如果开关 S1 导通，即$x_1 = 1$，且开关 S2 断开，即$x_2 = 0$，那么斩波器的状态就是 2，因为$10_2 = 2$。理论上，斩波器总共有 4 种可能的状态。但是，不允许出现状态 3，因为它会使电源短路。

当斩波器工作在第一象限时，只需要控制开关 S1，S2 一直处于断开状态。因此，斩波器在状态 0 和状态 2 之间交替变化。二极管 D2 被永久反向偏置，所以整个 S2-D2 支路处于闲置状态。相反，当斩波器工作在第二象限时，只有开关 S2 执行斩波任务，斩波器在状态 0 和 1 之间变化，支路 S1-D1 处于闲置状态。因此，上两节关于第一和第二象限斩波器的推导方法完全适用于本节。具体而言，在第一象限内

$$v_o = x_1 V_i, \ x_2 = 0 \qquad (6.24)$$

且

$$M = d_1 \qquad (6.25)$$

其中d_1表示开关 S1 的占空比。在第二象限内，有

$$v_o = (1 - x_2)V_i, \ x_1 = 0 \qquad (6.26)$$

且

160

$$M = 1 - d_2 \qquad (6.27)$$

其中d_2表示开关 S2 的占空比。注意执行斩波任务的开关的序号和工作所在象限的数字保持一致，即开关 S1 和第一象限相关，开关 S2 与第二象限相关。本章所有的多象限斩波器均采用这种约定。若输出电压工作在第一象限，幅值控制范围由式(6.8)确定，若工作在第二象限，幅值控制范围由式(6.23)确定。

图 6.16 为斩波器运行的实例图。其中$E/V_i = 0.5$。开始时，斩波器工作在第一象限，幅值控制比为 0.75，后来工作在第二象限，$M = 0.25$。输出电压的平均值始终为正，而输出电流，根据式(6.4)，一开始为正，最后变为与直流分量绝对值相等的负值。

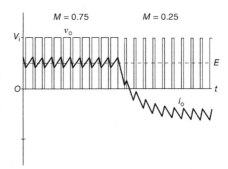

图 6.16　第一和第二两象限斩波器的输出电压和电流

6.2.4　第一和第四两象限斩波器

图 6.17 为第一和第四两象限斩波器，它能够实现双向能量流动且输出电流为正。当斩波器工作在第一象限时，负载电动势为正，当运行在第四象限时，负载电动势为负。定义斩波器的状态为$(x_1 x_4)_2$，其中x_1和x_4分别表示开关 S1 和 S4 的状态。

工作在第一象限时，为了给输出电流提供流通路径，开关 S4 需要一直导通。开关 S1 执行斩波任务，占空比为d_1，因此斩波器交错运行在状态 1 和状态 3 下。工作在第四象限时，开关 S1 为断开状态，S4 的占空比为d_4，斩波器交错运行在状态 0 和状态 1 之间。

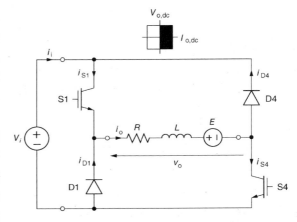

图 6.17　第一和第四两象限斩波器

上节已经分析了斩波器工作在第一象限的情况，本节需要将式(6.24)修改为

$$v_o = x_1 V_i, \ x_4 = 1 \qquad (6.28)$$

斩波器工作在第四象限的等效电路如图 6.18 所示。仔细观察这些电路，可得

$$v_o = (x_4 - 1)V_i, \ x_1 = 0 \qquad (6.29)$$

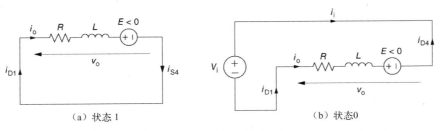

（a）状态 1　　　　　　　　　　（b）状态 0

图 6.18　第一和第四两象限斩波器工作在第四象限时的等效电路

且

$$V_{\text{o.dc}} = \frac{0 \times t_{\text{ON},4} - V_{\text{i}} \times t_{\text{OFF},4}}{t_{\text{ON},4} + t_{\text{OFF},4}} = -\frac{t_{\text{OFF},4}}{t_{\text{ON},4} + t_{\text{OFF},4}} V_{\text{i}} = (d_4 - 1)V_{\text{i}} \tag{6.30}$$

其中，$t_{\text{ON},4}$和$t_{\text{OFF},4}$分别表示开关 S4 的导通和断开时间。因此

$$M = d_4 - 1 \tag{6.31}$$

为了使输出电流平均值为正且电流连续，幅值控制范围应该为

$$\frac{E}{V_{\text{i}}} < M \leqslant 0 \tag{6.32}$$

图 6.19 为第一和第四两象限斩波器的运行结果。开始时，斩波器工作在第一象限，其中$E/V_{\text{i}} = 0.5$，$M = 0.75$(参见图 6.16)。当负载电动势改变方向时直流输出电流保持不变，因此，$E/V_{\text{i}} = -0.5$。由式(6.4)很容易得到，在第四象限中的幅值控制比是-0.25。

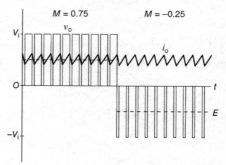

图 6.19　第一和第四两象限斩波器的输出电压和电流

注意，当开关 S4 执行斩波任务而 S1 连续导通时，斩波器也可以运行在第一象限内。在这种模式下，当 S4 断开时，输出电流通过二极管 D4 形成闭合回路。但是，不推荐使用这种运行模式，因为它违反了控制的对称性，即在每个象限中都使用了与前面不一样的一对开关-二极管。

6.2.5　四象限斩波器

在所有降压斩波器中，四象限斩波器的适用性最强。其电路如图 6.20 所示，包括 4 个电力开关 S1~S4 和 4 个续流二极管 D1~D4。将斩波器的状态表示为$(x_1 x_2 x_3 x_4)_2$，其中$x_1 \sim x_4$为开关变量，因此理论上共有 16 种状态。但是，只有状态 0、1、4、6 和 9 有效。其余的状态或者造成电源短路，或者违反了控制的对称性。

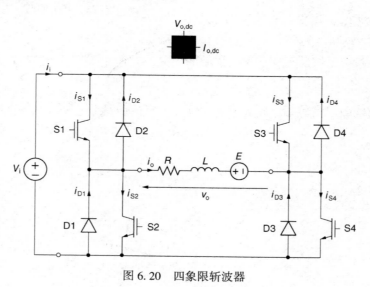

图 6.20　四象限斩波器

本节不再单独描述四象限斩波器在每个象限的工作特性，而是将其所有象限内的工作特性总结如表 6.1 所示。其中，"导通状态"和"断开状态"表示斩波器的状态，它和执行斩波任务的开关的状态相对应。"导通电路"和"断开电路"表示上述"导通状态"和"断开状态"下输出电流经过的开关和二极管。$d_1 \sim d_4$ 表示各个开关的占空比。如前所述，执行斩波任务的开关的序号与斩波器的工作象限对应。例如，在第三象限时，调制（斩波）开关为 S3。表中 M 的范围表示能使输出电流连续的范围。该幅值控制范围也可以用图 6.21 表示，它适用于所有降压斩波器。

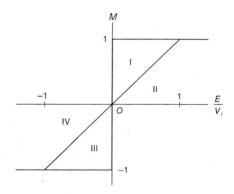

图 6.21　降压斩波器对应的幅值控制范围

表 6.1　四象限斩波器的工作特性

象　限	I	II	III	IV
E	$\geqslant 0$	> 0	$\leqslant 0$	< 0
x_1	$0,1,0,1,\cdots$	0	0	0
x_2	0	$0,1,0,1,\cdots$	1	0
x_3	0	0	$0,1,0,1,\cdots$	0
x_4	1	0	0	$0,1,0,1,\cdots$
导通状态	9	4	6	1
断开状态	1	0	4	0
导通电路	S1–S4	S2–D3	S2–S3	S4–D1
断开电路	S4–D1	D2–D3	S2–D3	D1–D4
v_o	$x_1 V_i$	$(1-x_1) V_i$	$-x_3 V_i$	$(x_4-1) V_i$
M	d_1	$1-d_2$	$-d_3$	d_4-1
M 的范围	$E/V_i \sim 1$	$0 \sim E/V_i$	$-1 \sim E/V_i$	$E/V_i \sim 0$

6.3　升压斩波器

6.2 节降压斩波器的脉冲输出电压具有固定不变的脉冲幅值，该幅值和输入电压相同，但输出电压的平均值可调，如果考虑斩波器内部的电压降，那么输出电压的平均值比输入电压低。与此相反，升压斩波器脉冲输出电压的平均值和输入电压相同且固定不变，但脉冲输出电压的脉冲幅值可调，且高于输入电压。

如图 6.22 所示，升压斩波器包括一个全控型开关、一个二极管和一个电抗器。当开关导通时，二极管用于防止输出电流受负载电动势的影响而反向。升压斩波器不能用通用电力变换器来模拟，因为电抗器是电力变换的一个关键器件。注意，如果将图 6.22 中的负载电动势认为是供电电源，那

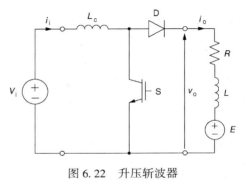

图 6.22　升压斩波器

么升压斩波器与图 6.12 的第二象限斩波器在结构上相同。

在开关导通时间 t_{ON} 内，输出电压 v_o 为零，电抗器上流过输入电流 i_i 并产生电压降 v_L，它等于输入电压 V_i。因此

$$v_L = L_c \frac{di_i}{dt} = V_i \tag{6.33}$$

其中 L_c 表示电抗器的电感系数。因此

$$\frac{di_i}{dt} = \frac{V_i}{L_c} \tag{6.34}$$

即电抗器中的电流随时间线性增加。导通结束时，电流增量 Δi_i 为

$$\Delta i_i = \frac{V_i}{L_c} t_{ON} \tag{6.35}$$

接下来在时间间隔 t_{OFF} 内，开关断开，负载不再被开关短接，输入电流开始衰减。斩波器工作在稳态时，输入电流的平均值是常数，所以输入电流在上一个时间间隔 t_{ON} 内增大了 Δi_i，在 t_{OFF} 内电流就需要减小同样大小的 Δi_i。假设电流的衰减也是线性的，它的导数可以表示为

$$\frac{di_i}{dt} = -\frac{\Delta i_i}{t_{OFF}} = -\frac{V_i}{L_c} \frac{t_{ON}}{t_{OFF}} \tag{6.36}$$

因此，在开关断开期间的输出电压为

$$v_o = V_i - v_L = V_i - L_c \frac{di_i}{dt} = V_i + L_c \frac{V_i}{L_c} \frac{t_{ON}}{t_{OFF}} = V_i \left(1 + \frac{t_{ON}}{t_{OFF}}\right) \tag{6.37}$$

输出电压的最大值出现在开关断开期间，由式(6.37)，对应的脉冲电压峰值 $V_{o,p}$ 等于

$$V_{o,p} = V_i \left(1 + \frac{t_{ON}}{t_{OFF}}\right) = \frac{V_i}{1-d} \tag{6.38}$$

其中 d 表示开关 S 的占空比。

输出电压的平均值为

$$V_{o,dc} = \frac{0 \times t_{ON} + \frac{V_i}{1-d} \times t_{OFF}}{t_{ON} + t_{OFF}} = \frac{V_i}{1-d} \frac{t_{OFF}}{t_{ON} + t_{OFF}} \tag{6.39}$$

$$= \frac{V_i}{1-d}(1-d) = V_i$$

这个结论再次表明，输出电压的平均值等于输入电压。因为 $0 \leqslant d \leqslant 1$，所以输出电压的脉冲幅值比输入电压高。由式(6.1)可得，幅值控制比 M 等于 1，和占空比 d 无关。

图 6.23 为升压斩波器的运行结果。为简单起见，假设负载为纯阻性负载。因为占空比为 0.75，所以输出电压的脉冲幅值是输入电压的 4 倍。脉冲的形状不是矩形，因为实际的斩波器中电感上的电流不是线性衰减，而是呈指数衰减的。

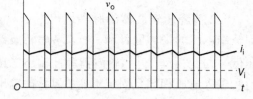

图 6.23 升压斩波器输出电压
与输入电流 $(d = 0.75)$

为了使输出电压连续，必须在负载侧并联电容器。此时二极管 D 用于防止电容器通过开关 S 放电。如果电容足够大，输出电压的平均值就等于输入电压且保持不变。那么

$$M = \frac{1}{1-d} \tag{6.40}$$

这里需要指出，电源和电抗器以及其他器件中的寄生电阻会影响斩波器的性能。具体而言，式(6.38)只适用于占空比 d 很低(即电压增益 $V_{o,p}/V_i$ 很小)的情况。理论上，当 d 接近 1

164

时，电压增益的最大值可以接近无穷大，但实际上并非如此(参见 8.2.2 节)。因此，在设计升压斩波器时，特别是那些带有平滑电容器以及期望输出电压非常高的场合，应该考虑寄生电阻并使用 PSpice 等电路仿真工具。

6.4 斩波器的电流控制

使用脉宽调制法对输出电压进行控制是斩波器最常采用的方法。但是，在某些应用中，如直流电动机的转矩控制，需要直接控制输出电流。这就需要一个闭环控制系统，使实际电流能跟随参考信号的变化而变化。如果需要改变电流的方向，那么控制系统还必须能在工作象限之间做适当的切换。

和电流控制型斩波器相比，实际应用中更常见的是电流控制型逆变器，其电流控制系统与电流控制型斩波器的控制系统非常相似。这两种变换器都由直流电源供电。因为 7.2.2 节将对电流控制进行详细介绍，所以本节不再详述。

6.5 斩波器的器件选择

显然，静态直流开关代表开关频率较低的第一象限斩波器。因此，就半导体器件的选择而言，可以将降压斩波器和直流开关同等对待。但是，降压斩波器的器件选择和升压斩波器的器件选择不同。因此，这两种类型的斩波器需要分开考虑。

确定静态直流开关和降压斩波器中半导体器件(开关和二极管)额定电压的方法很直接，因为在最坏的情况下，器件承受的最高电压等于输入电压的峰值 $V_{i,p}$。尽管输入电压被假定为常数(理想直流)，但实际上它可能包含一定的纹波，所以，输入电压的峰值略大于它的平均值。考虑到电压安全裕度 s_V，降压斩波器中半导体器件的额定电压 V_{rat} 必须满足条件

$$V_{rat} \geqslant (1+s_V)V_{i,p} \tag{6.41}$$

例如，如果 460 V 线路通过整流器向斩波器供电，那么输入电压的峰值 $V_{i,p}$ 应该取为 $\sqrt{2} \times 460 = 651$ V。

当占空比为 d 时，开关对输出电流 $I_{o,dc}$ 的贡献为 $I_{o,dc}d$，续流二极管的贡献为 $I_{o,dc}(1-d)$。因为 d 可能在 0~1 之间变化，所以半导体器件的额定电流 I_{rat} 需要大于或等于斩波器直流输出电流的额定值 $I_{o,dc(rat)}$。因此，考虑电流的安全裕度 s_I，降压斩波器中半导体器件的额定电流 I_{rat} 必须满足条件

$$I_{rat} \geqslant (1+s_I)I_{o,dc(rat)} \tag{6.42}$$

在升压斩波器中，开关和二极管的额定电压必须大于输出电压的峰值 $V_{o,p}$。输出电压瞬时最大允许值 $V_{o,p(max)}$ 必须已知，它是设备选择的基础。因此，开关占空比的最大允许值 d_{max} 可以写为

$$d_{max} = 1 - \frac{V_i}{V_{o,p(max)}} \tag{6.43}$$

升压斩波器中开关和二极管的额定电压 V_{rat} 必须满足条件

$$V_{rat} \geqslant (1+s_V)V_{o,p(max)} \tag{6.44}$$

因为输出电流全部流过二极管，所以，二极管的额定电流 $I_{D(rat)}$ 需要大于或等于升压斩波器输出电流的平均值的额定值 $I_{o,dc(rat)}$。因此

$$I_{\text{D(rat)}} \geqslant (1 + s_\text{I})I_{\text{o,dc(rat)}} \tag{6.45}$$

为了确定升压斩波器中开关的额定电流$I_{\text{S(rat)}}$，接下来考虑升压斩波器向阻性负载供电的情况，其中，升压斩波器不带平滑电容器。如果开关频率足够高，输出电流由幅值为$I_{\text{o,p}}$的矩形脉冲构成，而输入电流为常数，也等于$I_{\text{o,p}}$。开关导通时，输入电流经过开关，所以开关电流的平均值$I_{\text{S,dc}}$为

$$I_{\text{S,dc}} = I_{\text{o,p}}d \tag{6.46}$$

在断开期间，输出电流的平均值$I_{\text{o,dc}}$为

$$I_{\text{o,dc}} = I_{\text{o,p}}(1 - d) \tag{6.47}$$

求解式（6.46）和式（6.47），得到$I_{\text{S,dc}}$为

$$I_{\text{S,dc}} = \frac{d}{1-d}I_{\text{o,dc}} \tag{6.48}$$

因此开关的额定电流$I_{\text{S(rat)}}$需要满足条件

$$I_{\text{S(rat)}} \geqslant \frac{d_{\max}}{1 - d_{\max}}(1 + s_\text{I})I_{\text{o,dc(rat)}} \tag{6.49}$$

斩波器带有平滑电容器时，上式同样有效。假设输入和输出的电压和电流为直流分量，也就是$v_\text{o} = V_{\text{o,dc}}$，$i_\text{o} = I_{\text{o,dc}}$，同时忽略斩波器的功率损耗，有

$$V_\text{i}I_\text{i} = V_{\text{o,dc}}I_{\text{o,dc}} = \frac{V_\text{i}}{1-d}I_{\text{o,dc}} \tag{6.50}$$

因此

$$I_\text{i} = \frac{I_{\text{o,dc}}}{1-d} \tag{6.51}$$

又因为

$$I_{\text{S,dc}} = I_\text{i}d = \frac{d}{1-d}I_{\text{o,dc}} \tag{6.52}$$

可见，上式与式（6.48）结论相同。

对任意一种 PWM 变换器，脉宽调制都不能实现占空比在$[0,1]$的全范围变化，因为当d接近 0 或 1 时，和开关能达到的切换时间相比，所需的导通时间t_ON或断开时间t_OFF都太短。最小导通时间和断开时间与占空比d的最小值$d_{\min}$和最大值$d_{\max}$有关，为

$$t_{\text{ON(min)}} = \frac{d_{\min}}{f_{\text{sw}}} \tag{6.53}$$

$$t_{\text{OFF(min)}} = \frac{1 - d_{\max}}{f_{\text{sw}}} \tag{6.54}$$

上述两个公式可用于为半导体电力开关选择合适的开关频率f_{sw}。

6.6 斩波器的常见应用

降压斩波器能生成质量高且调整范围大的输出电流，它的电压控制特性是线性的。因此，降压斩波器主要用于高性能直流驱动系统，如机床和电气牵引等。

在由交流线路供电的斩波器系统中，需要使用图 6.24 所示的、带二极管整流器的**直流环节**。如果线路电感不够大，则需要加装电抗器，以防止斩波器从交流线路吸收高频电流。电容器也是必需的器件，它用于吸收反向输入电流，因为这些电流无法流经整流器。用蓄电池供电的斩波器也常常使用直流环节，从而避免输入电流中多余的交流分量给蓄电池造成额外损耗。

图 6.24 所示的斩波器不能在第二象限和第四象限内持续运行,因为整流器不能向电源供电。如果斩波器输送的功率反向,那么滤波电容器将被充电,使得斩波器的输入电压增大。这可能导致半导体器件或电容器过电压损坏。因此,可以考虑用相控整流器替代二极管整流器。当一个直流系统向很多斩波器供电时,最好选择这种解决方案。直流轨道交通系统就是一个典型的例子。

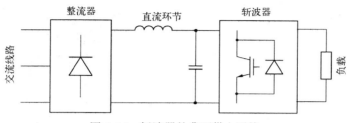

图 6.24　斩波器的典型供电系统

在二极管整流器经过斩波器向直流电动机供电的场合,通常需要安装运行在 PWM 模式下的**制动电阻**。它用来消耗电动机在第二象限和第四象限运行时产生的能量。图 6.25 为对应的电路图。当直流环节的电容器被检测到过电压时,与制动电阻串联的半导体电力开关投合,使过充的电容器放电。

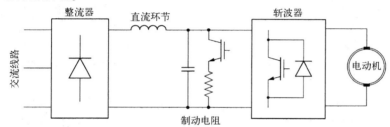

图 6.25　直流驱动系统中带制动电阻的斩波器

通过太阳能电池组向蓄电池充电的独立电源系统会使用第二象限斩波器。蓄电池与斩波器的输入端连接,太阳能电池组(输出电压为波动电压)通过电抗器与斩波器的输出端连接。在这种结构下,即使电源电压低于蓄电池电压,蓄电池仍然可以被充电。

升压斩波器主要作为雷达和点火系统的高压电源。如第 8 章所述,开关电源将会用到升压和降压斩波器的工作原理。

小结

直流−直流功率变换通过斩波器实现。在降压斩波器中,直流输入电压被"斩"成矩形脉冲,其平均值可以通过脉宽调制技术进行控制。负载电感抑制了输出电流的交流分量,所以,输出电流实际上是直流分量。开关频率越高,电流纹波越低。

降压斩波器可以运行在单个、两个或四个象限上。开关−二极管的序号与工作所在的象限对应。第一象限斩波器在占空比为 0 或 1 时是间歇性工作,它等效于直接将负载和电源连接的静态直流开关。

升压斩波器生成一系列脉冲电压,其脉冲电压的平均值等于输入电压,但幅值比输入电压高。与负载并联的平滑电容器用于增大直流输出电压。升压斩波器的电压增益受斩波器寄生电阻的限制。

降压斩波器主要用于高性能直流驱动系统。升压斩波器用于雷达和点火系统。

例题

例 6.1　降压斩波器向电枢电势为 170 V 的直流电动机供电，其中供电电源为 200 V，电枢电阻是 0.5 Ω。当幅值控制比为 0.4 时，试求斩波器输出电压和电流的平均值以及工作象限。

解：由式 (6.1)，斩波器输出电压的平均值是

$$V_{o,dc} = 0.4 \times 200 = 80 \text{ V}$$

由式 (6.4)，输出电流的平均值为

$$I_{o,dc} = \frac{80 - 170}{0.5} = -180 \text{ A}$$

因为 $V_{o,dc} > 0$，$I_{o,dc} < 0$，所以斩波器工作在第二象限内。

例 6.2　例 6.1 中，若斩波器的开关频率为 1 kHz，电动机的电枢电感是 20 mH。试求电枢电流的交流分量和电流纹波系数。

解：斩波器的负载时间常数 τ 为

$$\tau = \frac{20 \times 10^{-3}}{0.5} = 0.04 \text{ s}$$

由式 (6.17) 和式 (6.19) 得

$$I_{o,ac(pu)} = \frac{0.4(1 - 0.4)}{2\sqrt{3} \times 0.04 \times 1 \times 10^3} = 0.0017$$

由式 (6.18)，电动机电枢电流的交流分量 $I_{o,ac}$ 为

$$I_{o,ac} = \frac{200}{0.5} \times 0.0017 = 0.68 \text{ A}$$

例 6.1 已经求出斩波器输出电流直流分量的绝对值为 180 A。因此，纹波系数 RF_I 等于

$$RF_I = \frac{0.68}{180} = 0.0038 = 0.38\%$$

例 6.3　一个四象限斩波器向直流电动机供电。其中斩波器的开关频率为 1 kHz，直流电机的电枢电动势为 -216 V。当斩波器的输入电压为 240 V 时，试求：

（a）斩波器工作在第三和第四象限时，电压控制的范围。

（b）当斩波器工作在第三象限且幅值控制比为 -0.95 时，调制开关的导通和断开时间。

（c）当斩波器工作在第四象限且幅值控制比为 -0.75 时，调制开关的导通和断开时间。

解：

（a）负的负载电动势表示斩波器工作在第三或第四象限内。输入电压比 E/V_i 为 -216/240 = -0.9。因此，根据表 6.1，当斩波器工作在第三象限时，幅值控制比 M 必须在 -1 到 -0.9 之间。当斩波器工作在第四象限时，M 必须在 -0.9 到 0 之间。

（b）考虑图 6.20 所示的斩波电路，第三象限的调制开关是 S3。从表 6.1 可见，该开关的占空比 d_3 为

$$d_3 = -M = 0.95$$

因此，开关的导通时间 $t_{ON,3}$ 为

$$t_{ON,3} = d_3 T_{sw} = 0.95 \times 1 \text{ ms} = 0.95 \text{ ms}$$

开关的断开时间 $t_{OFF,3}$ 为

$$t_{OFF,3} = T_{sw} - t_{ON,3} = 1 \text{ ms} - 0.95 \text{ ms} = 0.05 \text{ ms}$$

其中 T_{sw} 是开关周期，等于 $1\,\mathrm{ms}$（$1\,\mathrm{kHz}$ 的倒数）。

（c）因为斩波器工作在第四象限，所以开关 S4 执行调制。其占空比 d_4 为

$$d_4 = M + 1 = -0.75 + 1 = 0.25$$

所以

$$t_{\mathrm{ON},4} = 0.25 \times 1\,\mathrm{ms} = 0.25\,\mathrm{ms}$$

$$t_{\mathrm{OFF},4} = 1\,\mathrm{ms} - 0.25\,\mathrm{ms} = 0.75\,\mathrm{ms}$$

例 6.4 升压斩波器由 $200\,\mathrm{V}$ 电源供电。试求输出电压峰值为 $500\,\mathrm{V}$ 时斩波器开关的占空比。如果开关频率为 $5\,\mathrm{kHz}$，脉冲输出电压持续多长时间？

解： 由式（6.38），占空比 d 为

$$d = 1 - \frac{V_{\mathrm{i}}}{V_{\mathrm{o,p}}} = 1 - \frac{200}{500} = 0.6$$

当开关关断时出现脉冲输出电压，因此断开时间 t_{OFF} 为

$$t_{\mathrm{OFF}} = \frac{1 - 0.6}{5 \times 10^3} = 8 \times 10^{-5}\,\mathrm{s} = 80\,\mathrm{\mu s}$$

例 6.5 一个两象限斩波器由二极管整流器供电，其中斩波器的额定功率和额定电压分别为 $15\,\mathrm{kVA}$ 和 $200\,\mathrm{V}$。整流器带有低通滤波器，因此斩波器的输入电压峰值不超过 $250\,\mathrm{V}$。当额定电压的安全裕度为 0.4，额定电流的安全裕度为 0.2 时，试求斩波器开关和二极管的最小额定电压和额定电流。

解： 根据式（6.41），斩波器的两个半导体电力开关和两个续流二极管的额定电压至少为 $1.4 \times 250\,\mathrm{V} = 350\,\mathrm{V}$。斩波器的额定电流 $I_{\mathrm{o,dc(rat)}}$ 为（$15\,000\,\mathrm{VA}$）/（$200\,\mathrm{V}$）$= 75\,\mathrm{A}$。由式（6.42）可见，开关和二极管的额定电流不能小于 $1.2 \times 75\,\mathrm{A} = 90\,\mathrm{A}$。

习题

P6.1 直流电源通过斩波器向负载供电。其中电源电压为 $240\,\mathrm{V}$，负载电阻为 $20\,\Omega$，负载电感为 $10\,\mathrm{mH}$。当斩波器的开关频率为 $0.8\,\mathrm{kHz}$、负载电流为 $4.8\,\mathrm{A}$ 时，试求：

（a）斩波器的工作象限

（b）斩波器开关的占空比

（c）输出电流的平均值

P6.2 习题 P6.1 中的斩波器可以工作在第二象限吗？试证明之。

P6.3 对习题 P6.1，试求斩波器的

（a）开关周期

（b）斩波器开关的导通和断开时间

（c）输出电流的纹波

（d）输出电流的纹波系数

P6.4 对习题 P6.1，试求斩波器的

（a）开关频率的标幺值

（b）输出电流纹波的标幺值

P6.5 400 V 直流电源通过两象限斩波器向直流电动机供电。其中斩波器的幅值控制比为 -0.7，开关频率为 1.2 kHz。电动机的电枢电阻为 0.4 Ω，电枢电感为 1.6 mH。当电动机转速恒定且电枢电动势为 -320 V 时，试求

(a) 斩波器的工作象限

(b) 电动机电枢电压的平均值

(c) 电枢电流的平均值

P6.6 对习题 P6.5，试求斩波器的

(a) 调制开关的占空比

(b) 开关的导通时间

(c) 开关的断开时间

(d) 输出电流的交流分量

P6.7 习题 P6.5 中，若电动机的电枢电压和电动势分别为 250 V 和 200 V，电枢电流为正。试求

(a) 斩波器的工作象限

(b) 电动机电枢电流的平均值

(c) 斩波器的幅值控制比

(d) 调制开关的占空比

P6.8 400 V 直流电源通过两象限斩波器向直流电动机供电。其中电动机的电枢电阻为 0.2 Ω，电枢电流不受电机转速的影响，保持为 250 A。当电枢电动势分别为下述值时，试求斩波器的幅值控制比以及调制开关的占空比

(a) 320 V

(b) -320 V

P6.9 对习题 P6.8，试求输出电流的平均值

(a) 当电枢电动势是 200 V，幅值控制比为 0.6 时

(b) 当电枢电动势是 -200 V，幅值控制比为 -0.6 时

P6.10 习题 P6.9 中电动机的电枢电感是 0.75 mH。若输出电流纹波含量的标幺值不超过 0.03，试求斩波器的开关频率。

P6.11 四象限斩波器由 300 V 直流电压供电。负载电动势的绝对值是 220 V。当斩波器工作在各个象限时，试求对应的幅值控制范围以及调制开关的占空比。

P6.12 升压斩波器由 120 V 电池组供电，开关频率为 4 kHz。当斩波器开关的占空比为 0.8 时，试求脉冲输出电压的幅值和持续时间。

P6.13 单象限斩波器额定容量为 420 VA，供电电源为 12 V 电池。试求斩波器中半导体器件的最小额定电压和电流值。

P6.14 三相 460 V 线路通过六脉波二极管整流器向两象限斩波器供电，其中斩波器的额定值为 6 kVA 和 600 V。试求斩波器中半导体器件的最小额定电压和电流值。

P6.15 当斩波器的额定值为 9 kVA 和 300 V，整流器由三相 230 V 线路供电时，重做习题 P6.14。

P6.16 升压斩波器的额定容量为 300 VA，供电电源为 6 V 电池。斩波器开关的最大占空比为 0.9。试求斩波器开关和二极管的最小额定电流值。

上机作业

CA6.1[*] 运行文件名为 DC_Switch. cir 的基于晶闸管的静态直流开关 PSpice 程序。观察图 6.5 所示的电压和电流波形图(仿真时间可能很长)。

CA6.2[*] 运行文件名为 Chopp_1Q. cir 的第一象限斩波器 PSpice 程序。当幅值控制比为 0.8 时，试求斩波器输出电压和电流的

(a) 直流分量
(b) 有效值
(c) 交流分量的有效值
(d) 纹波系数

CA6.3[*] 运行文件名为 Chopp_2Q. cir 的第二象限斩波器 PSpice 程序。当幅值控制比为 0.4 时，试求斩波器输出电压和电流的

(a) 直流分量
(b) 有效值
(c) 交流分量的有效值
(d) 纹波系数

CA6.4[*] 运行文件名为 Chopp_12Q. cir 的第一和第二两象限斩波器 PSpice 程序。任意设置幅值控制比，观察斩波器工作在这两个象限时的电压和电流波形。

CA6.5 编写一个关于第一和第四两象限斩波器的 PSpice 程序。任意设置幅值控制比，观察斩波器工作在这两个象限时电压和电流的波形。

CA6.6 编写一个关于四象限斩波器的 PSpice 程序。为各个开关编写信号代码，使斩波器能工作在四个象限内(当斩波器工作在指定象限时，用星号将其他三个象限的代码"注释掉")。

CA6.7[*] 运行文件名为 Step_Up_Chopp. cir 的升压斩波器 PSpice 程序。设置开关的占空比为 0.75。将输出电压和输入电流波形与图 6.23 进行比较。当占空比为 0.5 时重复上述仿真。

CA6.8 根据式(6.5)至式(6.7)，编写计算斩波器纹波电流和纹波系数的程序。使用该程序验证上机作业 CA6.2(d)和 CA6.3(d)。

补充资料

[1] Bausiere, R., Labrique, F., and Sequier, G., *Power Electronic Converters: DC-DC Conversion*, Electric Energy Systems and Engineering Series, Springer-Verlag, Berlin Heidelberg, 2014.

[2] Rashid, M. H., *Power Electronics Handbook*, 3rd Ed., Chapters 13 and 14, Butterworth-Heinemann, Waltham, MA, 2011, Chapter 13.

第7章 直流-交流变换器

本章对直流-交流变换器进行讲解；首先分析了在方波和脉宽调制（PWM）模式下的电压源型逆变器（VSI）和电流源型逆变器（CSI），并对电压和电流的控制技术进行综述；然后介绍多电平和软开关逆变器；对逆变器的器件选型进行概述，最后对逆变器的主要应用进行描述。

7.1 电压源型逆变器

如第1章所述，直流-交流电力变换由逆变器来完成。逆变器由直流电源供电，输出电压主要是频率和幅值可调的基频电压。根据电源的不同类型，可以将逆变器分为**电压源型逆变器**（VSI）和**电流源型逆变器**（CSI）。除了整流器，VSI是最常见的电力电子变换器。

通过不可控或相控整流器或者其他直流电源（如蓄电池或太阳能光伏阵列）可以得到VSI的直流输入电压。如图7.1所示，如果使用整流器供电，那么在整流器和逆变器之间还需要加装一个类似于斩波器中的LC直流环节（参见图6.24）。因为电容器

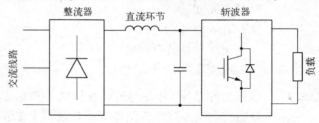

图7.1 由二极管整流器供电的VSI

两端的电压不能瞬变，所以可以将直流环节中的电容器等效为电压源。更重要的是，电容器作为承载电荷的容器，可以承受逆变桥输入电流中的反向杂散分量。电抗器主要用于将受电侧逆变器输入电流中的高频分量与供电侧的整流器和电力系统进行隔离。和电容器不同，电抗器不是直流环节必需的器件。在实际应用中，有些逆变器为了减小变换器的体积和成本，常常去掉电抗器。

逆变器的输出相数可以任意多。实际中最常见的是单相和三相逆变器。最近，为了增强在重要应用中的可靠性，提出了大于三相的交流电动机结构。这种电动机必须由具有同样相数的逆变器供电。

以前，大、中型功率的逆变器使用晶闸管。基于晶闸管的逆变器需要采用6.1节的换流电路来关断晶闸管。但换流电路既增大了逆变器的体积和成本，又降低了开关的可靠性和开关频率。因此，现在都采用全控型半导体电力开关，中等功率的逆变器大多采用IGBT，大功率逆变器大多采用GTO或IGCT。因此，在本章随后的分析中，开关均假设为全控型开关。

7.1.1 单相VSI

图6.24和图7.1的结构图一样，但这并不是巧合。事实上，如果适当控制四象限斩波器，就能得到单相逆变器（就像双向变换器也可以作为单相变频器一样）。逆变器经过控制后，就可以输出平均值按正弦函数变化的电压。输出电流相对于输出电压基频分量的相角通

常会发生变化，因此变换器的每个运行周期都可能落在四个象限中。

基于全控型半导体电力开关的单相 VSI 如图 7.2 所示。如前所述，尽管电路布局和器件名称稍有不同，逆变器的桥式拓扑结构与图 6.20 的四象限斩波器相同。图中，假设由理想电压源提供直流输入电压 V_i。

为了防止电源被短接，逆变器任一桥臂上的两个开关都不允许同时导通。同一桥臂上两个开关同时导通的现象称为直通，具体介绍参见 3.3 节。半导体电力开关，即使是快速动作型开关，从一种状态过渡到另一种状态都需要时间。因此，实际应用中为了避免直通，一个开关导通前需要将同一桥臂的另一个开关提前关断。关断信号和开通信号之间的时间间隔称为**死区时间**或**空白时间**。

对于死区时间，需要首先回顾一下 5.3.3 节的 Z 源。Z 源逆变器的电路与 VSI 的电路很相似，但直流环节电容器被图 7.3 所示的电感-电容电路所代替。当然，Z 源逆变器用在其他电力电子变换器中时，也可能有不同的配置。由于直流环节中存在电抗器，逆变器同一个桥臂上的两个开关同时导通将不会造成危险，因此不再需要死区时间。更重要的是，如第 5 章所述，Z 源逆变器电路既可以升高也可以降低直流环节的电压。

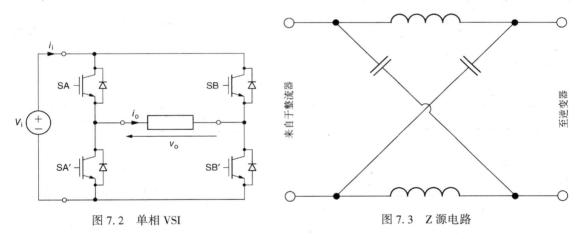

图 7.2　单相 VSI　　　　　　　　图 7.3　Z 源电路

为了简化分析，在随后的讨论中，假定死区时间为 0。因此，逆变器的每个桥臂都只能有两种状态：桥臂上侧的(共阳极)开关导通且下侧的(共阴极)开关断开，或者相反。因此，可以用开关变量 a 和 b 来表示逆变器桥臂的两个状态

$$a = \begin{cases} 0, & \text{当 SA 为断开状态，SA}' \text{ 为导通状态} \\ 1, & \text{当 SA 为导通状态，SA}' \text{ 为断开状态} \end{cases}$$

$$b = \begin{cases} 0, & \text{当 SB 为断开状态，SB}' \text{ 为导通状态} \\ 1, & \text{当 SB 为导通状态，SB}' \text{ 为断开状态} \end{cases}$$

(7.1)

显然，逆变器状态为 ab_2。例如，当 $a=1$，$b=1$ 时，逆变器为状态 3，因为 $11_2=3$。逆变器一共有 4 种可能状态，即 0~3。

开关变量等于 1 表示电源的正极与逆变器的输出端连接。反之亦然，开关变量等于 0 表示电源的负极与逆变器的输出端连接。因此，逆变器输出电压 v_o 为

$$v_o = V_i(a - b) \tag{7.2}$$

可见，输出电压有 3 种可能情况：$+V_i$，0 和 $-V_i$，分别对应于状态 2、状态 0(或状态 3)和状态 1。

当输出电流 i_o 和导通开关的极性相反时，输出电流无法通过开关形成回路，这时和开关

并联的续流二极管将提供电流的通路。如图 7.2 所示，如果输出电流方向为正且开关 SB 导通，因为开关 SB′一定是断开状态，所以电流只能通过二极管 DB 形成通路。用相同的方法，可以很容易确定维持输出电流连续时其他 3 个二极管的导通情况。如果负载是纯阻性负载，则不需要续流二极管。否则，中断负载电感中的电流会导致过电压，并造成危险。

逆变器运行在基本**方波模式**下时遵循以下控制规律：

$$a = \begin{cases} 1, & 0 < \omega t \leqslant \pi \\ 0, & 其他 \end{cases} \qquad b = \begin{cases} 1, & \pi < \omega t \leqslant 2\pi \\ 0, & 其他 \end{cases} \tag{7.3}$$

其中 ω 表示逆变器输出电压基频分量的角频率。逆变器只有两种状态：状态 1 和状态 2。逆变器运行在基本方波模式下的输出电压和电流如图 7.4 所示，其中负载为 RL 负载。输出电压的有效值 $V_{o,1}$ 和谐波分量 $V_{o,h}$ 分别等于 $0.9V_i$ 和 $0.435V_i$，所以总谐波畸变率 THD 为 0.483。

通过在状态 1 和状态 2 之间插入状态 0 和状态 3 可以使输出电压总谐波畸变率最小化，如图 7.5 所示，状态 0 和状态 3 的持续时间用 ωt 表示为 0.81 弧度（46.5°）。和基本方波模式相比，输出电压的基频分量降低了 8%，等于 $0.828V_i$，但总谐波畸变率减小了 40%，等于 0.29。上述最优方波模式的控制规律为

$$a = \begin{cases} 1, & \alpha_d < \omega t \leqslant \pi + \alpha_d \\ 0, & 其他 \end{cases} \qquad b = \begin{cases} 1, & \pi + \alpha_d < \omega t \leqslant 2\pi - \alpha_d \\ 0, & 其他 \end{cases} \tag{7.4}$$

其中 $\alpha_d = 0.405$ 弧度（23.2°）。

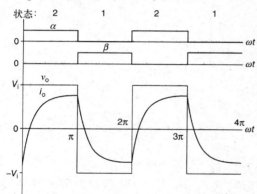 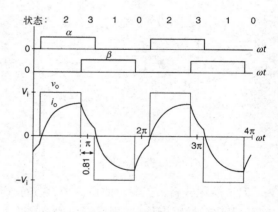

图 7.4　基本方波模式下单相 VSI 的状态、开关变量、输出电压和电流

图 7.5　最优方波模式下单相 VSI 的状态、开关变量、输出电压和电流

通过 PWM 技术可以进一步提高逆变器的运行质量。但单相逆变器只有一个输出电压，所以并不适合使用空间矢量 PWM 技术。这里为了说明 PWM 技术对逆变器运行质量的影响，设计了一个基于正弦调制函数 $F(m, \omega t) = m\sin(\omega t)$ 的简单 PWM 策略。调制函数的概念详见 5.1.3 节。

所有 PWM 变换器中的运行时间都由一系列短开关周期组成。定义开关变量 a 和 b 在第 n 个开关周期中的占空比（平均值）为 d_{an} 和 d_{bn}，则逆变器的控制规律为

$$d_{an} = \frac{1}{2}\left[1 + F(m, \alpha_n)\right]$$
$$d_{bn} = \frac{1}{2}\left[1 - F(m, \alpha_n)\right] \tag{7.5}$$

其中 m 表示调制度，而 α_n 是输出电压开关周期的中点所对应的相角。

PWM 模式下逆变器的输出电压和电流波形如图 7.6 所示，其中负载为 RL 负载，输出电压一个周期内的开关周期个数 $N=10$。图 7.7 中，$N=20$。显然，因为

$$N = \frac{f_{\mathrm{sw}}}{f_{\mathrm{o,1}}} \tag{7.6}$$

其中 f_{sw} 和 $f_{\mathrm{o,1}}$ 分别表示开关频率和输出电压的基频，当 N 增大时，输出电流的质量将得到提高。但是，逆变器的开关损耗也将增大。因此，必须在运行质量和效率之间寻求一个合理的平衡点。注意，式 (7.6) 是为了方便对波形和频谱的比较，频率比 N 不一定是整数。实际上，开关频率 (通常是恒定的) 才是 PWM 变换器的主要运行参数。

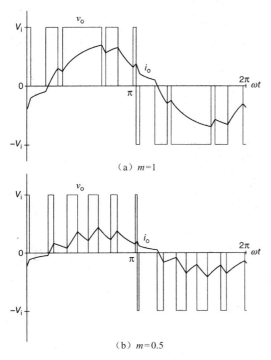

图 7.6　PWM 模式下单相 VSI 的输
出电压和电流 ($N=10$)

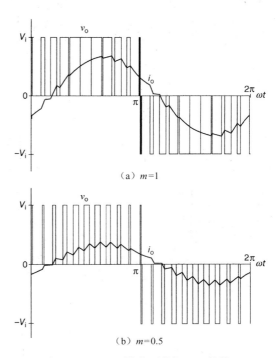

图 7.7　PWM 模式下单相 VSI 的输
出电压和电流 ($N=20$)

基本方波模式、最优方波模式到 PWM 模式时逆变器运行特性的改进可以用输出电压和电流的谐波频谱进行解释。接下来的频谱分析中，所有供电电源均假设为标幺值等于 1 的直流电压源，所有的负载均为 RL 负载，其中阻抗标幺值为 1，负载阻抗角为 30°。

基本方波和最优方波模式下的电压频谱分别如图 7.8(a) 和图 7.8(b) 所示。由于电压波形具有半波对称性，输出电压只含有奇次谐波 (参见附录 B)。如前面案例所述，负载电感相当于对输出电流进行低通滤波。因此，如果输出电流的质量很高，那么输出电压的低阶次谐波含量就很小。实际上，由于对输出电压一个周期内的逆变器状态进行了最优分配，所以最优方波模式下输出电压的 3 次和 5 次谐波远小于基本方波模式下的对应值。

如图 7.9 所示 ($m=1$)，PWM 模式进一步降低了输出电压的低阶次谐波含量，特别是开关周期个数很大时。注意，如图 7.9(a) 所示，当 $N=10$ 时，比 10% 的基频幅值大的最低次谐波是 7 次，当 $N=20$ 时，如图 7.9(b) 所示，对应的最低次谐波为 17 次。但是，输出电压基频分量的最大峰值的标幺值可以等于 1，所以该电压有效值的最大值 $V_{\mathrm{o,1(max)}}$ 只有 $0.707V_{\mathrm{i}}$。

这比基本方波模式下的电压有效值低21%左右，比最优方波模式下的电压有效值低15%左右。

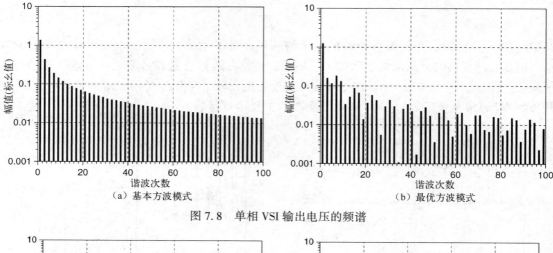

（a）基本方波模式　　　　　　　　　（b）最优方波模式

图 7.8　单相 VSI 输出电压的频谱

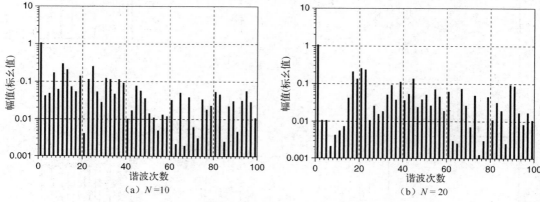

（a）$N=10$　　　　　　　　　（b）$N=20$

图 7.9　PWM 模式下单相 VSI 输出电压的频谱（$m=1$）

　　和图 7.8（a）至图 7.9（b）对应的输出电流的谐波频谱分别如图 7.10（a）至图 7.11（b）所示。在两种方波模式下，逆变器中幅值最大的谐波电流都是低阶次谐波，如 3 次、5 次、7 次。相比之下，在 PWM 逆变器中，幅值最高的谐波的次数与输出电压一个周期中开关周期的个数接近。当 $N=10$ 时［参见图 7.11（a）］，7 次、11 次和 13 次谐波含量最高，当 $N=20$ 时［参见图 7.11（b）］，17 次、21 次和 23 次谐波含量最高。但所有谐波分量的幅值至少比基频分量的幅值小一个数量级以上。

　　逆变器的输入电流 i_i 为

$$i_i = (a - b) i_o \tag{7.7}$$

它含有较大的直流分量 $I_{i,dc}$。V_i 和 $I_{i,dc}$ 的乘积等于逆变器的输入功率的平均值。图 7.12（a）为最优方波模式下的输入电流波形。图 7.12（b）为 PWM 模式下的输入电流波形，其中 $m=1$，$N=20$。对应的谐波频谱分别如图 7.13（a）和图 7.13（b）所示。可见，输入电流的基波频率为输出电流基波频率的两倍，而且输入电流的基波分量和直流分量大小相当。除此之外，输入电流谐波频谱的低频区域和对应的输出电流的低频区域相似。注意，除了基频分量，PWM逆变器输入电流的最大谐波分量集中在 $N/2$ 次谐波附近。因此，如果开关频率足够高，只需要一个很小的直流环节就可以阻止输入电流的大部分高频分量注入电源（电力系统或蓄电池）。

176

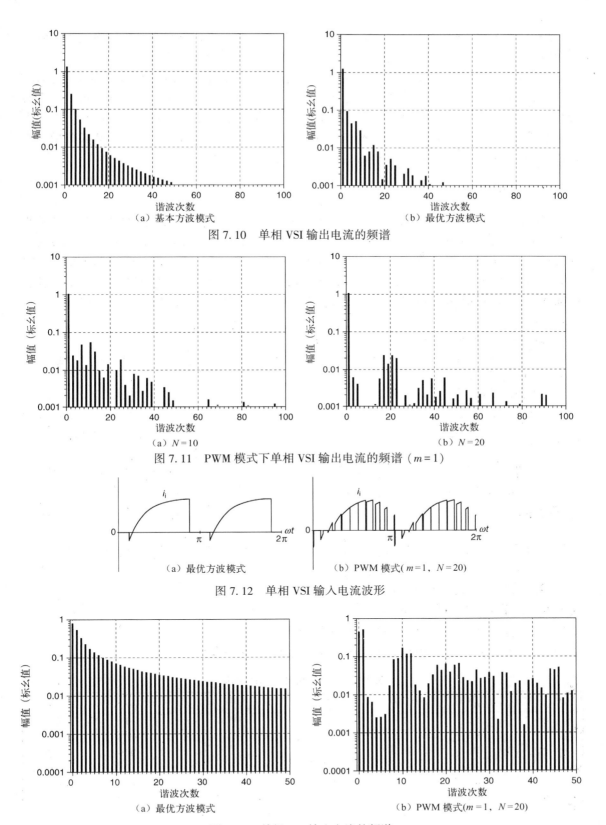

图 7.10　单相 VSI 输出电流的频谱

（a）基本方波模式　　　　　　　　（b）最优方波模式

图 7.11　PWM 模式下单相 VSI 输出电流的频谱（$m=1$）

（a）$N=10$　　　　　　　　　　（b）$N=20$

图 7.12　单相 VSI 输入电流波形

（a）最优方波模式　　　　　（b）PWM 模式（$m=1$，$N=20$）

图 7.13　单相 VSI 输入电流的频谱

（a）最优方波模式　　　　　（b）PWM 模式（$m=1$，$N=20$）

177

图 7.12(b)中输入电流发生突发，这说明直流环节必须要有电容器。这样的输入电流不可能直接由交流电网通过电网侧的整流器提供，因为线路上存在电感。

逆变器输出频率的控制通过适当设置开关的切换时间完成。但是，在方波模式下，输出电压的幅值控制只能通过调节逆变器的直流输入电压来实现。具体来说，必须用相控整流器取代图 7.1 和图 7.2 的二极管整流器。相比之下，在 PWM 模式下，通过调整调制度 m（大小等于幅值控制比 M）就可以进行电压控制。这里的幅值控制比 M 代表输出电压基频分量的有效值 $V_{o,1}$ 和具体 PWM 策略下该基频分量的最大可能值 $V_{o,1(max)}$ 之比。

7.1.2 三相 VSI

实际应用中的大多数逆变器都是三相逆变器，尤其是大、中型功率逆变器。通过在单相逆变器上添加第 3 条桥臂可以得到图 7.14 的三相 VSI 电路。和之前一样，假设任意时刻逆变器每条桥臂（每相）上都有且只有一个开关导通，即忽略两个开关都处于断开状态的短暂时间间隔（死区时间），用开关变量 a、b 和 c 表示逆变器状态。因此，逆变器状态为 abc_2，一共有 8 种状态，分别从状态 0（所有输出端都与直流环节的负极连接）到状态 7（所有输出端都与直流环节的正极连接）。

输出电压的线电压瞬时值 v_{AB}、v_{BC}、v_{CA} 为

$$\begin{bmatrix} v_{AB} \\ v_{BC} \\ v_{CA} \end{bmatrix} = V_i \begin{bmatrix} 1 & -1 & 0 \\ 0 & 1 & -1 \\ -1 & 0 & 1 \end{bmatrix} \begin{bmatrix} a \\ b \\ c \end{bmatrix} \qquad (7.8)$$

在平衡三相系统中，输出电压的相电压瞬时值 v_{AN}、v_{BN}、v_{CN} 可以表示为

$$\begin{bmatrix} v_{AN} \\ v_{BN} \\ v_{CN} \end{bmatrix} = \frac{1}{3} \begin{bmatrix} 1 & 0 & -1 \\ -1 & 1 & 0 \\ 0 & -1 & 1 \end{bmatrix} \begin{bmatrix} v_{AB} \\ v_{BC} \\ v_{CA} \end{bmatrix} \qquad (7.9)$$

将式(7.8)代入上式，可得

$$\begin{bmatrix} v_{AN} \\ v_{BN} \\ v_{CN} \end{bmatrix} = \frac{V_i}{3} \begin{bmatrix} 2 & -1 & -1 \\ -1 & 2 & -1 \\ -1 & -1 & 2 \end{bmatrix} \begin{bmatrix} a \\ b \\ c \end{bmatrix} \qquad (7.10)$$

利用式(7.8)和式(7.10)可以对逆变器所有状态下输出电压的线电压和相电压进行求解。对应的结果如表 7.1 所示。其中，线电压只有 3 个值，分别为 0 和 $\pm V_i$，而相电压有 5 个值，分别为 0、$\pm V_i/3$ 和 $\pm 2V_i/3$。

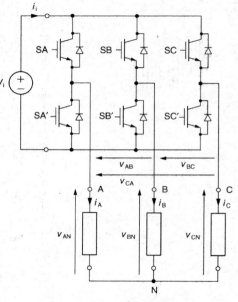

图 7.14 三相 VSI

表 7.1 三相 VSI 的状态和电压

状态	abc	v_{AB}/V_i	v_{BC}/V_i	v_{CA}/V_i	v_{AN}/V_i	V_{BN}/V_i	v_{CN}/V_i
0	000	0	0	0	0	0	0
1	001	0	-1	1	-1/3	-1/3	2/3
2	010	-1	1	0	-1/3	2/3	-1/3
3	011	-1	0	1	-2/3	1/3	1/3
4	100	1	0	-1	2/3	-1/3	-1/3
5	101	1	-1	0	1/3	-2/3	1/3
6	110	0	1	-1	1/3	1/3	-2/3
7	111	0	0	0	0	0	0

如果逆变器的状态按序列 5-4-6-2-3-1 …变化，每种状态的持续时间为输出电压一个周期的 1/6，得到的各个线电压和相电压波形如图 7.15 所示。注意，虽然电压不是正弦波形，但三相平衡。上述运行方式为方波模式，在输出电压的一个周期内每个开关开通和关断各一次。因此过去大多数基于晶闸管的逆变器都选择运行在方波模式下。输出线电压基频分量的峰值 $V_{\mathrm{LL},1,p}$ 大约等于 $1.1V_i$，相电压峰值 $V_{\mathrm{LN},1,p}$ 等于 $0.64V_i$。这两个电压的总谐波畸变率 THD 相等，都是 0.31。比值 $V_{\mathrm{LL},1,p}/V_i$ 表示逆变器的电压增益，本例中大于 1。而单相逆变器运行在方波模式下时，输出电压的幅值控制只能由直流供电侧完成。

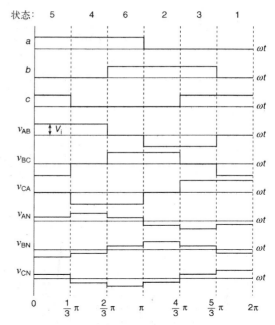

图 7.15　方波模式下三相 VSI 的
输出电压和开关变量

逆变器一相中的输出电压和电流的波形如图 7.16 所示。它们和单相逆变器在方波模式下的波形相似，除三倍次谐波外，也都含有丰富的低阶奇次谐波。输入电流 i_i 和输出电流 i_A，i_B，i_C 的关系如图 7.17 所示，为：

$$i_i = ai_A + bi_B + ci_C \qquad (7.11)$$

可见，输入电流的基波频率是输出电流基波频率的 6 倍。

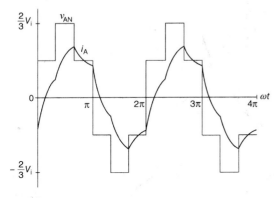

图 7.16　方波模式下三相 VSI 的输出电压
（相电压）和电流（RL 负载）

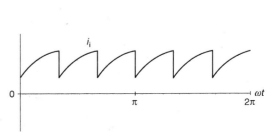

图 7.17　方波模式下三相 VSI 的输入电流

方波模式的优势除了具有高基频输出电压外，还具有低开关频率（与输出电压的频率相等）的特点。但是，逆变器在方波模式下输出电流的质量明显低于 PWM 模式下输出电流的质量。因此，方波模式主要用在开关动作较慢（如 GTO）的大功率逆变器中。当 PWM 逆变器期望输出电压为最大可能值时，偶尔也采用这种模式。

三相 PWM VSI 的开关变量和输出电压波形如图 7.18 所示。为了说明负载阻抗角对输出电流的影响，图 7.19 画出了其中一相电压和对应输出电流的波形。图 7.19(a) 中负载阻抗角为 30°，图 7.19(b) 的负载阻抗角为 60°。可见，负载电感越大，电流波形越光滑。

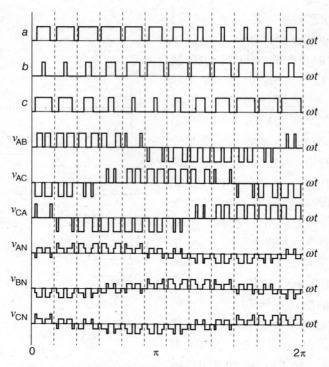

图 7.18   PWM 模式下三相 VSI 的输出电压和开关变量

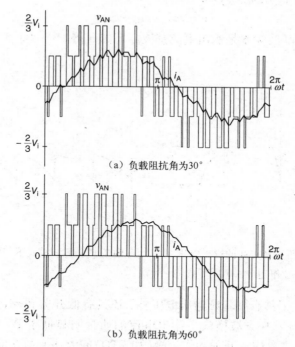

（a）负载阻抗角为30°

（b）负载阻抗角为60°

图 7.19   PWM 模式下三相 VSI 的输出电压和电流（RL 负载）

　　和图 7.19 输出电流相对应的输入电流波形如图 7.20 所示。注意，三相 PWM 逆变器输入电流的基波频率是输出频率的 3 倍，而上文提到逆变器运行在方波模式时，输入频率是输出频率的 6 倍。因为 VSI 的输入电流可能为负值，而供电侧整流器中的半导体器件不允许流通反向电流,因此直流环节中必须要有电容器。和上一节的单相逆变器相似,三相逆变器运行在 PWM 模式下时,输入电流除包含直流分量外,还有高频谐波。因此,为了降低电源电流中的高频谐波分量,直流环节的器件可以比运行于方波模式时的器件小很多。

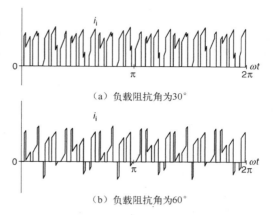

（a）负载阻抗角为30°

（b）负载阻抗角为60°

图 7.20　PWM 模式下三相 VSI 的输入电流

VSI 由二极管整流器供电时,不能改变功率方向。这给有些应用带来不便,如可调速交流驱动器的负载也可能运行在发电模式下。这种情况时,或者和图 6.25 的斩波器电路一样在直流环节中加入制动电阻,或者采用相控整流电路。图 2.28 中逆变器供电交流驱动系统中的电力模块 IGBT 可以用于实现四象限运行,7.6 节将对之进行详细阐述。

7.1.3　PWM 逆变器的电压控制技术

下面将介绍 PWM VSI 广泛使用的电压控制技术。理想的控制特性包括:

（1）直流电源电压利用率高,即电压增益的最大可能值 $K_{V(max)}$ 很大, $K_{V(max)}$ 为

$$K_{V(max)} \equiv \frac{V_{LL,1,p(max)}}{V_i} \tag{7.12}$$

其中 $V_{LL,1,p(max)}$ 表示利用各种电压控制技术得到的输出线电压基频分量的最大峰值。

（2）线性电压控制,即

$$V_{LL,1,p}(m) = m V_{LL,1,p(max)} \tag{7.13}$$

其中 m 表示调制度,对逆变器而言,调制度等于幅值控制比。幅值控制比为实际输出电压(线电压或相电压的峰值或有效值)和输出电压最大可能值之比。

（3）输出电压的低阶谐波分量幅值小,从而使输出电流的谐波含量最小。

（4）逆变器的开关损耗低。

（5）开关和控制系统有足够的动作时间来维持正常运行。

条件(3)和条件(4)互相冲突,因此寻找这两者之间的平衡尤为重要。如前所述,输出电流的质量随着输出电压单个周期内(比较图 7.5 和图 7.6)换流(切换)次数的增加而增加。但另一方面,每个切换动作都会导致开关损耗。因此,提升 PWM 逆变器的运行质量就会降低逆变器的效率,反之亦然。

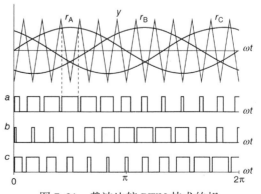

图 7.21　载波比较 PWM 技术的相关波形（$N=12, m=0.75$）

载波比较 PWM 技术　20 世纪 60 年代出现的第一批 PWM VSI 只能使用模拟控制系统进行控制。后来为这些逆变器研制了简单的**载波比较**("三角波"比较)技术,现在,有些廉价的调制器仍然使用这种载波比较技术。载波比较的原理如图 7.21 所示,其中控制变量为输出

电压的幅值和频率。参考波形r_A、r_B和r_C为

$$r_A(\omega t) = F(m, \omega t)$$
$$r_B(\omega t) = F\left(m, \omega t - \frac{2}{3}\pi\right) \tag{7.14}$$
$$r_C(\omega t) = F\left(m, \omega t - \frac{4}{3}\pi\right)$$

将调制函数$F(m, \omega t)$和幅值等于1的三角波y进行比较。当三角波和对应参考波相交时,开关变量a、b和c的值变化一次,从0变成1再从1变成0。

虽然正弦形式的调制函数$F(m, \omega t) = m\sin(\omega t)$很简单,但是如果采用非正弦调制函数,逆变器的电压增益能得到显著提升,因此近年来发展了不少此类调制函数。所有这些函数都包含一个基波和一个三倍次谐波,当然这些分量不会出现在逆变器的三相输出电压和电流中。图7.22为$m=1$时的**三倍次谐波调制函数**:

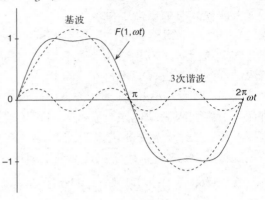

图7.22 三倍次谐波调制函数和对应的分量($m = 1$)

$$F(m, \omega t) = \frac{2}{\sqrt{3}}m\left[\sin(\omega t) + \frac{1}{6}\sin(3\omega t)\right] \tag{7.15}$$

其中只含基频和三倍次谐波分量。$m=1$时,基频分量为$2/\sqrt{3} \approx 1.15$,这表示逆变器在未发生改变的前提下电压增益提高了15%。

空间矢量PWM技术　比较图4.53和图7.14可见,电压型三相PWM整流器和电压源型三相PWM逆变器具有相同的电路拓扑结构。因此,4.3节的PWM空间矢量法也可以用于VSI控制。开关变量的定义和逆变器的状态与电压型PWM整流器的相关定义相同(参见4.3.2节)。

电压空间矢量和相电压参考矢量$\vec{v}^*$如图7.23(a)所示,图7.23(b)为以该矢量的最大可能幅值作为基准值的标幺值形式。与图4.56相比,图7.23(a)用V_i取代了V_0,除此之外,两个图完全相同。调制度m对应标幺值$\vec{v}^*$的幅值。忽略逆变器的电压降,输出线电压的最大

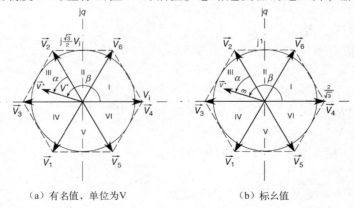

（a）有名值,单位为V　　　　　　　（b）标幺值

图7.23　三相VSI的电压空间矢量

可能峰值等于直流输入电压V_i。因此

$$m = \frac{V_{\text{LL,p}}^*}{V_i} \tag{7.16}$$

其中$V_{\text{LL,p}}^*$表示线电压峰值的参考值。式(7.16)可以用于求解指定输出电压下逆变器的m值。显然，当$m = 1$时，输出线电压基频分量的最大可能峰值与直流输入电压相等。

　　稳态下，当输出电压和电流基频分量的幅值和频率维持不变时，m为常数，$\vec{v}^*$恒速旋转。但是，空间矢量PWM技术允许合成瞬时电压矢量，该矢量在每个开关周期中的幅值和转速都可能发生变化。对由VSI供电的高性能交流可调速驱动器而言，需要使用这种电压矢量。

　　当已知数字调制器的采样周期时，可以用参考矢量的角度β来确定矢量在复平面中的扇区位置。具体来说

$$S = \text{int}\left(\frac{3}{\pi}\beta\right) + 1 \tag{7.17}$$

其中β的单位为弧度，S是扇区的编号（I~VI）。因此$\vec{v}^*$在扇区内的角度α为

$$\alpha = \beta - \frac{\pi}{3}(S - 1) \tag{7.18}$$

　　和PWM整流器的控制类似，旋转的参考电压矢量由静止有效（非零）矢量$\vec{V}_X$，$\vec{V}_Y$（构成所讨论的扇区）和零矢量$\vec{V}_0$或$\vec{V}_7$共同合成。用于产生各矢量的状态持续时间T_X，T_Y和T_Z可以由式(4.77)、式(4.78)和式(4.80)确定，其中持续时间均为以T_{sw}为基准值的标幺值，或者可以直接由式(4.90)至式(4.92)确定。为方便起见，将式(4.90)至式(4.92)重复如下：

$$T_X = mT_{sw}\sin(60° - \alpha), \quad T_Y = mT_{sw}\sin(\alpha), \quad T_Z = T_{sw} - T_X - T_Y$$

　　时间T_X，T_Y和T_Z只用于明确一个开关周期中逆变器状态应该持续的时间，因此还需要明确一个电源周期中包含的状态。两种最常用的状态序列分别是**高质量序列**和**高效率序列**。高质量序列的每个电源周期中开关周期个数确定，所以它趋向于使输出电流的总谐波畸变率最小，即

$$X - Y - Z_1 - Y - X - Z_2 \cdots \tag{7.19}$$

序列中每个状态的持续时间为该状态总时间的一半。状态Z_1和Z_2为辅助性状态，对应状态0和状态7，加入它们后，逆变器只需要改变一个桥臂中的开关状态就能实现状态的切换。换句话说，只有一个开关变量发生改变。例如，在扇区II中，$X = 6$，$Y = 2$（参见图7.23），高质量状态序列是6-2-0-2-6-7···，或用二进制表示为110-010-000-010-110-111。该序列使得每个开关变量在输出电压的一个周期内都有N个脉冲[参见式(7.6)]。这意味着在每个开关周期内逆变器的各个开关都开通和关断一次。

　　当采用高效率状态序列

$$X - Y - Z - Y - X \cdots \tag{7.20}$$

时，可以进一步减少换流次数，但输出电流的畸变率稍有增加。其中，状态X和Y分别持续$T_X/2$和$T_Y/2$秒，状态Z持续T_Z秒。此外，在偶数扇区（II、IV和VI）内，$Z = 0$，在奇数扇区（I、III和V）内，$Z = 7$。以扇区II为例，高效率状态序列是6-2-0-2-6···或110-010-000-010-110。注意，在该扇区内，变量c在所有开关周期内都等于零。对应输出电压每个周期内开关变量的平均脉冲数量为$2N/3 + 1 \approx 2N/3$。因此，和高质量状态序列相比，开关损耗减少约30%，但是逆变器输出电流纹波略有增加。由上述两种空间矢量PWM技术生成的开关

模式如图 7.24 和图 7.25 所示。这两种情况都假设参考矢量位于扇区 I 中。

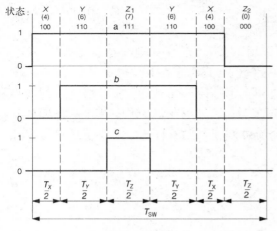

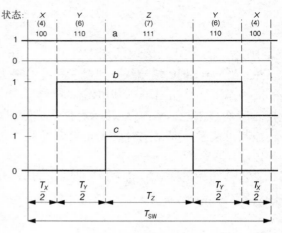

图 7.24 高质量状态序列　　　　　　图 7.25 高效率状态序列

程式化 PWM 技术　程式化或最优开关模式 PWM 技术能在逆变器的运行效率和质量之间找到最佳平衡点。下面以图 7.26 逆变器 A 相的开关模式为例来说明该技术的原理。波形 $a(\omega t)$ 具有半波对称性和 1/4 波对称性(参见附录 C)。因此,整个周期的开关模式仅由第一个 1/4 周期中的开关角 α_4-α_1 确定。这些开关角被称为**主开关角**,它们的个数 K 可以任意,此处为 4。接下来的 3/4 周期以及 B 相和 C 相中的换流发生在**次开关角**时,它们与主开关角是简单的线性关系。开关模式 $b(\omega t)$、$c(\omega t)$ 和 $a(\omega t)$ 相比,只是进行了相移,即

$$a(\omega t) = b\left(\omega t + \frac{2}{3}\pi\right) = c\left(\omega t + \frac{4}{3}\pi\right)$$

(7.21)

条件式(7.21)意味着三个开关变量具有相同的谐波。

根据式(7.8)和式(7.10),逆变器输出电压与开关变量线性相关。因此,除了三倍次谐波,输出电压的频谱与 $a(\omega t)$ 相同。由于需要满足条

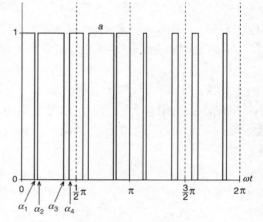

图 7.26 具有半波和四分之一波对称性的开关模式

件式(7.21),所以电压波形中不存在三倍次谐波。开关变量的半波对称性也使得频谱中没有偶次谐波,利用 1/4 波对称性可得 $a(\omega t)$ 第 k 次谐波分量 $A_{k,\mathrm{p}}$ 的幅值为

$$A_{k,\mathrm{p}} = \frac{4}{k\pi}\left[\sum_{i=1}^{K}(-1)^{i-1}\cos(k\alpha_i) - \frac{1}{2}\right]$$

(7.22)

可见,各谐波分量的幅值由所有主开关角共同决定。因此,可以通过设置这 K 个开关角使基频分量和 K-1 个高频谐波分量满足期望(如果可行的话)。若给定 K 个 $A_{k,\mathrm{p}}$(包括 k =1)和约束条件 $0<\alpha_1<\alpha_2<\cdots<\alpha_K$,通过求解 K 个方程[参见式(7.22)],可以得到 α_1,α_2,$\cdots$,α_K。因为这些方程是非线性方程,因此只能用数值计算法进行求解。

确定最优主开关角最常见的方法是**谐波消除 PWM 技术**。它包括设置 $A_{1,\mathrm{p}}$ 至 $MA_{1,\mathrm{p(max)}}$ 的

值，其中 M 是幅值控制比，$A_{1,\text{p(max)}}$ 表示主开关角个数一定时基波分量的最大可能幅值。$K-1$ 个最低阶奇次谐波 $A_{5,\text{p}}$，$A_{7,\text{p}}$，$A_{11,\text{p}}$，…和非三倍次谐波被设置为零。例如，如果 $K=5$，$a(\omega t)$ 基波分量的最大可能幅值 $A_{1,\text{p(max)}}$ 是 0.583，5 次、7 次、11 次和 13 次谐波被消除，剩下的 17 次谐波成为最低次谐波。利用空间矢量 PWM 技术得到的 $A_{1,\text{p(max)}}$ 值为 $1/\sqrt{3}\approx0.577$，和上文的 0.583 相比，减少了约 1%。

各种 K 值和 M 值下最优主开关角的选择详见相关专题文献。上述 $K=5$ 时的最优开关角和幅值控制比 M 的关系如图 7.27 所示。$M=1$ 时输出相电压的频谱如图 7.28 所示，可见，低阶、偶数次和三倍次谐波被成功消除了。

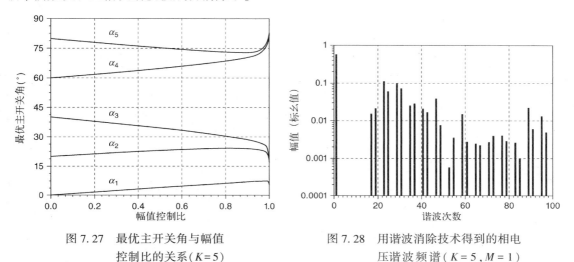

图 7.27　最优主开关角与幅值
控制比的关系（$K=5$）

图 7.28　用谐波消除技术得到的相电
压谐波频谱（$K=5$，$M=1$）

在程式化 PWM 的输出电压的一个周期内开关变量有 $2K+1$ 个脉冲。如果每个周期的脉冲数相同，程式化 PWM 技术得到的电流质量比其他 PWM 技术得到的质量高。为了说明这个结论，图 7.29 画出了三种开关模式和对应的输出电压和电流波形。其中：（a）以正弦波为调制函数的载波比较 PWM 技术；（b）采用高效率状态序列的空间矢量 PWM 技术；（c）带谐波消除的程式化 PWM 技术，$K=5$。这三种情况均假设负载为 RL 负载，负载阻抗角为 30°，幅值控制比为 0.9。调整负载阻抗，使三种情况下的基频电压和基波电流分别相等。对图 7.29（a）、（b）、（c）三种模式下的总谐波畸变率 THD 进行计算，分别得到值的 11.6%、9.2% 和 5.2%，可见电流质量的确得到了提高。

最优开关角的计算非常耗时，因此不能实现实时控制。为此，需要在数字控制系统中提前存储好和每个幅值控制比对应的开关角。这导致内存过大。除此之外，在需要快速改变参考频率和（或）输出电压幅值的场合，程式化 PWM 技术会导致最优开关模式的中断。

当输出电压和电流矢量的幅值不变且转速恒定时，程式化 PWM 技术能生成高质量的正弦电流。但是，它们不能跟踪参考电压矢量的波动，而空间矢量 PWM 策略（在一定程度上包括载波比较法）可以轻松做到这一点。因此，实际应用中，程式化 PWM 技术大多限于交流电源，例如，输出频率固定且电压控制范围很小的不间断供电。

随机 PWM 技术　接下来的分析与现代电力电子变换器的主流技术——空间矢量 PWM 技术相关。实际应用中，通常将开关周期设置为与数字调制器的采样周期相等，因此逆变器的开关频率 f_{sw} 等于调制器的固定采样频率 f_{smp}。固定不变的开关频率使得输出电压和电流的频谱中出现更高阶的谐波群。谐波群以f_{sw}的倍数为中心。

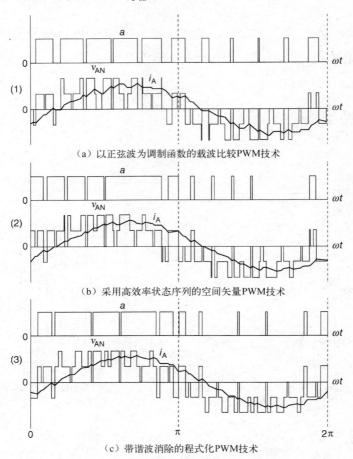

（a）以正弦波为调制函数的载波比较PWM技术

（b）采用高效率状态序列的空间矢量PWM技术

（c）带谐波消除的程式化PWM技术

图7.29　开关模式、输出电压和电流波形

　　使连续的开关周期随机变化（抖动），就产生了非周期的开关模式，部分谐波功率转移到输出电压的连续频谱上。随机PWM（RPWM）技术可以减轻机电系统（通常是由PWM逆变器供电的交流驱动器）中噪声、震动和电磁干扰（EMI）的影响。例如，逆变器向交流电动机供电时，如果开关频率固定不变，那么电动机经常会发出令人难受的"呜呜"声，通过在逆变器中采用RPWM方法，可以让电动机的运行变得安静。

　　经典RPWM策略中，随机地从范围为$[xT_{sw,ave},(2-x)T_{sw,ave}]$的等概率池中抽取连续的开关周期（和采样周期），其中$T_{sw,ave}$表示期望的平均开关周期，系数x（通常0.5）用来确定最小开关周期（平均周期的一部分）。在常规空间矢量策略中使用抖动周期得到的对应结果如图7.30所示。图7.30（a）为常规策略下逆变器的输出电流，其中$N=T_o/T_{sw}=48$，T_o表示输出电压的周期。由于负载均衡，因此三相电流的纹波相同。图7.30（b）为随机PWM模式下的输出电流，其中N在24~72之间随机变化。各个周期和各相的输出电流都不相同。注意这两种情况下每个周期中开关周期的平均数相同，因此电流纹波的平均值保持不变。但是，输出电压和电流的频谱却完全不同。

　　常规PWM下输出相电压的频谱是离散分布的，如图7.31（a）所示。高次谐波集中在开关频率的倍频上。与此相反，随机PWM模式下75个周期内的输出相电压的频谱如图7.31（b）所示。可见，除了基频分量没有变化，功率密度是连续分布的，而且所有更高次的谐波都消失了。如果将输出相电压的时窗取得更宽，频谱分析后就可以观察到白噪声。

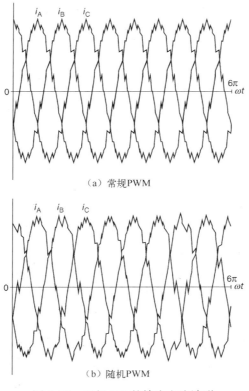

（a）常规 PWM

（b）随机 PWM

图 7.30　三相 VSI 的输出电流波形

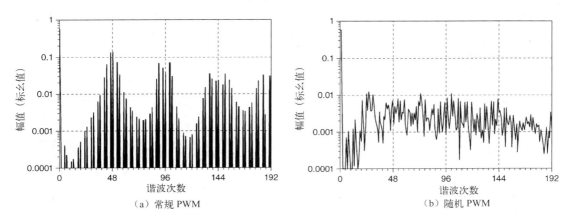

（a）常规 PWM　　　　　　　　　　　　　　　（b）随机 PWM

图 7.31　三相 VSI 中输出相电压的频谱

原始 RPWM 中的采样频率最好保持不变。因为在数字系统中，采样频率通常是对各种运行需求进行权衡后的最佳结果，尤其是当脉宽调制器隶属于大型控制方案时。因此，为了不改变采样频率，出现了变时滞随机脉宽调制（VD-RPWM）的方法。这种方法的开关周期会发生变化，但开关周期的平均值等于固定的采样周期。它通过延迟与采样周期对应的连续开关周期来实现。每个周期的延迟时间 t_{del} 都不相同，它等于 rT_{smp}，其中 r 表示 [0,1] 之间的随机数值。为了防止开关周期太短以至于实际中无法实现，设置开关周期的最小允许值$T_{\mathrm{sw,min}}$，使开关周期在$[T_{\mathrm{sw,min}},2T_{\mathrm{smp}}]$之间变化。上述两种随机 PWM 技术的原理如图 7.32 所示，图中还包含了开关频率固定不变的常规 PWM 方法。

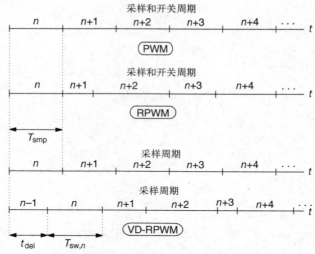

图 7.32　随机 PWM 技术与常规 PWM 方法的比较

7.1.4　VSI 的电流控制技术

上述 PWM 技术实现 VS1 中输出电压的开环或**前馈**控制。如果需要控制输出电流，那么不但需要考虑输出电压，还需要考虑负载，因此必须有电流传感器的反馈环节。控制系统在比较实际电流与参考电流后，为逆变器的各相生成适当的开关变量 a、b、c。最后，对开关变量和输出电压进行调制，使输出电流跟随参考波形变化。

实现高性能的电流控制是一件很有挑战性的工作，因为在大多数情况下，逆变器负载未知且多变。一个成功的电流控制方法应确保：

（1）直流电源电压的利用率高，能向指定负载提供大电流。

（2）静态和动态控制误差小。

（3）逆变器的开关损耗低，即开关动作次数少。

（4）开关和控制系统有足够的动作时间来维持正常运行。

可见，上述（1）、（3）、（4）的要求和电压控制 PWM 技术的要求一致。使用电压控制 PWM 技术的场合也可以使用各种电流控制方法，详见相关文献。这些电流控制可以非常简单，也可以复杂得有如神经网络和模糊逻辑控制器等机器智能系统。本节只讨论三相逆变器电流控制的四种经典方法。

滞环电流控制　图 7.33 的 VSI 采用最简单的输出电流滞环控制方法。首先测量逆变器的输出电流 i_A，i_B，i_C，并与各自的参考电流 i_A^*，i_B^*，i_C^* 进行比较。然后把电流误差 Δi_A，Δi_B，Δi_C 作为电流控制器的输入量，最后产生开关变量 a，b，c 并输入逆变器。

逆变器 A 相电流控制器的特性 $a = f(\Delta i_A)$ 如图 7.34 所示。该特性由一个滞环表示，为

$$a = \begin{cases} 0, & \Delta i_A < -\dfrac{h}{2} \\ 1, & \Delta i_A > \dfrac{h}{2} \end{cases} \tag{7.23}$$

188

其中 h 表示滞环环宽。如果$-h/2 \leqslant \Delta i_A \leqslant h/2$，变量 a 将保持不变。因为 B 相和 C 相控制器的特性与 A 相相同，所以接下来只分析 A 相。可以认为滞环宽度 h 是受控电流i_A的允许误差范围，因为只要电流误差Δi_A在这个带宽内，控制器就不进行任何动作。如果误差太大，即实际电流比参考值小了 $h/2$ 以上时，变量 a 变成 1。根据式（7.10），电压v_{AN}等于或大于 0，因此电流i_A有可能增大。同样，当输出电流太高，变量 a 变成 0，v_{AN}小于或等于 0，这将有助于i_A减小。

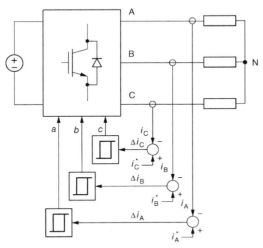

图 7.33　滞环电流控制方案

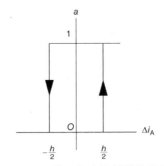

图 7.34　滞环电流控制器的特性

上述方法的缺点之一是逆变器各相之间会相互影响。注意，为了增大电流i_A而将变量 a 从 0 变到 1 时，电压v_{AN}增大了，但电压v_{BN}和v_{CN}减小了，这可能对电流i_B或i_C的控制带来不便。结果就是，在有些负载中，如交流电动机，电流误差偶尔会超过$\pm h/2$的允许误差。平均开关频率受 h 值的影响，随着 h 的减小而升高。图 7.35 的逆变器输出电流波形证实了这一结论，其中负载为 RL 负载。图 7.35（a）中，h 等于正弦参考电流峰值的 20%，图 7.35（b）中，h 等于正弦参考电流峰值的 10%。

当需要对参考电流的急剧变化进行快速响应时，滞环控制是很好的选择，因为可以忽略电流控制器的惯性和延迟效应。例如，当参考电流的幅值、频率和相位同时发生改变时，对应的电流i_A如图 7.36 所示。电流发生变化的速度只受负载时间常数的限制。

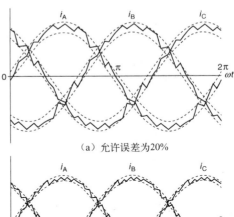

（a）允许误差为20%

（b）允许误差为10%

图 7.35　滞环电流控制下 VSI 的输出电流

实际应用中，允许误差带宽 h 往往与幅值控制比 M 成正比，M 为

$$M \equiv \frac{I^*_{o,p}}{I^*_{o,p(max)}} \tag{7.24}$$

其中，$I^*_{o,p}$表示参考输出电流的峰值，$I^*_{o,p(max)}$表示参考输出电流的最大可能峰值。如果 $h(M) =$

189

$Mh(1)$，那么电流的纹波系数基本上为常数，和幅值控制比无关。当参考输出电流的峰值增大到使 $M=1$ 时，逆变器的运行方式将由 PWM 模式变为方波模式。

滞环电流控制策略不需要使用三个电流控制器分别控制逆变器的三相，图 7.37 的空间矢量策略中只使用了两个控制器。按照式(4.73)，首先对逆变器的输出电流进行 Park 变换，得到输出电流空间矢量 $\vec{i}$ 的 d 轴和

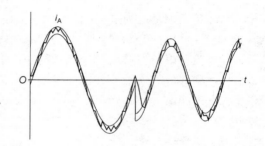

图 7.36 参考电流的幅度、频率和相位急剧变化时，滞环电流控制下 VSI 的输出电流

q 轴分量 i_d 和 i_q，然后将它们与参考电流矢量 $\vec{i}^*$ 对应的分量 i_d^* 和 i_q^* 进行比较。电流控制器的输出值 z_d 和 z_q 有三种状态，其中 d 轴控制器如图 7.38 所示。将信号 z_d 和 z_q 输入开关表，即可选择逆变器的特定状态。最好的控制效果是：当 $(z_d, z_q) = (0,0)$ 时，状态为 0 或 7；当 $(z_d, z_q) = (0,1)$ 和 $(1,1)$ 时，状态为 1；当 $(z_d, z_q) = (1,-1)$ 时，状态为 2；当 $(z_d, z_q) = (1,0)$ 时，状态为 3；当 $(z_d, z_q) = (-1,0)$ 时，状态为 4；当 $(z_d, z_q) = (-1,1)$ 时，状态为 5；当 $(z_d, z_q) = (-1,-1)$ 和 $(0,-1)$ 时，状态为 6。

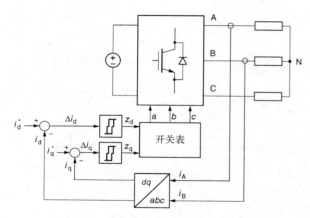

图 7.37 滞环电流控制策略下的空间矢量法

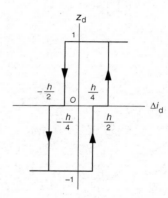

图 7.38 滞环电流空间矢量控制方案下的电流控制特性

斜坡比较电流控制 滞环控制系统的缺点是开关频率太高，尤其是当幅值控制比很低、三个电流控制器的动作彼此无关时。此外，逆变器某种程度的无序工作也是一个缺点。为了稳定开关频率，可以采用**斜坡比较控制**。逆变器 A 相电流采用该控制方法时的控制图如图 7.39 所示。

首先将电流误差 $\Delta i_A = i_A^* - i_A$ 输入通常为

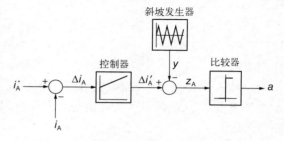

图 7.39 电流控制型 VSI 的斜坡比较控制方法

比例积分(PI)环节的线性控制器。然后将控制器的输出信号 $\Delta i_A'$ 与三角斜坡信号 y 进行比较，信号 y 与电压控制型逆变器中载波比较 PWM 技术使用的信号相似。将 $\Delta i_A'$ 和 y 的差值 z_A 输入比较器，并根据如下方程生成开关变量 a

$$a = \begin{cases} 0, & z_A \leqslant 0 \\ 1, & z_A > 0 \end{cases} \qquad (7.25)$$

其他两相使用相同的闭环控制方法。

可见，斜坡比较控制方法与 7.1.3 节的载波比较 PWM 技术相同，只是调制函数变为计算后的电流误差 $\Delta i_A'$。例如，当 $i_A < i_A^*$ 时，为了提高 i_A，需要增大电压 v_{AN}，信号 $\Delta i_A'$ 对开关变量 a 进行调制，在宽脉冲中插入一系列窄脉冲。具体脉冲波形参见 7.1.3 节的图 7.21，图中信号 r_A 需要用 $\Delta i_A'$ 替换。

斜坡比较电流控制下逆变器的输出电流如图 7.40 所示。图 7.40(a) 中，斜坡信号频率 f_r 与逆变器输出基频 f_1 的比值 f_r/f_1 为 10，图 7.40(b) 中该值为 20。负载与前述 RL 负载相同。将图 7.40 与图 7.35 滞环电流控制下的波形进行比较，可以看到开关模式更有规律，且开关频率更稳定。

该控制方案的主要优点在于可调参数增加了。滞环控制只能调节滞环控制器的宽度，但斜坡比较控制既能对线性控制器进行设置，又能对斜坡信号的幅值和频率进行整定。斜坡比较控制的缺点有：(1) 参考电流快速变化时，响应速度变慢(这可以通过高增益的比例控制器来改善)；(2) 因为逆变器没有零状态(状态 0 或状态 7)，所以平均开关频率通常会增大。事实上，因为三个电流误差不可能同时为正或同时为负，比较器输出的开关变量值也不可能同时是 0 或 1。

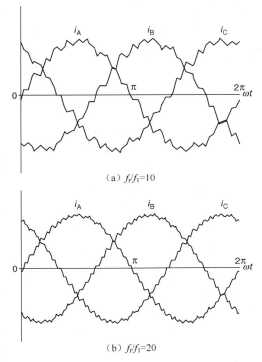

(a) $f_r/f_1=10$

(b) $f_r/f_1=20$

图 7.40　斜坡比较电流控制下 VSI 的输出电流

斜坡比较技术通常通过模拟系统实现。对应的离散 PWM 策略，即**电流调节增量调制器**，如图 7.41 所示。在电流调节增量调制器中，斜坡信号发生器被采样保持电路替代，因为采样保持电路能使逆变器的开关频率固定不变。通常没有线性控制器，比较器被等效为无限增益比例(P)控制器。同样，为了防止降低调制器的运行效率不施加零状态。

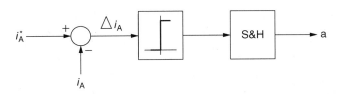

图 7.41　电流控制型 VSI 的电流调节增量调制方法

预测电流控制　基于**预测电流控制器**的原理，可以得到以下结论：如果已知负载参数，就可以确定指定参考电流值下的最佳开关模式。

预测电流控制器有两种基本类型，它们或者使平均开关频率 f_{sw} 最小，或者在保持开关频率 f_{sw} 固定不变的前提下使受控电流的总谐波畸变率最小。预测控制器在运行的每一步，都要根据负载对电压变化的响应来预估负载参数，并对逆变器下一个状态的选择进行优化。涉及的计算可以使用微处理器或数字信号处理器来完成。

线性电流控制　上述三种控制方案都是将电流反馈直接加在逆变器的开关模式上。线性电流控制是一种间接方法，它如图7.42所示，涉及传统 PI 线性控制器。和滞环控制的空间矢量方法类似，参考电流用空间矢量 $\vec{i}^*$ 表示，实际输出电流矢量为 $\vec{i}$，空间矢量 $\vec{i}^*$ 的 dq 轴分量 i_d^* 和 i_q^* 分别是电流矢量 $\vec{i}$ 的 dq 轴分量 i_d 和 i_q 的参考信号。逆变器使用 7.2.1 节的电压空间矢量 PWM 技术，将控制误差 Δi_d 和 Δi_q 通过线性控制器转换成电压参考矢量 $\vec{v}^*$（线电压或相电压）的 dq 轴分量 v_d^* 和 v_q^*。实际上，如果已知 $\vec{v}^*$ 的幅值和相角，可以很容易得到式（4.77）至式（4.79）中的 m 和 α 值。

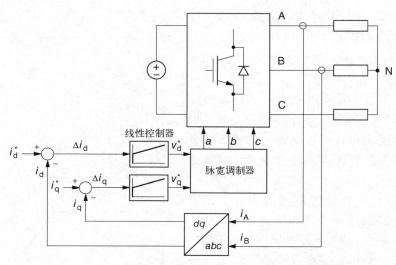

图 7.42　VSI 的线性电流控制方案

7.2　电流源型逆变器

　　如果逆变器由直流电流源供电，那么续流二极管，尤其是用于 VSI 的续流二极管就变得多余。注入逆变器任何桥臂的电流都不能改变极性，因此，这些电流只能流经半导体电力开关。使用电流源可以防止系统发生过电流现象（甚至在逆变器或负载短路的情况下）。但是，为了避免直流环节的电感过电压，在开关换流过程中必须维持电流的连续性。因此，如果使用全控型开关，上一个开关的关断信号和紧接着的开关的开通信号会有部分重叠。

　　将续流二极管去掉后，不但减小了电源电路的大小和质量，而且进一步提高了 CSI 的可靠性。实际的电流源由可控整流器（通常基于晶闸管）和感性直流环节组成。整流器通过闭环控制维持输出电流的稳定。直流环节的电抗器用于抑制电流纹波。在随后的讨论中，假设输入电流 I_i 为理想直流。

　　实际应用中，CSI 主要用于交流电动机的控制。因此，它们属于三相逆变器，本节也只讨论这些三相 CSI。如果需要，删除三相逆变器的一条桥臂就可以获得单相 CSI。单相 CSI 的控制策略也可以通过适当调整三相逆变器的控制策略而得到，本节随后会对该部分的内容进行介绍。

7.2.1　三相方波 CSI

三相交流线路通过可控整流器和直流环节向三相 CSI 供电的示意图如图 7.43 所示。整流器通过反馈环节来维持直流环节中电流的恒定。逆变器的电路如图 7.44 所示。因为输入电流不能改变方向，所以如果功率需要从负载流向电源，则需要将输入电压反向。为了防止反向偏置，不对称的电力开关必须与阻断二极管串联。对称的开关，如非直通 IGBT，就不需要阻断二极管。

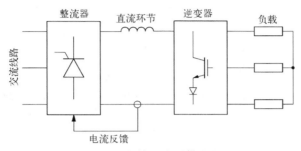

图 7.43　由相控整流器供电的 CSI

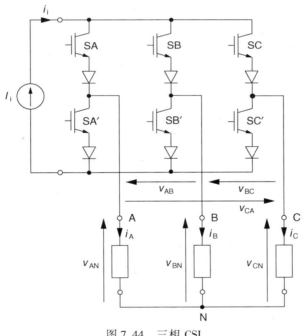

图 7.44　三相 CSI

因为允许逆变器同一条桥臂中的两个开关同时导通，因此逆变器的每一个开关都需要对应一个开关变量。接下来，变量 a, b, c 表示开关 SA, SB, SC 的状态（例如，$a=1$ 表示 SA 导通），而 a', b', c' 表示开关 SA′, SB′, SC′的状态。

大功率 CSI 通常以动作相对较慢的 GTO 为基础，因此它们只能运行在方波模式下。在输出电压的每 1/6 周期中，对应开关 SA-SB′、SA-SC′、SB-SC′、SB-SA′、SC-SA′和 SC-SB′分别导通。注意，六脉波整流器采用相同的导通顺序。事实上，如果逆变器用来给交流电动机供电，那么交流电动机将生成旋转的三相反电动势，这相当于运行在逆变器模式下的六脉波

193

整流器。用来给逆变器供电的可控直流电压源和直流环节电抗器等效于整流器中的 RLE 负载，而负载的交流电动势等效于整流器的电源部分。反之亦然，交流发电机通过整流器向直流电动机供电对应直流发电机通过 CSI 向交流电动机供电的反过程。

可以很容易求到逆变器的输出电流 i_A，i_B，i_C 为

$$\begin{bmatrix} i_A \\ i_B \\ i_C \end{bmatrix} = \begin{bmatrix} a-a' \\ b-b' \\ c-c' \end{bmatrix} I_i \tag{7.26}$$

当负载为三角形连接且三相平衡时，电流 i_{AB}，i_{BC}，i_{CA} 为

$$\begin{bmatrix} i_{AB} \\ i_{BC} \\ i_{CA} \end{bmatrix} = \frac{1}{3}\begin{bmatrix} 1 & -1 & 0 \\ 0 & 1 & -1 \\ -1 & 0 & 1 \end{bmatrix}\begin{bmatrix} i_A \\ i_B \\ i_C \end{bmatrix} \tag{7.27}$$

方波模式下的开关变量如图 7.45 所示，负载连接成星形时的电流 i_A，i_B，i_C 和负载连接成三角形时的电流 i_{AB}，i_{BC}，i_{CA} 如图 7.46 所示。**电流增益** K_I 为输出线电流基频分量的峰值 $I_{L,1p}$ 与输入电流 I_i 之比，等于 $2\sqrt{3}/\pi \approx 1.1$。

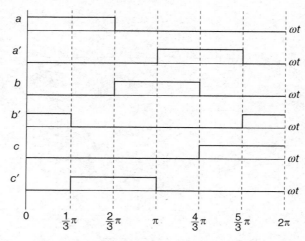

图 7.45 方波模式下三相 CSI 的开关变量

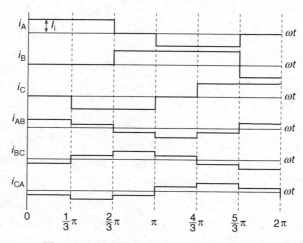

图 7.46 方波模式下三相 CSI 的输出电流

在逆变器的状态转换期间，输出电流的快速变化会导致感性负载两端出现很高的电压尖峰。因此，实际应用中，为了将电压尖峰限制在允许的安全水平内，故意延长了逆变器开关的换流过程。此外，应该尽可能地选择电抗较小的负载，如低漏抗的感应电动机。通过图 7.47 逆变器输出相电压和相电流的波形可见，输出电压的波形取决于负载。其中，图 7.47(a)为 RL 负载，图 7.47(b)为 LE 负载，即电感和交流电动势的串联。LE 负载通常用于对可调速驱动器中的交流电动机(只有 CS1 才有这种负载)进行建模。

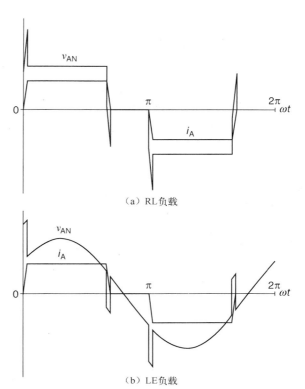

方波运行模式无法实现逆变器输出电流的幅值控制，因此必须通过向逆变器供电的整流器来控制电流。整流器还允许双向潮流，这是 CSI 的一个重要优势。如前所述，输入电流的方向始终为正向，所以只有使整流器输出电压的平均值为负才能得到反向的功率。除了电路简单、可靠，

图 7.47　方波模式下三相 CSI 的输出电压和电流

CSI 还具有优异的动态电流控制能力，这对高性能的交流驱动器非常重要。但是，CSI 的缺点也很明显，即输出电流是阶梯状波形，畸变严重。

7.2.2　三相 PWM CSI

PWM CSI 在实践应用中没有电压源型 PWM 方案那么普及。PWM CSI 逆变器的示意图如图 7.48 所示。与图 7.43 的方波逆变器相比，图 7.48 输出端之间加入了电容器。电容器相当于输出电流的低通滤波器，它对逆变器产生的脉冲电流中的大部分高频谐波分量进行分流。显然，PWM CSI 完全就是图 4.45 电流型 PWM 整流器的反过程。

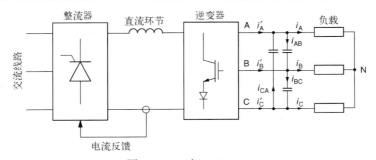

图 7.48　三相 PWM CSI

PWM CSI 的控制策略与 VSI 的控制策略不同。共阴极组的一个开关和共阳极组的一个开关同时导通，就能生成脉冲状的输出电流 i'_A，i'_B，i'_C。通常情况下，两个导通的开关分属逆变器的不同桥臂，因此电流将流经两相线路。但是，为了降低输出电容器的电压，有些控制

195

策略也包含直通情况，即同一相的两个开关都导通。

逆变器可以由恒流源或可调电流源供电。接下来的分析中，均假设电流源可调。采用 PWM 技术时，逆变器输出相电流的每一个周期中都包含 2P 个电流脉冲，其中 P 表示一个开关变量包含的脉冲数，它是奇数值。PWM CSI 生成的开关模式固定不变，输出电流的幅值控制需要通过供电侧的整流器实现。和 PWM VSI 类似，PWM CSI 的输出电流 i_A, i_B, i_C 是含纹波的正弦波。对输出电流可以进行开环控制或闭环控制。

有两种 PWM 技术在 CSI 中得到了广泛的应用。第一种技术类似于 VSI 所采用的经典载波比较方法，但是其中的载波和调制函数都发生了变化。图 7.49 为 P = 5 时的开关模式，图中包含三角载波 y、梯形参考信号 r 和开关变量 a 的波形。电流 i_A', i_B', i_C' 的一个周期包含 10 个脉冲。其他开关变量的波形与开关变量 a 相同，但相位发生了变化。具体而言，b 相和 c 相相角分别滞后 $a(\omega t)$ 120° 和 240°，而变量 a′, b′, c′ 分别滞后对应变量 a, b, c 半个周期。注意方波逆变器的开关模式具有相同的属性（参见图 7.45）。当参考信号和载波信号的峰值比为 0.82 时，输出电流低阶谐波分量的抑制效果达到最佳。

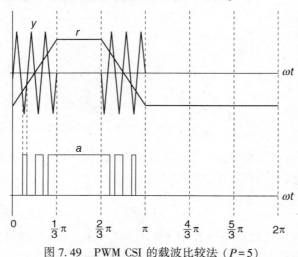

图 7.49 PWM CSI 的载波比较法（P = 5）

第二种方法是程式化谐波消除 PWM 方法。通过适当选择主开关角，可以消除输出电流的特定谐波分量。图 7.50 仍然为 P = 5 时的开关模式。令两个最优主开关角 α_1 和 α_2 分别等于 7.93° 和 13.75°，从而消除 5 次和 7 次谐波。如果还需要消除 11 次谐波，就需要使用三个最优开关角 2.24°、5.60° 和 21.26° 来产生包含 14 个脉冲（P = 7）的电流。最优开关模式 $a(\omega t)$ 必须有 1/4 波和半波对称性，并且必须关于 30° 和 150° 对称。在 60° 和 120° 之间不允许有开关切换动作。

图 7.51 为逆变器输出电流 i_A 与 i_A'，电容器电流 i_{AB} 和输出电压 v_{AN} 的波形，其中负载为星形连接的 RL 负载，载波比较 PWM 的 P = 9。通过采用更大的输出电容器或者增加开关脉冲个数 P 的方法，可以进一步降低输出电流的纹波。输出电压的波形取决于负载。注意，脉冲电流 i_A', i_B', i_C' 的电流增益 K_I 可能大于 1。例如，采用程式化法消除 5 次和 7 次谐波分量时，K_I 等于 1.029，它大于方波逆变器的 0.955。但是，输出电容器吸收了输出电流脉冲的部分基频分量，因此输出电流 i_A, i_B, i_C 的电流增益小于 1。

如果整流器采用恒流源供电，就可以用空间矢量 PWM 技术来控制输出电流。在 7.1.3 节中，空间矢量 PWM 技术曾被用于控制电压型 PWM 整流器和电压源型 PWM 逆变器。电流源型 PWM 整流器可以采用 4.3.3 节电流型 PWM 整流器类似的描述方法。具体而言，需要采用如图 4.46 所示的电流空间矢量和对应的式(4.90)至式(4.92)。

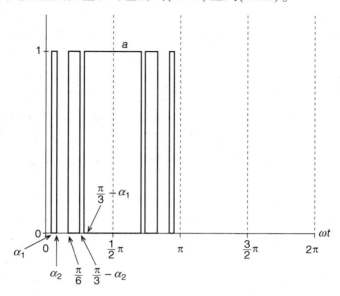

图 7.50　有两个主开关角时 PWM CSI 的最优开关模式

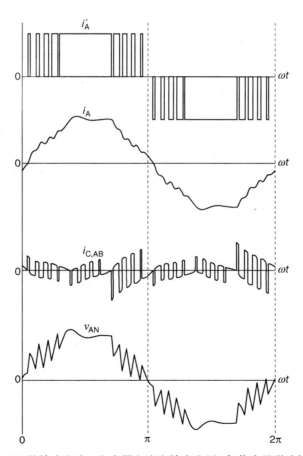

图 7.51　三相 PWM CSI 的输出电流、电容器电流和输出电压(负载为星形连接的 RL 负载，$P=9$)

197

7.3 多电平逆变器

7.1 节的三相 VSI 是目前最常用的直流-交流变换器。在接下来的分析中，它们被归类为二电平逆变器。多电平逆变器(多电平 VSI)虽然在几十年前就被提出，但直到近年来才得到广泛关注。多电平逆变器的性能比二电平逆变器的性能好，其承受的额定电压大于其内部电力开关(包括电力二极管)的额定电压。具体来说，单个开关承受的电压等于$V_i/(l-1)$，其中V_i表示直流输入电压，l 为级数。因此，多电平逆变器主要应用于中压和高压电力电子系统中。

用"二电平"来形容 VSI 是因为任何输出终端的电势都只能有两个值。事实上，逆变器的每个终端都可以通过开关和直流母线的正极或负极连接。因此，线电压有 3 个值，相电压有 5 个值。方波模式虽然效率很高，但它限制了使输出电压波形畸变最小的方案。如果输出终端有两个以上的电压等级，就可以构造阶梯状的波形来更好地模拟正弦波。

图 7.52 为单相五电平逆变器的示意图。4 个电容器 C1 ~ C4 组成分压器，它成为逆变器的直流环节。直流环节的中性点及负载的一个终端接地。5个开关 S1 ~ S5 可以将 V_1 ~ V_5 的任何一个电压与负载的非接地端连接。注意，在任何时刻都有且只有一个开关导通。因此，输出电压v_o可以是这 5 个值(从$-V_i/2$ 至$V_i/2$，包括$v_o=V_3=0$)中的任意一个。

注意，即使去掉开关 S2，S3，S4 和它们之间的电容器 C2 和 C3，将多电平逆变器变为二电平逆变器，得到的拓扑结构也不会与图 7.2 的单相逆变器

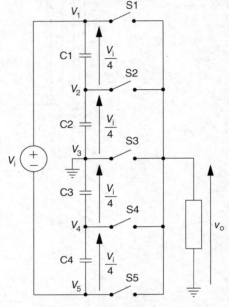

图 7.52　单相五电平逆变器

相同。图 7.2 的单相逆变器是桥式拓扑结构，而图 7.52 中的逆变器为**半桥拓扑**。图 7.53 是一种实用的、但不属于核心应用的单相半桥逆变器。显然，该逆变器的输出电压只有两种，即$v_o=\pm V_i/2$，而图 7.2 中全桥逆变器的输出电压可以是$-V_i$，0 或V_i。

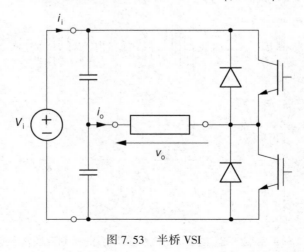

图 7.53　半桥 VSI

7.3.1 二极管钳位型三电平逆变器

实用多电平逆变器中的单向半导体器件的拓扑结构比较复杂。本节和下一节只涉及三相**三电平逆变器**的两种基本拓扑结构，关于五电平或更多电平的逆变器，请参阅相关文献。

二极管钳位型（或中性点钳位）逆变器的电路如图 7.54 所示。逆变器包含三条桥臂，每一条桥臂均由 4 个半导体电力开关 S1~S4、4 个续流二极管 D1~D4 和 2 个钳位二极管 D5~D6 组成。理论上，如果逆变器一条桥臂上有 4 个开关，那么意味着该条桥臂有 2^4 种状态，因此整个逆变器有 2^{12}（就是 4096！）种状态。但是，因为任何时候都必须有且只有两个相邻开关导通，所以一条桥臂只有 3 种状态满足要求，因此逆变器共有 27 种状态。可以用三元开关变量来表示逆变器每一相的状态，对 A 相，有

$$a = \begin{cases} 0, & \text{如果S3和S4为导通状态} \\ 1, & \text{如果S2和S3为导通状态} \\ 2, & \text{如果S1和S2为导通状态} \end{cases} \tag{7.28}$$

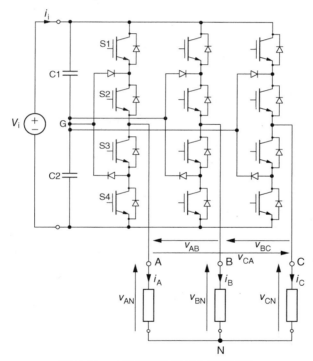

图 7.54 二极管钳位型三电平逆变器

按同样的方式可以定义其余两相的开关变量 b 和 c。

观察后可得，可以用开关变量和对应的输入电压表示逆变器输出端相对于"大地" G（逆变器的中性点）的电势。例如，端子 A 的电压 v_A 为

$$v_A = \frac{a-1}{2}V_i \tag{7.29}$$

因此，输出线电压为

$$\begin{bmatrix} v_{AB} \\ v_{BC} \\ v_{CA} \end{bmatrix} = \frac{V_i}{2} \begin{bmatrix} 1 & -1 & 0 \\ 0 & 1 & -1 \\ -1 & 0 & 1 \end{bmatrix} \begin{bmatrix} a \\ b \\ c \end{bmatrix} \tag{7.30}$$

基于式(7.9)，相电压为

$$\begin{bmatrix} v_{AN} \\ v_{BN} \\ v_{CN} \end{bmatrix} = \frac{V_i}{6} \begin{bmatrix} 2 & -1 & -1 \\ -1 & 2 & -1 \\ -1 & -1 & 2 \end{bmatrix} \begin{bmatrix} a \\ b \\ c \end{bmatrix} \tag{7.31}$$

　　如果列出线电压和相电压的所有可能值，可见线电压和相电压的个数分别为 5 个和 9 个。通常，在 l 电平逆变器中，它们的个数分别是 $2l-1$ 和 $4l-3$ 个。

　　三电平逆变器只允许开关变量从 0 变到 1，或者从 1 变到 2，或者反之，但不允许从 0 直接变到 2 或者从 2 直接变到 0。因为一条桥臂上的 4 个开关中只有 2 个开关同时改变了状态，所以可以确保换流的平稳，同时减少直通的可能性。这样，直流电压加在至少 2 个开关上，因此，如前文所述，在由相同电源供电的情况下，这些开关的额定电压比普通二电平逆变器中开关的额定电压低很多。

　　和二电平逆变器类似，三相三电平逆变器的状态可以用 abc_3 来表示。例如，当 $a=1$、$b=1$、$c=2$ 时，逆变器的状态为 14，因为 $112_3=14$。27 种状态中，状态 0、13 和 26 是零状态，对应的三个输出端的电压为零。当负载为星形连接时，相电压空间矢量以及对应的逆变器状态如图 7.55 所示。可见有效电压矢量被分为 3 组。高压矢量的幅值为 V_i，如 $\vec{V}_{18}$，中压矢量的幅值为 $\sqrt{3}\,V_i/2$，如 $\vec{V}_{21}$，低压矢量的幅值为 $V_i/2$，如 $\vec{V}_9$。

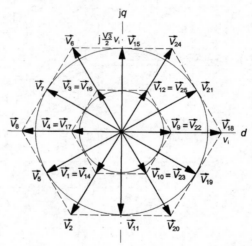

图 7.55　中性点钳位型三电平逆变器的电压空间矢量

　　将图 7.55 和图 7.23 二电平逆变器的矢量图相比，很容易得到状态序列 18-21-24-15-6-7-8-5-2-11-20-19⋯是方波运行模式，每个状态的持续时间等于输出电压期望周期的 1/12。逆变器的开关变量和输出电压如图 7.56 所示。尽管其电压增益 1.065 略低于二电平逆变器的电压增益 1.1，但是三电平逆变器输出电压的质量的确得到了提高(与图 7.16 相比)。图 7.57 中输出电流 i_A 和电压 v_{AN} 的畸变率都很低，这也证实了上述结论。

　　若 PWM 的开关频率比二电平逆变器的典型开关频率低得多，那么就可以获得更高的运行质量。目前已经开发了多种基于空间矢量法的 PWM 技术。注意，在这里用于合成旋转参考矢量的静止电压矢量的数量远大于经典二电平 VSI 的静止电压矢量。这使得设计空间矢量 PWM 策略有了更多的自由度。

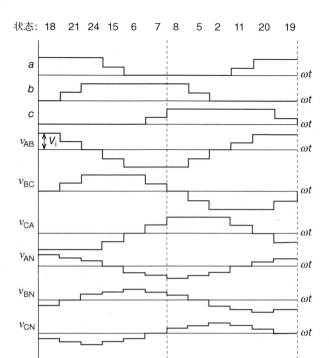

图 7.56 方波模式下中性点钳位型三电平逆变器的状态、开关变量和输出电压

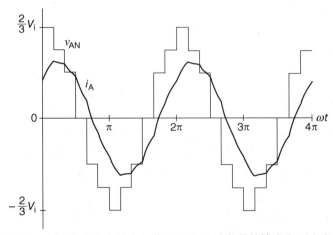

图 7.57 方波模式下中性点钳位型三电平逆变器的输出电压和电流

7.3.2 飞跨电容型三电平逆变器

飞跨电容型逆变器与上一节的二极管钳位型逆变器类似。对应的三电平逆变器如图 7.58 所示。其中,图 7.54 的钳位二极管被电容器 C3 所替代。

因为逆变器一条桥臂中有且只有两个开关(不一定必须相邻)能同时导通,所以逆变器 A 相的开关变量 a 为

$$a = \begin{cases} 0, & \text{当S3和S4同时为导通状态} \\ 1, & \text{当S1和S3或S2和S4同时为导通状态} \\ 2, & \text{当S1和S2同时为导通状态} \end{cases} \tag{7.32}$$

按同样的方法可以定义其他两相的开关变量 b 和 c。然后，采用式(7.29)至式(7.31)计算电压，电压矢量和图 7.55 相同。当 S1 和 S3 导通时，钳位电容器充电，当 S2 和 S4 导通时，钳位电容器放电。

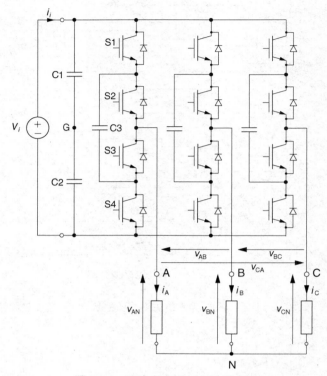

图 7.58　飞跨电容型三电平逆变器

7.3.3　H 桥级联型逆变器

H 桥级联型逆变器如图 7.59 所示，它由 N 个单相逆变器(参见 7.1.1 节和图 7.2)组合而成。其中每个逆变器(H 桥)由独立的直流源供电。虽然不对称逆变器可以由不同电源供电，但 H 桥级联型逆变器电源的电压等级通常相等。在随后的讨论中假定所有的直流电源都相同。

一个 H 桥的输出端可以有三种电压，即 $-V_{dc}$，0 和 V_{dc}。l 电平逆变器中有 $(l-1)/2$ 个 H 桥，因此 N 个桥组成的逆变器有 $2N+l$ 个电平。由于二极管钳位型多电平逆变器或飞跨电容型多电平逆变器的拓扑结构相当复杂，控制方法繁杂，因此 H 桥级联型逆变器很具优势。

任一时刻 H 桥都有且只有两个开关可以导通。对于三相逆变器一条桥臂中的第 k 个 H 桥，定义三元开关变量 a_k 为

$$a_k = \begin{cases} 0, & \text{当S2和S3同时为导通状态} \\ 1, & \text{当S1和S3或S2和S4同时为导通状态} \\ 2, & \text{当S1和S4同时为导通状态} \end{cases} \tag{7.33}$$

该桥的输出电压 $v_{o,k}$ 为

$$v_{o,k} = (a_k - 1)V_{dc} \tag{7.34}$$

因为逆变器一条桥臂上的 H 桥串联在一起，所以端子 A 与逆变器中性点 G 之间的电压

v_A 等于所有桥的输出电压之和。因此，可以定义逆变器 A 相的开关变量为

$$a = \sum_{k=1}^{N} a_k \qquad (7.35)$$

根据各个桥臂的控制状态，可以将 a 设为 $[0,2N]$ 内的任何整数值。可得

$$v_A = (a - N) V_{dc} \qquad (7.36)$$

按同样的方法定义开关变量 b 和 c，则逆变器输出线电压和相电压可以表示为

$$\begin{bmatrix} v_{AB} \\ v_{BC} \\ v_{CA} \end{bmatrix} = V_{dc} \begin{bmatrix} 1 & -1 & 0 \\ 0 & 1 & -1 \\ -1 & 0 & 1 \end{bmatrix} \begin{bmatrix} a \\ b \\ c \end{bmatrix} \qquad (7.37)$$

$$\begin{bmatrix} v_{AN} \\ v_{BN} \\ v_{CN} \end{bmatrix} = \frac{V_{dc}}{3} \begin{bmatrix} 2 & -1 & -1 \\ -1 & 2 & -1 \\ -1 & -1 & 2 \end{bmatrix} \begin{bmatrix} a \\ b \\ c \end{bmatrix} \qquad (7.38)$$

注意，当 $V_i = 2V_{dc}$ 时，式(7.36)~式(7.38)和式(7.29)~式(7.31)相同。

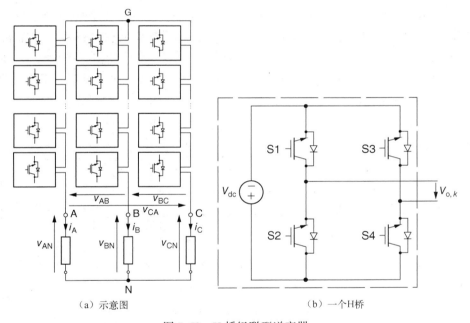

（a）示意图　　　　　　　　　（b）一个H桥

图 7.59　H 桥级联型逆变器

　　H 桥级联型逆变器能产生接近正弦波的多阶梯状波形。对应的方波运行模式效率很高，因为在输出电压的一个周期内每个开关各开通和关断一次。如图 7.60 所示，5 个 H 桥逆变器产生的阶梯状波形可以高精度地接近参考正弦波 v_A。

　　单个桥的方波运行模式无法实现对输出电压幅值的平滑控制。如果有 K 个桥，生成的电压峰值就等于 $K V_{dc}$。减小 K 值会使输出电压的总谐波畸变率增大。因此，只有当系统不需要进行幅值控制或者直流电源可调时，才推荐使用方波运行模式。如果需要逆变器调幅，可以在每个桥中使用 7.1.1 节的简单 PWM 技术，其中调制度 m 不变。H 桥级联型逆变器 A 相的控制规律如式(7.5)所示。B 相和 C 相的调制函数的参数 α_n 需要分别增加 120° 和 240°。

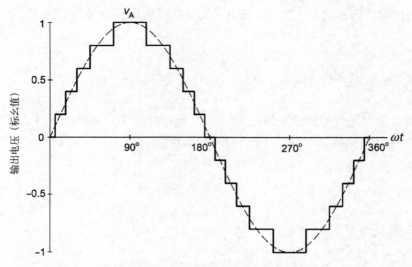

图 7.60　由 H 桥级联型逆变器的阶梯状波形合成的近似正弦波

H 桥级联型逆变器中开关变量 a、b 和 c 有很多可能值，因此 SVPWM 开关策略也很多。两桥（五电平）逆变器中和开关变量所有组合值对应的相电压空间矢量的端点分布如图 7.61 所示。因为每个变量都可以在 0~4 之间取值，所以一共有 5 个可能值，共生成 $5^3 = 125$ 个矢量，其中有 64 个矢量重复，61 个矢量不同。这其中包括图 7.23 经典三相二电平逆变器的 6 个有效（非零）矢量。

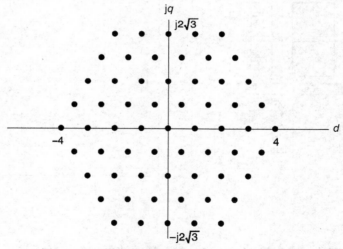

图 7.61　两桥级联型逆变器相电压矢量的端点分布

在有些应用中，H 桥级联型逆变器中的变换器由交流（而不是直流）供电。这种逆变器将若干个带有前端整流器的扩展型 H 桥"单元"级联在一起。图 7.62 为两个带二极管整流器的"单元"。如果需要双向潮流，整流器就需要使用图 7.63 所示的 PWM 整流器。

多电平逆变器特别适合于大功率、高电压的应用场所。和经典二电平逆变器相比，多电平逆变器可以在很低的开关频率下获得很高的性能。因此，它既可以采用动作相对迟缓的 GTO，又能获得高质量的电流。目前，专家们已经提出了多种混合拓扑结构，它们将基本多电平逆变器中不同类型的子电路进行了结合。

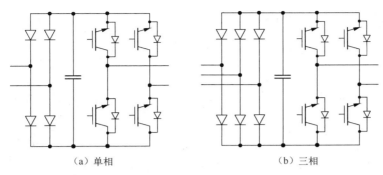

（a）单相　　　　　　　　　　　（b）三相

图 7.62　交流电源供电时级联型逆变器中带二极管整流器的单元

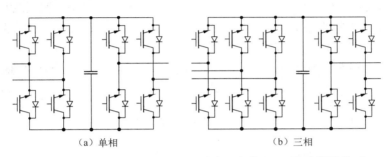

（a）单相　　　　　　　　　　　（b）三相

图 7.63　交流电源供电时级联型逆变器中带 PWM 整流器的单元

7.4　软开关逆变器

　　到目前为止本书介绍的逆变器和其他电力电子变换器都有一个共同特点，即**硬开关**。这意味着开关从一种状态变换到另一个状态时，电压和电流非零。以图 7.14 VSI 的 A 相为例，当开关 SA 断开而二极管 DA 未导通时，开关和二极管两端承受的电压为直流输入电压 V_i。相反，如果开关 SA 导通而二极管 DA′未导通，电流 i_A 将流经开关 SA。所以，当开关开通时开关两端的电压非零，开关关断时通过开关的电流非零。因此，正如第 2 章所述，每个开关都有能量损耗，能耗的大小取决于对应的电流和电压值。

　　如果开关频率足够高，VSI 的输出电流几乎没有纹波。但是开关损耗会大幅增加。因此，在实际应用中，热效应对开关频率的限制大于开关动态特性对开关频率的限制。从电磁干扰的角度而言，由于电流的快速变化会产生电磁波，也会对硬开关造成损害。

　　如果开关在导通和断开状态之间切换时开关两端的电压为零，或者在关断瞬间流过开关的电流为零，则可以认为此开关是软开关。软开关产生的损耗和电磁干扰都最小。如第 8 章所述，可以将零电压开关（ZVS）和零电流开关（ZCS）这两种软开关技术用在**谐振变换器**中，从而实现低功耗开关电源的应用。为了满足无损的零电压或零电流条件，需要利用电路谐振现象。若能大幅减少谐振变换器的开关损耗，就能采用很高的开关频率，实现滤波器、磁性元件、散热片以及整个变换器的最小化。

　　谐振直流环节逆变器体现了 ZVS 原则在直流-交流变换器中的应用。为了解释谐振直流环节的基本思想，首先考虑图 7.64 所示的开关网络。图中包括产生理想直流输入电压 V_i 的供电电源、谐振 LC 电路、半导体电力开关 S 和续流二极管 D。谐振电路为非理想电路，其中电阻为 R Ω。网络输出端的电流源代表负载，其电感比谐振电路的电感 L 高很多。因此，从

205

短时间来看，可以认为网络的输出电流I_o为常数。

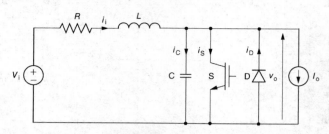

图 7.64   用于描述谐振直流环节工作原理的开关网络

开关网络的运行周期可以分为 3 个子周期。第一个子周期的持续时间为t_1，由于输入电流i_i不断增大，电感L将吸收电磁能量。$t=0$时开关信号g施加在开关上，但开关并不是立刻就能开通，而是需要经过一个短暂的延迟时间t_0才有电流流通（下文将对之进行解释）。电容器C已经在上一个周期中被完全放电，所以电容器电流i_C等于零，二极管电流i_D和输出电压v_o都等于零。由于

$$V_i = Ri_i + L\frac{\mathrm{d}i_i}{\mathrm{d}t} \tag{7.39}$$

且

$$i_S = i_i - I_o \tag{7.40}$$

可以求到

$$i_i = \frac{V_i}{R}\left(1 - \mathrm{e}^{-\frac{R}{L}t}\right) + I_1\mathrm{e}^{-\frac{R}{L}t} \tag{7.41}$$

所以

$$i_S = \frac{V_i}{R}\left(1 - \mathrm{e}^{-\frac{R}{L}t}\right) + I_1\mathrm{e}^{-\frac{R}{L}t} - I_o \tag{7.42}$$

其中I_1表示初始输入电流$i_i(t_0)$。在该子周期结束时，输入电流等于I_2，为

$$I_2 = i_i(t_1) = \frac{V_i}{R}\left(1 - \mathrm{e}^{-\frac{R}{L}t_1}\right) + I_1\mathrm{e}^{-\frac{R}{L}t_1} \tag{7.43}$$

在第二个子周期，开关断开，存储在电抗器中的能量通过电容器放电。开关和二极管的电流都等于零，电容器的电流和输出电压为

$$i_C = i_i - I_o \tag{7.44}$$

$$v_o = \frac{1}{C}\int_0^t i_C\mathrm{d}t \tag{7.45}$$

将基尔霍夫电压定律用于谐振电路，有

$$V_i = Ri_i + L\frac{\mathrm{d}i_i}{\mathrm{d}t} + v_o \tag{7.46}$$

将式（7.44）代入式（7.45），然后将式（7.45）代入式（7.46），得

$$V_i = Ri_i + L\frac{\mathrm{d}i_i}{\mathrm{d}t} + \frac{1}{C}\int_0^t i_i\mathrm{d}t - \frac{I_o}{C}t \tag{7.47}$$

假设谐振电路欠阻尼，由式（7.47）可以求得i_1，再将i_1代入式（7.44）和式（7.45），分别求解i_C和v_o，得

$$i_C = \left\{\left[\frac{V_i - RI_o}{L\omega_r} - \frac{\alpha}{\omega_r}(I_2 - I_o)\right]\sin(\omega_r t) + (I_2 - I_o)\cos(\omega_r t)\right\}\mathrm{e}^{-\alpha t} \tag{7.48}$$

206

$$v_{o} = V_{i} - RI_{o} + \left\{ \left[\frac{\alpha}{\omega_{r}}(V_{i} - RI_{o}) + \frac{I_{2} - I_{o}}{C\omega_{r}} \right] \sin(\omega_{r}t) \right.$$
$$\left. - (V_{i} - RI_{o}) \cos(\omega_{r}t) \right\} e^{-\alpha t} \tag{7.49}$$

其中

$$\alpha = \frac{R}{2L} \tag{7.50}$$

ω_r 表示阻尼谐振频率，为

$$\omega_{r} = \sqrt{\frac{1}{LC} - \alpha^{2}} \tag{7.51}$$

如果谐振电路的质量很高，则 $RI_o \ll V_i$ 且 $\alpha \ll \omega_r$，那么可以进一步简化式（7.48）和式（7.49），得

$$i_{C} = Ie^{-\alpha t} \sin(\omega_{r}t + \varphi_{1}) \tag{7.52}$$

且

$$v_{o} = V_{i} - Ve^{-\alpha t} \cos(\omega_{r}t + \varphi_{2}) \tag{7.53}$$

其中

$$I = \sqrt{\left(\frac{V_{i}}{L\omega_{r}}\right)^{2} + (I_{2} - I_{o})^{2}} \qquad \varphi_{1} = \arctan\left[\frac{L\omega_{r}(I_{2} - I_{o})}{V_{i}}\right] \tag{7.54}$$

且

$$V = \sqrt{V_{i}^{2} + \left(\frac{I_{2} - I_{o}}{C\omega_{r}}\right)^{2}} \qquad \varphi_{2} = \arctan\left(\frac{I_{2} - I_{o}}{C\omega_{r}V_{i}}\right) \tag{7.55}$$

因为 $L\omega_r \approx 1/(C\omega_r)$，所以 $\varphi_1 \approx \varphi_2$。在第一个子周期开始时，输出电压为零，然后逐步增大到峰值 $V_{o,p}$，再降低到零。如果没有续流二极管，电压接下来会变为负值，从而进行全周期的谐振。但是，因为二极管正向偏置了，因此网络的输出端被直接短路，输出电压等于零。

半波谐振结束后，输出电压回到零的时刻就是运行周期第三个子周期的开始时刻。将第二个子周期的持续时间定义为 t_2，假设在该子周期结束时，输入电流 I_3 等于

$$I_{3} = i_{1}(t_{2}) = I_{o} + i_{C}(t_{2}) = I_{o} + Ie^{-\alpha t_{2}} \sin(\omega_{r}t_{2} + \varphi_{1}) \tag{7.56}$$

第三个子周期的持续时间是 t_3，开关电流、电容器电流和输出电压为零，二极管电流 i_D 为

$$i_{D} = I_{o} - i_{i} \tag{7.57}$$

i_i 仍然可以通过式（7.39）进行求解，为

$$i_{i} = \frac{V_{i}}{R}\left(1 - e^{-\frac{R}{L}t}\right) + I_{3}e^{-\frac{R}{L}t} \tag{7.58}$$

二极管电流为

$$i_{D} = I_{o} - \frac{V_{i}}{R}(1 - e^{-\alpha t}) - I_{3}e^{-\alpha t} \tag{7.59}$$

显然，式（7.59）只有在 i_D 为正时才有效。当该方程的左侧为零时，二极管停止导通。

开关网络的下一个运行周期需要在二极管电流为零之前开始，这样开关才能在零电压条件下导通。但是，开关电流 i_s 只能在二极管关断时才能流通，因为两个反并联器件无法同时导通。这就是第一个子周期中开关电流需要延迟时间 t_0 才导通的原因。上述三个子周期分别被称为**充电**、**谐振**和**死区时间**（注意此处的死区时间不能和硬开关变换器中用于避免直通的死区时间混淆）。对应的电压和电流波形如图 7.65 所示。该图很清晰地展示了开关和二极管的 ZVS 条件。

由式（7.55）可见，输出电压v_o对电流差I_2-I_o的依赖性很强。注意输出电流I_o为常数指的是在一个运行周期中保持恒定。因此，谐振直流环节逆变器的控制系统必须检测每个运行周期中t_1时刻的输出电流和输入电流。

在实际应用中，谐振直流环节的输出电压v_o用于给常规 VSI 供电。电路中的三条桥臂在上述开关网络中交替承担一对开关-二极管的工作。充电子周期对应桥臂的直通状态。由于直流环节中电阻的损耗很低，所以脉冲电压的平均值v_o只是略低于直流电源电压V_i。但是，v_o的峰值可以比谐振电路的直流输入电压高 3 倍，这就要求所使用的开关和二极管具有非常高的额定电压。因此，往往需要额外的钳位电路来抑制脉冲电压的峰值。

有源钳位型三相谐振直流环节逆变器的电路如图 7.66 所示。有源钳位电路由钳位电容器C_{cl}、反并联开关 S 和二极管 D 组成。其中钳位电容器需要提前充电到$(k_{cl}-1)V_i$ V。**钳位电压比**k_{cl}的值通常在 1.2～1.4 之间。正如前文所述的假想开关网络，在第一个子周期中，逆变器一条桥臂上的开关将直流母线短接了。

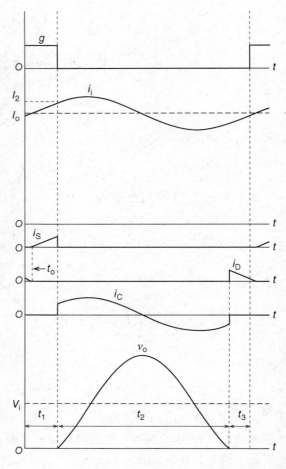

图 7.65 谐振直流环节中电压和电流的波形

在第二个子周期，加在谐振电容器 C 上的直流环节电压向其自然谐振峰值的方向增大。但是，当电压增大到钳位电压$V_{cl}=k_{cl}V_i$时，二极管 D 导通。因此，钳位电容器与谐振电抗器 L 并联，母线电压被钳位到等于$V_i+(k_{cl}-1)V_i=V_{cl}$。二极管电流使钳位电容器充电。然后，开关 S 在 ZVS 条件下导通，二极管电流逐渐转移到开关上，钳位电容器的充电电流逐渐减小。当钳位电容器的充电电流为零时，开关关断，钳位电路准备好下一个周期的运行。直流母线电压继续减小到零，从而结束该子周期的谐振，经过死区时间后，逆变器上相应开关再次开通，逆变器开始下一个周期的运行。

谐振频率ω_r比逆变器的输出频率至少要高两个数量级，这样才能使硬开关 VSI 中由连续矩形脉冲组成的线电压被一系列独立的谐振脉冲替代。因为一个开关周期内的电压脉冲为整数，因此这种方法被称为**离散脉冲调制**。经过离散脉冲调制后的有源钳位型谐振直流环节逆变器的输出线电压如图 7.67 所示。图中，谐振频率是输出频率的 100 倍，为了观察清楚，该图只显示了一个周期中的部分波形片段。

在低压逆变器中，为了能得到更高的、接近于 1 的电压增益，通常倾向于使用无钳位型谐振直流环节。削去直流环节产生的脉冲电压的峰值将会大幅降低电压增益。

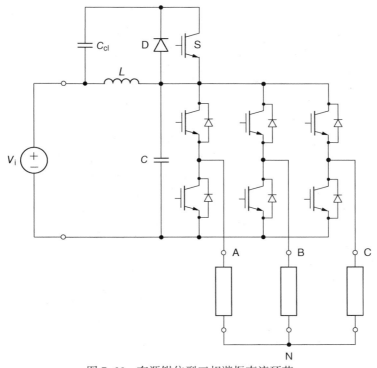

图 7.66　有源钳位型三相谐振直流环节

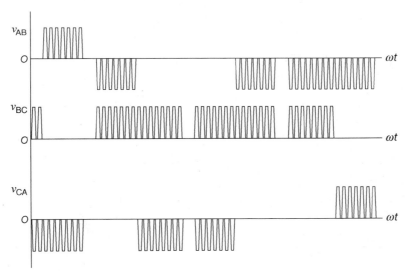

图 7.67　谐振直流环节逆变器的输出线电压

　　谐振直流环节逆变器的主要缺点是，它要求所有开关都必须与谐振的直流母线同步改变状态。离散 PWM 的精度比硬开关逆变器的 PWM 精度低，因此输出电流的质量和控制范围受限。在保持软开关条件的同时独立触发各个开关是更方便的解决方案，尤其是针对大功率的应用。这种类型的运行通过**辅助谐振变换极逆变器**实现，其中"极"是指逆变器开关的"图腾柱"排列（如图 3.14 所示）。

　　辅助谐振变换极逆变器的一相电路如图 7.68（a）所示，完整的三相逆变器如图 7.68（b）所示。辅助电路 AC 用于触发谐振，它连接在两个直流环节电容器 C_i 的中点和逆变器极的中点之间。单个逆变器极包括两个带续流二极管的主开关 S1、S2 以及两个谐振电容器C_r。辅助电路由双向开关 S 和谐振电抗器L_r组成。逆变器中的电抗器L_f是输出滤波器的一部分，在谐振期间起到调整电压和电流瞬时值的作用。

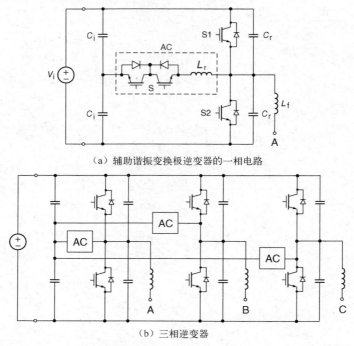

（a）辅助谐振变换极逆变器的一相电路

（b）三相逆变器

图 7.68　辅助谐振变换极逆变器

通过双向开关可以实现谐振时间的自由设置。通过谐振电容器的电压过零点可以实现并联主开关的无损换流。通过谐振电抗器的过零点可以实现辅助开关的无损换流。因此逆变器的效率很高且开关频率可控。但是很难控制，因为三种换流模式都很复杂，其中两种模式还需要对大电流和小电流采取不同的处理方法。

和硬开关逆变器相比，软开关逆变器损耗低、副作用小，如大电流切换产生的电磁干扰很小。但是，电路和控制算法越来越复杂、开关承受的电压较大、控制范围较窄等特点也限制了软开关逆变器的应用。虽然目前已经提出了许多改进的拓扑和控制方法，但大部分电力行业仍然更愿意相信成熟的硬开关逆变器技术。

7.5　逆变器的器件选择

普通两电平硬开关逆变器中电力开关的额定电压V_{rat}至少需要等于输入电压的峰值$V_{i,p}$（一般来说，$V_{i,p}$并不是理想常数）。如果逆变器由整流器供电，那么$V_{i,p}$就等于向整流器供电的交流电压的峰值。因此

$$V_{rat} \geqslant (1 + s_V)V_{i,p} \tag{7.60}$$

如 7.1.3 节所述，PWM VSI 中的直流输入电压V_i等于输出线电压基频分量的最大可能峰值$V_{LL,1,p(max)}$。在方波运行模式下，$V_i \approx 0.9\,V_{LL,1,p}$。这两个关系有助于选择直流电源。

CSI 中的开关需要能承受开关动作产生的电压尖峰（参见图 7.47）。将期望的输出线电压最大瞬时值表示为$V_{LL(max)}$，开关的额定电压必须满足条件：

$$V_{\text{rat}} \geq (1 + s_{\text{V}})V_{\text{LL(max)}} \tag{7.61}$$

如果对多电平逆变器采用正确的控制方式，施加在任何器件上的最大电压都不会超过$V_i/(l-1)$。但是，如果操作不当，某些器件可能会承受很高的电压。因此，需要仔细设计安全裕度。通常情况下选择多电平逆变器的原因正是因为它们不但有对高压的处理能力，而且有准确的控制能力。

在软开关变换器中，最大电压取决于具体的拓扑结构。例如，在谐振直流环节逆变器中，如果没有对输入电压的谐振脉冲进行钳位，它们的电压峰值可能比谐振电路输入端的直流电压高 2.5 倍。如果有钳位，器件上的电压通常是直流电压的 1.3~1.5 倍。因此，需要对条件式(7.60)的右侧做相应修改。

在方波运行模式下 VSI 承担的电流压力最大，其中每个开关都必须在输出电压的一个周期中承担半个周期的输出电流。双向潮流系统中逆变器的续流二极管也有同样的运行方式。如果逆变器只用于单向潮流，续流二极管的平均电流取决于负载阻抗角。如图 7.69(a) 所示，如果负载为纯阻性负载(R 负载)，二极管根本无法导通，开关需要承担完整的半个周期的电流。因此，和交流电压控制器[参见式(5.54)]一样，开关的额定电流$I_{\text{S(rat)}}$应该满足条件

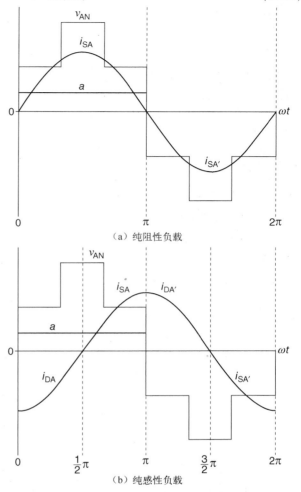

(a) 纯阻性负载

(b) 纯感性负载

图 7.69　方波模式下 VSI 的理想相电压和线电流

$$I_{\text{S(rat)}} \geq \frac{\sqrt{2}}{\pi}(1 + s_{\text{I}})I_{\text{L(rat)}} \tag{7.62}$$

其中$I_{\text{L(rat)}}$表示逆变器输出线电流的额定有效值。对续流二极管，最坏的情况是负载为纯感性负载(L 负载)，如图 7.69(b)所示，在逆变器一条桥臂上的开关和二极管分别承受1/4 周期的输出线电流。因此，二极管的额定电流$I_{\text{D(rat)}}$最小可以是$I_{\text{S(rat)}}$的一半。

CSI 运行在方波模式下时，输出线电流的脉冲分别持续 1/3 周期(参见图 7.46)。因此，开关电流的平均值等于输入电流I_i的 1/3。另一方面，线电流基频分量的有效值$I_{\text{L,1}}$等于$(\sqrt{6}/\pi)I_i$。因此，开关的额定电流需要满足条件

$$I_{\text{S(rat)}} \geq \frac{\pi}{3\sqrt{6}}(1 + s_{\text{I}})I_{\text{L(rat)}} \tag{7.63}$$

利用条件式(7.62)可以确定多电平逆变器中电力开关的电流额定值。对二极管钳位型逆变器，就算负载是纯感性负载，续流二极管和钳位二极管导通时的平均电流都不会超过开

211

关允许的最大电流平均值的 1/4。这是因为当电流无法流经开关时，输出电流将同时通过逆变器桥臂上的续流二极管和钳位二极管。因此，选择额定电流 $I_{D(rat)}$ 等于 $I_{S(rat)}/4$ 的二极管就已经满足安全需要了。

软开关逆变器中的谐振电路不会对主开关中的电流产生显著影响。举例而言，充电子周期中由谐振直流环节逆变器一条桥臂上两个开关产生的电流相对于输出电流很小。因此，可以使用和硬开关逆变器相同的规则来选择开关和二极管。

为了求解 PWM 逆变器中开关的最小导通和断开时间，必须知道 PWM 的具体策略。有时除非进行计算机仿真，否则通过理论分析很难预测开关模式。因此无法推导通用公式。本章最后将通过例 7.3 对 $t_{ON(min)}$ 和 $t_{OFF(min)}$ 的计算进行讲解。

7.6　逆变器的常见应用

通常情况下，电力逆变器用于直接直流-交流或者间接交流-交流的电力变换。例如，由蓄电池供电、交流电动机驱动的电动汽车采用直接直流-交流变换方案，采用 VSI 作为蓄电池与电动机的接口。此外，由太阳能光伏阵列（以及其他电源）供电的离网农场是另一种场景，逆变器为电动机提供三相电压，以驱动一台灌溉泵。这类系统通常都包含蓄电池，它可以在白天通过光伏阵列充电，然后再供电给逆变器。

太阳能光伏阵列也可以作为交流系统的补充，如图 7.70 所示。PWM VSI 从太阳能光伏阵列获取直流电压并将它转换成变压器需要的高频交流电压。变压器用于实现电气隔离，并将光伏阵列的电压与交流电力系统的电压匹配。由于频率很高，所以变压器比 60 Hz 的变压器小很多。变压器二次侧电压通过二极管整流器又变换成直流电压，并向相控整流器供电，二极管整流器和相控整流器通过感性滤波器进行隔离。相控整流器和公用电网连接，并运行在逆变器模式下，滤波器和直流电压代表电动势为负值的 RLE 负载。因此，功率流向电网。

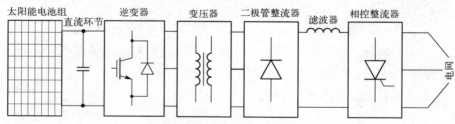

图 7.70　光伏-电网接口的示意图

逆变器被广泛应用于各种可再生能源系统中，上述的光伏-电网接口只是其中的一种接口形式。第 9 章电力电子"绿色"应用部分将对它们进行详细介绍。

另一个直接直流-交流变换的例子是有源电力滤波器，它用于消除电力系统的谐波电流。有源电力滤波器的示意图如图 7.71 所示。当电力系统向非线性负载（通常是整流器）供电时，滤波器用于维持电力线路的电流为正弦波。可以采用两种反馈环节：外环用于控制线电流，内环用于使电流控制型逆变器产生的电流和线路电流的谐波分量抵消。基于线电流和电压的测量值，控制系统为线路各相生成相应的正弦参考电流信号。为了使功率因数等于 1，参考电流与各自的相电压同相。实测的电流信号减去参考线电流信号后，就得到了逆变器输出电流的参考信号。举例而言，若分别定义线路、负载和逆变器 A 相电流为 i_A、i'_A 和 i''_A，逆变器的电流参考值 i''^*_A 为

$$i_A''^* = i_A'^* - i_A^* \tag{7.64}$$

其中i_A^*表示参考线电流。

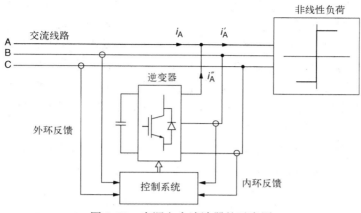

图 7.71   有源电力滤波器的示意图

有源电力滤波器和作为三相相控整流器供电源的交流线路连接,其电压和电流如图 7.72 所示。为清楚起见,电流波形被理想化,即假设逆变器刚好能按照要求准确地提供电流,因此整流器吸收的电流为纯方波,线路电流为理想正弦。实际上,VSI 无法实现如该图所示的逆变器的瞬时电流变化,因此不可能彻底消除谐波。注意控制系统需要跟踪参考电流的动态波形,所以运行条件具有难度。

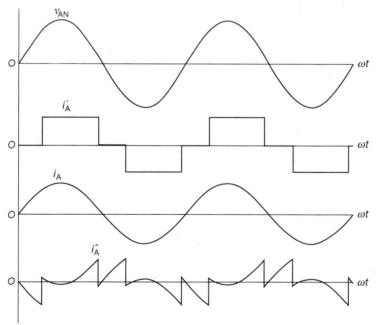

图 7.72   有源电力滤波器的电压和电流

由于负载完全由交流线路供电,不需要逆变器提供有功功率。只需要一个电容器和逆变器的输入端连接来作为直流环节,不需要供电电源,逆变器的损耗只包含从系统吸收的很小的有功功率。逆变器的控制包括维持电容器两端电压恒定。通常情况下,为了使滤波器的额定电压和额定电流与交流线路匹配,需要在逆变器与线路之间使用变压器作为接口。可以采用瞬时无功控制器来控制电力系统的无功功率。在这种情况下，逆变器产生超前于相应相电压的正弦电流，以便对系统中的感性负载进行补偿，从而提高功率因数。

不间断电源（UPS）系统在医院、通信和计算机中心、机场或军事设施中至关重要，这些场所需要在电网发生故障时也能得到连续的电力供应。这些设施都有它们自己的后备蓄电池室和柴油或燃料电池驱动的交流发电机。UPS 有两种基本类型，分别是待机型（离线）和在线型。在待机型 UPS 系统中，负载由电网供电，电池缓慢充电以维持电池满充状态。电力系统供电中断时，VSI 被自动触发，将蓄电池中的直流电转换成该设施需要的常规交流电。这种状态一直维持到正常用电恢复或者备用发电机投入运行。然后，逆变器回到其无源状态，蓄电池充电，为快速恢复进行充分的准备。

在线 UPS 系统除了能在需要的时候提供备用电源外，还能将敏感负载与电网隔离，从而避免负载受到线路暂态和谐波污染的影响。整流器–直流环节–逆变器的级联方式能将电网和负载分离，同时和直流环节变压器并联的蓄电池能够被完全充电。由逆变器产生的交流电压通过一个低通滤波器向负载供电，其中的低通滤波器用于降低高次谐波分量，使负载电压波形为正弦波。因此，负载不但可以获得很高的电能质量，而且不受电网中可能出现的扰动影响。UPS 系统如图 7.73 所示。如果静态电力开关通常处于导通状态，那么系统运行在离线 UPS 方式下，如果静态电力开关通常处于断开状态，那么就是在线 UPS。逆变器和负载之间通常需要加装隔离变压器（未显示）。

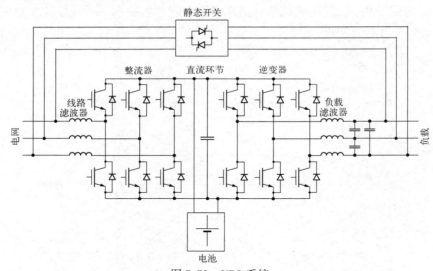

图 7.73　UPS 系统

逆变器最常见的应用是可调速交流驱动器，可调速交流驱动器通常基于感应电动机，现在则越来越多地基于永磁同步电动机。为了控制速度、扭矩和位置，近年来开发了多种类型的交流电动机驱动器。根据控制的质量，可以将驱动系统分为低性能和高性能，根据控制的原理，可以分为标量控制和矢量控制。一般来说，交流电动机的转速取决于定子电压的频率，同时，产生的力矩和定子电流相关。

标量控制驱动系统只能调整定子基频电压或电流的频率和幅值，这限制了系统的暂态性能。因此，可调速泵、风机、鼓风机、搅拌机或研磨机等机械中采用标量控制的低性能驱动器，高质量控制在这里显得多余。值得注意的是，上述这些驱动器消耗了大部分的工业能源。

214

电力牵引、混合动力与电动汽车、升降机与电梯，或需要应用可调转矩的场合，如纸、塑料和纺织工厂的卷线机，以及钢铁厂的冷轧辊，对电动机驱动器的性能要求很高。因此这些驱动器采用矢量控制，这意味着需要对定子电压或电流的瞬时值进行连续调节。这样一来，暂态电流波形（如驱动器转速反转过程中的暂态电流）往往并不像稳态运行时的典型正弦波。通常采用电流控制型 VSI。

在可调速感应电动机驱动器中，为了使最大可能转矩保持恒定，将定子电压与频率之比保持不变，这种控制方式称为**恒定伏特/赫兹**（CVH）控制。当转速大于额定转速时，根据 CVH 原则，需要增大定子电压并使其大于额定电压，但实际运行中不允许发生这样的情况。因此，当频率大于额定值时，电压不能发生改变，需要保持为额定值。这块运行区域被称为**弱磁区域**，因为当频率增加但电压没有同步增加时，磁场强度将减弱。使电动机以最大允许速度旋转的频率称为最大允许频率。在频率非常低时，为了补偿定子电阻的电压降，定子电压必须略高于用 CVH 原则得到的电压值。

感应电动机标量速度控制系统的示意图如图 7.74 所示。将电动机角速度的测量值 ω_M 与参考速度 ω^* 进行比较。得到的速度误差信号 $\Delta\omega_M$ 输入滑模控制器，并将输出变量 ω_{sl}^* 作为电动机的参考滑模速度，即定子磁场的角速度和转子转速的期望差值。为了保持稳定性，同时为了防止定子和转子绕组中过高的电流对电动机的影响，必须限制电动机的滑模速度。因此，滑模控制器的输入–输出特性具有饱和性。把信号 ω_{sl}^* 与电动机转速信号 ω_M 相加后，就得到了定子磁场参考同步速度信号 ω_{syn}^*。同步转速乘以定子的极对数 p_p，得到逆变器定子输出电压的参考角频率 ω^*。ω^* 同时输入电压控制器，就得到了定子电压参考幅值信号 V^*。当频率小于额定频率时电压控制器遵守 CVH 原则，在弱磁区域电压控制器用于保持电压恒定。

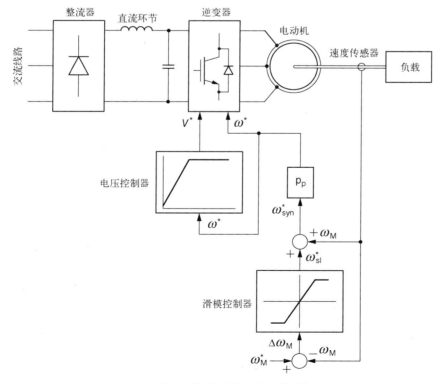

图 7.74　标量速度控制下的交流驱动系统示意图

电梯驱动或电动交流牵引等场合，因为需要吸收系统制动时机械部分产生的势能或动能，驱动系统要有双向潮流的能力。低功率驱动器可以使用制动电阻来消耗逆变器输送到电网的负载能量。这种交流驱动系统如图 7.75(a) 所示，它基于 IGBT 型模块化变频器(如图 2.28 所示)。二极管与第 7 个开关串联，为制动电阻电路的寄生电感提供续流通道。图 7.75(b) 中，开关和二极管加上一个外部电抗器后，可作为升压斩波器来增大逆变器的输入电压。该斩波器向逆变器供电电容器充电，使其电压大于直流环节的电容电压。

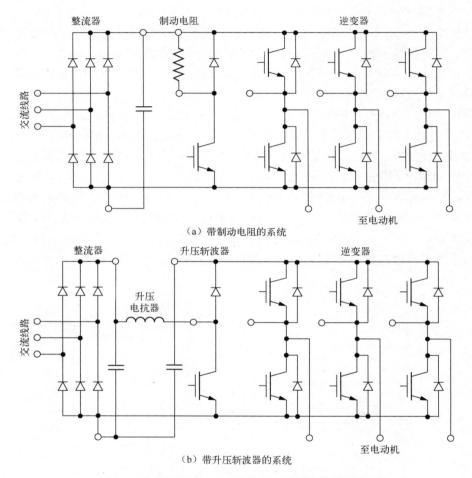

图 7.75　基于图 2.28 模块化变频器的交流驱动器

为了将制动能量回收并返回供电线路，需要使用相控整流器。实际应用中常常使用基于晶闸管的整流器，但是这需要很大的线路滤波器来提高线路电流波形的质量。更简洁的方法为图 7.76 所示的电路，它允许电动机在 4 个象限内运行，其中 PWM 整流器的电路与逆变器电路一样。图 7.76(a) 所示的电流型整流器和图 7.44 的 CSI 相同，它的相关内容详见 4.3.3 节。图 7.76(b) 所示的电压型整流器可以等效为运行在反向潮流下且其负载为感性−反电动势负载(LE 负载)时的 VSI。PWM 整流器、直流环节和 PWM 逆变器的级联形成了高性能变频器，它的应用范围可以扩展并超出可调速驱动器(参见图 7.73)的领域。

216

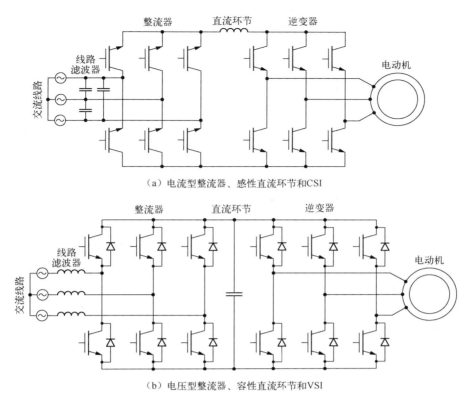

（a）电流型整流器、感性直流环节和CSI

（b）电压型整流器、容性直流环节和VSI

图7.76　用于实现交流电动机驱动器双向潮流的PWM整流器–逆变器级联VSI

单相VSI和CSI用于工业感应加热，为线圈的加热提供高频电流。通常在线圈上串联或并联一个电容器，从而在逆变器输出侧形成一个谐振电路。根据不同的应用，输出频率可以少于100 Hz，也可以大于几百kHz。单相VSI和CSI也用在电弧焊接设备中，但焊接电极和电力线路之间需要安装隔离变压器。电源电压被整流后，在逆变器中被转换成高频交流电压，变压后再次整流，然后向电极供电。

近年来，将水力和风力发电作为低功率电源在美国十分受欢迎，许多小的独立运营商将电力卖给当地的电力公司。电厂可能包括两部分，一部分是以水力或风力发电机组作为原动机的同步发电机，另一部分是电网接口。通常原动机的转速会发生变化，从而使产生的电压存在频率波动。此外，电压的幅值也可能受到速度变化的影响。因此，发电机输出的交流电压经整流后输入VSI，通过VSI维持输出电压频率和幅值的稳定（在原动机能量不低于指定最低值的前提下）。通常需要在逆变器与电力系统之间加装隔离变压器。风力发电系统更详细的介绍参见第9章。

小结

逆变器完成直流-交流的电力变换。根据所采用的直流电源的特性，可以将逆变器分为VSI和CSI两种类型。这两种逆变器的直流环节不同，此外，CSI中没有续流二极管。PWM CSI需要输出电容器来平滑输出电流波形。逆变器生成的电压可以任意多相数，但在实践中最常见的是三相VSI。

逆变器可以运行在方波或 PWM 模式下。方波模式简单，输出电压的一个周期中换流次数少。但是，PWM 逆变器的输出电流质量更高，而且已经开发了多种 PWM 技术。VSI 采用前馈(开环)电压控制和反馈(闭环)电流控制，前馈电流控制主要用于 CSI。

方波模式下的多级 VSI 能提供高质量的输出电流，这在高压应用中尤其有用。软开关逆变器中的开关损耗最小，电磁干扰的影响也被弱化。但是，这些变换器比硬开关变换器更复杂，对输出电压和电流的控制精度更低。

逆变器在直接直流–交流和间接交流–交流的电力变换策略中有很多应用。它们构成可调速交流驱动的关键部分，能提高电力系统的电流质量，提供不间断交流供电，以及为光伏阵列、风电、水电交流发电机与电力线路提供接口。逆变器也用于感应加热和电弧焊接等工业处理。

例题

例 7.1 620 V 直流电源通过 VSI 向负载供电，其中负载三相平衡且为星形连接。某一时刻，逆变器处于状态 3，A 相和 B 相的输出电流分别为 -72 A 和 67 A。忽略逆变器的电压降，试求全部输出电压(相电压和线电压)和输入电流。

解：在状态 3，因为 $011_2 = 3$，所以逆变器的开关变量 a，b，c 分别为 0，1，1。利用式(7.8)可以计算得到输出线电压为

$$\begin{bmatrix} v_{AB} \\ v_{BC} \\ v_{CA} \end{bmatrix} = 620 \begin{bmatrix} 1 & -1 & 0 \\ 0 & 1 & -1 \\ -1 & 0 & 1 \end{bmatrix} \begin{bmatrix} 0 \\ 1 \\ 1 \end{bmatrix} = \begin{bmatrix} -620 \\ 0 \\ 620 \end{bmatrix} V$$

由式(7.10)，相电压为

$$\begin{bmatrix} v_{AN} \\ v_{BN} \\ v_{CN} \end{bmatrix} = \frac{620}{3} \begin{bmatrix} 2 & -1 & -1 \\ -1 & 2 & -1 \\ -1 & -1 & 2 \end{bmatrix} \begin{bmatrix} 0 \\ 1 \\ 1 \end{bmatrix} = \begin{bmatrix} -414 \\ 207 \\ 207 \end{bmatrix} V$$

各相线路的输出电流为 $i_A = -72$ A，$i_B = 67$ A，$i_C = -i_A - i_B = 5$ A。因此，根据式(7.11)

$$i_i = 0 \times (-72) + 1 \times 67 + 1 \times 5 = 72 A$$

例 7.2 310 V 直流电源向一台 PWM 逆变器供电，其中 PWM 逆变器采用电压空间矢量技术进行控制，开关频率为 4 kHz，状态序列为高效率状态序列。在某一个开关周期内，参考电压矢量的标幺值是 $0.75 \angle 280°$。试求该周期内逆变器开关的开关模式。假设调制度保持不变，逆变器输出线电压基频分量的有效值是多少？

解：开关周期为

$$T_{sw} = \frac{1}{f_{sw}} = \frac{1}{4 \times 10^3} = 2.5 \times 10^{-4} s = 250\ \mu s$$

参考电压矢量在扇区 V 中，该扇区由静止矢量 $\vec{V_1}$ 和 $\vec{V_5}$(参见图 7.23)构成，对应的角度变化范围为 [240°，300°]。因此，该矢量的扇区内角度 α 为 280°-240°=40°，逆变器的对应状态 1、状态 5 和状态 7 的持续时间分别为

$$T_X = T_1 = 0.75 \times 250 \times \sin(60° - 40°) = 64\ \mu s$$
$$T_Y = T_5 = 0.75 \times 250 \times \sin(40°) = 121\ \mu s$$

因此，各状态顺序是：状态 1 持续 32 μs，状态 5 持续 60.5 μs，状态 7 持续 65 μs，状态 5 持续 60.5 μs，状态 1 持续 32 μs。

上述开关模式如图 7.77 所示。可见，C 相中没有发生开关切换。此外，由于参考电压矢量仍在同一扇区下，下一个开关周期开始的状态与前一个周期结束的状态 1 相同。因此，在周期间的切换过程中，逆变器没有发生开关切换动作。与高质量状态序列相比，开关损耗减少了 1/3。

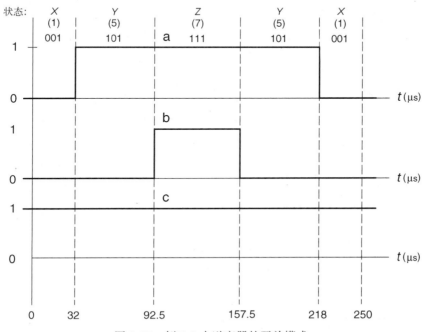

图 7.77 例 7.2 中逆变器的开关模式

由于输出线电压基频分量的最大可能峰值 $V_{\text{LL,1p(max)}}$ 在理想情况下等于供电侧的直流电压，本例为 310 V，那么

$$V_{\text{LL,1p}} = 0.75 \times 310 = 232.5 \text{ V}$$

且

$$V_{\text{LL,1}} = \frac{232.5}{\sqrt{2}} = 164 \text{ V}$$

例 7.3 中性点钳位型三电平逆变器采用空间矢量 PWM 技术，其中调制度要求小于 0.5，低压矢量 $\vec{V}_3$ 或 $\vec{V}_4$ 用于合成参考电压矢量 $\vec{v}^*$。若要使参考电压矢量的 $m = 0.3$ 且相角 $\beta = 45°$，求逆变器的三个矢量和对应状态的占空比。

解： 图 7.78 为逆变器电压用标幺值表示时的部分矢量图，其中以输入电压 V_i（如图 7.55 所示）作为基准电压。参考电压矢量 $\vec{v}^*$ 位于矢量 $\vec{V}_9$（或 $\vec{V}_{22}$）和 $\vec{V}_{12}$（或 $\vec{V}_{25}$）之间。其中，状态 9 对应 $abc = 100$（因为

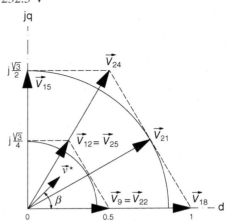

图 7.78 例 7.3 中用标幺值表示时三电平逆变器的电压矢量

219

$9 = 1 \times 3^2 + 0 \times 3^1 + 0 \times 3^0$），状态 12 对应 $abc = 110$，或者状态 22 对应 $abc = 211$，状态 25 对应 $abc = 221$。可以采用上述两对静止电压矢量的任何一对，因为状态 9 和状态 12 的转换，以及状态 22 和状态 25 的转换都只改变了一个开关变量 b 的状态。本例采用矢量 $\vec{V}_9$、$\vec{V}_{12}$ 以及 $abc = 111$ 时的零矢量 $\vec{V}_{13}$。

调制度 $m = 0.3$ 表示参考电压矢量的绝对幅值等于最大可能幅值 $(\sqrt{3}/2)V_i$ 的 0.3 倍。因此，在标幺值下

$$\vec{v}^* = 0.3 \times \frac{\sqrt{3}}{2}\cos(45°) + j0.3 \times \frac{\sqrt{3}}{2}\sin(45°) = 0.184 + j0.184$$

对应的

$$\vec{V}_9 = 0.5 + j0$$

$$\vec{V}_{12} = 0.25 + j\frac{\sqrt{3}}{4} = 0.25 + j0.433$$

将状态 9、状态 12 和状态 13 的占空比定义为 d_9、d_{12}、d_{13}，它们必须满足以下三个方程：

$$d_9 \times 0.5 + d_{12} \times 0.25 = 0.184$$
$$j(d_9 \times 0 + d_{12} \times 0.433) = j0.184$$
$$d_9 + d_{12} + d_{13} = 1$$

求解后，可得 $d_9 = 0.155$，$d_{12} = 0.424$，$d_{13} = 0.421$。

利用两电平 PWM 整流器和逆变器的控制公式（4.77）至式（4.79）也可以得到相同的结果。但是，因为使用了低压矢量，因此需要用 $2m$ 替代 m。那么

$$d_{12} = d_Y = 2 \times 0.3 \times \sin(45°) = 0.424$$
$$d_{13} = 1 - 0.155 - 0.424 = 0.421$$

由该例可见，空间矢量 PWM 技术可以用在多电平逆变器中。但必须做些小的修改：例如，当需要用中压矢量合成参考电压矢量时，式（4.77）~式（4.79）中的 m 需要用 $(2/\sqrt{3})m$ 替代。

例 7.4 200 V 直流电源向谐振直流环节逆变器供电，其中开关频率为 10 kHz。谐振电路的电感 L 和电容 C 分别为 0.24 mH 和 1 μF，电路电阻忽略不计。逆变器的输入电流 I_o 恒定，等于 200 A，直流环节开始运行时的输入电流 I_2 等于 209 A。求：（1）当脉冲电压没有被钳位时，输出电压的平均值 V_o；（2）脉冲电压的峰值被钳位至谐振直流环节直流输入电压 V_i 的 1.3 倍时，谐振直流环节输出电压的平均值。

解：

（a）假设谐振电路无阻尼，则谐振频率 ω_r 为

$$\omega_r = \frac{1}{\sqrt{LC}} = \frac{1}{\sqrt{0.24 \times 10^{-3} \times 10^{-6}}} = 64\ 550 \text{ rad/s}$$

用式（7.53）求解谐振直流环节的输出电压 v_o 时，可以去掉其中的 $e^{-\alpha t}$ 项，参数 V 和 φ_2 可以按式（7.55）计算，为

$$V = \sqrt{200^2 + \left(\frac{209 - 200}{10^{-6} \times 64\ 550}\right)^2} = 243.8 \text{ V}$$

$$\varphi_2 = \arctan\left(\frac{209 - 200}{10^{-6} \times 64\ 550 \times 200}\right) = 0.609 \text{ rad}$$

因此，逆变器直流环节的输出电压为
$$v_o = 200 - 243.8 \cos(64\,550t + 0.609)\,\text{V}$$

基于上述方程，直流环节谐振子周期的长度 t_2（参见图 7.65）为
$$t_2 = \frac{2\pi - \arccos\left(\dfrac{200}{243.8}\right) - 0.609}{64\,550} = 7.85 \times 10^{-5}\,\text{s} = 78.5\,\mu\text{s}$$

v_o 的平均值 V_o 为
$$V_o = \frac{1}{T_{sw}} \int_0^{t_2} v_o \, \text{d}t$$

其中 T_{sw} 为开关周期，等于 $1/10\,\text{kHz} = 10^{-4}\,\text{s} = 100\,\mu\text{s}$。因此，$V_o = \dfrac{1}{10^{-4}} \Bigg\{ 200 \times 7.85 \times$

$10^{-5} - \dfrac{243.8}{64\,550} \big[\sin(64\,550 \times 7.85 \times 10^{-5} + 0.609) - \sin(0.609) \big] \Bigg\} = 200\,\text{V} = V_i$。

可见，该结果完全满足直流环节无损运行的目的。

（b）当脉冲电压的峰值被钳位到 $1.3V_i$（即 260 V）时，对应的电压降 ΔV_o 为
$$\Delta V_o = \frac{1}{T_{sw}} \int_{t_A}^{t_B} (v_o - 1.3V_i)$$
$$\text{d}t = \frac{1}{10^{-4}} \int_{t_A}^{t_B} [200 - 243.8 \cos(64\,550t + 0.609) - 260] \text{d}t$$

其中 t_A 和 t_B 分别是电压被钳位的开始和结束时刻。它们为
$$t_A = \frac{\arccos\left(\dfrac{-60}{243.8}\right) - 0.609}{64\,550} = 1.88 \times 10^{-5}\,\text{s} = 18.8\,\mu\text{s}$$
$$t_B = \frac{2\pi - \arccos\left(\dfrac{-60}{243.8}\right) - 0.609}{64\,550} = 5.97 \times 10^{-5}\,\text{s} = 59.7\,\mu\text{s}$$

因此
$$\Delta V_o = \frac{1}{10^{-4}} \{ -60 \times (5.97 - 1.88) \times 10^{-5} - \frac{243.8}{64\,550} [\sin(64\,550 \times 5.97$$
$$\times 10^{-5} + 0.609) - \sin(64\,550 \times 1.88 \times 10^{-5} + 0.609)] \} = 48.6\,\text{V}$$

由于被钳位，所以
$$V_o - \Delta V_o = 200 - 48.6 = 151.4\,\text{V}$$

也就是，整个逆变器的电压增益减少了大约 24%。

例 7.5 460 V 线路通过六脉波二极管整流器向 PWM VSI 供电。要求 PWM VSI 为单相潮流，额定功率为 150 kVA。假设系统无电压降，额定电流的安全裕度为 0.25，额定电压的安全裕度为 0.4，试求逆变器开关和二极管的最小额定值。

解：根据式（4.4），整流器提供给逆变器的输入电压的平均电压 V_i 为
$$V_i = \frac{3}{\pi} \times \sqrt{2} \times 460 = 621\,\text{V}$$

假设逆变器电压增益为 1，那么输出线电压基频分量的最大峰值 $V_{LL,1p}$ 也是 621 V，该额定电压的有效值 $V_{LL,1(rat)}$ 为 $621/\sqrt{2} = 439\,\text{V}$。因此，利用逆变器的额定功率可以得到输出线电流基频分量有效值的额定值 $I_{L,1(rat)}$ 为
$$I_{L,1(rat)} = \frac{150 \times 10^3}{\sqrt{3} \times 439} = 197\,\text{A}$$

半导体电力开关和二极管的额定电压 V_{rat} 必须满足式(7.61)的条件

$$V_{\text{rat}} \geqslant (1 + 0.4) \times \sqrt{2} \times 460 = 911\ \text{V}$$

开关的额定电流 $I_{\text{S(rat)}}$ 需要满足条件式(7.62)

$$I_{\text{S(rat)}} \geqslant \frac{\sqrt{2}}{\pi}(1 + 0.25) \times 197 = 111\ \text{A}$$

续流二极管的额定电流 $I_{\text{D(rat)}}$ 可以取为 $I_{\text{S(rat)}}$ 的 50%，即

$$I_{\text{D(rat)}} \geqslant 0.5 \times 111 = 56\ \text{A}$$

习题

P7.1 300 V 直流电源向单相 VSI 供电。当逆变器运行在基本方波和最优方波模式下时，试求输出电压的基频分量。

P7.2 当单相 VSI 运行在基本方波和最优方波模式下时，试求输出电压第 1 次到第 7 次谐波分量的峰值(以直流输入电压为基准的标幺值)。

P7.3 600 V 直流电源向三相 VSI 供电，其中三相 VSI 运行在方波模式下。试求逆变器输出相电压和输出线电压基频分量的有效值。

P7.4 从状态 1 开始，试求使得输出电压为负序电压的三相 VSI 的状态序列。

P7.5 600 V 直流电源向三相 VSI 供电，三相 VSI 使用电压空间矢量 PWM 技术，开关频率为 5 kHz，产生 90 Hz、400 V 的输出线电压。在某个开关周期内，参考电压矢量的相角为 140°。确定在该开关周期内的高质量序列和逆变器各状态的持续时间。

P7.6 如果是高效率状态序列，重做习题 P7.5。

P7.7 习题 P7.6 中，哪个开关在所述开关周期内没有动作?

P7.8 当使用程式化、谐波消除 PWM 策略且幅值控制比为 1 时，主开关角是 9.48°，14.80°，87.93° 和 89.07°。确定 A 相在一个完整周期内的开关模式并画出相应图形。

P7.9 400 A 直流电流源向三相 CSI 供电，其中三相 CSI 运行在方波模式下，负载为星形连接，每相电阻为 1 Ω，每相电感为 2.5 mH。试求输出电流基频分量的有效值以及输出线电压和输出相电压基频分量的有效值。

P7.10 可调电流源向三相 PWM CSI 供电，其中 PWM CSI 采用带三个主开关角的谐波消除 PWM 技术。试求一个运行周期内 A 相两个开关的全部开关角。

P7.11 3.3 kV 交流线路通过六脉波二极管整流器向中性点钳位型三电平逆变器供电。假设该逆变器的直流输入电压等于整流器输出电压的平均值，试求逆变器运行在方波模式时输出线电压和输出相电压的有效值。

P7.12 当逆变器状态为 19 时，中性点钳位型三电平逆变器中哪些开关导通? 哪些开关截止? 设输入电压等于标幺值 1，试求该状态下逆变器的输出线电压和相电压。

P7.13 当 $m = 0.85$、$\beta = 220°$ 时，重复例 7.3，其中参考电压矢量由高压矢量合成。

P7.14 七电平级联 H 桥逆变器各个桥臂的开关变量为：$a_1 = 1$，$a_2 = 2$，$a_3 = 0$，$b_1 = 2$，$b_2 = b_3 = 1$，$c_1 = 0$，$c_2 = c_3 = 2$。试求该状态下输出线电压矢量及三个输出相电压，所有值均为标幺值。

P7.15 对例 7.4 中的谐振直流环节逆变器，确定下述条件时逆变器半导体电力开关上可承受的最大电压

（a）逆变器的输入电压为直流电压，电流为 200 A，谐振直流环节电路无钳位。

（b）逆变器的钳位情况与例 7.4 相同，但是直流输入电压增大到补偿了直流环节电压波形的钳位。

P7.16 230 V 交流线路通过六脉波二极管整流器向 10 kVA 三相 VSI 供电。逆变器实现直流到交流的单向潮流变换。假设电压的安全裕度为 40%，电流的安全裕度为 25%，试求逆变器中开关和二极管额定电压和额定电流的最小值。

P7.17 2.4 kV 三相线路通过六脉波二极管整流器向 500 kVA 中性点钳位型三电平逆变器供电。假设运行条件、安全裕度均与习题 P7.16 相同，试求逆变器中开关和二极管额定电压和额定电流的最小值。

上机作业

CA7.1[*] 针对基本方波和最优方波模式下的单相 VSI，运行文件名为 Sqr_Wv_VSI_1ph. cir 和 Opt_Sqr_Wv_VSI_1ph. cir 的 PSpice 程序。试求两种模式下输出电压和电流的

（a）有效值

（b）基频分量的有效值

（c）总谐波畸变率

观察输入电流的波形。

CA7.2[*] 运行文件名为 Sqr_Wv_VSI_3ph. cir 的方波模式下的三相 VSI PSpice 程序。试求输出电压（线电压和相电压）和电流的

（a）有效值

（b）基频分量的有效值

（c）总谐波畸变率

观察输入电流的波形。

CA7.3 编写一个计算 PWM VSI 开关角的程序。PWM VSI 采用电压空间矢量 PWM 技术。对于指定的开关频率（为方便起见，它可以是输出频率的倍数）和幅值控制比，该程序应能确定逆变器三个开关变量的脉冲序列，而且能选择是采用高质量状态序列还是高效率状态序列。

CA7.4[*] 当三相电压源一个周期分别包含 9 个和 18 个开关周期时，运行文件名为 PWM_VSI_9. cir 和 PWM_VSI_18. cir 的 PSpice 程序。试求上述两种情况下输出线电流的

（a）幅值最大的高阶谐波

（b）有效值

（c）基频分量的有效值

（d）总谐波畸变率

观察输入电流的波形。

CA7.5[*] 运行文件名为 Progr_PWM. cir 的程式化 PWM 模式下的三相 VSI PSpice 程序，其中有 4 个主开关角。测量输出相电压的谐波频谱，确定并消除低阶谐波。试求输出线电流的

(a) 有效值

(b) 基频分量的有效值

(c) 总谐波畸变率

注意，单个开关变量一个周期内的脉冲数为 9，为了进行比较，对上机作业 A7.6 中对应的逆变器进行测量。

CA7.6 * 运行文件名为 Hyster_Curr_Contr. cir 的滞环电流控制下的三相 VSI PSpice 程序。设置滞环环宽为参考电流峰值的 5%，试求

(a) 一个周期中开关变量含有多少个脉冲

(b) 输出线电流的有效值

(c) 输出线电流基频分量的有效值

(d) 输出线电流的总谐波畸变率

当滞环环宽为参考电流峰值的 10% 时，重复测量。

CA7.7 * 运行文件名为 Sqr_Wv_CSI. cir 的方波模式下的三相 CSI PSpice 程序。试求输出线电流的

(a) 有效值

(b) 基频分量的有效值

(c) 总谐波畸变率

观察输出电压和负载电势的波形。

CA7.8 * 运行文件名为 PWM_CSI. cir 的三相 PWM CSI PSpice 程序。试求输出线电流的

(a) 有效值

(b) 基频分量的有效值

(c) 总谐波畸变率

观察逆变器中的电压和电流波形。

CA7.9 * 运行文件名为 Half_Brdg_Inv. cir 的滞环电流控制下的半桥 VSI PSpice 程序。试求输出电流的

(a) 有效值

(b) 基频分量的有效值

(c) 总谐波畸变率

观察输出电压和电流的频谱。注意，虽然电流纹波很明确，但因为各个开关动作瞬间的随机性，所以并不能确定频谱。

CA7.10 * 运行文件名为 Three_Lev_Inv. cir 的中性点钳位型三电平逆变器 PSpice 程序。试求输出相电压和输出线电流的

(a) 有效值

(b) 基频分量的有效值

(c) 总谐波畸变率

和上机作业 CA7.2 中二电平逆变器的结果进行比较。

CA7.11 * 运行文件名为 Reson_DC_Lnk. cir 的谐振直流环节电路 PSpice 程序。观察电压和电流的波形。检查脉冲电压波形是否与式(7.46)一致。

补充资料

[1] Bellar, M. D. , Wu, T. -S. , Tchamdjou, A. , Mahdavi, J. , and Ehsani, M. , A review of soft-switched dc-ac converters, *IEEE Transactions on Industry Applications*, vol. 34, no. 4, pp. 847–860, 1998.

[2] Chang, J. and Hu, J. , Modular design of soft-switching circuits for two-level and three level inverters, *IEEE Transactions on Power Electronics*, vol. 21, no. 1, pp. 131–139, 2006.

[3] Holmes, D. G. and Lipo, T. A. , *Pulse Width Modulation for Power Converters: Principles and Practice*, IEEE Press-Wiley, Hoboken, NJ, 2003.

[4] Kouro, S. ,Malinowski, M. , Gopakumar, K. , Pou, J. , Franquelo, L. G. ,Wu, B. , Rodriguez,J. , Perez, M. A. , and Leon, J. I. , Recent advances and industrial applications of multilevel converters, *IEEE Transactions on Industrial Electronics*, vol. 57, no. 8, pp. 2553–2579, 2010.

[5] Loh, P. C. , Boost-buck thyristor-based PWM current–source inverter, *IEE Proceedings – Electric Power Applications*, vol. 153, no. 5, pp. 664–672, 2006.

[6] Malinowski, M. , Gopakumar, K. , Rodriguez, J. , and Perez, M. A. , A survey on cascaded multilevel inverters, *IEEE Transactions on Industrial Electronics*, vol. 57, no. 7, pp. 2197–2206, 2010.

[7] Peng, F. Z. , Z-source inverter, *IEEE Transactions on Industry Applications*, vol. 39, no. 2, pp. 504–510, 2003.

[8] Trzynadlowski, A. M. , Borisov, K. , Li, Y. , and Qin, L. , A novel random PWM technique with low computational overhead and constant sampling frequency for high-volume, low-cost applications, *IEEE Transactions on Power Electronics*, vol. 20, no. 1, pp. 116–122, 2005.

第 8 章　开 关 电 源

本章对直流-直流开关电源进行介绍,解释开关式变换器和谐振直流-直流变换器之间的区别;详细分析非隔离开关式变换器的基本类型,并列出将它们隔离后的对应部分和扩展;介绍谐振开关的概念,展示这些开关在准谐振直流-直流变换器中的应用;介绍串联负载、并联负载和串并联谐振变换器。

8.1　开关电源的基本类型

个人计算机、小型通信设备和车用电子设备的使用促进了开关电源(确切地说,是**直流开关电源**)的深入研究和开发。电子设备的体积越来越小,使得供电系统的**功率密度**越来越大。高效系统中的**功率密度**(即电源系统的可用功率与电源系统容量或质量的比率)必须很大。否则,过大的功率损耗会造成系统元件的热应力大得无法接受,而系统元件的紧凑度严重制约了它们的热容量。

开关电源的输入电压由电池、光伏、燃料电池或者由公用电网通过变压器和整流器提供,这种电源很可能会出现波动。供给负载的电流也可以会变化,从而影响输出电压。在有些应用中,如实验室电源,需要能对输出电压或电流进行大范围的调节。因此,为了能对输出量进行控制,开关电源通常配备闭环系统。如 1.4 节所述,与过去流行的线性稳压器(实际上就是可控电阻)相比,基于脉宽调制(PWM)原理的开关变换器的功率控制效果更好。

典型的开关电源是小功率电子系统,它们甚至不属于主流**电力**电子技术。不过,开关电源和电力变换的方法类似,它们和第 4 章至第 7 章的大中型电力电子变换器有关,特别是和斩波器有关。实际上,如下文所述,斩波器和有些用于开关电源的小功率直流-直流变换器的区别很模糊。因为电力电子技术的专业期刊和会议通常会包含开关电源的论文,所以本书需要对这些系统进行简要的评述。

开关电源有两种基本结构,为了安全,需要用变压器来隔离输入端和输出端。变压器还能提供期望的输出电压与输入电压之比。因此,根据变压器是否纳入功率变换方案可将开关电源分为两类:**非隔离式**和**隔离式**。其中双极型晶体管和电力 MOSFET 是最常用的半导体电力开关。

用于开关电源的直流-直流变换器可以分为**开关式**或**谐振式**。开关式变换器是硬开关(参见 7.4 节),而谐振式变换器利用电气谐振现象来提供零电压切换(ZVS)或零电流切换(ZCS)条件。软开关能提高谐振变换器的效率,但它们的控制范围比开关式变换器的范围窄。

8.2　非隔离开关式直流-直流变换器

基本的非隔离开关式直流-直流变换器是单开关结构,它包含一个开关、一个二极管、一个或两个电抗器，以及一个或两个电容器，其中一个电容器需要跨接在输出端上。和斩波器类似，开关式直流–直流变换器稳态运行时，开关的占空比恒定。输出电容器用于平滑输出电压。因此，在一个设计合理的变换器中，可以忽略电压纹波并将电压认为是理想的直流。

增大开关频率可以减小输出电容器的大小。同样，增大开关频率也可以减小其他元件的大小，如电抗器、隔离变换器中的变压器等。而对其他 PWM 变换器，选择的开关频率代表变换器质量和效率之间的平衡。但是，非隔离开关式直流–直流变换器的开关频率的单位为 MHz，通常比第 4 章至第 7 章 PWM 变换器的开关频率高两个数量级。此外，不能将开关式直流–直流变换器认为是简单的开关网络，因为其中的储能元件发挥了重要的作用。

一个高品质的变换器应该简单、可靠、高效、紧凑，同时需要输出电压纹波低，甚至输入电流的纹波也需要很低。在有些应用中，如可控直流电流源，对幅值控制命令的快速响应也是重要的考虑因素。非隔离开关式直流–直流变换器最常见的拓扑结构有 Buck(降压)、Boost(升压)、Buck-Boost(升降压)、Ĉuk、SEPIC 和 Zeta。和斩波器类似，直流–直流变换器由二极管整流器或蓄电池通过容性直流环节供电。

8.2.1　降压变换器

Buck(降压)变换器的电路如图 8.1 所示，它和图 6.7 所示的第一象限降压斩波器相同，

但降压变换器在负载终端并联了低通 LC 滤波器。接下来的分析中，均采用差分方程来描述开关式变换器(参见 1.6.1 节)，同时假设电路元件为理想元件，并忽略输出电压的纹波。

电抗器的差分方程可以写成

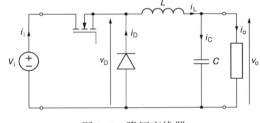

图 8.1　降压变换器

$$\Delta i_{L} = \frac{v_{D} - V_{o}}{L} \Delta t \qquad (8.1)$$

其中 Δi_{L} 表示电感电流 i_{L} 在时间间隔 Δt 中的增量，v_{D} 为二极管两端的电压，V_{o} 为恒定的输出电压，L 是电抗器的电感系数。开关导通时，v_{D} 等于输入电压 V_{i}，电感电流的增量为

$$\Delta I_{L(ON)} = \frac{V_{i} - V_{o}}{L} d T_{sw} \qquad (8.2)$$

其中 d 表示开关的占空比(不是微分运算符!)，T_{sw} 为开关周期，它等于开关频率 f_{sw} 的倒数。开关在时间段 $\Delta t = (1-d) T_{sw}$ 内处于截止状态，在这段时间内，电感电流只能流过二极管，所以 $v_{D} = 0$。到开关周期结束时电感电流的减小量为

$$\Delta I_{L(OFF)} = -\frac{V_{o}}{L} (1 - d) T_{sw} \qquad (8.3)$$

稳态时，$\Delta I_{L(ON)} = -\Delta I_{L(OFF)} = \Delta I_{L}$，其中 ΔI_{L} 表示电感电流纹波的峰峰值，因此有方程

$$\frac{V_{i} - V_{o}}{L} d T_{sw} = \frac{V_{o}}{L} (1 - d) T_{sw} \qquad (8.4)$$

求解 V_{o} 得

$$V_{o} = d V_{i} \qquad (8.5)$$

这个结果与第一象限斩波器[参见式(6.6)]的结论一致。

在随后的讨论中，假设降压变换器为**连续导通模式**。必须指明，如果对电抗器两端的电

压和电容器上的电流求整周期的平均值，可得平均值均为零。因此降压变换器中电感电流的平均值 I_L 就等于输出电流 I_o，而在负载已知的情况下，很容易确定输出电流 I_o。这样就可以求得变换器中所有其他变量的值。例如，通过式（8.2）、式（8.3）和 $I_L = I_o$ 可以确定 $i_L(t)$ 的波形。求得 $i_L(t)$ 后，就可以得到电容电流 $i_C(t)$ 的值为 $i_L(t) - I_o$。最后，可以求得输入电流 $i_i(t)$ 和二极管电流 $i_D(t)$ 的波形分别等于 $xi_L(t)$ 和 $(1-x)i_L(t)$，其中 x 表示对应的开关变量。开关断开时各个电流也可以用类似的方法求得。电感电流 i_L、电容电流 i_C、二极管电流 i_D、输入电流 i_i 以及二极管两端的电压 v_D 如图 8.2 所示。

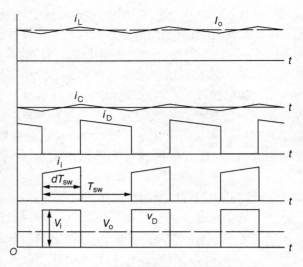

图 8.2 降压变换器中的电压和电流波形

前述分析中，为了得到理想的直流输出电压，电容器的电容值 C 需要无限大，或者开关频率 f_{sw} 需要无限高。因此，在实际应用中，输出电压 v_o 总含有纹波。输出电压和电容电流的波形如图 8.3 所示。其中输出电压为

$$v_o(t) = v_o(0) + \frac{1}{C} \int_0^t i_C(t) \, dt \tag{8.6}$$

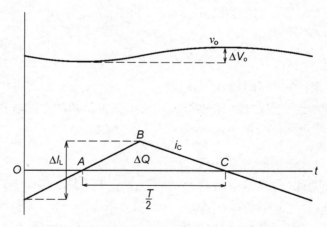

图 8.3 降压变换器中的电容器电流和输出电压波形

电压纹波的峰峰值 ΔV_o 为

$$\Delta V_o = \frac{\Delta Q}{C} \tag{8.7}$$

其中 ΔQ 是电容器的电荷增量，对应图 8.3 中三角形 ABC 的面积。因此

$$\Delta Q = \frac{1}{2} \frac{T_{sw}}{2} \frac{\Delta I_L}{2} = \frac{T_{sw}}{8} \frac{V_i - V_o}{L} dT_{sw} = \frac{(1-d)V_i}{8L} dT_{sw}^2 = \frac{(1-d)V_o}{8Lf_{sw}^2} \tag{8.8}$$

228

由式(8.7)

$$\frac{\Delta V_{\mathrm{o}}}{V_{\mathrm{o}}} = \frac{1-d}{8LCf_{\mathrm{sw}}^2} \tag{8.9}$$

参数 L, C 和开关频率对输出电压纹波的影响可以通过式(8.9)进行量化分析。

有些控制需要占空比 d 低到使电感电流不连续。如图8.2所示,当电感电流纹波峰峰值 ΔI_{L} 的一半超过电感电流的平均值 I_{L} 时,就会发生断流情况。因为 $\Delta I_{\mathrm{L}} = |\Delta I_{\mathrm{L(OFF)}}|$,如前所述,$I_{\mathrm{L}} = I_{\mathrm{o}}$,由式(8.3),连续导通的条件可以写成

$$\frac{V_{\mathrm{o}}}{2L}(1-d)T_{\mathrm{sw}} < I_{\mathrm{o}} \tag{8.10}$$

或

$$Lf_{\mathrm{sw}} > \frac{V_{\mathrm{o}}}{2I_{\mathrm{o}}}(1-d) \tag{8.11}$$

设计降压变换器时,可以用式(8.9)和式(8.11)选择电感、电容和开关频率的适当值。

8.2.2 升压变换器

Boost(升压)变换器如图8.4所示,它和带有输出电容器的升压斩波器(参见图6.22)的拓扑结构相同。输出电压与6.3节的公式[参见式(6.40)]相同,为

$$V_{\mathrm{o}} = \frac{V_{\mathrm{i}}}{1-d} \tag{8.12}$$

即输出电压总大于 V_{i}。根据式(6.35),输入电流 i_{i} 的纹波的峰峰值 ΔI_{i} 可以表示为

$$\Delta I_{\mathrm{i}} = \frac{V_{\mathrm{i}}}{L}dT_{\mathrm{sw}} \tag{8.13}$$

由于功率平衡,所以输入电流的平均值 I_{i} 满足计算公式

$$V_{\mathrm{i}}I_{\mathrm{i}} = V_{\mathrm{o}}I_{\mathrm{o}} \tag{8.14}$$

将式(8.12)代入上式,I_{i} 为

$$I_{\mathrm{i}} = \frac{I_{\mathrm{o}}}{1-d} \tag{8.15}$$

通过式(8.15)和式(8.13)可以确定输入电流的波形 $i_{\mathrm{i}}(t)$。其他的电压和电流由于和输入、输出量相关,因此也很容易得到。开关电流 i_{S}、电容电流 i_{C}、二极管电流 i_{D}、输入电流 i_{i} 以及开关两端的电压 v_{S} 如图8.5所示。

图8.6为电容电流对输出电压纹波的影响。仍然使用式(8.7),其中,ΔQ 由矩形面积 ABC0 表示为

$$\Delta Q = dT_{\mathrm{sw}}I_{\mathrm{o}} \tag{8.16}$$

因此

$$\Delta V_{\mathrm{o}} = \frac{dI_{\mathrm{o}}}{Cf_{\mathrm{sw}}} \tag{8.17}$$

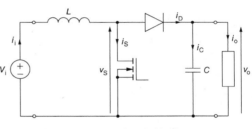

图8.4 升压变换器

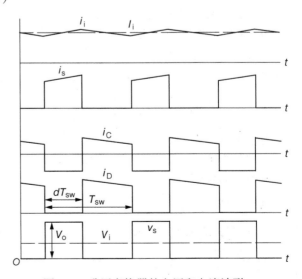

图8.5 升压变换器的电压和电流波形

229

若负载为无源负载(负载反电动势为零)，则

$$\frac{\Delta V_o}{V_o} = \frac{d}{RCf_{sw}} \qquad (8.18)$$

其中 R 表示负载电阻。

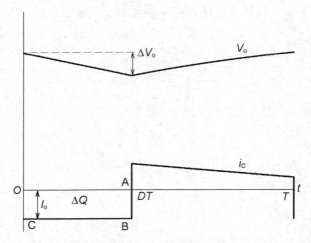

图 8.6　升压变换器的电容器电流和输出电压波形

对于连续导通模式，电感电流的平均值 I_i 必须大于 $\Delta I_i/2$ (参见图 8.5)。基于式(8.12)、式(8.13)和式(8.15)，连续导通条件可以表示为

$$\frac{I_o}{1-d} > \frac{(1-d)V_o}{2L}dT_{sw} \qquad (8.19)$$

重新整理后有

$$Lf_{sw} > \frac{d(1-d)^2 V_o}{2I_o} \qquad (8.20)$$

如 6.3 节所述，当 d 接近 1 时，输出电压饱和，达到上限，该上限由变换器元件的电阻(特别是电抗器中的电阻)决定。例如，对于带无源负载的升压变换器，输出电压可以表示为

$$V_o = \frac{V_i}{1-d+\frac{r_L}{1-d}} \qquad (8.21)$$

其中 r_L 表示电抗器的电阻与负载电阻的比值。将电压增益定义为 $K_v \equiv V_o/V_i$，可见 K_v 是关于 d 的函数，各种 r_L 值对应的电压增益如图 8.7 所示。

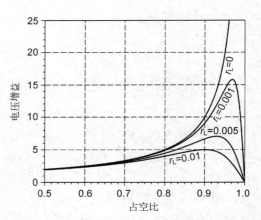

图 8.7　电抗器的电阻对升压变换器电压增益的影响

8.2.3　升降压变换器

降压变换器的输出电压不能高于输入电压，反之亦然，升压变换器的输出电压不能低于输入电压。相比之下，图 8.8 所示的升降压变换器的输出电压可以小于、等于或大于输入电压。

和升压变换器一样，开关导通时电感电流 i_L 的增量为[参见式(8.13)]

$$\Delta I_{L(ON)} = \frac{V_i}{L}dT_{sw} \qquad (8.22)$$

当开关断开时,电感电流只能流入二极管。电抗器两侧的电压为输出电压V_o。这样,在开关周期结束时,电感电流的减小量为

$$\Delta I_{L(OFF)} = \frac{V_o}{L}(1-d)T_{sw} \qquad (8.23)$$

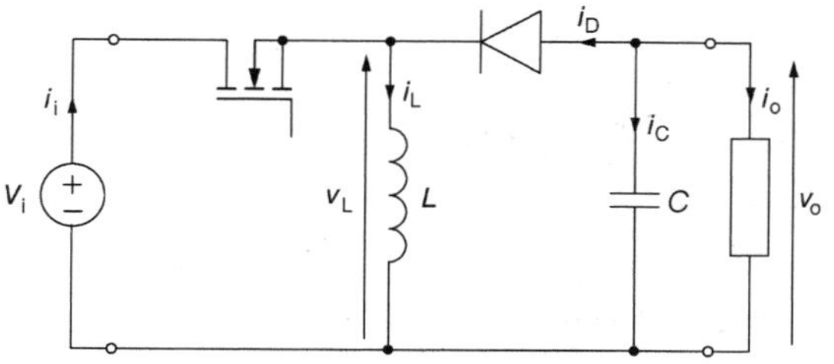

稳态时,$\Delta I_{L(ON)} = -\Delta I_{L(OFF)} = \Delta I_L$。因此

$$\frac{V_i}{L}dT_{sw} = -\frac{V_o}{L}(1-d)T_{sw} \qquad (8.24)$$

可得

$$V_o = -\frac{d}{1-d}V_i \qquad (8.25)$$

从式(8.25)可见,输出电压为负值,与输入电压的方向相反。当开关的占空比d从0调节到0.5时,输出电压的幅值从0增大到与输入电压相等。d从0.5开始继续增大时输出电压也会进一步增大。和升压变换器一样,最大电压增益受到各元件电阻值的限制(参见图8.7)。

电感电流的平均值I_L可以由式(8.25)以及以下两个公式求得:

$$I_i = dI_L \qquad (8.26)$$

$$V_iI_i = V_oI_o \qquad (8.27)$$

因此

$$I_L = -\frac{I_o}{1-d} \qquad (8.28)$$

电感电流i_L、电容电流i_C、二极管电流i_D、输入电流i_i以及电抗器两端电压v_L的波形如图8.9所示。注意图8.5和图8.9非常相似。尤其是电容电流的波形与升压变换器中电容器的电流(参见图8.5)相同。因此,升压变换器中输出电压的纹波可以用升压变换器的公式(8.17)和公式(8.18)进行描述。

在连续导通模式下

$$I_L > \frac{\Delta I_L}{2} \qquad (8.29)$$

因为$\Delta I_L = \Delta I_{L(ON)}$且$I_o < 0$,因此上述公式等于

$$\frac{|I_o|}{1-d} > \frac{V_i}{2L}dT_{sw} \qquad (8.30)$$

考虑到

$$V_i = \frac{1-d}{d}|V_o| \qquad (8.31)$$

将条件式(8.30)重新整理,得

$$Lf_{sw} > \frac{(1-d)^2 V_o}{2I_o} \qquad (8.32)$$

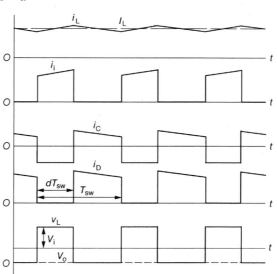

图8.8 升降压变换器

图8.9 升降压变换器中的电压和电流波形

231

8.2.4 Ĉuk 变换器

升降压变换器对输出电压的控制范围很宽，但输入电流不连续，且纹波很大，因此很多应用场景都不适用。例如，当公用电网通过整流器向变换器供电时，注入的高频交流电流分量可能对附近输电线路产生严重的电磁干扰。为了防止发生这种现象，必须在整流器和变换器之间或者电网和整流器之间安装一个低通滤波器。

与升降压变换器不同，Ĉuk 变换器（以发明者的名字命名）中用来存储和传递能量的器件不是电抗器，而是另一个电容器。如图 8.10 所示，两个电抗器用来平滑变换器输入电流 i_1 和输出电流 i_{L2}。这种结构可以显著减小输出电容 C_2 的大小，甚至还可能减小线路滤波器的大小。两个电抗器绕制在同一个铁心上，所以变换器的结构很紧凑。

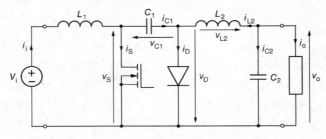

图 8.10 Ĉuk 变换器

Ĉuk 变换器有时被认为是最佳拓扑，因为在变换器两端的电压和电流都是真正的直流分量，如稍后所示，从理论上讲电压增益可以在零到无穷大之间变化。变换器还具有其他优势，如高效率、开关的阴极接地等。

假设电感电流和电容电压的初值为定值。具体而言，$i_{L1}(t) = I_i$，$i_{L2}(t) = I_{L2}$，$v_{C1}(t) = V_{C1}$，$v_{C2}(t) = V_o$。当开关导通时，二极管断开，有

$$i_{C1(ON)} = -I_{L2} \tag{8.33}$$

当开关断开时，电感电流 i_{L1} 和 i_{L2} 只能流入二极管，有

$$i_{C1(OFF)} = I_i \tag{8.34}$$

稳态时，电容器 C_1 的电荷在一个开关周期内的平均值等于零，即

$$dT_{sw}i_{C1(ON)} + (1-d)T_{sw}i_{C1(OFF)} = 0 \tag{8.35}$$

重新整理后

$$\frac{i_{C1(ON)}}{i_{C1(OFF)}} = 1 - \frac{1}{d} \tag{8.36}$$

由式(8.33)、式(8.34)和式(8.36)，可得到

$$\frac{I_i}{I_{L2}} = \frac{d}{1-d} \tag{8.37}$$

输入功率的平均值为

$$P_i = V_i I_i \tag{8.38}$$

它等于变换器输出功率的平均值 P_o，可表示为

$$P_o = V_o I_{L2} \tag{8.39}$$

比较式(8.38)和式(8.39)，得

$$\frac{V_o}{V_i} = \frac{I_i}{I_{L2}} \tag{8.40}$$

通过式（8.37），得

$$V_o = -\frac{d}{1-d}V_i \tag{8.41}$$

上式与升降压变换器的公式(8.25)相同。

当开关导通时，电抗器L_1两端的电压在时间段dT_{sw}内等于输入电压V_i，因此电流i_i的增量为

$$\Delta I_i = \frac{V_i}{L_1}dT_{sw} \tag{8.42}$$

同时，电抗器L_2两端的电压为

$$v_{L2} = V_o + v_{C1} \tag{8.43}$$

因为变换器稳态运行时电抗器两端电压的平均值等于零，所以电容器C_1两端的电压等于

$$v_{C1} = V_i - V_o \tag{8.44}$$

因此，$v_{L2} = V_i$，电流i_{L2}的增量为

$$\Delta I_{L2} = \frac{V_i}{L_2}dT_{sw} \tag{8.45}$$

注意，当开关断开时，开关两端的电压v_s等于v_{C1}［由式（8.44）确定］。因此

$$v_s = V_i - V_o = \frac{V_i}{1-d} \tag{8.46}$$

当开关导通时，二极管两端的电压与上式相同。Ĉuk 变换器中的电流、电压波形如图 8.11 所示。

Ĉuk 变换器的输出部分和降压变换器的输出部分相同，由电抗器L_2、电容器C_2和负载组成，此外，电抗器L_2中的电流i_{L2}有连续的锯齿状纹波，也和降压变换器中的电感电流i_L相似。因此，Ĉuk 变换器输出电压的纹波计算公式与降压变换器的计算公式(8.9)相同。在某种意义上，Ĉuk 变换器可以视为升压变换器和降压变换器的单开关级联。

和其他变换器一样，为了能够连续导通，电抗器中电流的平均值必须大于各自纹波峰峰值ΔI_i和ΔI_{L2}的一半。对应条件为

$$I_i > \frac{\Delta I_i}{2} \tag{8.47}$$

和

$$I_{L2} = I_o > \frac{\Delta I_{L2}}{2} \tag{8.48}$$

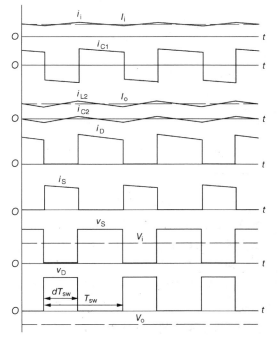

图 8.11　Ĉuk 变换器的电压和电流波形

根据式（8.37）、式（8.41）、式（8.42）和式（8.45），将上述条件重新整理后，有

$$L_1 f_{sw} > \frac{(1-d)^2 V_o}{2dI_o} \tag{8.49}$$

和

$$L_2 f_{sw} > \frac{(1-d) V_o}{2I_o} \tag{8.50}$$

8.2.5 SEPIC 和 Zeta 变换器

SEPIC(single-ended primary inductor converter,单端一次侧电感式变换器)和 Zeta 变换器如图 8.12 所示,它们是改进的 Ĉuk 变换器。可以看到,这三种变换器都包含两个电抗器L_1、L_2和一个电容器C_1,它们既能将输入端和输出端隔离,又能避免负载短路。SEPIC 变换器采用 n 沟道 MOSFET,Zeta 变换器为 p 沟道 MOSFET。

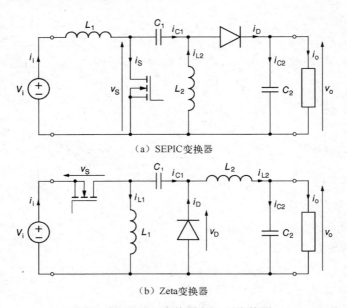

（a）SEPIC变换器

（b）Zeta变换器

图 8.12　SEPIC 变换器和 Zeta 变换器

Zeta 与 SEPIC 变换器都是单向升降压变换器,即

$$V_o = \frac{d}{1-d}V_i \qquad (8.51)$$

注意,式(8.51)只有在二极管两端电压降为零的前提下才有效(当负载与二极管串联时,所有直流-直流变换器都需要满足该前提)。实际应用中,输出电压的大小需要减去二极管两端的电压降。在为低压系统(如手机)设计直流-直流变换器时,这是一个重要的考虑因素。SEPIC 和 Zeta 变换器的电压和电流波形如图 8.13 所示,尽管它们的拓扑结构不同,但波形都非常相似。

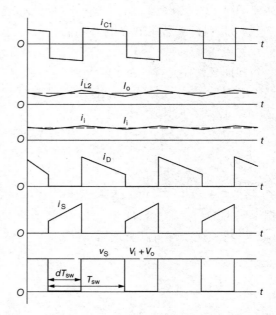

图 8.13　SEPIC 和 Zeta 变换器中的电压和电流波形

8.2.6 非隔离开关式直流–直流变换器的比较

直流–直流变换器可以等效为电压增益可调的直流变压器。的确，当变换器的损耗很小时，其输出功率和输入功率大致相等，但输出电压的调节范围很宽。Ĉuk 变换器尤其适合用直流变压器的概念进行解释，它输入、输出的电压与电流连续，且只有轻微纹波。

在很多情况下，直流–直流变换器是带有闭环电压或电流控制的典型大控制系统的一部分。为了对这种系统进行分析或仿真，使用基于 **Vorperian 开关模型** 的变换器 **平均模型** 就非常方便。变换器平均模型的输出电流和电压代表连续开关周期下电压和电流的平均值，因此波形无纹波。

Vorperian 开关模型如图 8.14 所示，体现了本章中变换器的直流变压器特性。字母"a"、"p"和"c"表示"有源"、"无源"和"公

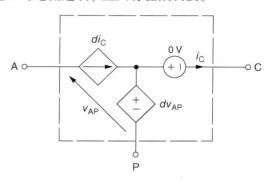

图 8.14　Vorperian 开关模型

共"端。如图 8.15 所示，Vorperian 开关模型成为变换器结构的一部分，它实现的模拟功能等效于实际开关器件的功能。为了说明变换器平均模型的概念，将降压变换器和等效平均变换器在启动时的输出电流和电压波形进行比较，如图 8.16 所示。

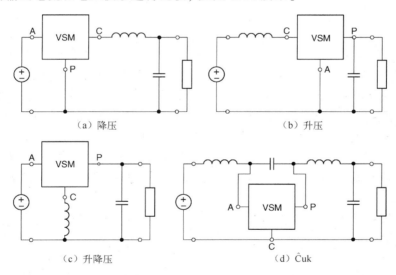

（a）降压　　　　　　　　　　　　　（b）升压

（c）升降压　　　　　　　　　　　　（d）Ĉuk

图 8.15　带 Vorperian 开关模型的开关式直流–直流变换器的平均模型

连续导通模式是首选运行方式，它使得电压增益与负载独立，所以到目前为止，本书分析的所有变换器都假设电抗器中电流连续。但是，在极端条件下，如 I_{o} 接近于零时，就无法维持连续导通模式。这时，在某种程度上需要进行更多不连续导通模式的分析，有兴趣的读者可以参考相关论著。

选择变换器时，必须考虑各个方面，如电压增益、开关利用率、变换器的质量和体积、元件成本或暂态响应等需求。一般而言，如果输出电压的额定值小于输入电压，就应该选择降压变换器，反之亦然，如果输出电压总比输入电压高，升压变换器就是最佳选择。如果要对

输出电压进行大范围控制，Ĉuk 变换器就
比升降压变换器更合适。当然，Ĉuk 变换
器不可避免地也有一些缺点，如元件数量
多、开关电流大、需要一个很大的电容器
C_1 来处理高纹波电流等。

　　开关利用率表示开关最小额定功率
（额定电压和额定电流的乘积）和变换器额
定功率的比值，它取决于占空比，但是降
压变换器与升压变换器中开关利用率的平
均值远远大于升降压变换器和 Ĉuk 变换
器。因此，在能够满足要求的前提下，降
压变换器与升压变换器提供的功率密度最
高。但是，升压变换器和升降压变换器对
电压控制指令的动态响应比降压和 Ĉuk 变

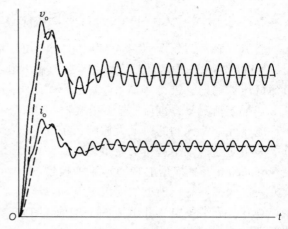

图 8.16　降压变换器的输出电压和电流波形
（实线——实际变换器，虚线——平均模型）

换器慢。SEPIC 和 Zeta 变换器的特性与 Ĉuk 变换器相似，但 Zeta 变换器中负载电流纹波最
低，因为电流通路上存在电抗器L_2。商用非隔离开关式变换器的额定功率差别很大，但通常
都是 kW 级。它们典型的额定电压值很小，大约几十伏特或更小。

8.3　隔离开关式直流-直流变换器

　　实际中的开关电源大部分都基于开关式直流-直流变换器，它们使用变压器将变换器的
输入端和输出端隔离。出于安全和可靠性的原因，变换器需要由电网供电。如前所述，变压
器也能用于将输入和输出电压进行匹配。例如，如果输出电压远远高于可用的输入电压，那
么非隔离升压变换器、升降压变换器或 Ĉuk 变换器可能无法满足需求（参见图 8.7）。

　　隔离式直流-直流变换器可以分为单开关和多开关两种类型。单开关变换器中的电磁元
件运行在单极、单象限模式下，一般只用于小功率应用。相比之下，多开关变换器中的变压
器能充分利用其磁场，当功率更高（100 W 以上）时，变换器的尺寸能缩小到等效单开关变换
器的一半。

　　变压器的两种等效电路如图 8.17 所示。图 8.17(a) 为理想变压器，它是电路使用的通用
变压器符号，由一对耦合线圈表示，对应关系为

$$\frac{v_1}{v_2} = \frac{i_2}{i_1} = \frac{N_1}{N_2} \tag{8.52}$$

其中N_1和N_2分别表示变压器一次侧和二次侧的线圈匝数。线圈的**极性标识**如图 8.17 所示，
输入和输出电压v_1、v_2同相，电流i_1、i_2同相。一般而言，如果一个绕组上用"·"标识的端电
压为正，那么另一个绕组上用"·"标识的端电压也为正。

　　图 8.17(b) 的等效电路更适合于对隔离开关式直流-直流变换器进行仿真和分析，因为
它包括了励磁电感L_m。在这个模型中

$$\frac{v_1}{v_2} = \frac{i_2}{i_2'} = \frac{N_1}{N_2} \tag{8.53}$$

其中，$i_2' = i_1 - i_m$。

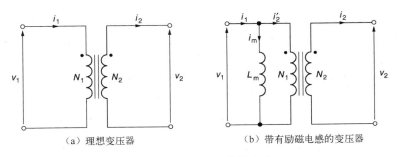

（a）理想变压器　　　　　　　　　（b）带有励磁电感的变压器

图 8.17　变压器的等效电路

8.3.1　单开关隔离式直流-直流变换器

单开关变换器由降压变换器、升降压变换器和 Ĉuk 变换器演变而来。它们分别是**正激变换器**、**反激变换器**和**隔离式 Ĉuk 变换器**。含两个开关的变换器称为**升压反激变换器**，它与升压变换器有关，这种变换器的使用非常有限，因此不包含在本章的内容中。

正激变换器　正激变换器就是对图 8.1 所示的降压变换器进行隔离后的版本，如图 8.18 所示。当开关导通时，二极管 D1 导通，电抗器 L 存储电能。当开关断开时，能量通过二极管 D2 释放。为了释放存储在变压器励磁电感中的能量，将二极管 D3 连接到第三绕组上。

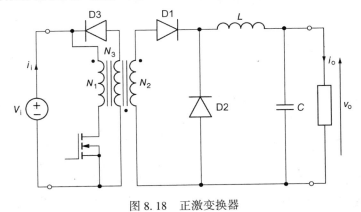

图 8.18　正激变换器

在连续导通模式下，正激变换器输出电压的平均值为

$$V_o = k_N d V_i \tag{8.54}$$

其中

$$k_N \equiv \frac{N_2}{N_1} \tag{8.55}$$

k_N 表示变压器的匝数比。由于正激变换器的输出端和降压变换器的输出端相同，这两个变换器输出电压的纹波都可以由式（8.9）表示。连续导通条件也可以由式（8.11）表示。但是，占空比 d 的最大允许值 d_{max} 必须小于 $N_1/(N_1+N_3)$，以确保变压器铁心在每个开关周期内都被完全去磁。否则，铁心会在几个周期后进入饱和，使变压器停止工作。实践中通常取 $N_1 = N_3$、$d_{max} = 0.5$。

反激变换器　反激变换器是升降压变换器的衍生，如图 8.19 所示。变压器的励磁电感 L_m 相当于图 8.8 中升降压变换器的电抗器 L。注意，励磁电感并不是独立的元件，它是变压器等效电路的一部分。同时也需要注意极性的标识，它代表了变压器的电压方向。因此，和图8.8相比，图8.19中的二极管被反置。当开关闭合导通时，变压器铁心存储能量，当开关断开时，能量释放到电容器中。铁心中的气隙用于防止磁饱和。

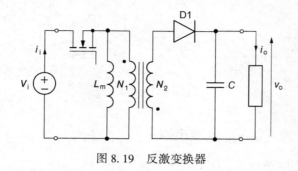

图8.19　反激变换器

反激变换器的输出电压为

$$V_o = k_N \frac{d}{1-d} V_i \qquad (8.56)$$

该电压的纹波与升压变换器和升降压变换器相同，可以由式(8.17)和式(8.18)求得。但是，为了考虑归算到变压器一次侧的励磁电感的影响，需要将连续导通模式的条件式(8.32)修改为

$$L_m f_{sw} > \frac{(1-d)^2 V_o}{2k_N^2 I_o} \qquad (8.57)$$

式(8.56)中去掉了升降压变换器公式(8.25)中的减号，因为上文已经提及，变压器的电压反向了。

隔离式 Ĉuk 变换器　将 Ĉuk 变换器进行隔离后的电路如图8.20所示。图8.10非隔离变换器中的电容器C_1被分成足够大的两个电容器C_{11}和C_{12}，从而维持通过它们的电压的稳定。如反激变换器一样，变压器二次侧电压反向，导致二极管和逆变器输出电压反向。输出电压和其纹波分量可以用式(8.56)和式(8.9)分别进行求解。其中式(8.9)中$L = L_2$，$C = C_2$。电抗器L_1中电流连续导通的条件是

$$L_1 f_{sw} > \frac{(1-d)^2 V_o}{2k_N^2 dI_o} \qquad (8.58)$$

式(8.50)用于表示电抗器L_2连续导通的条件。实践中通常取$N_1 = N_2$，即$k_N = 1$。

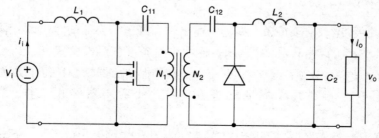

图8.20　隔离式 Ĉuk 变换器

8.3.2 多开关隔离式直流−直流变换器

本节对最常见的三种多开关隔离式直流−直流变换器，即**推挽变换器**、**半桥变换器**和**全桥变换器**进行介绍，它们都和降压变换器相关且输出电压都低于变压器二次电压。这三种变换器都可以认为是逆变器、变压器、整流器和低通滤波器的级联。单相逆变器将输入的直流电压转换成高频方波交流电压，然后通过二极管整流桥进行整流，之后再利用滤波器进行平滑处理。

与 1.6.3 节所述的双脉波整流器不同，多开关直流−直流变换器的整流器基于两个二极管，而不是四个二极管。这种**中点整流器**如图 8.21 所示。它由二次侧带中心抽头的变压器提供三相电压。如果将变压器二次侧电压的一半认为是输入电压 v_i，由式（4.5）可得整流器的输出电压 $V_{o,dc}=2V_{i,p}/\pi\approx0.637\,V_{i,p}$，其中 $V_{i,p}$ 表示 v_i 的峰值。这与图 1.34 的由四个二极管组成的桥式整流器相同，但是二极管的最小额定电压必须是桥式整流器中二极管电压的两倍。不过在典型的低压开关电源中，这个问题并不严重。

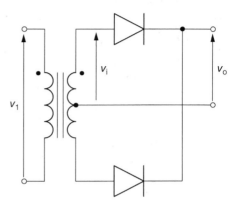

图 8.21　中点整流器

除了整流二极管，多开关直流−直流变换器的电路还包括和半导体电力开关反并联的续流二极管。如 7.1.1 节所述，必须使用这些二极管来维持逆变器中无功负载电流的流通。如果逆变器向理想变压器供电，就不需要这些二极管，因为输出滤波器中的电感电流可以通过整流二极管实现续流。但是，实际变压器存在漏磁现象，它和直流−直流电力变换无关，因此对逆变器而言，变压器相当于很小的感性负载。通过给对应的无功电流提供通路，续流二极管能防止电流中断导致的开关过电压。实际应用中，续流二极管不一定是独立的器件，可以是带内部二极管的开关，如电力 MOSFET 或开关模块。

推挽变换器　推挽变换器的电路如图 8.22 所示。两个开关 S1 和 S2 分别与续流二极管 D1 和 D2 并联，开关的占空比为 d，它们的开关模式相差半个开关周期。占空比的调节范围为 $0\sim0.5$，因此开关永远不会同时导通。二极管 D3 和 D4 对变压器的二次侧电流进行整流，然后输出直流功率。当两个开关都断开时，变压器二次侧电压为零，整流二极管对电感电流进行续流。可见，当电抗器 L 的电流连续时，

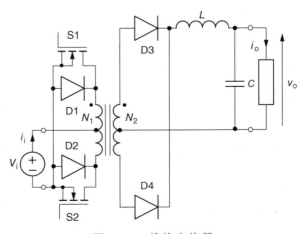

图 8.22　推挽变换器

输出电压的平均值为

$$V_o = 2k_N dV_i \qquad\qquad (8.59)$$

输出电压的纹波为

$$\frac{\Delta V_o}{V_o} = \frac{1 - 2d}{32LCf_{sw}^2} \qquad\qquad (8.60)$$

半桥变换器　变换器前面的形容词"半桥"来自于变压器一次侧的半桥逆变器。半桥逆变器详见 7.3 节，电路如图 7.53。图 8.23 为半桥直流-直流变换器的电路图。电容器 C_1 和 C_2 构成输入电压分压器。开关 S1 和 S2 的运行方式与推挽变换器相同。最大允许占空比为 0.5，它用于防止两个开关同时导通造成的电源短路。变压器漏磁产生的无功电流由二极管 D1 和 D2 进行续流，二极管 D3 和 D4 构成变压器二次侧的整流器。输出电压为

$$V_o = k_N dV_i \qquad\qquad (8.61)$$

因为变压器二次侧的电路和推挽变换器完全一样，所以纹波电压的计算公式与式(8.60)相同。

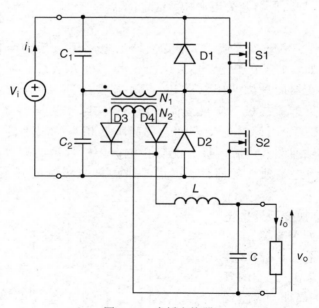

图 8.23　半桥变换器

全桥变换器　和半桥变换器类似，图 8.24 全桥变换器的名字来自于其中的单相全桥逆变器，单相全桥逆变器详见 7.1.1 节，电路如图 7.2 所示。开关对 S1-S4 和 S2-S3 轮流导通，且占空比不超过 0.5。与半桥变换器相比，全桥变换器的输出电压加倍，对应公式如式(8.59)所示。输出电压的纹波由式(8.60)确定。

240

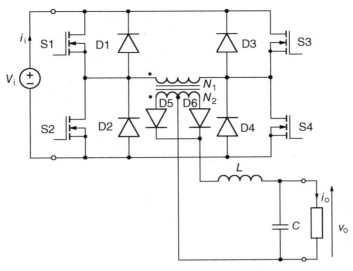

图 8.24 全桥变换器

8.3.3 隔离开关式直流-直流变换器的比较

目前,不能说哪一种隔离开关式直流-直流变换器具有的绝对优势或劣势,它需要由具体的应用来决定最合适的类型。一般而言,低压功率系统采用单开关变换器比采用多开关变换器多。反激变换器的元件数量最少,因此简单且倍受欢迎,但其变压器相对较大,且加在开关上的电压高,是输入电压 V_i 的两倍。正激变换器因为有额外电抗器,所以可以使用较小的变压器。Ĉuk、SEPIC 和 Zeta 变换器的效率很高,它们的电流连续,因此可以降低对输入和输出滤波器的要求,但元件数量很多。典型的额定功率不超过 1 kW。

推挽变换器适合于中等功率的应用,典型的功率范围最高可以达到 1 kW,它们简单、价格低廉,但开关和续流二极管承受的电压高达 $2V_i$。此外,由于开关模式间存在很小的差异,所以会产生不平衡的直流分量,从而导致变压器铁心饱和。半桥逆变器承受的电压是 V_i,它是中压范围内最为普遍的开关式直流-直流变换器,功率的范围高达 2 kW,而全桥变换器通常用于 5 kW 左右的场合,其额定电压的变化范围很大,通常为 5~1000 V。

其他因素中,便于接地(非浮地)的开关驱动器具有重要优势,因为它简化了变换器的整体布局。开关频率的选择主要取决于所用的半导体电力开关,在大多数开关式直流-直流变换器中,频率的范围从几十到几百 kHz。正如上文所述,频率高可以减小电磁元件的尺寸,但也使得开关损耗增加。在隔离变换器中加装变压器后可构成**多路输出变换器**,因为变压器可以有多个二次侧绕组,它们可以分别向变换器的多个输出端供电。

8.4 谐振式直流-直流变换器

谐振式直流-直流变换器的类型很多,对它们进行分析需要耗费相当长的时间和精力,因为它在一个开关周期内会多次改变拓扑结构。因此,接下来只介绍这些变换器的一般原理和最常见的类型。如果需要详细的分析,建议参考专业文献。读者也可以使用本书附带的 Spice 电路文件来对变换器的电压、电流波形进行仔细观察。

关注谐振式变换器的主要原因是期望获得更高的开关频率。在开关式直流-直流变换器中，开关频率受最佳尺寸、质量、效率、可靠性和变换器成本的约束。而在有些应用中，如微型电子设备或空间技术中，期望开关频率能达到 MHz 级。电力 MOSFET 的开关频率可以达到数十 MHz。主要问题是开关损耗和开关应力。

变换器中的寄生电抗器，如变压器中的漏感和开关中的结电容，会导致开关出现**感性关断**和**容性开通**。当开关断开感性负载时，由于 di/dt 很高，将生成高电压尖峰。相反，当开关开通时，结电容不再存储能量，能量将被设备消耗。此外，开关动作产生的电磁噪声可能会干扰变换器或邻近敏感系统的正常运行。开关频率很高时，推荐使用谐振软开关变换器替代硬开关变换器。

小功率谐振变换有很多种解决方案，其中有两种类型广受关注，即**准谐振**或**谐振开关**变换器和**负载谐振**变换器，分别介绍如下。

8.4.1　准谐振变换器

谐振开关是一个半导体电力开关(通常为电力 MOSFET 或 BJT)，它带有 LC 谐振电路(**LC 柜**)，有时还包括一个与开关连接的二极管。谐振开关利用开关两端的电压或者开关上的电流来作为输出波形，因此输出波形为正弦波，不是开关式变换器常见的方波。谐振开关分为电压型谐振开关和电流型谐振开关，每种类型又可细分为 L 型和 M 型。每个 L 型和 M 型开关再分为半波或全波类型。由此产生的 8 种拓扑如图 8.25 和图 8.26 所示。

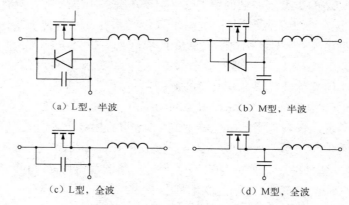

（a）L型，半波　　　　　　　　（b）M型，半波

（c）L型，全波　　　　　　　　（d）M型，全波

图 8.25　电压型谐振开关

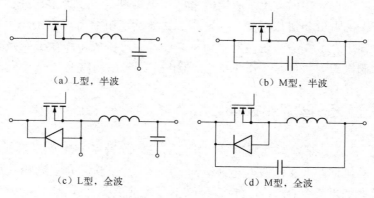

（a）L型，半波　　　　　　　　（b）M型，半波

（c）L型，全波　　　　　　　　（d）M型，全波

图 8.26　电流型谐振开关

由电路理论可知，$t=t_0$ 时在无阻尼（无损）串联 LC 电路上施加直流电压 V 后，电抗器中将产生正弦电流，电流大小为

$$i_L(t) = \frac{V - v_C(t_0)}{Z_0} \sin[\omega_0(t - t_0)] + i_L(t_0) \cos[\omega_0(t - t_0)] \qquad (8.62)$$

其中 $v_C(t_0)$ 和 $i_L(t_0)$ 分别表示电容器两端的初始电压和电抗器上的初始电流。**特征阻抗 Z_0 和谐振频率 ω_0** 为

$$Z_0 = \sqrt{\frac{L_r}{C_r}} \qquad (8.63)$$

$$\omega_0 = \frac{1}{\sqrt{L_r C_r}} \qquad (8.64)$$

其中 L_r 和 C_r 分别表示谐振电感和谐振电容。电容器两端的电压是正弦波，它超前电流波形 $90°$，为

$$v_C(t) = V - [V - v_C(t_0)] \cos[\omega_0(t - t_0)] + Z_0 i_L(t_0) \sin[\omega_0(t - t_0)] \qquad (8.65)$$

$v_C(t)$ 和 $i_L(t)$ 的波形如图 8.27 所示，其中 $i_L(t_0) > 0$，$v_C(t_0) < 0$。

图 8.25 电压型谐振开关中包含开关器件与谐振电容器并联的结构。在半波开关中，钳位二极管用于防止电容电压 v_C 变为负值，同时使谐振在半个周波后结束。但是全波开关中没有钳位二极管，电容电压可以随意改变极性。

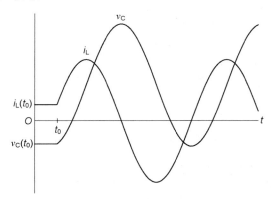

图 8.27　无阻尼谐振电路中电感电流和电容电压

开关关断时将会触发谐振，从而使开关两端的电压为正弦波形。半个周波后，电压为零时，开关在 ZVS 条件下再次开通。当变换器运行在很高的开关频率下时，上述特征很具优势，因为它大大减轻了开关容性开通时器件的应力。

图 8.26 所示的电流型谐振开关中，为了使开关电流的形状满足要求，将电抗器与开关串联。电抗器和电容器形成一个谐振电路，开关开通时触发谐振。

在半波开关中，半导体电力开关的单向传导能力用于防止电流反向。因此，电流 i_L 只能流向负载，使谐振只能持续半个周波。在全波开关中，二极管与电力开关反并联，因此电流能够流向电源。

当半导体电力开关在 $t=t_0$ 开通时，谐振电流从零沿着正弦波的方向逐渐变化。半个周期后，电流为零，开关自然关断（换流）。因此，开通和关断都发生在 ZCS 条件下，开关损耗和应力都显著降低。

高频变换器中谐振开关的另一个优势是能利用寄生电感和电容。事实上，由于谐振频率一定比开关频率高，所以谐振电感和电容的值很小。例如，使用 15.9 nH 的电感和 15.9 nF 的电容就可以获得 10 MHz 的谐振频率。

将普通开关替换成谐振开关后，8.2 节和 8.3 节的基本开关式直流-直流变换器都可以转换成准谐振式变换器。图 8.28 为带 L 型半波开关的准谐振 ZVS 降压变换器，图 8.29 为带

M 型全波开关的准谐振 ZCS 升压变换器。

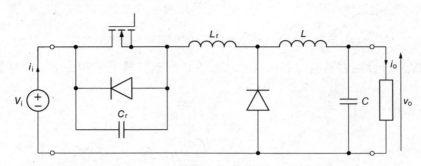

图 8.28　L 型半波开关准谐振 ZVS 降压变换器

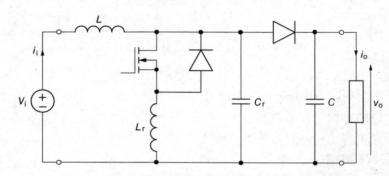

图 8.29　M 型全波开关准谐振 ZCS 升压变换器

由于谐振频率固定, 因此需要通过改变开关频率来完成对谐振开关占空比的控制。和开关式变换器相比, 占空比的控制范围变小了, 同时, 电磁干扰(虽然减小了很多)仍难以控制。一般情况下, 在开关频率很高时, ZVS 优于 ZCS。必须指出, 与开关式直流–直流变换器中的对应器件相比, 谐振开关承受的峰值电流更高。这不仅使得半导体器件的额定电流更大, 而且会造成导通损耗增大。和其他工程系统一样, 变换器的选型需要在技术和经济性之间寻找最佳平衡。

ZVS 和 ZCS 准谐振开关变换器的显著特点如表 8.1 所示。一般来说, 全波开关能使变换器的运行对电阻不敏感。但是, 电压式全波开关的缺点是半导体器件中的结电容会吸收能量。由此产生的容性开通会使这些开关在开关频率很高时误动作。全波开关变换器的电压增益 $K_V \equiv V_o/V_i$, 是**频率比** k_f 的函数, k_f 的定义为

$$k_f \equiv \frac{f_{sw}}{f_0} \tag{8.66}$$

其中 f_0 表示谐振频率(Hz)。在半波开关变换器中, K_V 还依赖于(非线性地)**归一化的负载电阻** r, r 的定义为

$$r \equiv \frac{R}{Z_0} \tag{8.67}$$

在电路理论中, r 表示串联谐振电路品质因数 Q 的倒数。在所有采用半波开关的变换器中, 电压增益随 r 的增大而增大, 当 $r=1$ 时, 电压增益和全波开关变换器的电压增益相等。查表 8.1 时, 注意 ZVS 和 ZCS 变换器中 r 的允许范围不同。

244

表 8.1   ZVS 和 ZCS 准谐振开关变换器的比较

属　　性	ZCS 变换器	ZVS 变换器
电压增益		
降压变换器	k_f	$1-k_f$
升压变换器	$1/(1-k_f)$	$1/k_f$
升降压变换器	$k_f/(1-k_f)$	$1/k_f-1$
控制	t_{ON} 为常数	t_{OFF} 为常数
t_{ON} 可变	t_{OFF} 可变	
开关两端的电压	方波	正弦
开关上的电流	正弦	方波
负载范围	$1<r<\infty$	$0<r<1$

8.4.2　负载谐振变换器

在负载谐振变换器中，LC 谐振电路使负载电压和电流振荡，为 ZVS 和(或)ZCS 创造机会。最常见的三种拓扑结构分别是**串联负载**变换器、**并联负载**变换器以及**串并联**变换器。所有这些变换器都基于逆变器–整流器的级联以及这两个变换器之间的谐振电路。

串联负载变换器　半桥串联负载谐振变换器的电路如图 8.30 所示。半桥逆变器由半导体电力开关 S1 和 S2、续流二极管 D1 和 D2 以及电容分压器 C_1 和 C_2 组成，它将直流输入电压 V_i 转换为方波电压。逆变器通过串联谐振电路 L_r、C_r 与两脉波整流器连接，两脉波整流器由四个二极管 D3~D6 和一个输出电容器 C 组成。输出电容器足够大，因此可以将整流器–负载电路等效为电压 V_o 恒定的电源。

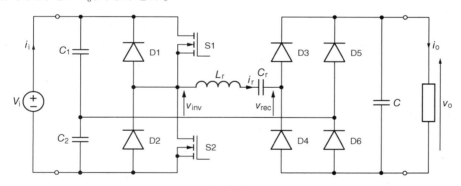

图 8.30　串联负载谐振变换器

串联负载变换器有三种基本的多极运行模式。如果开关频率 f_{sw} 小于谐振频率 f_0 的一半，变换器运行在**不连续模式**下，谐振电抗器中的电流不连续。逆变器开关开通时电流为零，关断时电压和电流都为零，因此在有些大功率、低频率的应用场合可以使用晶闸管。如果 $f_0/2<f_{sw}<f_0$，变换器运行在**小于谐振的连续模式**下，开关开通时电压电流非零，因此开通时存在开关损耗。但是，开关关断时满足零电压零电流条件，因此仍然可以使用晶闸管。第三种运行模式为**大于谐振的连续模式**，此时，$f_{sw}>f_0$，开关开通时电压和电流为零，但开关关断时电压和电流非零，因此关断时存在开关损耗。

为了推导电压增益 K_V 的近似表达式，可以使用变换器的简单交流模型。逆变器的实际输出电压 $v_{inv}(t)$ 是幅值为 $V_i/2$ 的交流方波。同样，整流器的输入电压 $v_{rec}(t)$ 是幅值为 V_o 的交流准方波。但是，在谐振电路中的电流$i_r(t)$实际上是正弦波。这三个波形的基频都是f_{sw}。用基频分量$v_{inv,1}(t)$和$v_{rec,1}(t)$分别代替电压$v_{inv}(t)$和$v_{rec}(t)$，可以得到变换器的交流等效电路，如图8.31所示。$v_{inv,1}(t)$的峰值$V_{inv,1,p}$为

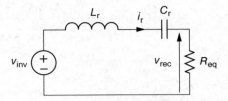

图8.31　串联负载谐振变换器的交流等效电路

$$V_{inv,1,p} = \frac{4}{\pi} \times \frac{V_i}{2} = \frac{2}{\pi} V_i \qquad (8.68)$$

$v_{rec,1}(t)$的幅值$V_{rec,1,p}$如式（1.28）所示，为

$$V_{rec,1,p} = \frac{4}{\pi} V_o \qquad (8.69)$$

由于实际上输出电压是理想的直流分量，所以输出电流也可以认为是纯直流分量，即$i_o(t) = I_o$。它可以通过对$i_r(t)$进行整流得到。所以

$$I_o = \frac{2}{\pi} I_{r,p} \qquad (8.70)$$

其中$I_{r,p}$表示$i_r(t)$的峰值[参见式（1.15）]。$V_{rec,1,p}$除以$I_{r,p}$后，得到等效的负载电阻R_{eq}

$$R_{eq} = \frac{V_{rec,1,p}}{I_{r,p}} = \frac{\frac{4}{\pi} V_o}{\frac{\pi}{2} I_o} = \frac{8}{\pi^2} R = \frac{8}{\pi^2} r Z_0 \qquad (8.71)$$

它等效于从整流器输入端看到的电阻。

由图8.31的等效电路，可得

$$\frac{V_{rec,1,p}}{V_{inv,1,p}} = \frac{R_{eq}}{\left| R_{eq} + j(X_L - X_C) \right|} \qquad (8.72)$$

其中

$$X_L = 2\pi f_{sw} L_r = k_f Z_0 \qquad (8.73)$$

$$X_C = \frac{1}{2\pi f_{sw} C_r} = \frac{Z_0}{k_f} \qquad (8.74)$$

基于式（8.68）和式（8.69），式（8.72）可以重新整理为

$$K_V = \frac{V_o}{V_i} = \frac{1}{2\sqrt{1 + \left(\frac{X_L - X_C}{R_{eq}} \right)^2}} \qquad (8.75)$$

将式（8.71）、式（8.73）和式（8.74）代入后，得

$$K_V = \frac{1}{2\sqrt{1 + \left[\frac{\pi^2}{8r} \left(k_f - \frac{1}{k_f} \right) \right]^2}} \qquad (8.76)$$

控制特性公式（8.76）的三维图如图8.32所示。当$k_f = 1$，即$f_{sw} = f_0$时，电压增益最大，等于0.5。因为此时变换器中不存在开关损耗，所以不连续模式为最优运行模式。

串联负载谐振直流–直流变换器还有其他拓扑结构，包括采用全桥逆变器以及在谐振电路和整流器之间加装变压器。将整流器去掉，通过谐振电路将逆变器直接和负载相连，就得到了**负载换流型逆变器**。这类逆变器可以基于自然换相的晶闸管，同时，谐振电路能生成准正弦波形的输出电压和电流。

并联负载变换器　　并联负载谐振直流-直流变换器的电路如图 8.33 所示，它与串联负载变换器的不同点有：（1）整流器输入端并联了谐振电容器 C_r；（2）整流器输出端串联了输出电抗器 L，它用来平滑和稳定变换器输出端上的电流。因此，整流器可以等效为恒定电流源 I_o。

和串联负载谐振变换器一样，当 $f_{sw} < f_0/2$ 时并联负载变换器运行在不连续模式下，当 $f_0/2 < f_{sw} < f_0$ 时运行在小于谐振的连续模式下，当 $f_{sw} > f_0$ 时运行在大于谐振的连续模式下。

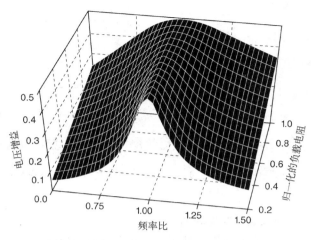

图 8.32　串联负载谐振变换器的控制特性

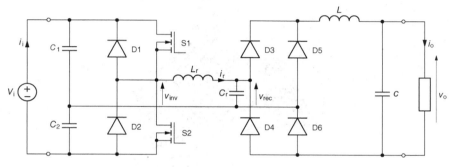

图 8.33　并联负载谐振变换器

同样，不连续运行模式下无开关损耗，小于谐振的连续模式下无关断损耗，大于谐振的模式下无开通损耗。变换器的交流等效电路如图 8.34 所示。在实际的变换器中，$v_{rec}(t)$ 和 $i_{rec}(t)$ 的波形均为交流方波，而 $v_{inv}(t)$ 为正弦波。因此，式（8.68）仍然有效。同时，因为 V_o 是整流后电压 $v_{rec}(t)$ 的平均值，因此

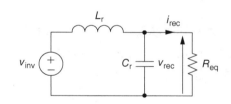

图 8.34　并联负载谐振变换器的交流等效电路

$$V_o = \frac{2}{\pi} V_{rec,1,p} \qquad (8.77)$$

$i_{rec}(t)$ 的幅值等于输出电流 I_o，因此基频电流 $i_{rec}(t)$ 的幅值 $I_{rec,1,p}$ 为

$$I_{rec,1,p} = \frac{4}{\pi} I_o \qquad (8.78)$$

基于式（8.77）和式（8.78），并联负载变换器的等效负载电阻 R_{eq} 可以表示为

$$R_{eq} = \frac{V_{rec,1,p}}{I_{rec,1,p}} = \frac{\frac{\pi}{2} V_o}{\frac{4}{\pi} I_o} = \frac{\pi^2}{8} R = \frac{\pi^2}{8} r Z_0 \qquad (8.79)$$

最后，由图 8.34 的交流等效电路可得

247

$$\frac{V_{\text{rec,1,p}}}{V_{\text{inv,1,p}}} = \frac{1}{\left|1 - \frac{X_{\text{L}}}{X_{\text{C}}} + j\frac{X_{\text{L}}}{R_{\text{eq}}}\right|} \tag{8.80}$$

或

$$K_{\text{V}} = \frac{V_{\text{o}}}{V_{\text{i}}} = \frac{4}{\pi^2 \sqrt{\left(1 - \frac{X_{\text{L}}}{X_{\text{C}}}\right)^2 + \left(\frac{X_{\text{L}}}{R_{\text{eq}}}\right)^2}} \tag{8.81}$$

将式(8.73)、式(8.74)和式(8.79)代入上式后，可得

$$K_{\text{V}} = \frac{1}{\frac{\pi^2}{4}\sqrt{\left(1 - k_{\text{f}}\right)^2 + \left(\frac{8k_{\text{f}}}{\pi^2 r}\right)}} \tag{8.82}$$

式(8.82)的并联负载谐振变换器的控制特性如图 8.35 所示。和串联负载变换器一样，半桥逆变器可以用全桥逆变器替换，输入与输出之间可以加装变压器以进行电气隔离。

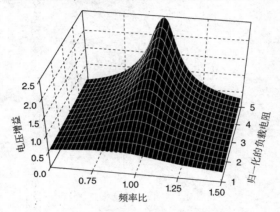

图 8.35 并联负载谐振变换器的控制特性

串并联变换器 图 8.36 为**串并联谐振变换器**(串并联变换器)，它与并联负载谐振变换器的结构相同。串联谐振电容器用于增加输出电压的控制范围，从而在轻载时提高变换器的效率。如果 $C_{\text{r1}} = C_{\text{r2}} = 1/(\omega L_{\text{r}})$，那么串并联变换器的控制特性近似为

$$K_{\text{V}} = \frac{1}{\frac{\pi^2}{4}\sqrt{\left(2 - k_{\text{f}}^2\right)^2 + \left[\frac{8}{\pi^2}\left(k_{\text{f}} - \frac{1}{k_{\text{f}}}\right)\right]^2}} \tag{8.83}$$

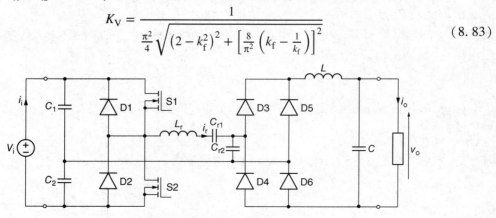

图 8.36 串并联谐振变换器

对应的控制特性如图 8.37 所示。

248

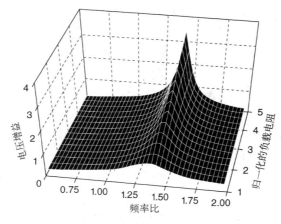

图 8.37 串并联谐振变换器的控制特性

8.4.3 谐振式直流-直流变换器的比较

基于单开关的开关式直流-直流变换器和准谐振变换器很相似，后者只是用 ZVS 或 ZCS 谐振开关代替了常规开关。基于多开关的开关式变换器和负载谐振变换器相似，因为两者都间接通过单相逆变器向两脉波整流器供电。结果就是，相似的变换器往往用于相似的应用中。一般而言，单开关直流-直流变换器用于小功率场合，而多开关变换器主要用于中等功率的负载，一般是 1 kW 及以上。

比较各种负载谐振变换器时需要注意，式(8.76)、式(8.82)和式(8.83)均以方波的基频分量为基础，因此这些方程并不精确。尽管如此，如图 8.30 和图 8.33 所示，串联负载直流-直流变换器和并联负载直流-直流变换器的功能有明显差别。首先，串联负载变换器电压增益的范围为 0~0.5，而并联负载变换器根据不同的负载，电压增益可以超过 1。其次，为了控制输出电压，负载电阻 R 应小于串联负载变换器的特征阻抗 Z_0，但大于并联负载变换器的特征阻抗 Z_0。

负载电阻对变换器的电压增益有不同的影响：虽然串联负载变换器的最大电压增益 0.5 与负载无关，但输出电压的控制范围随着负载减小而增大；相反，并联负载变换器的控制范围和最大电压增益随负载增大而增加。在连续运行模式下，谐振变换器就是一个"固态"开关，即与硬开关变换器相比，谐振变换器的开关损耗降低了，但仍然存在开关损耗。

通过详细的分析可见，不连续运行模式是串联变换器的首选模式，因为变换器在这种模式下不受负载短路的影响。但是，当负载很小或者空载时，该变换器将失去其控制能力。另一方面，带变压器的并联负载变换器更适合于多输出的情况，但轻载时其效率很差。与并联负载变换器相比，串并联变换器的功能得到了提高。

小结

作为恒电源或可调直流电压源的开关电源在电子线路相关的场合中得到许多应用。利用蓄电池、光伏、燃料电池或整流器可以获得直流输入电压，同时利用开关直流-直流变换器可以实现对输入电压的控制。这类变换器可以分为基于硬开关的开关式变换器和基于软开关(或"固态"开关)的谐振变换器。

开关式直流-直流变换器包含隔离和非隔离两种类型。变压器用来提供电气隔离,如有需要,也可以对输入和输出端之间的电压进行匹配。此外,可以通过变压器的若干个二次绕组向多个输出端提供不同的电平。非隔离变换器的基本拓扑结构采用单个半导体电力开关,如降压、升压、升降压变换器和 Ĉuk 变换器,而有些隔离变换器基于两个或多个开关,如推挽、半桥和全桥变换器。多开关变换器由单相逆变器通过变压器与单相整流器级联而成。

高功率密度是设计开关电源时必须考虑的重要参数,例如用在便携式通信设备或航天器电源系统中时。开关频率很高,就可以减少电磁元件和静态元件的大小,但它会导致开关损耗很大。微型变换器不能大量散热,所以减小尺寸必须与减少损耗同时进行。这正是谐振变换器的主要原理,它利用电路谐振现象来提供 ZCS 和 ZVS 条件。谐振式变换器可以分为准谐振(谐振开关)变换器和负载谐振变换器。谐振开关有多种配置,通常由常规半导体电力开关和 LC 柜(有些场合中也采用二极管)组成。将谐振开关加到开关式拓扑中就产生了 ZVS 或 ZCS 谐振变换器。

与基于多开关的开关式变换器相同,负载谐振变换器基于逆变器-整流器的级联,它们之间通过谐振 LC 电路连接。隔离变压器可以装设在整流器的输入端上。

由于开关电源种类繁多,因此很难制订半导体器件的选型规则。照例,器件的额定电压应大于变换器中可能出现的最高电压。有些变换器采用前面章节介绍过的斩波器和逆变器结构,因此开关额定电流值的选择方式相同。在谐振变换器中,半导体器件往往必须承受平均值很小但是峰值很大的电流。推荐使用专门的设计和仿真软件来对变换器进行分析与设计。

必须强调,如果要深度涵盖开关电源的各种领域,那么一个章节远远不够,可能需要一整本书。事实上,对许多执业工程师,电力电子技术只是指一个领域而并不涉及更多内容。受篇幅限制,本书以大中型功率的开关变换器为重点,因而删减了很多内容,如功率因数校正预调节器或 Luo 变换器。如果读者有兴趣,可以进一步阅读本章最后补充资料中列出的优质资源。

例题

例 8.1　12 V 直流源向降压变换器供电,其中开关频率为 10 kHz,最大负载电阻是 6 Ω,输出电容器的电容为 20 μF。求:

(a) 为了满足连续导通的条件,输出电抗器的最小电感是多少?

(b) 为了使输出电压等于 9 V,开关的占空比是多少?

(c) 输出电压纹波的峰峰值是多少?

解:

(a) 如果条件式(8.11)在 $d=0$ 时能成立,那么它就能在占空比为任何值时都成立。用 $R_{max}=6\ \Omega$ 代入 V_o/I_o,得到

$$L > \frac{R_{max}}{2f_{sw}} = \frac{6}{2 \times 10 \times 10^3} = 3 \times 10^{-3} H = 3\ mH$$

(b) 由式(8.5)

$$d = \frac{V_o}{V_i} = \frac{9}{12} = 0.75$$

（c）由式(8.9)

$$\Delta V_o = \frac{1-d}{8LCf_{sw}^2}V_o = \frac{1-0.75}{8 \times 3 \times 10^{-3} \times 20 \times 10^{-6} \times (10 \times 10^3)^2} \times 9$$
$$= 0.047 \text{ V} = 47 \text{ mV}$$

该纹波峰峰值大约为输出电压的 0.5%，因此可以忽略不计。

例 8.2　6 V 直流电源向升压变换器供电，输出电压为 15 V。假设电抗器为理想无损器件，求开关的占空比。如果电抗器的电阻是负载的 2%，那么输出电压是多少？

解：由理想变换器的关系式(8.12)可得

$$d = 1 - \frac{V_i}{V_o} = 1 - \frac{6}{15} = 0.6$$

如果考虑电抗器的电阻，由式(8.21)可得

$$V_o = \frac{6}{1 - 0.6 + \frac{0.02}{1 - 0.6}} = 13.3 \text{ V}$$

因此，和输出电压的理论值相比，电抗器电阻使输出电压减少了 11% 左右。

例 8.3　120 V 交流线路通过带容性输出滤波器的两脉波整流器向半桥变换器供电。变换器的输入电压的平均值为 165 V，输出电压为 24 V，隔离变压器的匝数比为 1:3。输出滤波器的电容值和电感值分别为 1 mH 和 25 μF。变换器的开关频率为 20 kHz。求变换器开关的占空比和输出电压纹波的峰峰值。

解：由式(8.61)

$$d = \frac{V_o}{k_N V_i} = \frac{24}{\frac{1}{3} \times 165} = 0.436$$

因为占空比必须小于 0.5，因此上述值为可行解。电压纹波的峰峰值可以通过式(8.59)求得

$$\Delta V_o = \frac{1 - 2 \times 0.436}{32 \times 1 \times 10^{-3} \times 25 \times 10^{-6} \times (20 \times 10^3)^2} \times 24 = 0.009\ 6 \text{ V} = 9.6 \text{ mV}$$

这个值大概只有输出电压幅值的 0.04%。

例 8.4　绘制 L 型全波开关式准谐振 ZCS 降压变换器的电路图。

解：将图 8.1 开关式降压变换器中的常规半导体电力开关用图 8.26(c) 中的电流谐振开关代替，即得到需要的变换器。对应的电路如图 8.38 所示。

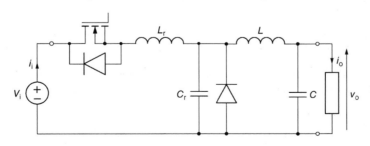

图 8.38　L 型全波开关式准谐振 ZCS 降压变换器

例 8.5　100 V 直流源向并联负载谐振变换器供电。其中，开关频率为 5 kHz，变换器的谐振电路由 0.1 mH 的电抗器和 4 μF 的电容器组成，负载电阻为 10 Ω。求变换器的运行模式并估算输出电压的平均值。

解：由式(8.63)和式(8.64)可得变换器谐振电路的特征阻抗和谐振频率分别为

$$Z_0 = \sqrt{\frac{0.1 \times 10^{-3}}{4 \times 10^{-6}}} = 5\,\Omega$$

$$f_0 = \frac{1}{2\pi\sqrt{0.1 \times 10^{-3} \times 4 \times 10^{-6}}} = 7958\,\text{Hz} \approx 8\,\text{kHz}$$

5 kHz 的开关频率小于谐振频率，但大于谐振频率的一半，因此变换器运行在小于谐振的连续模式下。根据定义式(8.66)和式(8.67)，频率比 k_f 和归一化的负载电阻 r 分别等于

$$k_\text{f} = \frac{5}{8} = 0.625$$

$$r = \frac{10}{5} = 2$$

那么，输出电压的平均值可以由式(8.82)估算为

$$V_\text{o} = \frac{100}{\frac{\pi^2}{4}\sqrt{\left(1 - 0.625^2\right)^2 + \left(\frac{8 \times 0.625}{\pi^2 \times 2}\right)^2}} = 61.4\,\text{V}$$

习题

P8.1 利用降压变换器生成平均值为 6 V 的输出电压。开关导通和断开的时间分别是 30 μs 和 20 μs。试求变换器的输入电压和开关频率。

P8.2 60 V 直流源向降压变换器供电，开关频率为 25 kHz，占空比为 0.7，负载为 5 Ω。输出电容器的电容为 100 μF，电抗器的电感是连续导通模式下最小电感的两倍。试求输出电压的平均值和其纹波峰峰值。

P8.3 对升压变换器，重做习题 P8.1。

P8.4 对升降压变换器，重做习题 P8.1。

P8.5 设计一个降压变换器，将 15 V 的输入电压转换成 6 V 的输出电压，要求纹波峰峰值小于输出电压的 0.5%，选择电感、电容和开关频率(有多种可能的解决方案)。

P8.6 对升压变换器，重做习题 P8.5。

P8.7 对升降压变换器，重做习题 P8.5。

P8.8 25 V 直流源向正激变换器供电。其中，开关频率为 50 kHz，占空比为 0.5，变压器的匝数比为 1∶1，输出电容为 150 μF，负载电流为 2.5 A。试求满足连续导通模式的最小电感，并确定输出电压的平均值和纹波峰峰值。

P8.9 75 V 直流源通过反激变换器向负载供电，其中，输出电压为 110 V，负载电阻为 22 Ω，变压器匝数比为 1∶2，励磁电感和输出电容分别是 0.13 mH 和 0.2 mF。试求连续导通模式下的最小开关频率以及对应的输出电压纹波的峰峰值。

P8.10 200 V 直流电源向绝缘式 Ĉuk 变换器供电。其中，开关频率为 50 kHz，占空比为 0.45，变压器匝数比为 1∶1，负载阻抗为 25 Ω。假设变换器的电感是连续条件下电感的两倍，试求输出电容为 30 μF 时输出电压的平均值和纹波峰峰值。

P8.11 100 V 直流源向推挽变换器供电。其中，开关频率为 25 kHz，变压器匝数比为 2∶1，输出滤波器的电感和电容分别为 0.1 mH 和 20 μF。试求输出电压的平均值为 150 V 时逆变器开关的占空比。输出电压的纹波峰峰值是多少?

P8.12 半桥变换器输出电压的平均值为 120 V。隔离变压器的匝数比是 2:1。试求最小直流输入电压。

P8.13 对全桥变换器，重做习题 P8.12。

P8.14 绘制电流式 L 型半波谐振开关准谐振 ZCS 升降压变换器的电路图。

P8.15 绘制电流式 M 型全波谐振开关准谐振 ZCS 反激变换器的电路图。

P8.16 绘制电压式 L 型全波谐振开关准谐振 ZVS Ĉuk 变换器的电路图。

P8.17 某谐振直流-直流变换器的谐振电感和电容分别为 0.2 mH 和 0.5 μF，开关频率为 45 kHz，负载电阻为 10 Ω。试求变换器的谐振频率、特征阻抗、频率比和归一化的负载电阻。

P8.18 12 V 直流电源向串联谐振变换器供电。其中，开关频率为 25 kHz，阻性负载为 2 Ω，谐振电感和电容分别为 60 μH 和 120 nF。估算变换器的输出电压和电流。

P8.19 100 V、600 VA 的并联谐振变换器运行在 40 kHz 的开关频率下。其中，谐振电感和电容分别为 12 μH 和 3.3 μF。估算输入电压(归算到最近的 10 V)。

P8.20 串并联谐振变换器运行在 20 kHz 的开关频率下，该变换器带有两个电容值均为 1.5 μF 的谐振电容器。假设归一化的负载电阻为 4.5 Ω，试求使变换器电压增益最大的谐振电感(可能需要上机计算)。

上机作业

CA8.1[*] 运行文件名为 Buck_Conv.cir 的降压变换器 PSpice 程序。观察电压、电流波形，求两种不同开关频率下输出电压纹波的峰峰值。

CA8.2[*] 运行文件名为 Boost_Conv.cir 的升压变换器 PSpice 程序。观察电压、电流波形，求两种不同开关占空比下输出电压的平均值。

CA8.3[*] 运行文件名为 Buck-Boost_Conv.cir 的升降压变换器 PSpice 程序。选择两种开关占空比，使输出电压平均值分别小于和大于输入电压。试求这两种情况下升降压变换器的平均输出电压和对应纹波的峰峰值。

CA8.4[*] 运行文件名为 Cuk_Conv.cir 的 Ĉuk 变换器 PSpice 程序。确定输入电流和输出电压的纹波峰峰值。观察其他的电压和电流波形。

CA8.5[*] 运行文件名为 Buck_Conv.cir 的降压变换器 PSpice 程序，然后为该变换器编写基于 Vorperian 开关模型的平均模型程序 Buck_Aver_Model.cir。比较输出电压波形。

CA8.6 为文件 Boost_Conv.cir 中的升压变换器编写基于 Vorperian 开关模型的平均模型程序(与文件 Buck_Aver_Model.cir 进行比较)。

CA8.7[*] 运行文件名为 Forward_Conv.cir 的正激变换器 PSpice 程序。求解输出电压的平均值和输出电压纹波的峰峰值。观察其他的电压和电流波形。

CA8.8[*] 运行文件名为 Flyback_Conv.cir 的反激式变换器 PSpice 程序。求解输出电压的平均值和输出电压纹波的峰峰值。观察其他的电压和电流波形。

CA8.9[*] 对于推挽式、半桥和全桥变换器，分别运行 PSpice 程序 Push_Pull_Conv.cir、Half_Brdg_Conv.cir 和 Full_Brdg_Conv.cir。注意，这三个变换器的供电电压、输出滤波器参数、开关频率和占空比完全相同。求解输出电压的平均值和纹波峰峰值，并进行比较。观察其他的电压和电流波形。

CA8.10[*] 运行文件名为 Reson_Buck_Conv.cir 的准谐振 ZVS 降压变换器 PSpice 程序。求输

出电压的平均值以及输出电压纹波的峰峰值。观察开关两端电压 V(A,C) 的波形和门极信号 V(G,C)，并说明 ZVS 条件。

CA8.11* 运行文件名为 Reson_Boost_Conv.cir 的准谐振 ZCS 升压变换器 PSpice 程序。求输出电压的平均值和对应纹波的峰峰值。观察开关电流 I(Vsense) 的波形和门极信号 V(G,C)，并说明 ZCS 条件。

CA8.12* 运行文件名为 Series_Load_Conv.cir 的串联负载谐振变换器 PSpice 程序。观察三种导通模式下(注释掉不需要的 PARAM 语句)串联负载谐振变换器的开关电流 I(Vsense) 和门极信号 V(G1,C)，并说明 ZCS 条件。

CA8.13* 对并联负载谐振变换器，将 PSpice 程序 Parallel_Load_Conv.cir 中的"type"类型等于"star"，重做上机作业 CA8.12。

CA8.14 基于程序 Parallel_Load_Conv.cir，为串并联谐振变换器编写一个类似的程序。

补充资料

[1] Kazimierczuk, M. K. and Czarkowski, D., *Resonant Power Converters*, 2nd ed., John Wiley & Sons, Inc., Hoboken, NJ, 2011.

[2] Maniktala, S., *Switching Power Supply Design and Optimization*, 2nd ed., McGraw-Hill, New York, 2014.

[3] Pressman, A. I., Billings, K., and Taylor, M., *Switching Power Supply Design*, 3rd ed., McGraw-Hill, New York, 2009.

第9章 电力电子和清洁能源

本章对电力电子技术的"绿色"应用进行介绍；概述电力电子变换器在可再生能源和分布式发电系统中的应用；介绍电动和混合动力汽车；说明电力电子技术在节能减排中的作用。

9.1 为什么电力电子在清洁能源系统中不可或缺

因为人类面临着与能源相关的重大挑战，所以对清洁能源的兴趣与日俱增。气候变化、环境污染和化石燃料枯竭等残酷现实催生了"清洁"或"绿色"能源的大规模研究和开发。这些研发工作主要集中在可再生能源、分布式发电系统以及能量守恒定律在各种系统(如工业驱动器或混合动力汽车)中的应用。

可再生能源分为间歇性和持续性两种类型。持续性能源的典型代表是地热、水电站或生物燃料工厂。这些能量的生产或提取方法与传统发电厂或炼油厂相似，因此电力电子技术的作用有限。间歇性的能源包括越来越常见的风能和光伏(PV)系统，它们的输出具有随机性，因此电力电子变换器成为其重要的组成部分。为了实现可再生能源与负载或电网的有效连接，需要使用变换器进行功率调节、升压与潮流控制。

值得一提的是，可以使用集中式太阳能发电厂来缓解阳光的间歇性对可再生能源的影响。集中式太阳能发电厂利用抛物面反射镜聚焦太阳光，并将液体介质(如氟化盐)加热到很高的温度(超过700℃)。该热量经过存储后，可以24小时地产生蒸气并带动汽轮发电机。这种电厂在某种程度上和双工质循环地热发电厂类似，地下水的热能输送给液态碳氢化合物，生成的蒸气用于驱动汽轮发电机。

最大功率点(MPP)跟踪是电力变换和控制的一个重要部分。在给定的光照强度下，太阳能电池电压−电流特性上的最大功率点表示电压和电流乘积的最大值，即太阳能电池输出的最大功率。同样，在给定的风速下，风电机组的最大功率点表示使功率系数最大的叶尖速比(如果可能，还包括桨距角)。光伏或风力的控制系统不断跟踪最大功率点以便从太阳能或风能中获得最大功率。

传统的电网以位于化石燃料源(如煤矿或天然气田)附近的大型发电厂为基础。能量通过高压输电线路传送到居民中心。但是近年来，电网的基础设施已经开始发生改变。除了燃煤与天然气，分布式发电系统还采用各种可再生能源来减少其对化石燃料的依赖和对环境的破坏。在没有电网的区域，如遥远的北美或某些不发达国家，电网由可再生和不可再生能源以及储能设备构成。柴油发电机和蓄电池通常用于平滑供电中出现的各种临时波动。为了实现不同类型、不同额定值的电源和各种间歇性电源之间高效、协调的运行，所有电源产生的电能都必须经过各种形式的变换和控制。

自从现代电力电子技术出现后，能量守恒就成为支持这一学科发展的重要因素。工业应用中，大部分电能都消耗在对流体处理机械(如泵、风扇、鼓风机和压缩机)的驱动上。例如，利用恒速电动机带动液压系统的液压泵时，必须通过控制阀门实现流量的控制。如果需要的流量很小，那么阀门几乎完全关闭，泵与流体基本上都停滞不动，因此电动机提供的能量大部分都被浪费了。更高效的解决方案是利用变速驱动器调整泵的速度，从而实现对流量的控制。20世纪70年代和80年代，为了实现工厂的大量储能，电力电子技术和电机驱动技术得到了快速发展。变速驱动器代替恒速驱动器的趋势有增无减。近年来，变速驱动器已经进入混合动力汽车领域。因为和直流电动机相比，交流电动机又实惠又耐用，所以大多数变速驱动器都选用交流驱动器。正因为这样，如第7章所述，逆变器成为电力电子变换器中最为普遍的类型之一。

从本书的概述可见，电力电子技术是大多数清洁能源系统的重要组成部分。本章接下来的各节将对电力电子变换器在这些系统中的应用进行详细介绍。

9.2 光伏和风能可再生能源系统

电力电子变换器在光伏和风能可再生能源系统中的作用既取决于电源的类型和额定值，又取决于负载的类型。大多数情况下，负载指的是电网，它用于收集和分配各种电源提供的电能。但是，可再生能源也可以直接向特定的负载供电，比如蓄电池组向离网住户供电。在这两种情况下，电源电压可以随机变化，但系统输出电压的幅值和频率必须固定不变，以满足负载需要。对应的控制策略中需要包含最大功率点跟踪技术。

在分布式发电系统中，当各种"小"电源(光伏、风能、小水电等)和大型传统发电机一起提供电能时，需要小心监测并防止孤岛的产生。如果电网发生故障，电网必须断开与这些小电源的连接，而只留下集中控制的大型电厂。否则，这些小电源不但可能会向故障点供电，使情况恶化，还有可能危及人身安全，特别是维修人员的安全。小电源由于非计划"孤岛"与主网分离时，也必须停止供电。当电网故障时，为了满足某些负载供电的需求，在已经采取措施防止电网被反向充电的前提下，允许计划孤岛。通过对系统的频率、电压、有功和无功功率突然变化的监测，可以发现孤岛现象。

9.2.1 光伏能源系统

太阳能电池通常基于硅半导体材料，它利用量子力学的光电效应，将光能转化为电能。太阳能电池的开路电压V_{oc}通常为$0.6\sim0.7\,\mathrm{V}$，短路电流I_{sc}通常为$20\sim40\,\mathrm{mA/cm^2}$。为了提高输出电压，将若干电池(通常是36个或72个)串联组成太阳能或光伏组件。这些组件集成后成为包含机械和电气实体的光伏面板。光伏阵列是若干面板的集合。为了一般性，在随后的讨论中，并没有很严谨地使用"阵列"这一术语，而将由光伏组件串联和并联形成的直流电压源统称为"阵列"。

太阳能电池阵列的输出电压和功率是输出电流的函数，如图9.1所示。图中，功率曲线有个尖锐的高峰，所以，即使运行点稍微偏离最大功率点，功率也会降低很多。注意，电压-电流特性取决于光伏阵列的光照强度和温度。因此，最大功率点跟踪通常会涉及一些"扰动-观察"技术。当然也可以使用其他方法。一旦确定最大功率点，必须将电力电子接口上的电流维持在I_{MMP}附近。

光伏阵列有多种尺寸，小型光伏阵列通常安装在建筑物(包括房屋)上。通常情况下，业主通过单相电力线路将光伏阵列与电网连接，并把电能出售给当地的电力公司。大型光伏阵列可以组建光伏电站，然后通过三相电力线路与电网连接。因此，变换器在电网侧既可以是单相也可以是三相的交流输出接口。不失一般性，在接下来的分析中光伏系统电网接口均为三相接口。

图9.2为最简单的光伏系统电网接口。光伏阵列与电网的接口包括直流环节、电压源型

逆变器以及用于平滑电流纹波的滤波器。如果光伏阵列的电压不够高，无法与电网电压匹配，那么就需要使用图 7.70 中的变压器。高频变压器也可以嵌入到光伏阵列输出侧的隔离式直流-直流变换器(参见 8.3 节)中。如果不需要进行电气隔离，光伏阵列的输出电压可以不经过变压器而直接由直流-直流升压变换器升压，如图 9.3 所示。图 9.4 为另一种解决方案，该方案包含电流源型逆变器。由于感性直流环节的存在，逆变器可以对输出电压进行升压。滤波器中必须包含电容器，以避免不同电流的两个电抗器串联而造成危险。

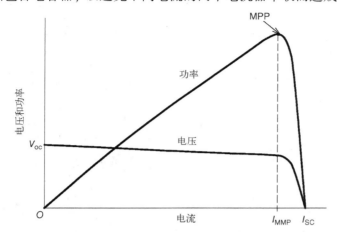

图 9.1　太阳能电池阵列输出电压、功率与电流的关系

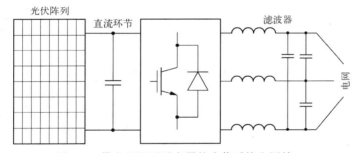

图 9.2　带电压源型逆变器的光伏系统电网接口

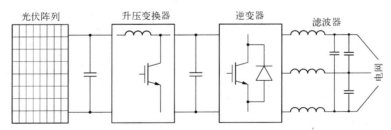

图 9.3　带直流-直流升压变换器和电压源型逆变器的光伏系统电网接口

　　光伏阵列与单个变换器连接的结构不够灵活，如果需要增加(或减少)光伏阵列，就必须改造整个系统。因此，现在的光伏系统倾向于使用串联的光伏组件"串"，每一串都向各自的逆变器供电。因为每串中组件的数量足够多，因此没有必要升压。更彻底的解决方法有：

　　(a) 多组件串接口，每个组件串都通过直流-直流变换器接口和一个逆变器连接。

　　(b) 交流组件系统，电力电子接口嵌入到每个组件中。

　　(c) 带有逆变器接口的单电池系统，其中的光伏电池很大，例如，光电化学电池。

257

多电平逆变器适合作为光伏系统电网接口。通过对光伏组件的适当连接可以方便地设置各种电平的直流输入电压。无论是低损耗的方波模式还是低开关频率的 PWM 模式，电平数量越多，得到的输出电压质量越高。图 9.5 所示为三相中性点钳位型三电平逆变器的一条桥臂，该逆变器由两个光伏阵列供电。图 9.6 为单相 H 桥级联型逆变器，其中每一条桥臂由一个光伏阵列供电。如果电网需要三相输入电源[参见图 7.59(a)]，将三个这种逆变器连接起来就可以构成三相逆变器。

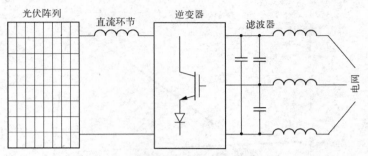

图 9.4　带升压电流源型逆变器的光伏系统电网接口

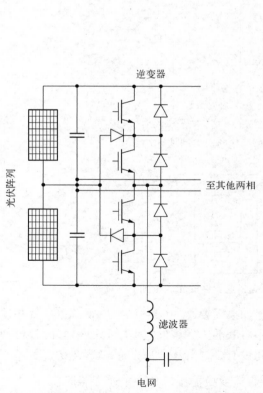

图 9.5　带三相中性点钳位型三电平逆变器(只
　　　　显示一条桥臂)的光伏系统电网接口

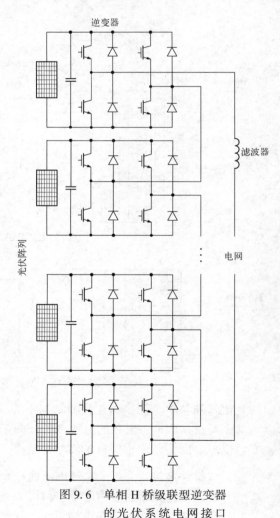

图 9.6　单相 H 桥级联型逆变器
　　　　的光伏系统电网接口

光伏系统电网接口可以使用各种类型的逆变器以及直流-直流变换器,有些变换器甚至就是专门为此类接口的应用而开发的。因此本书的综述只是管中窥豹。有兴趣的读者可以参考现有的各种专业论著——毕竟,可替代能源是当今工程界最热门的话题之一。

9.2.2 风力能源系统

风力能源系统(风能系统)增长迅速,到目前为止,除了水电站,风能系统比其他任何可再生能源的发电量都大。风能的间歇性小于太阳能的间歇性,而且如果发出的电量相等,风力涡轮机占用的空间比太阳能电池阵列占用的空间小。通常将额定功率为数 MW 的大型三叶片水平轴风力涡轮机分组放在商业"风电场"中。而各种基于可再生能源的小功率发电机以各自的方式慢慢地进入住宅市场,但目前在实际应用中还相对较少。

风力涡轮机的气动功率P_a,即从风能中提取的功率为

$$P_a = \frac{1}{2}\rho C_p A v_w^3 \tag{9.1}$$

其中ρ是空气密度,C_p是功率系数,A是叶片扫过的面积,v_w是风的速度。功率系数取决于叶尖速比λ,λ的定义为:

$$\lambda = \frac{v_t}{v_w} \tag{9.2}$$

其中v_t表示叶片顶部的线速度。在变桨距风力涡轮机中,C_p也取决于叶片桨距角。功率系数和叶尖速比的典型关系如图9.7所示。显然,为了使涡轮风机的利用率最高,叶尖速应该随风速的变化而变化,它们之间的比率保持为最佳值λ_{opt}。

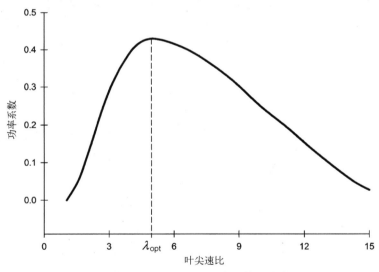

图9.7 典型风力涡轮机的功率系数和叶尖速比

典型变速风机系统的输出功率与风速的关系如图9.8所示。在涡轮风机达到额定转速前,随着风速的增加,叶尖速比一直处于最佳状态,因此发电机的输出功率为额定功率。涡轮风机的转速达到额定值后,必须防止转速的进一步升高,否则发电机将超载。此时,可以采用主动控制叶片倾斜角的方式来降低涡轮风机捕获能量的能力。若涡轮风机中没有桨距控制,也可以利用失速产生类似的结果。对叶片的形状进行设计时,需要满足:当风速超过指定的阈值时,在叶片周围平稳流动的空气变得混乱,使得推动叶片的能量减少。如果风速超

过临界值v_{co}，涡轮风机将停转，以免损坏结构。

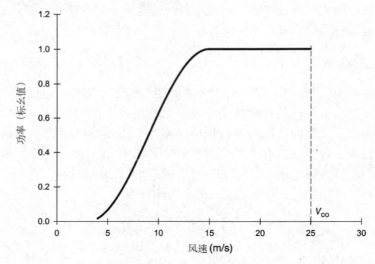

图 9.8　典型风机系统的输出功率与风速的关系

恒速系统　如果采用交流鼠笼式感应电机作为发电机，除了电机允许范围内滑差造成的百分之几的误差外，涡轮风机的转速几乎恒定不变。涡轮风机通过变速箱来驱动发电机，通常情况下，发电机通过变压器与电网连接。电网的频率决定了发电机和涡轮风机的转速。为了提高电网连接点的功率因数，需要采用电容器柜作为无功功率补偿器。当转速很高时，桨距控制或失速方法会限制系统的输出功率。为了避免系统启动时的过电流，可以采用软启动方式。图 9.9 为软启动系统的示意图。用绕线式发电机代替鼠笼式感应发电机并在转子绕组上增加可控电阻，可以增大转速的调节范围。

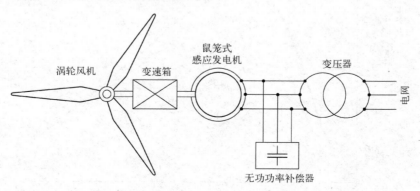

图 9.9　带感应发电机的风机系统(未显示软启动器)

变速系统　实现对发电机输出功率的调整，意味着在最大功率点跟踪以及有功、无功功率的控制方面，风能系统的运行特性得到了巨大提高。最大功率点跟踪要求涡轮风机转速可变，即发电机电压的频率可变。因此，需要在发电机和变压器之间加装变频器。如图 9.10 所示，变频器由整流器、直流环节和逆变器组成[参见图 7.75(b)]。整流器控制有功功率，逆变器控制无功功率。矩阵变换器可以用于代替整流器-逆变器的级联。

大功率系统可以采用电励磁交流同步发电机。逆变器用于控制有功功率和无功功率。如图 9.11 所示，励磁绕组上必须施加直流电压，以便在发电机内产生磁场。用于产生该直流电压的整流器的额定功率远远小于图9.10中变频器的功率。

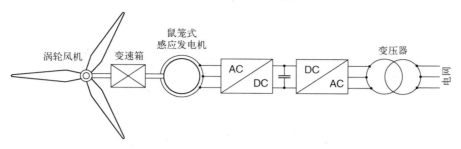

图 9.10　带感应发电机和变频器的风机系统

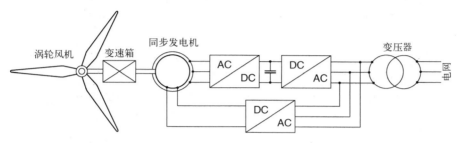

图 9.11　带励磁同步发电机和变频器的风机系统

使用磁极数很多的低速发电机后可以去掉变速箱,既能减小系统的成本,又能提高系统的可靠性。中小型电力系统采用永磁同步发电机,不需要励磁回路。

图 9.12 所示的方案采用双馈绕线式感应发电机,它能降低电力电子变换器的额定功率。回顾前面章节可知,交流-直流-交流变换器的级联结构允许功率向两个方向传递。的确,如果发电机运行在超同步转速下,即转子转速大于定子磁场的转速,定子和转子上的功率将通过变压器输送到电网中。但是,若发电机运行在次同步转速下,功率将流向转子。因此涡轮风机的转速范围很大,变换器的额定功率只有发电机额定功率的一小部分(25%~30%)。有功和无功功率的控制通过与转子连接的变换器完成。这种方案目前是大功率风机系统中最常见的方案。

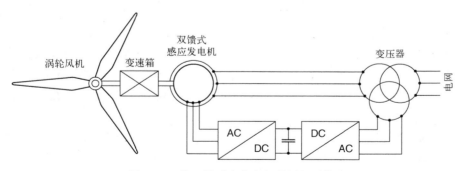

图 9.12　带双馈感应发电机的风机系统

近年来,矩阵变换器开始出现在住宅用的简单小功率风能系统中,并作为永磁同步发电机与电网的接口。图9.13所示即为这类系统。该系统没有变速箱,若发电机电压足够高,那么就可以不用变压器而直接与 120 V 单相电网连接。

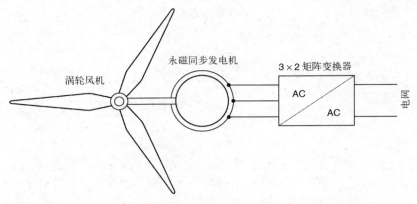

涡轮风机　　　永磁同步发电机　　　3×2 矩阵变换器

图 9.13　带永磁同步发电机和矩阵变换器的风机系统

在很多国家中风机系统发电量所占的比重越来越大,其中以丹麦居首。预计,在不久的将来,丹麦一半电力将由风电场、尤其是离岸的风电场提供。组成独立发电厂的风电场必须满足系统对频率和电压水平的严格要求,这需要精确的有功和无功功率控制。同样,风电场还需要对暂态具有快速响应的能力,以确保电网稳定。风力发电场有多种配置方式,如本地交流网络或本地直流网络。控制系统和输电系统的布置需要根据具体场址的要求而决定,比如,对遥远的海上养殖场,需要用高压直流输电线路供电。

9.3　燃料电池能源系统

燃料电池(FC)用于直接将燃料的化学能转换为电能。因为它的排放物大部分是水蒸气,只有很少的污染,因此它是一种清洁能源。能量转换原理与蓄电池相同,燃料在阳极被氧化,氧化剂在阴极被还原。产生的离子通过电解质完成互换,产生的电子则通过负载电路形成回路。

单个电池在额定电流时输出的电压约为 0.6~0.7 V。因此,实际上燃料电池由电池电堆构成。目前燃料电池的类型很多,它们的主要区别是使用的燃料不同,即液体或气体燃料。液体燃料包括各种碳氢化合物(大多数是醇类),对应的氧化剂为氯气和二氧化氯。如果送入燃料电池的燃料为气态氢,那么氧气就是氧化剂。

燃料电池在运输业和便携式分布电力系统中的应用越来越多,对应的电池类型取决于具体应用的要求,如特定的质量、功率密度、运行温度或启动转速。燃料电池能源系统必须能调节输出功率。调节内容还包括允许的功率、电流、变化率、极性(禁止电流反向)和纹波电流。

图 9.14 为向燃料电池-动力汽车供电的一种电力系统。驱动车轮旋转的是交流电动机(永磁同步电动机或异步电动机),正常充电后的蓄电池能够在汽车加速时提供辅助功率输出。车辆制动时产生的能量能够通过变换器使蓄电池再充电。因此,连接到蓄电池的直流-直流变换器必须能在两个象限中运行。也可以采用超级电容器组替代蓄电池。另一种实现方式是分别驱动两个或多个轮子。2020 款现代 NEXO 燃料电池 SUV 的满油行驶距离为 380 英里,输出功率为 61 MPGe(每加仑汽油等同燃料)。到目前为止,它是唯一的商业化 FC 动力汽车,不过相信其他制造商会很快进行效仿。燃料电池驱动器也用于无人机。

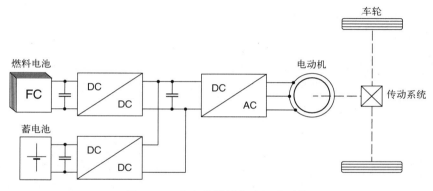

图9.14 汽车的燃料电池驱动系统

因为燃料电池无污染，所以它很适合用于分布式发电系统。未来的清洁能源政策中，氢将作为能量储存和运输的介质。利用光伏或风能的多余能量来电解水就可以得到氢。当可再生能源提供的电力减少时，例如，日落之后，燃料电池中的氢将氧化成水，产生的能量输送到电网。如果燃料电池的电压和电网电压相差不多，就可以使用图9.15所示的系统。该系统包含升压直流-直流变换器、直流环节和电压源型逆变器。升压变换器用于向逆变器提供稳定且适当升压的直流输入电压，逆变器将该直流电压转换为满足电网幅值和频率要求的交流电压。注意图9.3和图9.14的系统很相似，显而易见，光伏阵列和燃料电池都属于低压直流电源。

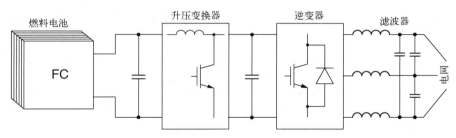

图9.15 带有升压变压器的燃料电池分布式发电系统

如果电网电压远远高于燃料电池的电压，那么就需要使用变压器来进行隔离，对应系统如图9.16所示。为了减少变压器的尺寸，逆变器将输出高频电压。然后，变压器二次侧电压通过交流-交流变频器转换为与电网频率相同的电压。如果燃料电池向直流电网供电，那么就需要去除图9.15系统中的负载侧逆变器(和直流环节)。同样，需要用整流器替换图9.16系统中的交流-交流变频器。

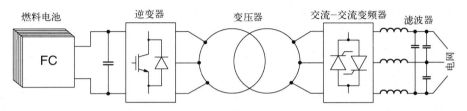

图9.16 带有隔离变压器的燃料电池分布式发电系统

9.4　电动汽车

尽管目前蓄电池的储能有限，纯电动汽车在汽车市场上仍有一席之地。电动汽车安静、无污染，而且由于电动机的启动转矩高，所以能够从静止状态快速加速。电动汽车的缺点包括充电频繁、充电桩稀缺以及比传统汽车价格高。

一般情况下，除了电池问题，电动汽车相当有吸引力，主要是因为电机的平均效率比内燃发动机的平均效率高三倍左右。在电动汽车中，电动机取代了发动机，电池通过逆变器向电动机供电，如图 9.17 所示。为了防止锂电池发生过充电的危险（比如当车辆从很长的坡上驶下时），需要利用开关式制动电阻（参见图 6.25）。电动机通常是永磁同步电动机，虽然有时也使用感应电动机。当刹车或下坡时，电动机相当于发电机，用于给电池充电。为了简化传动机构，有些汽车采用同轴电动机。表 9.1 为商用电动汽车的规格示例。

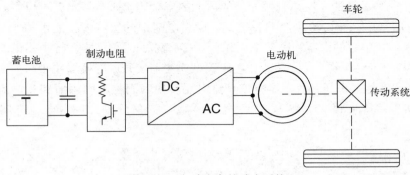

图 9.17　电动汽车的动力系统

表 9.1　商用电动汽车的规格示例

厂家/型号	功率(hp)	转矩(lb-ft)	0~60 mph(s)	里程(miles)	电池(kWh)	充电(kW)
BMW i3	170	184	7.2	81	22	6.6
雪佛兰 Spark EV	130	327	7.2	82	21	3.3
菲亚特 500e	111	147	8.4	87	24	6.6
福特 Focus Electric	143	184	9.4	76	23	6.6
梅赛德斯-奔驰 B-Class Electric Drive	177	310	7.9	85	28	10.0
尼桑 Leaf	107	187	10.2	84	24	6.6
特斯拉 Model S	362	317	5.4	265	85	10.0
丰田 RAV4 EV	154	218	7.0	100	42	10.0
大众 E-Golf	114	199	10.1	85	24	7.2

轮毂电机可以不需要传输机构。这种电动汽车的动力系统如图 9.18 所示。每个车轮都单独由低转速高转矩的交流电动机驱动。蓄电池通过容性直流环节和逆变器向交流电动机供电。分布式电源方案可以独立控制每个车轮的转矩和转速，不再需要机械传动、差分和齿轮环节。通过基于单片机的数字控制系统可以实现所有复杂的驱动功能，如稳定控制、防滑再生制动和路面打滑时车轮转矩的最优分配。但是到本书成文为止，这种系统尚未进入商业市

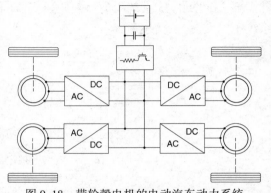

图 9.18　带轮毂电机的电动汽车动力系统

场，因为还存在一些技术壁垒，包括功率受限以及轮毂电机易受灰尘、热和振动的影响等。现有的轮毂电机驱动器可以用于某些小功率车辆中，如电动轮椅、小型摩托车或高尔夫球车等。

希望在不久的将来，电池和燃料电池技术能取得进一步发展，从而实现远距离电动汽车的量产。注意，由特斯拉汽车公司生产的特斯拉 S 型轿车的里程已经达到 265 英里，如表 9.1 所示。与该表中其他汽车的对比可见，特斯拉汽车在里程方面具有极大优势。

9.5 混合动力汽车

根据国际电工委员会的定义，混合动力电动汽车（HEV）是"一种可以从两种或多种储能装置、电源或变换器（…）中获得动力（…）的汽车"。实际应用中，目前的混合动力汽车的动能包括蓄电池、电动机和内燃机。蓄电池往往辅以超级电容器组，这样在汽车加速时可以快速提供辅助能量。

混合动力驱动系统的优势可以通过比较电动机和内燃机机械特性的差异而得到。例如，电动机可以在任何转速（甚至停顿状态）下输出最大转矩，而内燃机需要相当快的转速才能得到最大转矩。电机在所有正常运行条件下的效率都很高，而内燃机只有在中速和高转矩时才能达到最高效率。驾驶模式包括加速、巡航、滑行、刹车以及下坡或爬坡驾驶。驾驶环境包括负载量、路面状态、风速和方向以及环境温度。基于微型处理器的控制系统在配备一系列传感器和智能操控算法后，可以充分利用混合动力驱动系统的灵活性，既确保最佳动态性能，又减少耗油量。

混合动力汽车的动力系统有三种基本结构：**串联**、**并联**和**串并联**。串联式动力系统使用电动机来驱动车轮，如图 9.19 所示。电能有两个独立来源，分别是蓄电池和由内燃机驱动的发电机。根据运行的不同条件，电动机可以由蓄电池（内燃发动机停运时）、发电机或这两种电源同时供电。此外，如果需要，可以利用发电机对蓄电池充电，或者反之，当发电机作为内燃发动机的启动电动机时，蓄电池也可以向发电机供电。这种灵活的运行方式可以节省大量燃料。尤其是在城市道路中，电动机的转矩-转速特性通过频繁启动和刹车得到最佳体现，汽车再生制动时还能够回收动能。此外，内燃发动机可以在最省油的状态下长期运行。

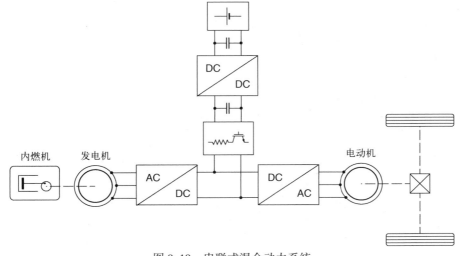

图 9.19 串联式混合动力系统

电机的功率密度比内燃机低，即产生相同的功率时，它们比内燃机的质量大。因此，带有两个电机的串联混合动力装置主要用于重型商用和军用车辆、公交车辆和小型机车。尽管如此，雪佛兰的工程师仍然决定在雪佛兰紧凑型轿车中采用串联式动力系统。

并联式混合动力驱动系统如图9.20所示，它更适合于当代汽车的应用，因为它不需要发电机。发动机和电动机产生的转矩通过机械结构（变速箱、滑轮或链条或公共轴）耦合在一起，然后通过机械传动系统向车轮提供动力。这种动力系统常见于混合动力客车。

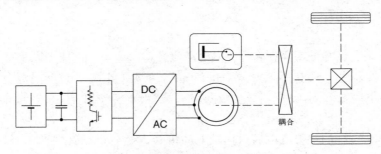

图9.20　并联式混合动力驱动系统

混联式混合动力系统如图9.21所示，广受欢迎的丰田普锐斯轿车就采用这种系统。和上述的串联式和并联式驱动系统相比，混联式混合动力系统的灵活性较高。其行星式**动力分配器**实现了发电机功率在车轮和发电机之间的分配。发电机主要用于给蓄电池充电，也可以作为启动电动机。驱动电动机由直流母线供电并向车轮提供辅助转矩。常规的运行模式是：蓄电池充电完全，发电机和发动机机械分离。如果电池需要充电，发电机就投入工作。也可以根据当前的驾驶条件和要求，由基于微处理器的控制系统决定最适合的运行模式。例如，刹车时，电动机相当于发电机，使车轮反向旋转，并向蓄电池充电。发动机甚至可以驱使发电机向电动机供电，然后由电动机提供车轮需要的全部功率，这时发动机不直接参与功率输出。

流行于美国的混合动力汽车雪佛兰伏特（Volt）的动力系统既可以运行在串联方式下，也可以运行在混联方式下。该车的运行模式如图9.22所示。

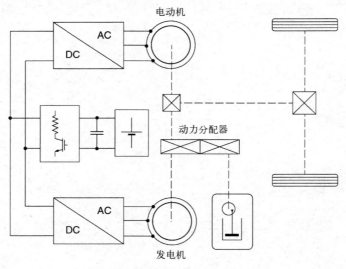

图9.21　混联式混合动力系统

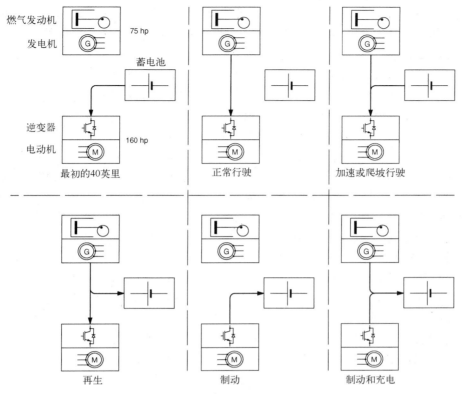

图 9.22　雪佛兰伏特的运行模式

表9.2为混合动力汽车的示例，它们已经进入汽车市场，由于汽油价格短期内不可能大幅下跌，所以这些汽车所占的份额将会越来越大。预计混合动力汽车将占有市场份额的15%~20%，电力电子技术在这个领域将有巨大的应用空间。

表9.2　混合动力汽车示例

厂家/型号	功率 （hp）	转矩[a] （lb-ft）	0~60 mph （s）	里程[b] （miles）	里程[c] （mpge）	电池 （kWh）	充电 （kW）
凯迪拉克 ELR	181	86/295	8.1	35	33	16.5	3.3
雪佛兰 Volt	149	93/273	9.0	38	37	16.0	3.3
福特 Fusion Energi	188	129/117	7.9	21	43	7.0	3.3
本田 Accord Hybrid	196	122/226	7.2	13	46	6.7	6.6
保时捷 Panamera S E-Hybrid	416	325/229	5.2	22	50	9.0	3.0
丰田 Prius	134	105/153	10.7	11	50	4.4	3.3

[a] 燃气发动机/电动机。

[b] 蓄电池充电。

[c] EPA 等效里程数的计算公式为：$mpge = \dfrac{行驶的里程数}{消耗的汽油加仑数 + \dfrac{使用的电量（千瓦时）}{33.7}}$

9.6　电力电子和能量守恒

和其他电能转换和控制方法相比，电力电子变换器能节约能源。过去使用的电动机-发

267

电机组的效率明显低于现在采用的静态变换器,而且很多液压、气动、机械或电气装置的流量控制进程都涉及某种形式的"阻塞"。例如,如 9.1 节所述,传统上液体的流动由阀门控制,就像水龙头控制水流一样,电流的流动由变阻器控制(如 1.4 节所述)。这种方法就好比开车时,将传动机构和油门踏板卡在固定的位置上,而仅仅由刹车来控制车辆的减速或加速。在这样的控制系统中,效率随负载的减小而减小,因为"阻塞"效应在流量强度很低时特别严重。

利用电力电子变换器后,可调速驱动系统可以进行大范围的转矩调整和转速控制,从而使各种企业(如制造业、食品加工行业或电动交通行业)节约大量的能源。在国内市场上,由于许多国家对电器的效率都有较高的要求,迫使制造商在"白色家电"(如冰箱、洗衣机和烘干机等)中安装可调速驱动器。大多数驱动器采用由逆变器供电的交流电动机,其中以鼠笼式感应电动机和永磁同步电动机的使用最为普及。但是,由整流器供电的直流驱动器的控制比交流驱动器的控制容易,因此在诸如高性能定位系统中仍然具有一定的应用空间。

将电力电子变换器用在国家电网中,不但可以改善功率因数,而且方便了有功和无功功率的控制,同时还提高了电力输送和分配的效率。各种 FACTS(柔性交流输电系统)装置在电网中的应用越来越多,这包括 STATCOM(静态同步补偿器)、SVR(静态无功补偿器)、TCPAR(晶闸管控制相角调节器)、TCR(晶闸管控制电抗器)或 TSC(晶闸管投切的电容器)等。

图 9.23(a)为基于级联型多电平逆变器(参见图 7.59)的 STATCOM,其中,H 桥如图 9.23(b)所示。电抗器 L 代表物理电抗器和耦合变压器漏感的组合,如果不需要电抗器,那么电抗器 L 只代表变压器的漏感。当变换器电压 V_{con} 低于母线电压 V_{bus} 时,STATCOM 相当于电感,从电网吸收无功功率。反之亦然,当 V_{con} 高于 V_{bus} 时,STATCOM 相当于电容器,向电网输送无功功率。H 桥中的开关电阻 R 用于保护电容器 C,防止电容过电压,同时也在维护或修理 STATCOM 前完成对电容器的放电。

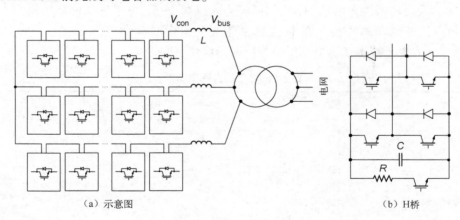

(a)示意图　　　　　　　　　　　　　　　　(b)H 桥

图 9.23　静止同步补偿器 STATCOM

基于双向晶闸管的交流电压控制器越来越多地用在住宅和其他建筑物的照明控制中。开关电源给计算机设备、收音机和电视机、手机和便携式媒体播放器提供了高品质的电能。通过采用预调节和精密控制策略,可以得到很高的功率因数,从而减小电源的供电电流和相关的电阻损耗。

电力电子技术在关注清洁能源的现代社会中越来越重要,大多数工程师都会有与它们接触的经历。发展中国家还可以充分利用电力电子技术和可再生能源的发展成果。当今世界有很多组织都无法连接电网。更糟的是,在这些地方,柴油发电机的燃料价格往往比发达国家的更贵。因此，太阳能电池板和风力涡轮机被大量使用，主要用于给家庭电器提供照明和电力。相信在未来，廉价能源的获取与单纯的电力生产具有同等的重要性。

小结

电力电子技术和清洁能源息息相关。可替代能源(如太阳能、风能或燃料电池)与电网或其他负载之间需要有接口连接。电力电子变换器提供各种功率调节，以实现电源与负载的匹配。目前已经有各种不同配置的电力电子接口，用于连接太阳能、风能和燃料电池系统。最常用的接口设备有双向交流-直流和直流-直流变换器，当然其中可能包含隔离变压器。

目前用户对纯电动汽车的接受程度仍然有限，主要问题是蓄电池储能受限和再充电不便。但是，电动和混合动力汽车在市场中的份额正在稳步增长。在电动汽车中，电动机替代内燃机。在混合动力汽车中，发动机都带有提供电能的驱动电源，以确保在不同的驾驶条件下燃料的最优利用。电源通常由蓄电池辅以超级电容器构成，发电机在发动机驱动下可以提供充电能量，尤其是当再生制动时。在高端混合动力汽车中，内燃机和电动机的功率通过机械动力分配器整合在一起，机械动力分配器包含两个电机，能实现动力系统的高度灵活操作。

电力电子变换器出现在需要对电力进行传输或变换的各种场合，包括现代电网、电机驱动器、建筑物、家用电器、计算机和通信设备等。电力电子变换器使这些系统的运行效率得到优化，节约了大量能源。在电力电子技术的帮助下，清洁能源正在给发达国家和贫穷社会带来更多的收益。

补充资料

[1] Blaabjerg, F., Chen, Z., and Kjaer, S. B., Power electronics as efficient interface in dispersed power generation systems, *IEEE Transactions on Power Electronics*, vol. 19, no. 5, pp. 1184-1194, 2004.

[2] Blaabjerg, F., Consoli, A., Ferreira, J. A., and van Wyk, J. D., The future of electronic power processing and conversion, *IEEE Transactions on Power Electronics*, vol. 20, no. 3, pp. 715-720, 2005.

[3] Ehsani, M., Gao, Y., Gay, S. E., and Emadi, A., *Modern Electric, Hybrid Electric, and Fuel Cell Vehicles: Fundamentals, Theory, and Design*, CRC Press, Boca Raton, FL, 2005.

[4] Ehsani, M, Gao, Y., and Miller, J. M., Hybrid electric vehicles: architecture and motor drives, *Proceedings of the IEEE*, vol. 95, no. 4, pp. 719-728, 2007.

[5] Hingorani, N. S. and Gyugui, L., *Understanding FACTS: Concepts and Technology of Flexible AC Transmission Systems*, IEEE Press, New York, 2000.

[6] Special section on renewable energy systems—Part I, *IEEE Transactions on Industrial Electronics*, vol. 58, no. 1, pp. 2-212, 2011.

[7] Special section on renewable energy systems—Part II, *IEEE Transactions on Industrial Electronics*, vol. 58, no. 4, pp. 1074-1293, 2011.

[8] Teodorescu, R., Liserre, M., and Rodriguez, P., *Grid Converters for Photovoltaic and Wind Power Systems*, John Wiley & Sons, Ltd., Chichester, 2011.

附录 A　Spice 仿真

为了更好地理解电力电子变换器的工作原理，本书搭建了 46 个 Spice 电路程序。读者可以通过以下链接获取相关程序：http://www.wiley.com/go/modernpowerelectronics3e。这些程序的文件名直接和相关主题对应，例如，程序 Boost_Conv. cir 用于对直流-直流升压变换器进行建模。上机作业的题序后面如果跟有一个"＊"号表示该作业有对应的电路文件。例如，上机作业 CA8.2＊ 表示需要打开 Boost_Conv. cir 程序，以实现对升压变换器的仿真。

本书推荐读者使用基于线性技术的 LTspice 或 Cadence 的 PSpice 进行仿真。软件 LTspice 可以通过链接 http://www.linear.com/designtools/software/ltspice.jsp 免费下载。手册可以通过链接 http://denethor.wlu.ca/ltspice 获取。Cadence 的 PSpice 软件可以点击链接 https://www.cadence.com/products/orcad/Pages/orcaddownloads.aspx 获取。读者需要首先创建一个文件夹。该软件的大小将近 700 MB，所以下载需要花费一些时间。读者还可以选择订购免费 CD。

这两个软件包都很容易使用。对于 LTspice 软件，按住 Control 键并单击感兴趣的轨迹标注就可以获得平均值和有效值。Cadence 的 PSpice 利用运算符 avg(…) 和 rms(…) 能够绘制平均值和有效值的轨迹。它们代表实时计算的结果，因此平均值或有效值的准确解应该在轨迹末端的右端获取。很多大学都在互联网上发布了各种 Spice 入门资料。例如，宾夕法尼亚大学发布的资料链接为 http://www.seas.upenn.edu/~jan/spice/PSpicePrimer.pdf。

所有的变换器模型都使用了 Spice 的通用电压控制型开关。图 A.1 为这些开关在电路文件中的四种电路图，其中（a）单门极开关 SGSW；（b）双门极开关 TGSW；（c）单向开关 UDSW 和（d）通用晶闸管。在有些电路文件中，为了改善运行条件并确保计算收敛，开关需要和辅助元件（如串联 RC 缓冲电路）连接。程序 Hyster_Curr_Contr. cir 中三相电压源型逆变器的滞环电流控制由图 A.2 中的子电路 HCC 实现。隔离式直流-直流变换器中的变压器利用 Spice 的

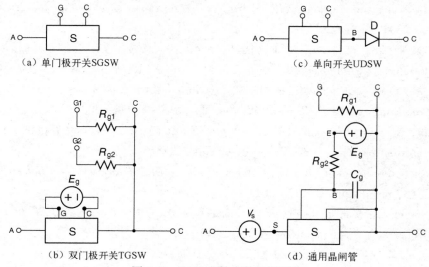

图 A.1　Spice 文件中的通用开关

电感耦合元件 K 来进行建模。

Spice 软件最初是为模拟电子电路的仿真而开发的，所以并没有妥善处理开关网络。因此，有些文件会显示信息 RUN AS IS，用于表示更改任何参数都会危及运行的收敛性。读者还会注意到，电压控制型开关 Sgen 的电阻 RON 和 ROFF 会随文件的不同而变化。语句". OPTIONS" 也具有同样的特点。变化的目的是为了使仿真能顺利进行。改变（通常是放宽）语句". OPTIONS" 中的误差范围以及降低 Sgen 模型中的 ROFF/RON 比值通常可以提高收敛性。但是，由于假定开关具有理想特性，一些不太重要的波形会被"尖峰"波形污染。为了观察此类波形，应该手动减小幅值（Y 轴）的刻度。

在直流波形含有纹波的情况下，也需要手动设置纵轴的范围，例如观察电压型 PWM 整流器的输出电压时。自动设置会导致只显示纹波波形，这显然会令人误解。

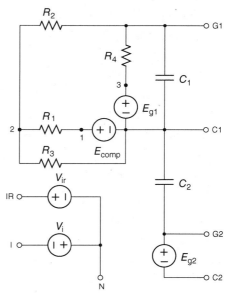

图 A. 2　逆变器一条桥臂上的
滞环电流控制器HCC

仿真应该能够尽量做到用户友好。尤其是使用文本字符串（而非数字）来指定节点，例如使用 OUT 来标注输出终端。这使得模拟示波器程序可以很方便地选择需要显示的波形。另外，每个电路文件都包含仿真电路的电路图信息。每个带有 Spice 程序的上机作业都应该首先复制相应的电路图，并按照电路文件对节点进行标记。这些工作能使电力电子电路得到更快存储。

为了测量波形分量和求解品质因数，应该使用运算符 avg(…) 和 rms(…)。为了确定波形的基频分量，可以使用 FFT 或 Fourier 选项。注意，谐波频谱显示的不是谐波波形的有效值，而是峰值。

本书提供的 Spice 电路文件在某种意义上代表了电力电子虚拟实验室。通过仿真、观察电压和电流的波形和功率谱并确定波形分量和品质因数能够使读者更好地感受和理解电力电子变换器。只要有可能，请将仿真结果与书中给出的理论公式进行比较。学习和练习不应限于本书提供的作业。我们鼓励学生（和导师）对已经建模的变换器进行"修补"，然后通过开发新文件来扩展"虚拟实验"的模块集。

Spice 电路文件名单

1. AC_Chopp. cir　　　　　　　单相交流斩波器
2. AC_Volt_Contr_1ph. cir　　　单相交流电压控制器
3. AC_Volt_Contr_3ph. cir　　　三相交流电压控制器
4. Boost_Conv. cir　　　　　　　升压变换器
5. Buck_Aver_Model. cir　　　　降压变流器的平均模型
6. Buck_Conv. cir　　　　　　　降压变换器
7. Buck-Boost_Conv. cir　　　　升降压变换器
8. Chopp_12Q. cir　　　　　　　第一和第二象限斩波器
9. Chopp_1Q. cir　　　　　　　 第一象限斩波器

271

附录 B 傅里叶级数

如果函数 $\psi(t)$ 满足

$$\psi(t+T) = \psi(t) \tag{B.1}$$

那么就可以认为 $\psi(t)$ 是**周期性**函数，其中，T 称为 $\psi(t)$ 的**周期**。**基本频率** f 的定义为

$$f \equiv \frac{1}{T} \text{Hz} \tag{B.2}$$

基本角频率 ω_1 为

$$\omega_1 \equiv \frac{2\pi}{T} = 2\pi f \text{ rad/s} \tag{B.3}$$

周期函数可以用无穷**傅里叶级数**表示为

$$\psi(t) = a_0 + \sum_{k=1}^{\infty} [a_k \cos(k\omega t) + b_k \sin(k\omega t)] \tag{B.4}$$

其中

$$a_0 = \frac{1}{T} \int_0^T \psi(t) \, dt \tag{B.5}$$

$$a_k = \frac{2}{T} \int_0^T \psi(t) \cos(k\omega t) dt \tag{B.6}$$

$$b_k = \frac{2}{T} \int_0^T \psi(t) \sin(k\omega t) dt \tag{B.7}$$

或者，$\psi(t)$ 可以表示为

$$\psi(t) = c_0 + \sum_{k=1}^{\infty} c_k \cos(k\omega t + \theta_k) dt \tag{B.8}$$

其中

$$c_0 = a_0 \tag{B.9}$$

$$c_k = \sqrt{a_k^2 + b_k^2} \tag{B.10}$$

$$\theta_k = \begin{cases} -\arctan\left(\dfrac{b_k}{a_k}\right), & a_k \geqslant 0 \\ -\arctan\left(\dfrac{b_k}{a_k}\right) \pm \pi, & a_k < 0 \end{cases} \tag{B.11}$$

系数 c_0 代表 $\psi(t)$ 的**平均值**，c_1 是 $\psi(t)$ 的**基频分量**的峰值。如果电压或电流用 $\psi(t)$ 表示，那么也使用术语"直流分量"和"基频交流分量的幅值"来表示 c_0 和 c_1。系数 c_2，c_3，… 是 $\psi(t)$ **高次谐波**的峰值，下标表示**谐波的次数**。因此，第 k 次谐波分量是 $\psi(t)$ 的一个正弦分量，它的角频率为 $k\omega_1$、峰值为 c_k。除了基频角度 θ_1 以外的谐波角度 θ_k 在电力电子学中都不太重要。

实际应用中很多波形具有某种对称性，这样就可以减少求解傅里叶级数所需的计算

量。为了利用这些对称性，应该首先从被分析的函数 $\psi(t)$ 中减去平均值（如果有），并留下一个周期函数 $\vartheta(t)$

$$\vartheta(t) = \psi(t) - a_0 \tag{B.12}$$

该周期函数的平均值为零。显然，函数 $\psi(t)$ 的系数 a_k 和 $\vartheta(t)$ 的系数 b_k 相同。因此，为了求解这些系数，可以用函数 $\vartheta(t)$ 代替式（B.6）和式（B.7）中的函数 $\psi(t)$。

最常见的对称性有：

（1）偶对称

$$\vartheta(-t) = \vartheta(t) \tag{B.13}$$

那么，对从 1 到 ∞ 的所有 k 值，都有

$$b_k = 0 \tag{B.14}$$

$$c_k = a_k \tag{B.15}$$

尤其是，余弦函数具有偶对称性，所以其傅里叶级数正弦函数前面的系数 b_k 为零。

（2）奇对称

$$\vartheta(-t) = -\vartheta(t) \tag{B.16}$$

那么，对从 1 到 ∞ 的所有 k 值，都有

$$a_k = 0 \tag{B.17}$$

$$c_k = b_k \tag{B.18}$$

尤其是，正弦函数具有奇对称性，所以其傅里叶级数余弦函数前面的系数 a_k 为零。

（3）半波对称性

$$\vartheta\left(t + \frac{T}{2}\right) = -\vartheta(t) \tag{B.19}$$

那么，当 $k = 2, 4, \cdots$ 时，$a_k = b_k = c_k = 0$，当 k 为奇数时，傅里叶级数的系数为

$$a_k = \frac{4}{T}\int_0^{T/2}\vartheta(t)\cos(k\omega t)\,\mathrm{d}t \tag{B.20}$$

$$b_k = \frac{4}{T}\int_0^{T/2}\vartheta(t)\sin(k\omega t)\,\mathrm{d}t \tag{B.21}$$

正弦和余弦函数都具有半波对称性。

如果 $\vartheta(t)$ 既有偶对称性，又有半波对称性，可以直接求得系数 c_k 为

$$c_k = \begin{cases} \dfrac{8}{T}\displaystyle\int_0^{T/2}\vartheta(t)\cos(k\omega t)\,\mathrm{d}t, & k = 1, 3, \cdots \\[2mm] 0, & k = 2, 4, \cdots \end{cases} \tag{B.22}$$

同样地，如果 $\vartheta(t)$ 既有奇对称性，又有半波对称性，则

$$c_k = \begin{cases} \dfrac{8}{T}\displaystyle\int_0^{T/2}\vartheta(t)\sin(k\omega t)\,\mathrm{d}t, & k = 1, 3, \cdots \\[2mm] 0, & k = 2, 4, \cdots \end{cases} \tag{B.23}$$

图 B.1 展示了各种对称性。上述方程可以很容易地应用在频域中，即用 $\psi(\omega t)$ 和 $\vartheta(\omega t)$ 代替 $\psi(t)$ 和 $\vartheta(t)$。用 2π 代替周期 T。

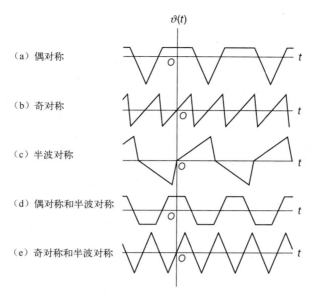

（a）偶对称

（b）奇对称

（c）半波对称

（d）偶对称和半波对称

（e）奇对称和半波对称

图 B.1　各种对称性的例子

有些波形（如图 7.26 的最优开关模式）具有 1/4 **波对称性**，即

$$\vartheta\left(t+\frac{T}{4}\right)=\vartheta\left(\frac{T}{4}-t\right) \tag{B.24}$$

且

$$\vartheta\left(t+\frac{3T}{4}\right)=\vartheta\left(\frac{3T}{4}-t\right) \tag{B.25}$$

附录 C 三相系统

　　三相系统由三相电源和三相负载通过三线或四线线路连接构成。三相电源由三个交流源连接组成，三相负载由三个负载相互连接构成。在接下来的分析中，假设电压源为理想正弦波形，同时假设电源和负载均衡。这意味着每个电源的电压幅值相同，相角互差120°，负载由三个相同的阻抗加上三个满足电压源平衡条件的电动势(如果有)组成。

　　三相电源可以连接成星形（Y）或三角形（Δ），如图 C.1 所示。三相负载也采用这两种连接方式，如图 C.2 所示。显然，三相电源向三相负载供电时有四种可能的接线：Y-Y、Y-Δ、Δ-Y 和 Δ-Δ。如图 C.3(a)所示，Y-Y 系统的电源和负载之间可以使用三线或四线线路。其他三种系统不能连接成四线系统，如图 C.3(b)的 Δ-Y 系统。

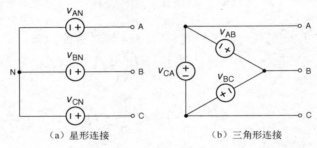

（a）星形连接　　　　　　　　（b）三角形连接

图 C.1　三相电源

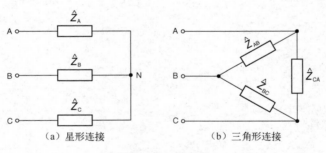

（a）星形连接　　　　　　　　（b）三角形连接

图 C.2　三相负载

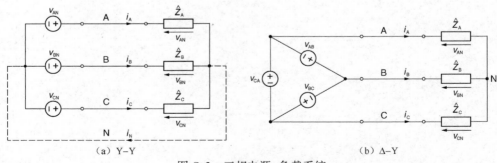

（a）Y-Y　　　　　　　　　　（b）Δ-Y

图 C.3　三相电源-负载系统

图 C.3 的三相系统中都包含两种类型的电压和电流。它们是：

（1）线对中性点电压v_{AN}、v_{BN}和v_{CN}

$$v_{AN} = \sqrt{2}V_{LN}\cos(\omega t)$$

$$v_{BN} = \sqrt{2}V_{LN}\cos\left(\omega t - \frac{2}{3}\right)$$

$$v_{CN} = \sqrt{2}V_{LN}\cos\left(\omega t - \frac{4}{3}\right)$$

(C.1)

其中V_{LN}表示这些电压的有效值。尽管有些不精确，线对中性点电压也被称为**相电压**。

（2）**线对线电压**v_{AB}、v_{BC}和v_{CA}

$$v_{AB} = \sqrt{2}V_{LL}\cos\left(\omega t + \frac{1}{6}\pi\right)$$

$$v_{BC} = \sqrt{2}V_{LL}\cos\left(\omega t - \frac{1}{2}\pi\right)$$

$$v_{CA} = \sqrt{2}V_{LL}\cos\left(\omega t - \frac{7}{6}\pi\right)$$

(C.2)

其中V_{LL}等于$\sqrt{3}V_{LN}$，表示这些电压的有效值。值得强调的是，V_{LL}通常被作为是三相线路和设备的额定电压。线对线电压也被称为**线电压**。

（3）线电流i_A、i_B和i_C

$$i_A = \sqrt{2}I_L\cos(\omega t - \varphi)$$

$$i_B = \sqrt{2}I_L\cos\left(\omega t - \varphi - \frac{2}{3}\pi\right)$$

$$i_C = \sqrt{2}I_L\cos\left(\omega t - \varphi - \frac{4}{3}\pi\right)$$

(C.3)

其中I_L表示这些电流的有效值，φ 是**负载阻抗角**。

（4）**线对线电流**i_{AB}、i_{BC}和i_{CA}，也称为**相电流**

$$i_{AB} = \sqrt{2}I_{LL}\cos\left(\omega t - \varphi + \frac{1}{6}\pi\right)$$

$$i_{BC} = \sqrt{2}I_{LL}\cos\left(\omega t - \varphi - \frac{1}{2}\pi\right)$$

$$i_{CA} = \sqrt{2}I_{LL}\cos\left(\omega t - \varphi - \frac{7}{6}\pi\right)$$

(C.4)

注意，在三角形连接的负载中，单个负载阻抗上的电压与负载星形连接时的线对中性点电压类似。因此，从逻辑上讲，它们也是"相电压"。

对应相电流的有效值I_{LL}等于$I_L/\sqrt{3}$。

电压和电流的相量图如图 C.4 所示。**视在功率** S 用伏安（VA）表示，它的定义为

$$S \equiv V_{AN}I_A + V_{BN}I_B + V_{CN}I_C = V_{AB}I_{AB} + V_{BC}I_{BC} + V_{CA}I_{CA}$$

(C.5)

其中，上式右边的量表示各个电压和电流的有效值。在平衡系统中，视在功率 S 等于

$$S = 3V_{LN}I_L = 3V_{LL}I_{LL} = \sqrt{3}V_{LL}I_L$$

(C.6)

因为在三线和四线系统中，线电压和线电流都很容易测量到，所以通常使用上式右侧的表达式。

有功功率 P 的单位为瓦特（W），它从电源输送到负载，等于

$$P = S\cos(\varphi) = \sqrt{3}V_{LL}I_L\cos(\varphi)$$

(C.7)

而**无功功率** Q 的单位为乏（VAR），等于

$$Q = S\sin(\varphi) = \sqrt{3}V_{LL}I_L\sin(\varphi) \tag{C.8}$$

对所有 Y-Y，Y-△，△-Y 和△-△型电源-负载系统，式(C.6)~式(C.8)都成立。有功功率与视在功率的比值被定义为**功率因数** PF

$$PF \equiv \frac{P}{S} = \cos(\varphi) \tag{C.9}$$

必须强调的是，在电压和电流为正弦且三相负载的阻抗角都相同的情况下，功率因数等于负载阻抗角的余弦。

式(C.7)中，如果 P 和 V_{LL} 恒定，那么 $\cos(\varphi)$ 很小意味着 I_L 的值必须很高。因此，低功率因数会导致电力系统的电阻损耗增大。为了弥补这些损耗带来的损失，电力公司向用户消耗的无功能源（无功功率关于时间的积分）进行收费。事实上，根据式(C.8)和式(C.9)，低功率因数表示阻抗角和无功功率都很大。

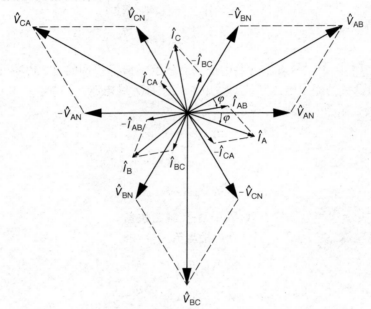

图 C.4 三相系统中电压和电流的相量图

中英文词汇表

Above-resonant operation mode	大于谐振的运行模式
AC choppers	交流斩波器
AC component	交流分量
Active clamp	有源钳位
Active power filters	有源电力滤波器
AC-to-AC converters	交流-交流变换器
AC-to-DC converters	交流-直流变换器
AC voltage controllers	交流电压控制器
after the load	负载后
four-wire	四线制
fully controlled	全控型
half-controlled	半控型
PWM	脉宽调制
single-phase	单相
three-phase	三相
Adjustable-speed drives	可调速驱动器
Anode	阳极
Arc welding	电弧焊
Asymmetrical IGCT	非对称型 IGCT
Auxiliary resonant commutated pole inverter	辅助谐振变换极逆变器
Avalanche breakdown	雪崩击穿
Average forward current	平均正向电流
Average value	平均值
Averaged converter model	平均变换器模型
Baker's clamp	贝克钳位
Bandgap	带隙
Base	基座
Below-resonant operation mode	小于谐振的运行模式
Bidirectional switches	双向开关
Bi-directionally controlled thyristor(BCT)	双向可控晶闸管（BCT）
Bipolar junction transistor（BJT）	电力三极管（BJT）
characteristics	特性
current gain	电流增益

ramp-comparison	斜坡
Current-mode resonant switches	电流型谐振开关
Current-regulated delta modulator	电流调节增量调制器
Current-source inverters	电流源型逆变器
PWM	脉宽调制
square-wave	方波
Cycloconverters	交流-交流变频器
Ĉuk converter	Ĉuk 变换器
Darlington connection	达林顿连接
DC component	直流分量
DC current gain	直流增益
DC link	直流环节
DC-to-AC converters	直流-交流变换器
DC-to-DC converters	直流-直流变换器
boost	升压
buck	降压
buck-boost	升降压
flyback	反激
forward	正激
full-bridge	全桥
half-bridge	半桥
isolated	隔离
load-resonant	负载谐振
multiple-output	多路输出
non-isolated	非隔离
parallel-loaded	并联负载
push-pull	推挽
quasi-resonant	准谐振
resonant	谐振
resonant-switch	谐振开关
series-loaded	串联负载
series-parallel	串并联
DC transformer	直流变压器
DC voltage regulators	直流电压调节器
Dead time	死区时间
Delay angle	延迟角
Descriptive parameters	描述性参数
Digital Signal Processors（DSP）	数字信号处理（DSP）
Direct power control	直接功率控制

Forward bias   正向偏置
Forward breakover voltage   正向转折电压
Forward converter   正激变换器
Forward current   前馈电流
Forward voltage drop   正向电压降
Fourier series   傅里叶级数
Freewheeling diode   续流二极管
Freewheeling switches   续流开关
Frequency changer   变频器
Fuel cell energy systems   燃料电池能源系统
Full-bridge converter   全桥变换器
Fundamental   基本的
Fundamental frequency   基频
Fuse coordination   协调参数
Fuses   熔丝

Gate   门极
Gate Turn-Off thyristor(GTO)   门极可关断晶闸管(GTO)
    current gain   电流增益
    drivers   驱动器
    snubbers   缓冲器
    turn-off time   关断时间
Generic power converter   通用电力电子变换器
Green energy   绿色能源

Half-bridge converter   半桥变换器
Half-bridge topology   半桥拓扑
Hard switching   硬开关
Harmonic   谐波
    component   分量
    content   含量
    elimination   消除
    number   阶次
    peak value   峰值
    phase angle   相角
    pollution   污染
    spectra   频谱
    traps   势陷
Heat sink   散热片
High-Voltage DC (HVDC) transmission   高压直流(HVDC)输电
Holding current   维持电流

284

Raw power	原始电力
RDC snubber	电阻–二极管–电容缓冲器
Read-Only Memory（ROM）	只读存储器（ROM）
Rectifiers	整流器
current-type	电流型
diode	二极管
inverter mode of	逆变模式
midpoint	中点
phase-controlled	相位控制
PWM	脉宽调制
single-phase	单相
single-pulse	单脉波
six-pulse	六脉波
source inductance impact of	电源电感对…的冲击
three-phase	三相
three-pulse	三脉波
twelve-pulse	十二脉波
two-pulse	二脉波
uncontrolled	不可控
Vienna	Vienna
voltage-type	电压型
Resistive control	阻性控制
Resonance frequency	谐振频率
Resonant circuit	谐振电路
Resonant commutated pole inverter	谐振变换极逆变器
Resonant converters	谐振变换器
Resonant DC link inverter	谐振直流环节逆变器
Resonant-switch converters	谐振开关变换器
Resonant switches	谐振开关
Restrictive parameters	限制性参数
Reverse bias	反向偏置
Reverse breakdown voltage	反向击穿电压
Reverse leakage current	反向漏电流
Reverse recovery time	反向恢复时间
Reverse repetitive peak voltage	反向重复峰值电压
Rheostatic control	变阻控制
Ripple	纹波
Ripple factor	纹波系数
RMS forward current	正向电流有效值
RMS value	有效值

Static power electronic converters	静态电力电子变换器
Static synchronous compensator (STATCOM)	静态同步补偿器(STATCOM)
Static var compensator(SVR)	静态无功补偿器(SVR)
Supersonic converters	超音速变换器
Surge current	浪涌电流
Switched-mode DC-to-DC converters	开关式直流–直流变换器
Switching cycle	开关周期
Switching frequency	开关频率
Switching interval	开关间隔
Switching losses	开关损耗
Switching pattern	开关模式
Switching power supplies	开关电源
Switching signals	开关信号
Switching trajectory	开关轨迹
Switching variables	开关变量
Symmetrical blocking	对称阻断
Symmetry	对称
even	偶
half-wave	半波
odd	奇
quarter-wave	1/4 波
Temperature coefficient	温度系数
Thermal equivalent circuit	热等效电路
Thermal resistance	热阻
Thermal runaway	热击穿
Third-harmonic modulating function	三倍次谐波调制函数
Thyratron	闸流管
Thyristor	晶闸管
Thyristor-Controlled Phase Angle Regulator (TCPAR)	晶闸管控制相角调节器(TCPAR)
Thyristor-Controlled Reactor (TCR)	晶闸管控制电抗器(TCR)
Thyristor-Switched Capacitor (TSC)	晶闸管投切电容器(TSC)
Timer	计时器
Tolerance band	允许范围
Total Harmonic Distortion (THD)	总谐波畸变率(THD)
Totem pole	图腾柱
Triac	双向晶闸管
current gain	电流增益
drivers	驱动器
snubbers	缓冲器

turn-off time	关断时间
Triangulation PWM technique	三角波 PWM 技术
Turn-off	关断
Turn-off time	关断时间
Turn-on	开通
Turn-on time	开通时间
Turn ratio	匝数比
Ultra-fast recovery diodes	超快恢复二极管
Uninterruptible Power Supplies（UPS）	不间断电源（UPS）
Utility interface	电力接口
Valence	价（电子）
band	带
electrons	电子
VAR controller	无功控制器
Voltage	电压
control	控制
gain	增益
sensors	传感器
space vectors	空间矢量
Voltage-mode resonant switches	电压型谐振开关
Vorperian's switch model	Vorperian 开关模型
Waveform components	波形分量
AC	交流
DC	直流
forced	强制
harmonic	谐波
natural	自由
Wide BandGap（WBG）devices	宽禁带器件
Wind energy systems	风力能源系统
Wind farms	风场
Z-source	Z 源
Zero-Current Switching（ZCS）	零电流开关（ZCS）
Zero-Voltage Switching（ZVS）	零电压开关（ZVS）
Zeta converter	Zeta 变换器